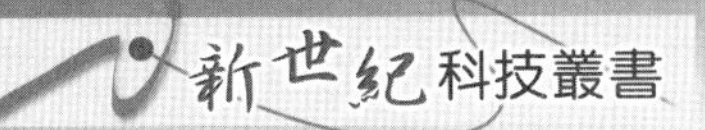

瀝青混凝土

蔡攀鰲　著

Asphalt Concrete

Asphalt Concrete

Asphalt Concrete

國家圖書館出版品預行編目資料

瀝青混凝土／蔡攀鰲編著.－－修訂二版二刷.－－臺北市：三民，2019
面；　公分.－－(新世紀科技叢書)
參考書目：面
含索引
ISBN 978-957-14-4665-3　(平裝)
1. 柏油 2. 混凝土

457.99　　98007866

© 瀝青混凝土

編著者	蔡攀鰲
發行人	劉振強
著作財產權人	三民書局股份有限公司
發行所	三民書局股份有限公司 地址　臺北市復興北路386號 電話　(02)25006600 郵撥帳號　0009998-5
門市部	(復北店) 臺北市復興北路386號 (重南店) 臺北市重慶南路一段61號
出版日期	初版一刷　1984年9月 初版十一刷　2004年3月 修訂二版一刷　2009年6月 修訂二版二刷　2019年7月
編號	S 441490

行政院新聞局登記證局版臺業字第〇二〇〇號

ISBN　978-957-14-4665-3　(平裝)

http://www.sanmin.com.tw　三民網路書店

修訂版序

1978年臺灣公路交通為配合高速公路的完成，加強公路管理功能及適應公路運輸發展需要，以積極促進國家經濟迅速蓬勃發展，紓解所帶來的交通流量並平衡區域發展，規劃臺灣公路網系統，分為高速公路、快速公路、環島公路、縱貫公路、橫貫公路、濱海公路與聯絡公路七大系統，而以熱拌瀝青混合料為路面結構主體材料，產、官、學遂開始投入路面材料與施工品質的規範研究、材料試驗室的設立、研究成果的交流。

在公路運輸網路之開發，也將由新建轉為養護與維修工作，在此時期為適應重型車輛高流量的高品質公路以及環保公路的觀念，開始有新路面材料如改質瀝青、乳化改質瀝青等的開發，引用SMA瀝青混合料、多孔隙瀝青混合料的設計觀念；資源再生利用的施行，採用路面再生技術翻新路面，採用焚化爐底渣、爐渣代替部分級配粒料的研發，進而可達到消耗部分廢棄材料，減少所造成的環境污染。

為了配合新材料的開發、引用，特殊瀝青混合料路面結構的配合設計皆需另有品質要求規範的檢測試驗法。本次修訂乃依多年在此方面專業的講授、研究計劃等的經驗及所彙集的相關資料，以及長時間向公路界先進請益與實地參與所作修訂。除保有原版精神外，再作有系統的內容增減整理，章節重新編排，採用國際單位制（SI單位制），可供研讀、講授或直接參與實際工作者的參考引用。

本書之重新編撰，各專門書刊、規範、文獻的參考引用甚多，敬列於後，並對各原著者，謹致謝忱。舛誤之處，尚祈諸位先進，不吝隨時惠予指正。

蔡攀鰲　謹識

序於國立成功大學公共工程研究中心

2009年6月4日

自序

近幾十年來，公路在我國交通建設中，占有相當重要的一環，亦有相當的發展。欲得完善之公路，則對公路材料之研究試驗實不可缺，亦即研究公路者不能不研究公路材料。

公路瀝青路面之成敗與所用之路面材料的良窳有密切的關係存在，因此從事瀝青路面工程之構築及研究者，必須瞭解路面材料之工程特性，同時也應知道如何經濟而有效的應用，使之能發揮最大效果。

路面材料試驗之重要性，一方面在能獲得一個可資信賴的數據，檢定材料特性之良否，以促進產品之改善；另一方面在檢驗工地材料是否合乎規範，施工品質是否達到標準。

本書之編撰，係以編者之「瀝青材料試驗與配合設計」為藍本，配合近代對路面材料的研究成果，而予修訂改編，使之內容更為充實，以供學術研究、實務作業之參考。本書共分三篇：第一篇為瀝青材料與粒料，除分述一般瀝青材料、粒料之來源、製造、特性外，也對近代為改進瀝青品質而發展的許多特種黏結料、填縫料，在瀝青混凝土中之作用等，都予詳細的敘述。第二篇為瀝青材料試驗、第三篇為級配粒料試驗。

我國的科技教育多遵循外國，工程標準亦依賴外國，我國雖尚未有完整的工程國家標準，但已制定的亦很少被各界所重視採用。欲發展我們自己的科技，理工書的全面中文化，為當前急務，使有志者在攻讀科技時，可完全以中文學習、閱讀和研究，毋需再對外國有所依賴。除此之外，尚需要有一套完整的國家標準，而國家標準的制定、採用，必須靠各界的重視與配合，有鑑於此，本書將已制定的「中國國家標準 CNS」試驗規範、標準等，盡可能列入書中，並將之與美國規範、標準對照。同時，書中所附之儀器圖，盡可能註明公制尺寸，供自製之參考，以免皆仰賴於外國。

本書之編撰，參考各專科論文、書刊甚多，敬列於後，並對各原著者，謹致謝忱。

本書係編者於國立成功大學土木工程學系講授大學部「瀝青材料試驗」之內容編撰而成，編者學驗有限，又付梓之時，雖多次校訂，舛誤之處，在所難免，尚祈諸位先進，不吝隨時賜予指正，俾再版時得以修正。

蔡攀鰲　謹識

目　次

修訂版序 /i

自序 /iii

第1篇　瀝青材料與粒料 /1

1.1　瀝青材料 /2
1.2　改質石油瀝青 /34
1.3　石油瀝青之性質 /64
1.4　柏　油 /84
1.5　粒　料 /89
1.6　粒料之級配分析 /110
1.7　防剝劑 /135
1.8　壓實瀝青混合料質量與體積之關係 /139

第2篇　瀝青材料試驗 /145

2.1　瀝青材料取樣法 /146
2.2　瀝青材料之針入度試驗法 /151

2.3 瀝青材料之軟化點試驗——環球法 /157

2.4 瀝青材料之閃點與著火點試驗——克氏開口杯法 /163

2.5 油溶瀝青之閃點試驗——塔氏開口杯法 /168

2.6 瀝青材料之延性試驗 /174

2.7 賽勃爾特黏度試驗 /179

2.8 瀝青絕對黏度試驗 /188

2.9 瀝青動黏度試驗 /197

2.10 柏油比黏度試驗——英格韌黏度儀 /207

2.11 旋轉式黏度儀量測瀝青黏度試驗法 /213

2.12 瀝青材料溶於有機溶劑之溶解度試驗 /219

2.13 瀝青材料之比重試驗——比重瓶法 /225

2.14 液體瀝青之比重試驗——比重計法 /234

2.15 瀝青材料之比重試驗——置換法 /238

2.16 瀝青材料無機物或灰分含量試驗 /244

2.17 瀝青材料韌性與極限張應力（黏應力）試驗 /247

2.18 延性試驗儀量測瀝青材料彈性回復率試驗 /253

2.19 聚合物改質瀝青材料離析試驗 /256

2.20 瀝青材料之熱及空氣效應試驗——薄膜烘箱法 /259

2.21 瀝青材料流動薄膜之熱及空氣效應試驗——滾動薄膜烘箱試驗法 /266

2.22 瀝青材料在特定針入度下之熱損殘留物試驗 /272
2.23 油溶瀝青材料之分餾試驗 /277
2.24 柏油材料之分餾試驗 /283
2.25 乳化瀝青之蒸餾試驗 /290
2.26 瀝青材料之漂浮試驗 /296
2.27 乳化瀝青之沉澱試驗 /301
2.28 乳化瀝青之脫乳性試驗 /306
2.29 乳化瀝青之篩析試驗 /310
2.30 乳化瀝青之水泥拌合試驗 /314
2.31 乳化瀝青微粒荷電試驗 /318
2.32 乳化瀝青黏附性及塗敷性試驗 /321
2.33 瀝青材料之水分測定 /324
2.34 乳化瀝青之水分測定 /330

第3篇 級配粒料試驗 /335

3.1 粒料取樣法 /336
3.2 粗、細粒料之篩分析法 /341
3.3 粒料中小於 75μm CNS386 篩之物質含量試驗 /348
3.4 瀝青鋪面材料用之礦物填充料篩分析法 /352
3.5 抽取瀝青混合料中粒料之篩分析法 /355

3.6 細粒料之比重及吸水率試驗法 /357

3.7 粗粒料之比重及吸水率試驗法 /364

3.8 粒料之有效比重試驗法 /370

3.9 細粒料或土壤之砂當量試驗法 /373

3.10 粗粒料之洛杉磯磨損試驗法 /379

3.11 粒料之硫酸鈉或硫酸鎂健性試驗法 /385

3.12 粒料單位重與空隙試驗法 /393

3.13 粒料顆粒之形狀試驗法 /399

附錄 /405

參考文獻 /413

第 1 篇

瀝青材料與粒料

1.1 瀝青材料

1.1–1 瀝青材料定義

廣義之瀝青材料 (Bituminous Materials) 係指天然瀝青、石油瀝青及焦油瀝青之總稱，而瀝青（歐洲習慣稱為 Bitumen，美國則稱為 Asphalt）一詞，依美國材料試驗協會 ASTM D8–97 的定義，係一種主要由高分子量的人造碳氫化合物 (Hydrocarbon) 所組成之天然形成或由人工製造而得之呈黑色或暗色黏稠狀、半固體、或固體狀態而可完全溶解於二硫化碳 (CS_2) 之黏稠狀物，如石油瀝青 (Asphalt)、焦油 (Tar)、熱解焦油 (Pitch) 與石油瀝青礦 (Asphaltite) 等。

1.1–2 瀝青材料簡史

瀝青材料被應用為工程材料，首推西元前 3800 年美索不達米亞 (Mesopotamia) 第一次利用天然瀝青 (Natural Asphalt) 的膠結性能作為建築石料的黏結材料；西元前 2000 年，亞敘利亞帝國所築造之巴比侖市為中心的放射狀公路，係以瀝青接縫的煉磚鋪設的；1802 年法國使用岩瀝青 (Rock Asphalt) 作為地板、橋梁及人行道之鋪面材料；1870 年美國出現瀝青路面；1876 年美國在華盛頓 (Washington, D. C.) 以湖瀝青 (Lake Asphalt) 鋪築片瀝青路面 (Sheet Asphalt Pavement)。在 1900 年以前，由於尚未發明新式的煉油技術，故所鋪築的瀝青路面，大多採用天然瀝青。1900 年以後才開始大量生產石油瀝青；1924 年開始採用油溶瀝青 (Cut-Back Asphalt)，其後乳化瀝青 (Emulsified Asphalt) 也相繼發展成功。經過數十年的不斷研究改進，廉價的瀝青材料應用於路面鋪築之理論及應用已漸達盡善盡美的地步。

1.1–3 瀝青材料用途

1. 瀝青材料由於具有強大的黏結力，快速的黏合力，高度的防水性以及耐久性，故可用於公路路面粒料的黏結材料。
2. 瀝青材料具有防漏、防濕等的性能，故可用於蓄水池、隧道、地下室、屋頂、水利工程以及農田灌溉排水工程之防水。
3. 瀝青混凝土具有防滲性能，可用作土石壩的防滲面層及斜牆或心牆結構。
4. 瀝青材料具有絕緣性，故可用於蓄電池、電纜等之絕緣材料。
5. 其他尚可用於油漆材料，木材之防腐等。

1.1–4 瀝青材料分類

瀝青材料因原料來源不同，通常分為瀝青 (Asphalt) 及焦油（Tar，或稱柏油）兩大類，其主要分類如下圖 1.1–1：

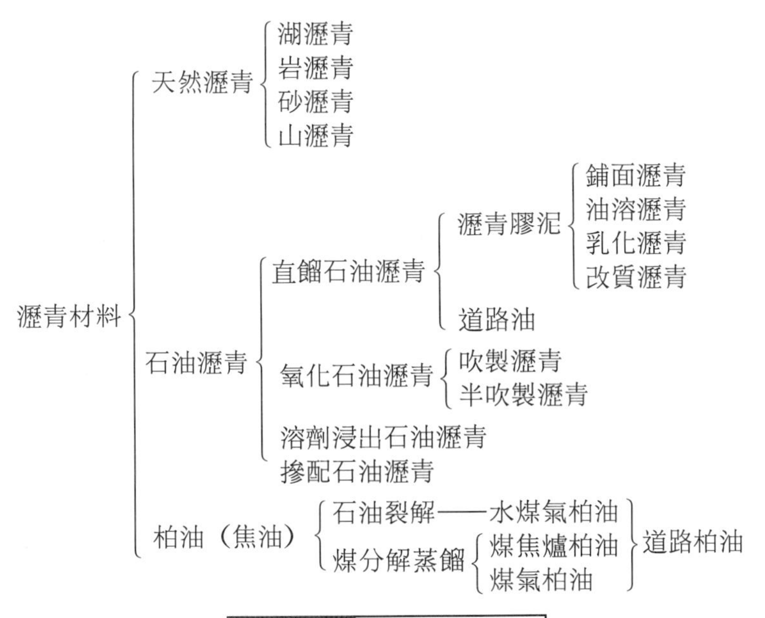

圖 1.1–1 瀝青材料分類

1.1–4–1 天然瀝青

天然瀝青係天然存在於自然界，而可在天然狀態中得到的一種瀝青。其生成原因，仍由於地面下之原油 (Crude Oils) 滲出地表面，或滲入多孔質岩石或孔隙中，或滲入砂內，經過風及日光等等之吹晒作用，將原油中所含之汽油、煤油、柴油、潤滑油等揮發性油料蒸發而去，所餘者即為天然瀝青。天然瀝青須加以提煉除去雜質後，才可應用。

一、湖瀝青

天然瀝青生成於地表面，而堆積於低處形成一湖狀者，稱為湖瀝青，一般礦物質含量少於 10%。兩種最著名的湖瀝青，一產在委內瑞拉 (Venezuela) 的百慕達瀝青 (Bermudez Asphalt)，另一產在南美洲北部海岸外之千里達島 (Trinidad Island) 的千里達瀝青 (Trinidad Asphalt)。

百慕達瀝青係在瀝青湖中，以機具直接挖掘，再予熔解，用加熱與重力方式除去水分與氣體，精煉而得。在所有湖瀝青中，百慕達瀝青含瀝青純度最高，其一般成分及性質列於表 1.1–1。

千里達瀝青因與水、氣體、砂及黏土親和混合，且具相當分量之黏土為乳化劑，而為一種天然乳化瀝青存在。在瀝青湖中取得之粗瀝青料於 160°C 之高溫下，較重之砂石料沉澱分離除去，較輕之氣體、水分，則浮於表面而除去，此精煉而得者，即為千里達瀝青。經過精煉後之千里達瀝青，質地堅硬，針入度約 2（100 克、5 秒、25°C），為使能用於公路路面鋪築之黏結料，須添加非揮發性油類，使不致過硬過脆，其一般成分及性質列於表 1.1–1。

表 1.1–1 天然瀝青及其性質

天然瀝青名稱	主要產地	軟化點 (R & B, °C)	針入度 $(25°C, \frac{1}{100}$ cm)	延性 (25°C, cm)	溶解於 CS_2 之瀝青 (%)	礦物質含量 (%)
百慕達瀝青	委內瑞拉	63～71	20～30	11	92～97	1～7
千里達瀝青	千里達島	96	2～4	3	56～57	39
吉爾生瀝青	美國猶他州	121～177	0～3	–	–	–
曼耶克瀝青	西印度群島之巴勃陀	135～204	0	–	–	0～30

二、岩瀝青、砂瀝青

天然瀝青以滲入石灰岩 (Limestone)、砂岩 (Sandstone) 內之狀態而存在者，謂之岩瀝青；滲入砂內之狀態而存在者，則謂之砂瀝青 (Sand Asphalt)，此等天然瀝青之含量通常高於 10%。岩瀝青最著名的產地是美國肯塔基 (Kentucky) 州，該含有瀝青之岩石軋碎後，所鋪築的路面，具優良的防滑面 (Anti-Skid Surface)，故被廣泛用在肯塔基州及印第安納 (Indiana) 州的公路路面鋪築。砂瀝青則多產在美國阿拉巴馬 (Alabama) 州及加拿大亞伯達泰 (Alberta)，前者瀝青含量約 15%，後者約 12%～20%。

岩瀝青、砂瀝青之瀝青含量在 20% 以下，精煉瀝青不甚經濟，通常係以開採岩石的方法開採後，予以軋碎，再添加純瀝青混拌成混合料應用之。

三、山瀝青

山瀝青係原油滲入地層或岩石之裂隙內，受地熱、空氣等作用，其內部經過長時間之反應變化而生成者，可全部或部分溶解於二硫化碳中，因具有較高的軟化點 (Softening Point)，亦稱為高軟化點瀝青，為一較富彈性而似吹製瀝青之化合物，土砂含量低，其性質及用途，亦類似於吹製瀝青。

山瀝青之較著名者，為美國鹽湖城 (Salt Lake City) 之硬瀝青 (Gilsonite)，係得自寬度最大 5.5 米 (m) 以下之幾成垂直狀之岩石裂縫中，在此一裂縫中，以中央部分之瀝青純度最高。硬瀝青顏色較淡，質地脆，可用手工開採，或以高壓水噴射開採，再予乾燥精煉。

另一著名之山瀝青，係產自西印度群島 (West Indies) 之巴貝多 (Barbados)，成分中含有較多之游離炭，其顏色較硬瀝青為黑，亦較重，同具硬脆難熔，且成分不均的特性。

1.1–4–2　石油瀝青

一、石油瀝青產製

原油經過提煉汽油、煤油、柴油、潤滑油等蒸餾物後，所殘留之殘渣料，再經過空氣吹製 (Air Blow)，或真空蒸餾 (Vacuum Distillation) 而得者，或再與其他蒸餾油料摻拌而成者，皆稱為石油瀝青。

原油由於產地之不同，其化學成分及物理性狀也相異。含輕質成分如汽油、石腦油(Naphtha)、柴油等較多之原油，稱為輕質原油；含有瀝青等較重質成分者，則稱為重質原油。原油通常依蒸餾所餘之殘渣物性質分有：

1. 石蠟基原油 (Paraffine Base Oil)

此類原油，主要由石蠟系碳氫化合物構成，當蒸餾而逐出油類後，可自原油中製得固體石蠟及高品質之潤滑油。此原油之比重，較瀝青基原油小。馬來西亞原油、中東原油，屬於此類原油。

2. 瀝青基原油 (Asphalt Base Oil)

此類原油，主要由環烴系 (Naphthene Series) 碳氫化合物構成，含有多量的瀝青成分，不含固體石蠟，可自原油中製得。美國加州 (California) 原油、德克薩斯 (Texas) 原油、墨西哥 (Mexico) 原油等，屬於此類原油。

3. 混合基原油 (Mixed Base Oil)

此類原油亦稱為中間基原油，為石蠟基原油與瀝青基原油兩者之混合。可自該混合基原油中製得石蠟與瀝青。伊朗、伊拉克等地之中東原油屬之。

4. 特殊原油

此類原油含有石蠟基系、瀝青基系以外的碳氫化合物，也含有多量的芳香族及其他碳氫化合物，臺灣原油、婆羅洲原油等屬之。

原油自地下取出之後，均輸至野外貯槽，藉重力將油與水分離，再用輸送管輸送至煉油廠，經蒸餾而製得瀝青。其製煉程序及製煉簡圖示於圖 1.1–2。

(一) 直餾石油瀝青 (Straight Asphalt) 之製造

直餾瀝青之製造，參考上節之製煉程序及製煉簡圖。在野外油槽貯存之原油，用管路輸送至製煉廠油槽，然後將之泵送至一加熱器，在壓力下使其溫度上升至約 288°C。此時即可將此加熱之原油，放洩至一常壓（大氣壓）分餾塔 (Atmospheric Tower) 之底部，當其暴露在大氣壓下，具有揮發性之部分，如石腦油、汽油等蒸氣上升至分餾塔上部，並在不同之位置經冷凝管 (Condenser) 凝結成液體而收集之。由於冷凝管固定在不同成分液體（汽油、石腦油等）之沸點略低之溫度，因此可以以溫度控制收集不同性質之揮發性油類。收集之油類經過處理後，可得汽油、石腦油、柴油等產品。分餾塔底在大氣

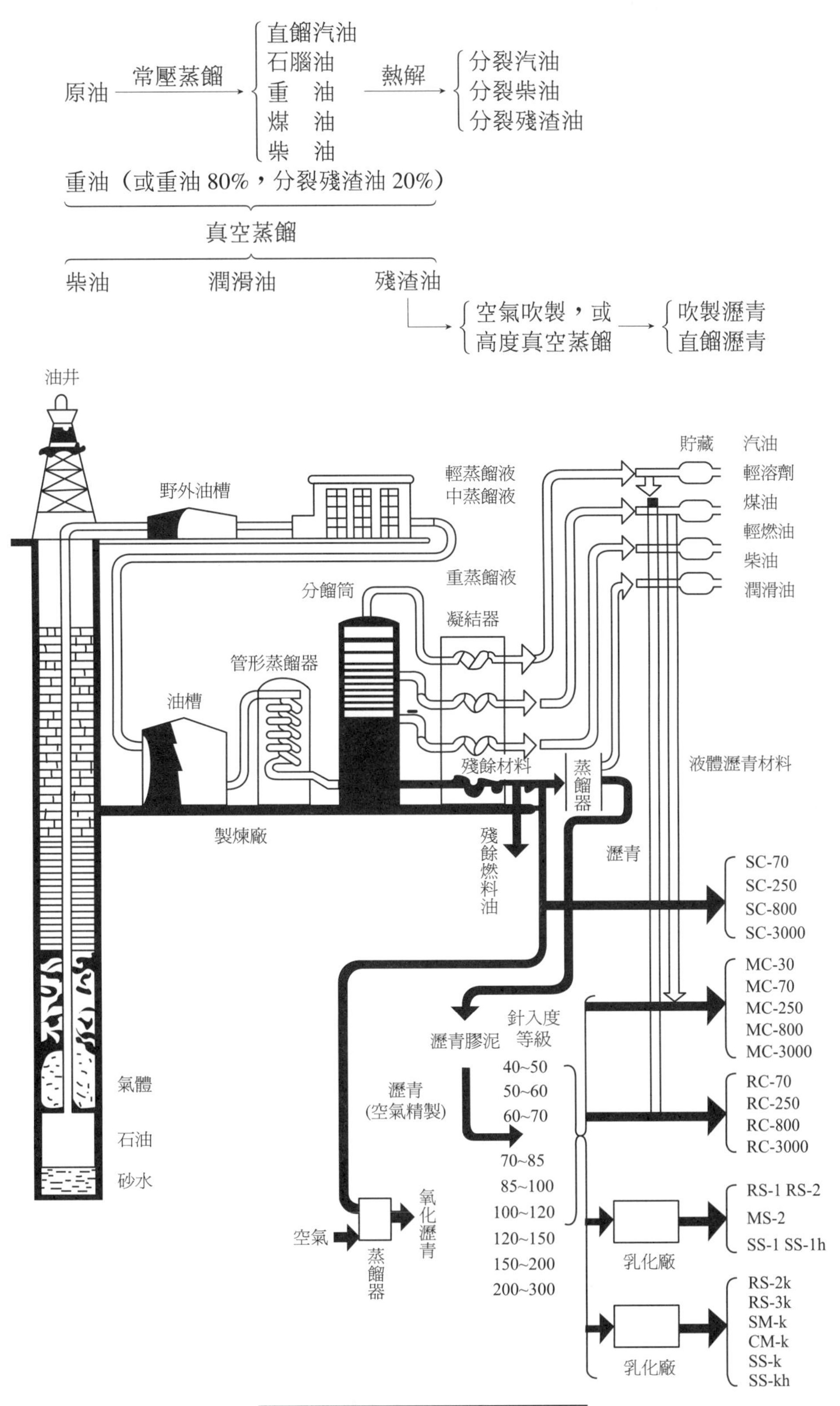

圖 1.1-2 石油瀝青製煉簡圖

壓下不揮發之殘渣，即所謂之分餾塔原油 (Topped Crude) 或重油。若原油含有高沸點分餾物不能在大氣壓下蒸餾者，則必須再經過真空蒸氣蒸餾步驟 (Vacuum and Steam Distillation Process) 才能製得瀝青。其步驟係將分餾塔原油輸經加熱器進入真空減壓分餾塔 (Vacuum Tower) 內，將蒸氣導入分餾塔底，使與熱分餾塔原油混合而放洩於蒸餾室，則各分餾物之沸點，即成為油與水混合蒸發之沸點，其次在分餾塔中施以部分真空，真空程度越高，則自熱原油中所分離之分餾物之沸點越低，由此可依次分餾得輕質蒸餾物 (Light Distillate) 及重質蒸餾物 (Heavy Distillate) 等揮發物質，所餘者即為真空殘渣瀝青 (Vacuum Residual Asphalt)，圖 1.1–3 示其製造之步驟流程。

將重油、或殘渣瀝青、或兩者之混合物於蒸餾鍋底吹入蒸氣，充分攪拌而蒸餾於 320～400°C 以下，俟達一定稠度後停止加熱而冷卻之，即得蒸氣蒸餾瀝青 (Steam Distillation Asphalt)。若使蒸餾鍋內成高度真空而蒸餾之，即得真空蒸餾瀝青 (Vacuum Distillation Asphalt)，此兩者合稱為直餾石油瀝青。

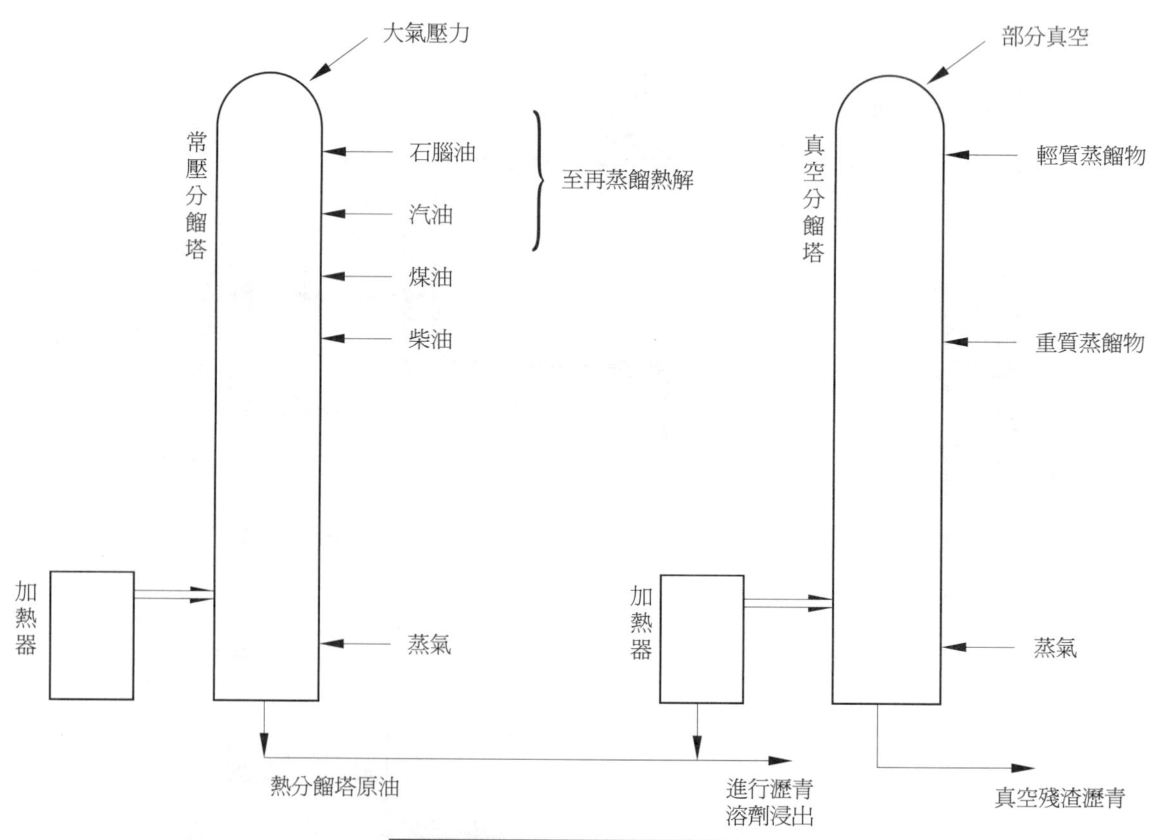

圖 1.1–3 直餾瀝青製造流程

(二) 吹製石油瀝青 (Blown Asphalt) 之製造

在以重油及殘渣油為原料，經前法蒸餾所得一定稠度之鍋中殘留物，冷卻至 200°C 時吹入空氣與水蒸氣後，再加熱至 230～300°C，繼續吹入空氣與水蒸氣，俟達所需之性質後冷卻之，即得吹製瀝青。在迫使空氣通過高溫的殘渣瀝青，即由空氣中之氧與瀝青碳氫化合物分子中之氫化合成水，而以蒸氣放射之，其結果碳氫化合物發生聚合作用 (Polymerization) 及縮合作用 (Condensation) 而形成較重與較硬之物質。此種較硬質之吹製瀝青，具有較高之軟化點，黏度較大，所受溫度之影響較小，耐久性及耐衝擊性均大，且具有塑性及化學安定性等之優點，但其延性、黏結性、防水性等則較直餾瀝青為差。

由於吹製瀝青較硬脆，且缺乏延性，較不適於作路面之黏結材料。吹製瀝青之主要用途為作路面接縫之封縫料、防水材料、屋頂之防雨材料、塗抹於排水涵管之表面以防生鏽或腐蝕之用。表 1.1–2 及表 1.1–3 示有關之屋頂及防水石油瀝青規範。

表 1.1–2　屋頂石油瀝青規範

規範別		中油公司、ASTM–95a (1998)								CNS2260	
型　號		I 型		II 型		III 型		IV 型			
範　圍		最小	最大	最小	最大	最小	最大	最小	最大	最小	最大
軟化點（環球法）(°C)		57	66	70	80	85	96	99	107	82	104.4
閃點（克氏開口杯）(°C)		260	–	260	–	260	–	260	–	232.2	–
針入度	(0°C, 200 g, 60 s, 0.1 mm)	3	–	6	–	6	–	6	–		
	(25°C, 100 g, 5 s, 0.1 mm)	18	60	18	40	15	35	12	25	5	20
	(46°C, 50 g, 5 s, 0.1 mm)	90	180	–	100	–	90	–	75		
延性 (25°C, cm)		10	–	3.0	–	2.5	–	1.5	–	1	–
三氯乙烯溶解度 (%)		99	–	99	–	99	–	99	–	99	–

依表 1.1–2 屋頂石油瀝青規範分成四個等級，低等級者之性態較具柔軟性，易流動性，且較具有良好的黏附性與自動黏結癒合能力；等級較高者則反之。所以在屋頂防水使用上，比較高等級者，較適用於坡度較大的屋頂防水。屋頂石油瀝青的施工可視實際情況需要，採用加熱融熔或溶劑稀釋法於屋頂防水、金屬材料設備之防蝕工程等。

依表 1.1–3 防水石油瀝青規範分成三個等級，低等級之 I 型者為受低度吹製或直餾而成者，由於軟化點低，具流動性，較宜使用於無陽光直射，溫度較低之較不受外界影響之處所，如地基、隧道、地下道等之防水；受較高吹製而成之高等級者，軟化點高，可應用於溫度較高或陽光直射之處所。

表 1.1–3 防水石油瀝青規範

規範別		中油公司、ASTM D449–89 (1998)						CNS2260	
型　號		I 型		II 型		III 型			
範　圍		最小	最大	最小	最大	最小	最大	最小	最大
軟化點（環球法） (°C)		46	60	63	77	82	93	60	77
閃點（克氏開口杯） (°C)		232	–	232	–	246	–	232.2	–
針入度	(0°C, 200 g, 60 s, 0.1 mm)	5	–	10	–	10	–		
	(25°C, 100 g, 5 s, 0.1 mm)	50	100	25	50	20	40	15	20
	(46°C, 50 g, 5 s, 0.1 mm)	100	–	–	130	–	100		
延性 (25°C, cm)		30	–	10	–	2	–	15	–
三氯乙烯溶解度 (%)		99	–	99	–	99	–	99	–

註：CNS2260 有關防水瀝青之灰分百分率；163°C，5 h 蒸發損失百分率及蒸餘瀝青與原瀝青針入度百分率之規定同瀝青膠泥規範。

為改進直餾瀝青之較具感溫性之缺點，將瀝青材料作短時的吹氣處理，使其對溫度的感應減低，而作路面鋪築黏結料用，此種瀝青即為半吹製瀝青（Partially-Blown Asphalt，或稱為 Semi-Blown Asphalt）。

(三) 溶劑浸出之石油瀝青

在瀝青含量較低之混合基原油殘渣中，藉丙烷 (Propane) 之類溶劑，將烷屬油類溶解後，經分離而得之。此種浸出法，以丙烷去除瀝青而回收潤滑油類或觸媒裂解物，瀝青為此法之副產品。

溶劑浸出石油瀝青的原理，在於因真空殘渣油中，瀝青係藉油的溶解能力使之溶解於油內，其中殘渣油內之油分能與烷類溶劑互溶，而烷類溶劑對瀝青的溶解能力很小，在真空殘渣油中逐漸加量加入丙烷溶劑，則油在全體溶液中的濃度將相繼降低，以致油對瀝青的溶解作用減小，瀝青就會從殘渣油中沉澱析出，並藉烷類種類及用量等進行控制沉澱石油瀝青的黏稠性而達到從殘渣油內分析出瀝青的目的。

(四) 摻配石油瀝青

摻配石油瀝青的調配有二種製程：

1. 將未達石油瀝青的真空直餾殘渣油中加入適量硬質石油瀝青，如溶劑浸出之瀝青、吹製石油瀝青、天然石油瀝青等，經攪拌均勻而製得。
2. 為避免因配合產製多種不同規範特性的石油瀝青而需多次改變製程條件，則可僅產製軟質及硬質兩種石油瀝青，而後依所需規範特性適量調配此兩種軟硬石油瀝青的混合比例，經攪拌均勻而製得。摻配石油瀝青的兩種組成石油瀝青可以用下列方法進行摻配：

⑴在同一油源用同一製程而得之兩種不同程度的軟質、硬質真空直餾石油瀝青摻配者，則由於組成分具有同一膠體性質與結構，因此所摻配之石油瀝青的性質可依組成分性質作適量調配以達所期特性。

⑵由一種真空直餾石油瀝青與一種氧化石油瀝青或半氧化石油瀝青摻配者，則由於兩種組成分的膠體性質與結構不同，在摻配過程中膠體結構需重新排列，以致無規律可循，不能僅單純調整組成分之配比數量即可達到所期摻配石油瀝青的性質。

二、瀝青膠泥與鋪面瀝青

由上述真空蒸餾而得者為瀝青膠泥 (Asphalt Cement)，呈黑色或暗褐色，固體或半固體，富黏結力，加熱能逐漸熔化而成液體。25°C 時比重 1.00～1.05，針入度 (Penetration) 為 20～200，閃點 (Flash Point) 在 200°C 以下，燃燒點 (Fire Point) 在 250°C 以上。可完全溶解於二硫化碳、四氯化碳、三氯乙烯、乙苯中，不溶於水，可耐酸鹼，具有防水及電氣絕緣等之性能。製造瀝青膠泥蒸餾愈久，則具有揮發性之物質排除愈多，所得之瀝青膠泥較硬。換言之，在蒸餾過程中，加以各種不同的控制，可製成各種不同稠度之瀝青膠泥。瀝青膠泥稠度的大小，亦即軟硬程度的表示法係以針入度表之。針入度小者質硬，針入度大者質軟。

直餾石油瀝青在製造過程中加以各種不同的控制條件以產製合乎鋪面規範要求的鋪面石油瀝青。鋪面石油瀝青依針入度、黏度及成效分成三類規範。

(一) 針入度分類 (Pen) 之鋪面石油瀝青規範

依經驗以路面最高、最低溫度之平均值 25°C 之常溫稠度為主所訂之針入度規範，25°C 針入度值大致上能表現出石油瀝青的高溫穩定性、耐疲勞性與低溫潛變性，且鋪面設計也多採用 25°C 為基本資料。茲將 CNS、中油公司與美國所訂有關鋪面石油瀝青之針入度分類規範分列於表 1.1–4、表 1.1–5 以供參考：

表 1.1–4 針入度分類 (Pen) 鋪面石油瀝青規範（CNS2260、中油公司）

號　數		40	50	60	70	85	150
閃點（COC，最小值）	(°C)	232.2	232.2	232.2	232.2	232.2	232.2
針入度 (25°C, 100 g, 5 S)	(0.1 mm)	40～50	50～60	60～70	70～85	85～100	150～200
延性 (25°C)	(cm)	100 +	100 +	100 +	100 +	100 +	100 +
軟化點 (COC)	(°C)	40～60	40～60	40～60	40～60	40～60	35～55
三氯乙烯或四氯化碳溶度	(%)	99.5 +	99.5 +	99.5 +	99.5 +	99.5 +	99.5 +
灰分	(%)	1.0 –	1.0 –	1.0 –	1.0 –	1.0 –	1.0 –
TFO 加熱損失量（163°C，5 小時）	(%)	1.0 –	1.0 –	1.0 –	1.0 –	1.0 –	1.0 –
TFO 熱損殘餘瀝青之針入度與原瀝青針入度之百分率 (%)		70 +	70 +	70 +	70 +	70 +	70 +

表 1.1–5 針入度分類 (Pen) 鋪面石油瀝青規範 [ASTM D946–82(99)]

針入度分類		40～50		60～70		85～100		120～150		200～300	
範　圍		最小	最大	最小	最大	最小	最大	最小	最大	最小	最大
針入度 (25°C, 100 g, 5 s)	(0.1 mm)	40	50	60	70	85	100	120	150	200	300
閃點 (COC)	(°C)	232	–	232	–	232	–	218	–	177	–
延性 (25°C, 5 cm/min)	(cm)	100	–	100	–	100	–	100	–	100	–
三氯乙烯溶解度	(%)	99.0	–	99.0	–	99.0	–	99.0	–	99.0	–
熱損 (TFO) 殘餘瀝青與原瀝青之針入度比 (163°C, 5 h)	(%)	55	–	52	–	47	–	42	–	37	–
熱損 (TFO) 殘餘瀝青之延性 (25°C, 5 cm/min)	(cm)	–	–	50	–	75	–	100	–	100	–

註：若 25°C 時之延性小於 100 cm，而 15.5°C 時延性大於 100 cm 亦可接受。

(二) 黏度分類 (AC) 之鋪面石油瀝青規範

瀝青混凝土配合設計係以路面最高溫度 60°C 的黏度為基準，再者兩種不同石油瀝青雖具有規範 25°C 相同的針入度值，但往往在 60°C 之黏稠度相異，且針入度分類之規範不能表現石油瀝青適當的施工溫度。為此而制訂鋪面石油瀝青以路面最高溫度 60°C 的黏度分類規範，在規範中另外增加預計拌合與滾壓溫度 135°C 之黏度。茲將中油公司與美國所訂有關鋪面石油瀝青之黏度分類規範列於表 1.1–6、表 1.1–7 以供參考。表 1.1–6 在同一分類之針入度值較低，延性要求亦較低，表現較具黏稠性，而表 1.1–7 則仍保有柔軟性。一般若未指定，則以表 1.1–6 規範為準。

表 1.1–6 黏度分類 (AC) 鋪面石油瀝青規範

〔依原石油瀝青分類，ASTM3381–92(99) 表 1，中油公司參照〕

原石油瀝青黏度分類	AC–2.5	AC–5	AC–10	AC–20	AC–40
黏度 (60°C) (poise)	250 ± 50	500 ± 100	1000 ± 200	2000 ± 400	4000 ± 800
黏度 (135°C) (min, cSt)	80	110	150	210	300
針入度 (25°C, 100 g, 5 cm) (min, 0.1 mm)	200	120	70	40	20
閃點 (COC) (min, °C)	163	177	219	232	232
三氯乙烯溶解度 (min, %)	99.0	99.0	99.0	99.0	99.0
薄膜烘箱 (TFO) 熱損殘留瀝青					
黏度 (60°C) (max, poise)	1250	2500	5000	10000	20000
延性 (25°C, 5 cm/min) (min, cm)	100 *	100	50	20	10

* 若 25°C 時之延性小於 100 cm，而 15.5°C 時延性大於 100 cm 亦可接受。

表 1.1–7 黏度分類 (AC) 鋪面石油瀝青規範

〔依原石油瀝青分類，ASTM3381–92(99) 表 2，中油公司參照〕

原石油瀝青黏度分類	AC–2.5	AC–5	AC–10	AC–20	AC–30	AC–40
黏度 (60°C) (Poise)	250 ± 50	500 ± 100	1000 ± 200	2000 ± 400	3000 ± 600	4000 ± 800
黏度 (135°C) (min, cSt)	125	175	250	300	350	400
針入度 (25°C, 100 g, 5 cm) (min, 0.1 mm)	220	140	80	60	50	40
閃點 (COC) (min, °C)	163	177	219	232	232	232
三氯乙烯溶解度 (min, %)	99.0	99.0	99.0	99.0	99.0	99.0
薄膜烘箱 (TFO) 熱損殘留瀝青						
黏度 (60°C) (max, poise)	1250	2500	5000	10000	15000	20000
延性 (25°C, 5 cm/min) (min, cm)	100 *	100	75	50	40	25

* 若 25°C 時之延性小於 100 cm，而 15.5°C 時延性大於 100 cm 亦可接受。

(三) 經 RTFO 殘餘瀝青黏度分類 (AR) 之鋪面石油瀝青規範

鋪面石油瀝青經初期加熱與級配粒料熱拌熱鋪已經多重老化，各種石油瀝青之抗老化能力不同，同一 AC 分類之石油瀝青在路面上的表現亦有所不同。為能確實區分實際使用狀態，以試驗模擬鋪面石油瀝青使用於產製瀝青混凝土熱拌熱鋪後初期老化之 60°C 黏度為分類規範之制訂，而以老化石油瀝青 AR (Aged Residue) 代表。茲將中油公司、美國所訂有關鋪面石油瀝青之經 RTFO 殘餘瀝青黏度分類分列於表 1.1–8 以供參考：

表 1.1-8 黏度分類 (AR) 鋪面石油瀝青規範

〔依經 RTFO 殘餘瀝青分類，ASTM3381–92(99)、中油公司參照〕

RTFO 殘餘瀝青分類	AR–1000	AR–2000	AR–4000	AR–8000	AR–16000
RTFO 殘餘瀝青					
黏度 (60°C) (poise)	1000 ± 250	2000 ± 500	4000 ± 1000	8000 ± 2000	16000 ± 4000
黏度 (135°C) (min, cSt)	140	200	275	400	550
針入度 (25°C，100 g, 55 cm) (min, 0.1 mm)	65	40	25	20	20
與原瀝青針入度比 (25°C) (min, %)	–	40	45	50	52
延性 (25°C, 5 cm/min) (min, cm)	100 *	100 *	75	75	75
原瀝青試驗					
閃點 (COC) (min, °C)	205	219	227	232	238
三氯乙烯溶解 (min, %)	99.0	99.0	99.0	99.0	99.0

* 若 25°C 時之延性小於 100 cm，而 15.5°C 時延性大於 100 cm 亦可接受。

三、液體石油瀝青

一般鋪面石油瀝青是一種半固體至固體黏稠狀材料，其在鋪面上施工鋪築之應用必須先予加熱成為液態，才能在高溫下噴灑或與加熱後之級配粒料拌合攤鋪各種結構路面。可見鋪面石油瀝青用於路面工程時，須要有特殊的加熱設備，砂石、級配粒料也需高溫烘乾，而液體瀝青則在常溫下已成流動液態，使用時無須加熱或僅低溫加熱。

鋪面石油瀝青除高溫加熱使成液態外，在常溫下可採用瀝青膠泥之稀釋及乳化使其成為流體狀態，前者稱為油溶瀝青，後者稱為乳化瀝青，兩者合稱為液體瀝青 (Liquid Asphalt)。

(一) 油溶石油瀝青

在由原油中提煉各種精煉油後，其所餘之殘渣油中，如摻入一定數量的精煉油類，並以機械攪拌均勻，即可得各種不同之液體瀝青材料，此種液體瀝青，特稱為油溶瀝青。殘渣油內所摻入各種精煉油料之主要目的，在使瀝青材料保持流體狀態，以利路面工程之施工。油溶瀝青在自然之氣溫下，俟精煉油類揮發後，所餘瀝青質遂得產生其原有之黏結性、稠度及凝固性。油溶瀝青在加熱至使用溫度時，不可有起泡沫現象。

油溶瀝青由於係使用多量揮發性的汽油、煤油、柴油等之寶貴能源稀釋而得，此稀釋的瀝青噴灑或拌合攤鋪在路上時，揮發性的溶劑需揮發掉才能成型，而此揮發在空氣中的溶劑不但會污染環境，亦具不安全性，目前在路面工程上已少選用。

瀝青膠泥依所摻入之精煉油揮發性之不同，而分有速凝油溶瀝青（Rapid-Curing Cut-Back，簡稱 RC）、中凝油溶瀝青（Medium-Curing Cut-Back，簡稱 MC）、及慢凝油溶瀝青（Slow-Curing Cut-Back，簡稱 SC）三種，每種又以摻入精煉油之多寡而分為六級，等級愈大者，稠度與黏度亦大。油溶瀝青各不同等級在室溫 25°C 下與其他一般流體之稠度比較，及其體積成分百分率約如表 1.1–9 所示：

表 1.1–9 油溶瀝青中各成分之體積百分率與各等級之稠度比較

種類	成分種類	等級					
		0	1	2	3	4	5
		似水	似稀糖漿	似糖漿	似糖蜜	似濃糖蜜	似可塑體
速凝油溶瀝青（RC）	針入度 50～60（最好用 85～100）之瀝青膠泥	60	70	77	82	85	88
	汽油或石腦油	40	30	23	18	15	12
中凝油溶瀝青（MC）	針入度 85～200（最好用 120～150）之瀝青膠泥	55	65	73	78	83	88
	煤油	45	35	27	22	17	12
慢凝油溶瀝青（SC）	針入度 120～300（最好用 200～225）之瀝青膠泥	50	62	70	78	86	94
	燃料油	50	38	30	22	14	6

註：慢凝油溶瀝青中各成分之百分率隨所用之燃料油之種類而異。

油溶瀝青之等級，除以 0 至 5 代表六種等級外，目前亦以動黏度之下限值代表其等級，而由其等級（下限值）可知其上限值，例如 MC–70 代表一種中凝油溶瀝青，其動黏度值於 60°C 在 70 與 140 centistoke 之間。圖 1.1–4 係油溶瀝青於溫度 60°C 新舊等級之比較。

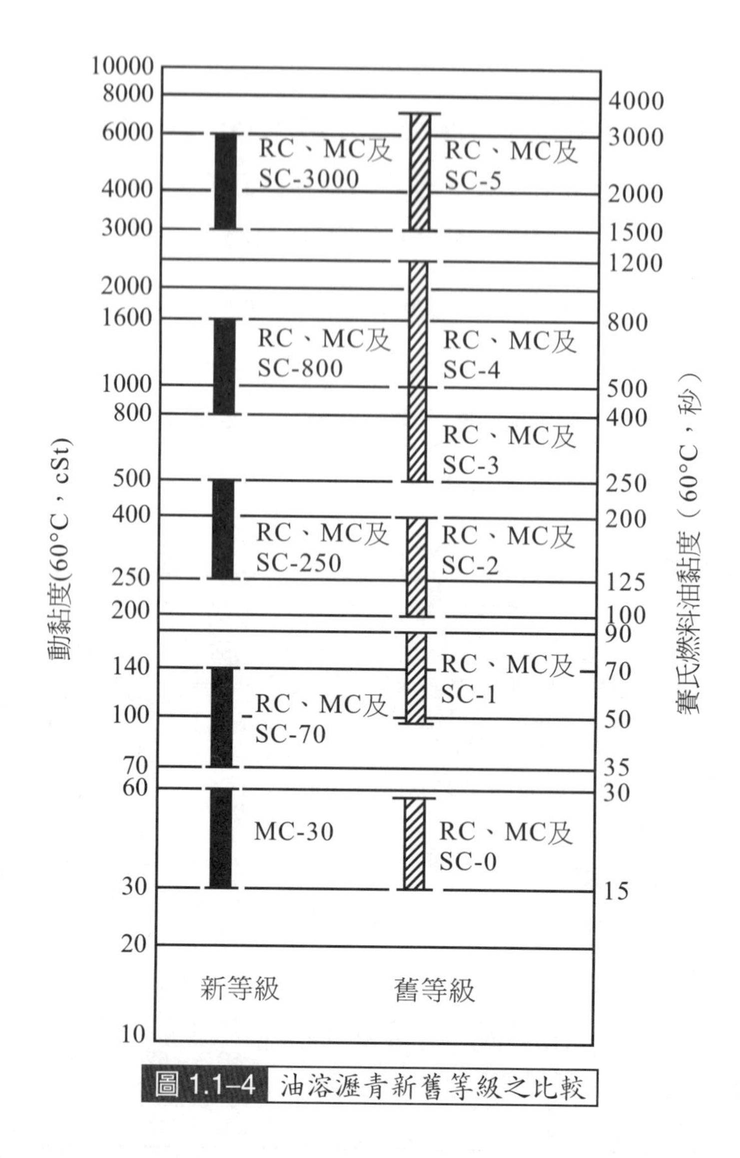

圖 1.1-4 油溶瀝青新舊等級之比較

1.速凝油溶瀝青

針入度 85～100 之瀝青膠泥加入汽油（或石腦油）經機械充分均勻攪拌後，即成速凝油溶瀝青，由所加汽油之多寡，分有多種等級如上所述。速凝油溶瀝青中，因所摻汽油（或石腦油）之揮發性較大，故在短時間內汽油揮發殆盡，即可產生瀝青材料固有之黏結力而凝固，且其稠度與原製作所用之瀝青材料極近。茲將 CNS 國家標準、中油公司及美國所訂有關速凝油溶瀝青之規範分列於表 1.1-10、表 1.1-11 以供參考：

表 1.1–10 速凝油溶瀝青規範（中油公司）

性質		RC–0	RC–1	RC–2	RC–3	RC–4	RC–5
閃點（塔氏開口杯）(°C)				26.7 +	26.7 +	26.7 +	26.7 +
黏度試驗（SFS，秒）	25°C	75～150					
	50°C		75～150				
	60°C			100～200	250～500		
	82°C					125～250	300～600
蒸餾至（與蒸餾至 360°C 時之比）(%)	190°C	15 +	10 +				
	225°C	55 +	50 +	40 +	25 +	8 +	
	260°C	75 +	70 +	65 +	55 +	40 +	25 +
	315°C	90 +	88 +	87 +	83 +	80 +	70 +
蒸餾至 360°C 之殘留物體積與試樣相差百分率 (%)		50 +	60 +	67 +	73 +	78 +	82 +
殘留物之	針入度 (25°C, 100 g, 5 s) (0.1 mm)	80～120	80～120	80～120	80～120	80～120	80～120
	延性 (25°C) (cm)	100 +	100 +	100 +	100 +	100 +	100 +
	於四氯化碳之溶解度 (%)	99.5 +	99.5 +	99.5 +	99.5 +	99.5 +	99.5 +
一般要求		所有試樣均不得含有水分					
施工溫度 (°C)	散　播	10～50	27～66	38～80	66～93	80～120	93～135
	拌　合	10～50	27～52	27～66	52～80	66～93	80～107

表 1.1–11 速凝油溶瀝青規範〔ASTM D2028–97 (04)（中油公司比照）〕

動黏度分類			RC–70	RC–250	RC–800	RC–3000
動黏度 (60°C)		(cSt)	70～140	250～500	800～1600	3000～6000
閃點（塔氏開口杯）		(°C)		27 +	27 +	27 +
蒸餾至	190°C	與蒸餾至 360°C 時之百分率 (%)	10 +			
	225°C		50 +	35 +	15 +	
	260°C		70 +	60 +	45 +	25 +
	316°C		85 +	80 +	75 +	70 +
蒸餾至 360°C 之殘留物體積與試樣相差百分率 (%)			55 +	65 +	75 +	80 +
殘留物之	絕對黏度 (60°C)	(Pa·S)	60～240	60～240	60～240	60～240
	延性 (25°C)	(cm)	100 +	100 +	100 +	100 +
	於三氯乙烯之溶解度	(%)	99.0 +	99.0 +	99.0 +	99.0 +
含水量		(%)	0.2 –	0.2 –	0.2 –	0.2 –

註：1. 1 Pa·s（Pascal-second 帕斯卡 · 秒）= 10 poise（泊）

2. 殘留物亦可不使用黏度規範，指定使用針入度規範時，各分類絕對黏度相對應之針入度為 80～120，但不能將針入度、絕對黏度同時列入規範。

3. 若 25°C 時之延性小於 100 cm，而 15°C 時延性大於 100 cm 亦可接受。

2. 中凝油溶瀝青

針入度 120～150 之瀝青膠泥加入煤油〔或柴油 (Light Diesel Oil)〕經機械充分均勻攪拌後，即得中凝油溶瀝青，依所加煤油之多寡分有多種等級，如上所述。中凝油溶瀝青中，因所摻煤油之揮發較汽油慢，而所餘之瀝青材料，其稠度亦較原瀝青材料稍軟。表 1.1–12 為我國國家標準之中凝油溶瀝青之規範及表 1.1–13 為美國瀝青學會新等級中凝油溶瀝青之規範。茲將中油公司及美國所訂有關中凝油溶瀝青之規範分列於表 1.1–12、表 1.1–13 以供參考：

表 1.1–12 中凝油溶瀝青規範（中油公司）

性　質		MC–0	MC–1	MC–2	MC–3	MC–4	MC–5
閃點（塔氏開口杯） (°C)		38 +	38 +	66 +	66 +	66 +	66 +
黏度試驗（SFS，秒）	25°C	75～150					
	50°C		75～150				
	60°C			100～200	250～500		
	82°C					125～250	300～600
蒸餾至（與蒸餾至 360°C 時之比 %）	225°C	25 –	20 –	10 –	5 –	0	0
	260°C	40～70	25～65	15～55	5～40	30 –	20 –
	316°C	75～93	70～90	60～87	55～85	40～80	20～75
蒸餾至 360°C 之殘留物體積與試樣相差百分率 (%)		50 +	60 +	67 +	73 +	78 +	82 +
殘留物之	針入度 (25°C, 100 g, 5 s) (0.1 mm)	120～300	120～300	120～300	120～300	120～300	120～300
	延性 (25°C) (cm)	100 +	100 +	100 +	100 +	100 +	100 +
	於四氯化碳之溶解度 (%)	99.5 +	99.5 +	99.5 +	99.5 +	99.5 +	99.5 +
一般要求		所有試樣均不得含有水分					
施工溫度 (°C)	散　播	10～50	27～66	38～93	80～120	93～135	107～135
	拌　合	10～50	27～66	38～93	66～93	80～107	93～120

表 1.1–13 中凝油溶瀝青規範〔ASTM D2027–97 (04)（中油公司比照)〕

動黏度分類			單位	MC–30	MC–70	MC–250	MC–800	MC–3000
動黏度 (60°C)			(cSt)	30～60	70～140	250～500	800～1600	3000～6000
閃點（塔氏開口杯）			(°C)	38 +	38 +	66 +	66 +	66 +
蒸餾至	225°C	與蒸餾至 360°C 時之比	(%)	25 –	20 –	10 –		
	260°C			40～70	20～60	15～55	35 –	15 –
	316°C			75～93	65～90	60～87	45～80	15～75
蒸餾至 360°C 之殘留物體積與試樣相差百分率			(%)	50 +	55 +	67 +	75 +	80 +
殘留物之	絕對黏度 (60°C)		(Pa·S)	30～120	30～120	30～120	30～120	30～120
	延性 (25°C, 5 cm/min)		(cm)	100 +	100 +	100 +	100 +	100 +
	於三氯乙烯之溶解度		(%)	99.0 +	99.0 +	99.0 +	99.0 +	99.0 +
含水量			(%)	0.2 –	0.2 –	0.2 –	0.2 –	0.2 –

註：1. 1 Pa·s（Pascal-second 帕斯卡 · 秒）＝10 poise（泊）。
2. 殘留物亦可不使用黏度規範，指定使用針入度規範時，各分類絕對黏度相對應之針入度 (25°C, 100 g, 5 sec, 0.1 mm) 為 120～250，但不能將針入度、絕對黏度同時列入規範。
3. 若 25°C 時之延性小於 100 cm，而 15°C 時延性大於 100 cm 亦可接受。

3. 慢凝油溶瀝青

一種黏度較大的殘渣油，或殘渣油與不易揮發之油類（此項油類介於煤油與潤滑油之間）相混合，經機械充分均勻攪拌後，即得慢凝油溶瀝青，亦稱道路油。此種油溶瀝青亦分有多種等級，如上所述，其在 360°C 之溫度下，雖可蒸發一部分油類，但所餘物質仍呈液體，因此無法產生較堅強之黏結力。茲將中油公司及美國所訂有關慢凝油溶瀝青之規範分列於表 1.1–14、表 1.1–15 以供參考：

表 1.1–14 慢凝油溶瀝青規範（中油公司）

性　質		SC–0	SC–1	SC–2	SC–3	SC–4	SC–5
閃點（克氏開口杯法）　(°C)		66 +	66 +	80 +	94 +	107 +	121 +
黏度試驗（SFS，秒）	25°C	75～150					
	50°C		75～150				
	60°C			100～200	250～500		
	82°C					125～500	300～600
含水量　(%)		0.5 –	0.5 –	0.0	0.0	0.0	0.0
蒸餾至 360°C 之體積百分率　(%)		15～40	10～30	5～25	2～15	10 –	5 –
殘留物之浮碟試驗 (50°C)(秒)		15～100	20～100	25～100	50～125	60～150	75～200
100 針入度之瀝青殘留物　(%)		40 +	50 +	60 +	70 +	75 +	80 +
100 針入度之瀝青殘留物延性　(cm)		100 +	100 +	100 +	100 +	100 +	100 +
四氯化碳之溶解度　(%)		99.5 +	99.5 +	99.5 +	99.5 +	99.5 +	99.5 +
施工溫度　(°C)	撒播	10～50	27～93	66～93	80～120	80～120	93～135
	拌合	10～50	27～93	66～93	80～120	80～120	93～135

表 1.1–15 慢凝油溶瀝青規範 [ASTM D2026–97 (04)]

動黏度分類	SC–70	SC–250	SC–800	SC–3000
動黏度 (60°C)　(cSt)	70～140	250～500	800～1600	3000～6000
閃點（克氏開口杯法）　(°C)	66 +	79 +	93 +	107 +
蒸餾至 360°C 之體積百分率　(%)	10～30	4～20	2～12	5 –
蒸餾殘留物動黏度 (60°C)　(cSt)	400～7000	800～10000	2000～16000	4000～35000
100 針入度之瀝青殘留物　(%)	50 +	60 +	70 +	80 +
100 針入度之瀝青殘留物延性 (25°C, 5 cm/min)　(cm)	100 +	100 +	100 +	100 +
三氯乙烯之溶解度　(%)	99.0 +	99.0 +	99.0 +	99.0 +
含水量　(%)	0.5 –	0.5 –	0.5 –	0.5 –
一般要求	試樣加熱至使用溫度時不得起泡沫			

(二) 乳化石油瀝青

熱熔的石油瀝青膠泥藉含有乳化劑之水溶液中的乳化劑 (Emulsifying Agent) 作用，經乳化機操作，成為極微粒之狀態分散於水溶液中，形成水包油狀的一種如水之液狀瀝青乳液者，稱為乳化瀝青。石油瀝青乳化劑是一種表面活性劑，具有親油基與親水基兩極，能吸附於瀝青與水相互排斥的界面上，並降低其間的界面張力。乳化瀝青中乳化劑所占比例雖小，但其對產製、儲存、施工等都有較大的影響。

1.石油瀝青的乳化原理

油、瀝青材料雖皆不能與水互溶，但可能以微小顆粒呈懸浮狀在水溶液內。茲將石油瀝青乳化劑之乳化原理說明如下：

(1)將油和水一起注入容器內，稍微靜置後，即呈油、水分層現象，上層為油，下層為水，如圖 1.1–5 A 所示，油、水兩相形成一層明顯的界面，此種現象係由於油和水的接觸面上具相互排斥和各自盡量縮小其接觸面積的兩種作用所造成，而在油浮於水面分為兩層時，其接觸面積才能達到最小，最穩定。

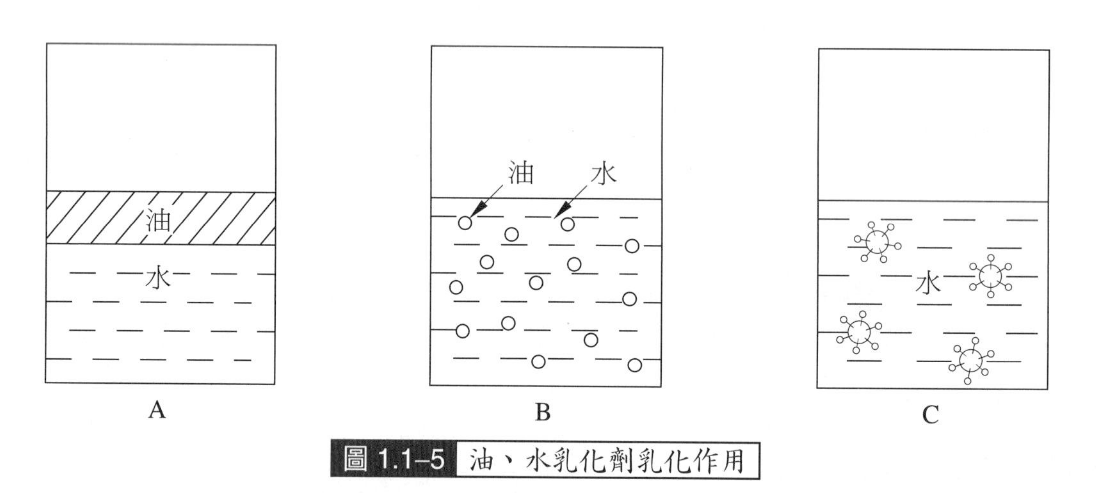

圖 1.1–5 油、水乳化劑乳化作用

(2)將油、水加以攪拌振盪，使油形成微粒分散於水中，如圖 1.1–5 B 所示，此時則因油和水的接觸面積加大，在相互排斥作用下，呈現不穩定現象，一旦不繼續攪拌，則兩者接觸面又盡量縮小，恢復到原來最小面積，仍分成上下兩層。

(3)在油、水溶液中加入少量乳化劑，再經攪拌混合，則油將被分解成微粒分散於水中，成為乳狀液。由於表面活性劑之乳化劑的分子結構係由具有對油有親和力的親油基和對水有親和力的親水基所組成，能防止油和水兩相相互排斥，將油水兩相連接不使分離，如圖 1.1–5C 所示。即使再次攪拌，增大油和水的接觸面積，油相仍可以微粒穩定分散於水中，且此乳狀液靜置後不致分離，形成水包油狀的瀝青乳狀液，此現象是為乳化。

2.瀝青乳化劑分類與安定劑

(1)瀝青乳化劑分類

瀝青乳化劑之分類一般多按離子的類型分有：

a.離子型乳化劑：指瀝青乳化劑溶解於水溶液時，能電離生成離子或離子膠束者。此類型又分有：

(a)陰離子型乳化劑——陰離子型乳化劑溶解於水溶液時，電離成離子或離子膠束，其與親油基相連的親水基因帶有負電荷者，如脂肪酸鈉類、磺酸鹽類、硫酸酯鹽類等。

(b)陽離子型乳化劑——陽離子型乳化劑溶解於水溶液時，電離成離子或離子膠束，其與親油基相連的親水基團帶有正電荷者，如烷基胺類、季胺鹽類、木質胺類等。

(c)兩性離子型乳化劑——兩性離子型乳化劑溶解於溶液時，電離成離子或離子膠束，其與親油基相連的親水基團的帶電性隨溶液的 pH 值變化而變化者，如氨基酸類、甜菜鹼類、咪唑啉類等。氨基酸類乳化劑在中性溶液中不發生變化，但在微酸中會生成沉澱，而在酸性加強成強酸時，則沉澱物重新溶解。由於此類乳化劑兩性離子的帶電狀態隨環境而變化，可以在陰離子、陽離子及不同 pH 值環境下應用。

b.非離子型乳化劑：指瀝青乳化劑溶解於水溶液時，不能電離生成離子或離子膠束，而靠分子本身所含有之羥基和醚基作為弱水性親水基者，如聚氧乙烯類、多元醇類、聚醚類等。此類型乳化劑由於不帶電荷，當形成瀝青乳液時，與粒料的結合力較弱，須俟水分蒸發分解後，才能使瀝青黏結料黏附於粒料表面上。非離子型乳化劑很少在乳化瀝青中單獨使用，而主要是配合陰離子乳化劑或陽離子乳化劑共同使用，以達到：

(a)延長瀝青乳液與粒料被覆時的分解時間。

(b)改善瀝青混合料拌合性。

(c)提高乳化能力。

(2)乳化瀝青安定劑

乳化瀝青所選用乳化劑應能達到下列兩項效應：

a.儲存之安定性

(a)所選用的乳化劑應具備能降低瀝青與水兩相間的界面張力，使油、水兩相間能有較大的面積接觸，使瀝青微粒均勻分布於水溶液中。

(b)應能增強瀝青微粒的電勢，形成雙電層，促進微粒之間的相互排斥力以減少微粒的聚合傾向。

b.施工技術性能

(a)改善乳化瀝青混合料之拌合性、滲透性。

(b)增加與粒料表面之黏著力，促進乳化瀝青混合料施工之穩定性。

(c)乳化瀝青與粒料接觸的分解速度決定乳化瀝青施工性。

單一瀝青乳化劑的選用常無法達到所述效應，乳液容易破壞，發生分散之乳液顆粒的凝聚沉降以致兩液相分離，失去瀝青乳液的安定性。為發揮單一瀝青乳化劑應有效應，除依上述選用瀝青乳化劑外，對減小油、水兩相間的相對密度的差值及黏度的差值，以及連續相的黏度高者，皆能有所改善。另外較常用者係在乳化過程中或在乳化劑中加入乳化瀝青安定劑，如氯化銨、氯化鈉、氯化鈣、氯化鎂等。乳化瀝青添加安定劑可有下列作用：

(1)增進瀝青顆粒微細而均勻。

(2)增強瀝青微粒的電勢及形成雙電層效應。

(3)增加瀝青微粒之間的相互排斥力，減緩凝聚速度。

(4)改善乳化能力。

(5)改善瀝青乳液的安定性。

(6)增強瀝青與粒料的黏附能力。

3.瀝青乳液之脫乳化性分解

瀝青乳液中分散的瀝青微粒從乳液中的水相內分離並相互凝聚在粒料表面或路面上形成整體性的瀝青黏結料薄膜，發揮原瀝青特性者是為乳化瀝青乳液之分解。乳化瀝青之乳液分解所需時間謂之乳液分解速度。乳化瀝青之分解主要係乳液與粒料接觸後，由於離子電荷的吸附和水分的滲透蒸發而產生分解。

影響瀝青乳液分解的速度，其因素有：

(1)乳化劑類型、乳化劑用量。

⑵瀝青乳液中瀝青微粒與粒料表面所帶之電荷。

⑶粒料級配——級配粒料中粒料愈細、愈多，則其表面積愈大，乳液的分解速度加快。

⑷粒料的孔隙度、粗糙度與乾濕程度等因素，直接影響吸收瀝青乳液中的水分。

⑸乳化瀝青施工時之氣溫、濕度、風速等天候環境。

4.乳化石油瀝青產製

乳化石油瀝青是由石油瀝青膠泥、水、乳化劑及安定劑所組成，其中石油瀝青膠泥經乳化機轉軸葉片強力攪拌、剪切作用，呈微粒狀態懸浮於含有乳化劑之水溶液內，成為水包油的乳狀液。茲將乳化瀝青產製系統示於圖 1.1–6 並簡述如下：將石油瀝青

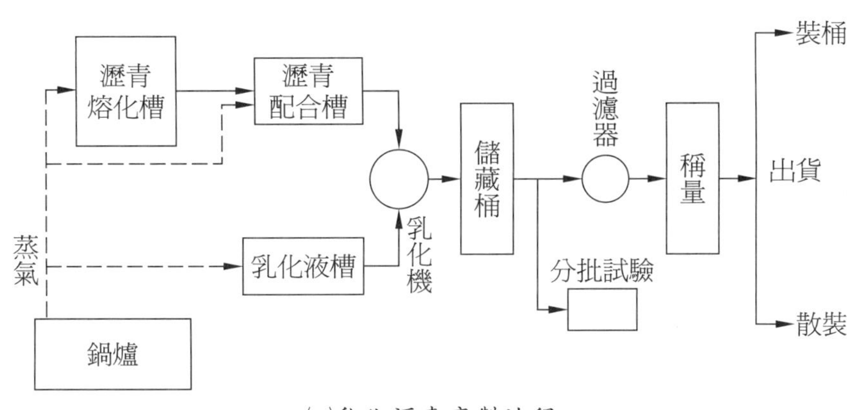

⑷乳化瀝青產製流程

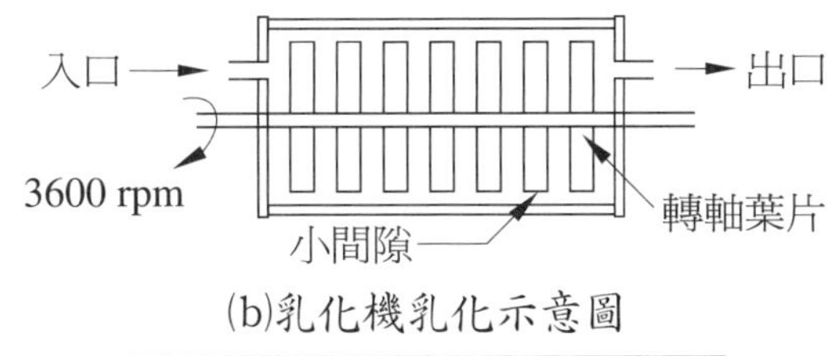

⒝乳化機乳化示意圖

圖 1.1–6　乳化瀝青製造系統

膠泥（約占 55～65%），依瀝青類型、季節、地區等不同加熱至具有良好流動性能的溫度，一般加熱至 120～150°C（瀝青溫度過低，流動性不佳，影響瀝青的乳化效果；瀝青溫度過高，可能產生水氣化，影響瀝青與水溶液的比例變化，並與乳化液混合乳化過程中產生氣泡，妨礙瀝青之乳化），同時將所選用的乳化劑、安定劑等（約共占 0.5～3%）溶解於溫度 50～75°C 的水溶液中，進入乳化機的溫度一般則控制在 30～50°C。將此兩種溶液按比例送入乳化機中，以每分鐘 3600 轉的旋轉速度，利用摩擦與衝擊作

用，使瀝青膠泥分散成直徑 0.05 μm 至 0.3 μm〔1 μm（微米）= 10^{-3} 毫米〕之微小顆粒懸浮於乳化液中。圖 1.1–7 示瀝青微粒散布於乳化劑水溶液中之放大圖。將乳化後之瀝青乳液存入儲藏桶內再加以充分攪拌，並靜置 24 小時以上，使瀝青微粒均勻分布於乳化液內，並增瀝青乳液之安定性，即成乳化瀝青。靜置於儲藏桶內之乳化瀝青，經各項試驗且符合規範後，再稱量裝桶（多為 50 加侖桶），或散裝於油罐車而運至各地使用。

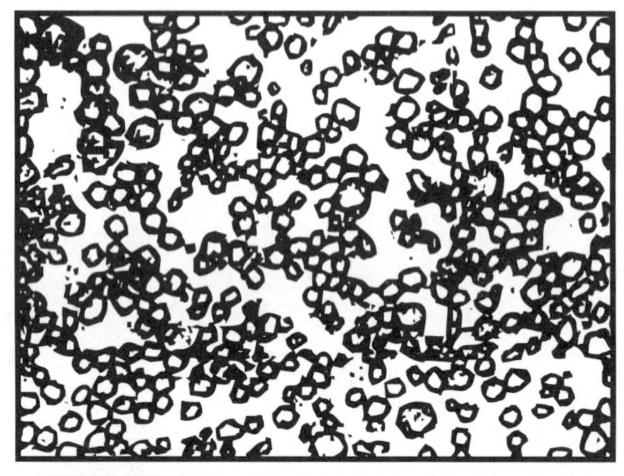

圖 1.1–7 瀝青微粒散布於乳化液之性態

乳化瀝青因所用乳化劑之不同，使得瀝青微粒帶有不同電荷。若帶負電荷者，稱為陰離子乳化瀝青 (Anionic Asphalt Emulsions)；帶正電荷者，稱為陽離子乳化瀝青 (Cationic Asphalt Emulsions)，並冠以 “C” 字。

5.乳化石油瀝青分類

乳化石油瀝青的發展始於二十世紀初期即進行乳化石油瀝青的研究，在其發展過程中，主要開發實用於路面鋪築工程的陰離子乳化石油瀝青，但陰離子乳化石油瀝青僅對石灰石類粒料較能發揮效果；其後，隨著近代界面化學和膠體化學的進展，有效開發石油瀝青微粒帶正電荷的陽離子乳化石油瀝青，當與粒料表面接觸時，由於異性相吸的作用，瀝青微粒能快速黏附於粒料表面上，發揮陰離子乳化石油瀝青的優點並改善其缺點。

乳化瀝青為暗褐色液體，比重在 25°C 時為 1.00～1.04。當其撒布在粒料表面後，水即蒸發或向路基下滲透，所遺之瀝青微粒便附著於粒料表面呈黑色。但分解後之瀝青結合力較弱，品質亦降低，故所得之效果不若加熱之瀝青膠泥優良，之所以採用乳化瀝青，乃因施工簡易，縮短施工期限，使用時不須加熱，粒料無須十分乾燥，略帶濕潤者亦可使用，即在陰雨之時，使用乳化石油瀝青亦甚為適宜。

⑴陰離子乳化石油瀝青

陰離子乳化石油瀝青由於瀝青微粒帶有負電荷，對矽質粒料或表面含有水分之一般粒料，其表面多呈負電荷現象，當帶負電荷之瀝青微粒與之混合時，由於同性電荷的關係而發生互斥作用，如圖 1.1–8 所示之情形，以致採用陰離子乳化瀝青撒布、拌合級配粒料時，瀝青微粒不能迅速黏附於粒料顆粒表面上，需待水分完全蒸發後，始能產生黏附作用，這種黏附僅屬單純黏附，黏附力低。再者，若在潮濕氣候中施工，瀝青乳液中水分蒸發慢，瀝青裹覆粒料的時間相對延長。茲將 CNS、美國所訂有關陰離子乳化石油瀝青規範分列於表 1.1–16～表 1.1–18 以供參考。

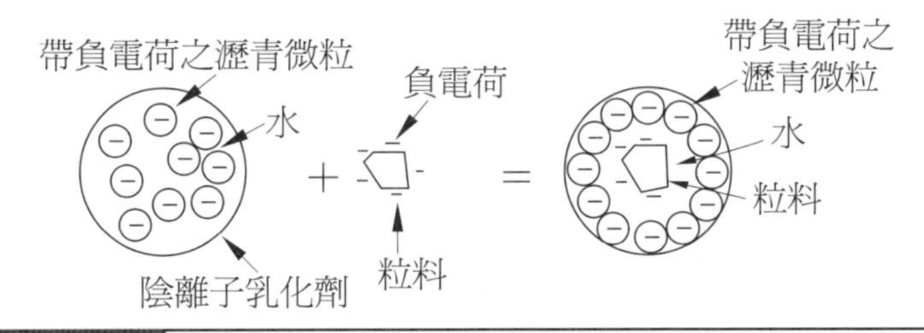

圖 1.1–8 陰離子乳化瀝青之瀝青微粒與粒料作用之關係

表 1.1–16 陰離子乳化石油瀝青規範（CNS1304–91 修訂）

類別			快凝		中凝		慢凝
			RS–1	RS–2	MS–1	MS–2	SS–1
黏度 (SFS)	25°C	(s)	20～100	–	20～100	100 +	20～100
	50°C	(s)	–	75～400	–	–	–
靜置分離（5 天）		(%)	5 –	5 –	5 –	5 –	5 –
脫乳化性 (35 mL, 0.02 N, $CaCl_2$)		(%)	60 +	60 +	–	–	–
水泥混合試驗		(%)	–	–	–	–	2.0 –
篩析試驗		(%)	0.10 –	0.10 –	0.10 –	0.10 –	0.10 –
蒸餾殘渣		(%)	55 +	63 +	55 +	65 +	57 +
塗層能力及防水性							
乾骨材試驗	噴水前		–	–	優	優	–
	噴水後		–	–	好	好	–
溼骨材試驗	噴水前		–	–	好	好	–
	噴水後		–	–	好	好	–
蒸餾殘渣特性							
針入度 (25°C, 100 g, 5 s)		(0.1 mm)	100～200	100～200	100～200	100～200	100～200
延性 (25°C)		(cm)	40 +	40 +	40 +	40 +	40 +
三氯乙烯溶解度		(%)	97.5 +	97.5 +	97.5 +	97.5 +	97.5 +
灰分		(%)	2.0 –	2.0 –	2.0 –	2.0 –	2.0 –
浮碟試驗 (60°C)		(秒)	–	–	–	–	–

註：1. RS – 1：為用於灌入式及表面處理之快凝低黏度乳化瀝青。
2. RS – 2：為專供表面處理之高黏度快凝乳化瀝青。
3. MS – 1：係低黏度之乳化瀝青，供作篩析大於 3.15 mm 孔徑而不含通過試驗篩 0.071CNS386 物料之粗骨材，作廠拌及路拌之用，並可用於黏層 (Tack Coat) 作業。
4. MS – 2：係中黏度之乳化瀝青，供作篩析大於 3.15 mm 孔徑而不含通過試驗篩 0.071CNS386 物料之粗骨材，作廠拌及路拌之用。
5. SS – 1：係低黏度之慢凝乳化瀝青，供作通過 3.15 mm 篩孔之細骨材，其中並含有若干可通過試驗篩 0.071CNS386 者混合之用。
6. SS – 2：係低黏度慢凝乳化瀝青，供於細質土壤在工地混合之用。（尚未訂規範）

表 1.1–17 陰離子乳化石油瀝青規範 (ASTM D977–03)

類　別		快　凝			中　凝		
		RS–1	RS–2	HFRS–2	MS–1	MS–2	MS–2h
黏度 (SFS)	25°C (s)	20～100	–	–	20～100	100 +	100 +
	50°C (s)	–	75～400	75～400	–	–	–
24 小時儲存穩定性 (%)		1 –	1 –	1 –	1 –	1 –	1 –
脫乳化性 (35 mL, 0.02 N, $CaCl_2$) (%)		60 +	60 +	60 +	–	–	–
混合水泥試驗 (%)		–	–	–	–	–	–
篩板試驗 (%)		0.1 –	0.1 –	0.1 –	0.1 –	0.1 –	0.1 –
蒸餾殘渣 (%)		55 +	63 +	63 +	55 +	65 +	65 +
餾出油分占乳液容積 (%)		–	–	–	–	–	–
塗布能力與防水性							
塗布，乾粒料		–	–	–	優	優	優
塗布，粒抖噴水後		–	–	–	好	好	好
塗布，濕粒料		–	–	–	好	好	好
塗布，粒料噴水後		–	–	–	好	好	好
蒸餾殘渣試驗							
針入度 (25°C, 100 g, 5 s) (0.1 mm)		100～200	100～200	100～200	100～200	100～200	40～90
延性 (25°C, 5 cm/min) (cm)		40 +	40 +	40 +	40 +	40 +	40 +
三氯乙烯溶解度 (%)		97.5 +	97.5 +	97.5 +	97.5 +	97.5 +	97.5 +
浮碟試驗 (60°C) (s)		–	–	1200 +	–	–	–

表 1.1–18 陰離子乳化石油瀝青規範 (ASTM D977–03)

類別		中凝				慢凝		速凝
		HFMS–1	HFMS–2	HFMS–2h	HFMS–2s	SS–1	SS–1h	QS–1H
黏度 (SFS)	25°C (s)	20～100	100 +	100 +	50 +	20～100	20～100	20～100
	50°C (s)	–	–	–	–	–	–	
24 小時儲存穩定性 (%)		1 –	1 –	1 –	1 –	1 –	1 –	
脫乳化性 (35 mL, 0.02 N, $CaCl_2$) (%)		–	–	–	–	–	–	
混合水泥試驗 (%)		–	–	–	–	2.0 –	2.0 –	N/A
篩析試驗 (%)		0.1 –	0.1 –	0.1 –	0.1 –	0.1 –	0.1 –	0.1 –
蒸餾殘渣 (%)		55 +	65 +	65 +	65 +	57 +	57 +	57 +
餾出油分占乳液容積 (%)		–	–	–	1～7	–	–	
塗布能力與防水性								
塗布，乾粒料		優	優	優	優	–	–	
塗布，粒料噴水後		好	好	好	好	–	–	
塗布，濕粒料		好	好	好	好	–	–	
塗布，粒料噴水後		好	好	好	好	–	–	
蒸餾殘渣試驗								
針入度 (25°C, 100 g, 5 s) (0.1 mm)		100～200	100～200	40～90	200 +	100～200	40～90	40～90
延性 (25°C, 5 cm/min) (cm)		40 +	40 +	40 +	40 +	40 +	40 +	40 +
三氯乙烯溶解度 (%)		97.5 +	97.5 +	97.5 +	97.5 +	97.5 +	97.5 +	97.5 +
浮碟試驗 (60°C) (s)		1200 +	1200 +	1200 +	1200 +	–	–	–

(2)陽離子乳化石油瀝青

陽離子乳化石油瀝青適用範圍較陰離子乳化石油瀝青廣泛，可應用於多種不同粒料，包括矽石類在內。因陽離子乳化石油瀝青微粒呈正電荷，大部分粒料表面均呈陰性 (潮濕之粒料表面亦帶負電荷)，與粒料相混合時，瀝青微粒與粒料表面相接觸，則由於異性相吸關係，可迅速將瀝青微粒脫乳分解而出，使瀝青微粒吸附黏結在粒料表面上，如圖 1.1–9 所示之情形。其結果將使全部鋪路工作，於陽離子乳化石油瀝青撒布，拌合後數小時至一日內完成，即使在陰濕或低溫氣候仍可照常施工。再者陽離子乳化瀝青，對硬水、或軟水均可使用，而陰離子乳化瀝青，僅適用於軟水，或不含礦物質之水，因硬水可使陰離子乳化瀝青中所懸浮之瀝青微粒發生凝聚沉澱現象。茲將 CNS、美國所訂有關陽離子乳化石油瀝青分列於表 1.1–19、表 1.1–20

以供參考：

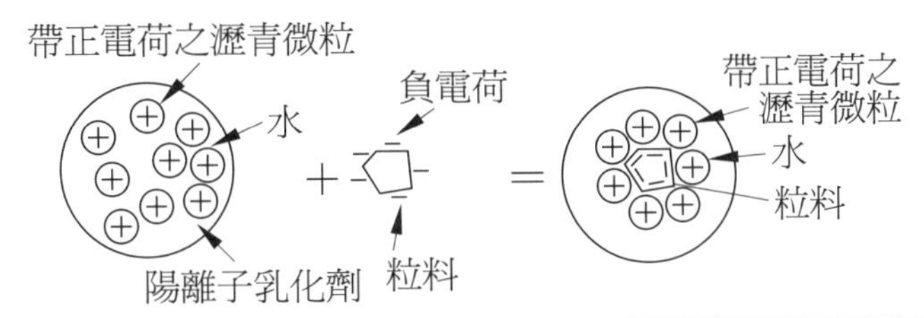

圖 1.1–9 陽離子乳化瀝青之瀝青微粒與粒料作用之關係

表 1.1–19 陽離子乳化石油瀝青規範（CNS1304–91 年修訂）

類　別			快　凝		中　凝		慢　凝	
			CRS–1	CRS–2	CMS–1	CMS–2	CSS–1	CSS–2
黏度 (SFS)	25°C	(s)	–	–	–	–	20～100	20～100
	50°C	(s)	20～100	100～400	50～450	50～450	–	–
靜置分離（5 天）		(%)	5 –	5 –	5 –	5 –	5 –	5 –
儲存穩定性試驗（1 天）		(%)	1 –	1 –	1 –	1 –	1 –	1 –
脫乳化性 (35 mL, 0.02 N, $CaCl_2$)		(%)	40 +	40 +	–	–	–	–
荷電試驗			正	正	正	正	正	正
篩析試驗		(%)	0.1 –	0.1 –	0.1 –	0.1 –	0.1 –	0.1 –
水泥混合試驗		(%)	–	–	–	–	2.0 –	2.0 –
油分		(%)	3 –	3 –	12 –	12 –	–	–
蒸餾殘渣		(%)	60 +	65 +	63 +	65 +	57 +	57 +
塗層能力及防水性								
乾骨材試驗	噴水前		–	–	優	優	–	–
	噴水後		–	–	好	好	–	–
濕骨材試驗	噴水前		–	–	好	好	–	–
	噴水後		–	–	好	好	–	–
蒸餾殘渣特性								
針入度 (25°C, 100 g, 5 s)		(0.1 mm)	100～200	100～200	100～200	40～90	100～200	40～90
延性 (25°C, 5cm/min)		(cm)	40 +	40 +	40 +	40 +	40 +	40 +
三氯乙烯溶解度		(%)	98 +	98 +	97.5 +	97.5 +	97.5 +	97.5 +
灰分		(%)	–	–	2.0 –	2.0 –	2.0 –	2.0 –

表 1.1-20 陽離子乳化石油瀝青規範（ASTM 2397-02）

類別		快凝		中凝		慢凝		速凝
		CRS-1	CRS-2	CMS-2	CMS-2h	CSS-1	CSS-1h	CRS-1H
黏度（SFS）	25°C (s)					20～100	20～100	20～100
	50°C (s)	20～100	100～400	50～450	50～450			
24 小時儲存穩定性 (%)		1 −	1 −	1 −	1 −	1 −	1 −	1 −
脫乳化性（35 mL, 0.8%，二辛基磺琥珀酸鈉）(%)		40 +	40 +					
荷電試驗		正	正	正	正	正	正	正
篩析試驗 (%)		0.1 −	0.1 −	0.1 −	0.1 −	0.1 −	0.1 −	0.1 −
水泥混合試驗 (%)						2.0 −	2.0 −	N/A
餾出油分占乳液容積 (%)		3 −	3 −	12 −	12 −			
蒸餾殘渣 (%)		60 +	65 +	65 +	65 +	57 +	57 +	57 +
塗布能力與防水性								
塗布，乾粒料				優	優			
塗布，粒料噴水後				好	好			
塗布，濕粒料				好	好			
塗布，粒料噴水後				好	好			
蒸餾殘渣試驗								
針入度（25°C, 100 g, 5 s）(0.1 mm)		100～250	100～250	100～250	40～90	100～250	40～90	40～90
延性（25°C, 5 cm/min）(cm)		40 +	40 +	40 +	40 +	40 +	40 +	40 +
三氯乙烯溶解度 (%)		97.5 + 1	97.5 + 1	97.5 + 1	97.5 +	97.5 +	97.5 +	97.5 +

註：二辛基磺琥珀酸鈉（Dioctyl Sodium Sulfosuccinate）

1.1-5 彩色黏結料

應用於柔性路面的彩色黏結料一般可分為石油瀝青系材料及非石油瀝青系之樹脂系材料：

一、瀝青系材料

石油瀝青系黏結料包括石油瀝青膠泥及改質石油瀝青，後者之應用較傳統石油瀝青具有高溫抗流動變形性，增加路面耐久性，保持路面機能的發揮。瀝青系材料之原色呈現黑褐色或黑色，可添加著色的顏料有限，且混拌後，其色彩不如原色。一般可加入石油瀝青用量 50～70% 氧化鐵 (Fe_2O_3) 則成為赭紅色，50～100% 氧化鉻 (Cr_2O_3) 則呈墨綠色。無機顏料的用量可換算部分同體積的填充料。在瀝青混合料中，粗粒料全部或一部分以有色粗粒料代替。有色粗粒料可以加入混拌鋪築，或撒布於鋪設完成之表面上，則表面更能顯出色彩。

二、非瀝青系之樹脂系材料

(一) 合成樹脂透明瀝青

合成樹脂透明瀝青 (Transparent Asphalt) 係一種混合各類石油樹脂、熱塑性樹脂、橡膠、重質油料與抗降解劑，具有高黏度、高黏結性、高韌性、高延性與耐油性的改質模擬瀝青產品，呈黃色透明狀，容易著色。著色可用有機顏料或無機顏料，著色劑的使用量有機顏料約黏結料用量之 1～4%，無機顏料為 10～20%，無機顏料在路面較不易受紫外線影響而變色。

合成樹脂透明瀝青添加顏料及有色粒料更能顯現原彩色效果。

(二) 環氧樹脂

環氧樹脂 (Epoxy Resin) 係一種熱硬化性的合成樹脂，具有高強度、黏著性、抗撓曲性及易於著色。一般係以環氧樹脂為主劑，配合醯胺系硬化劑之液性材料，兩液按比例混合，作為有色粒料（或添加顏料）之黏結劑，可用於路面鋪設。以環氧樹脂為黏結料所鋪設之路面，具有防水性、抗油溶性及抗磨損性。

(三) 壓克力樹脂

壓克力樹脂 (Acrylic Resin) 係由甲基丙烯酸甲脂（Methyl Methacrylate，簡稱 MMA）單體溶解某些丙烯酸樹脂成液狀樹脂，加入硬化觸媒，經聚合所成 100% 固形物之聚丙烯酸甲脂聚合體 (壓克力樹脂)。觸媒硬化型之合成樹脂具有早期硬化，適合在冬季快速施工，施工時，路面溫度宜在 40°C 以下。

(四) 聚氨脂樹脂

聚氨脂樹脂（Polyurethane Resin，簡稱 PU）容易著色，硬化後富有彈性，一般多用在網球場、體育場跑道等之鋪設。

1.2 改質石油瀝青

1.2-1 改質石油瀝青

石油瀝青材料鋪築的瀝青路面漸不足以承受日益成長的重載交通量、氣候變異等所造成早期破壞現象。為能提高瀝青路面的使用性，除改善級配粒料性能外，另對黏結料瀝青性能的改善亦為一重點。近代由於高分子聚合物合成化學之發展，對能應用在公路鋪面特殊性質要求下之合成樹脂、合成橡膠之產製技術與品質安定等之開發不遺餘力。目前針對研究瀝青材料性能改善主要係在石油瀝青材料中添加各種高分子聚合物或其他無機材料混拌之改質瀝青。

改質石油瀝青或改質石油瀝青混合料是指在石油瀝青或石油瀝青混合料中摻加改質劑或其他填充料，或對石油瀝青輕度氧化等措施，用以改善石油瀝青或石油瀝青混合料的性能者。

1.2-2 石油瀝青之改質劑

所謂石油瀝青之改質劑係指在石油瀝青或石油瀝青混合料中所加入之人工或天然之有機或無機材料，可熔融、分散懸浮在石油瀝青中並與石油瀝青發生反應或裹覆在粒料表面上增進瀝青路面性能者。

石油瀝青之改質劑大致有如下之分類：

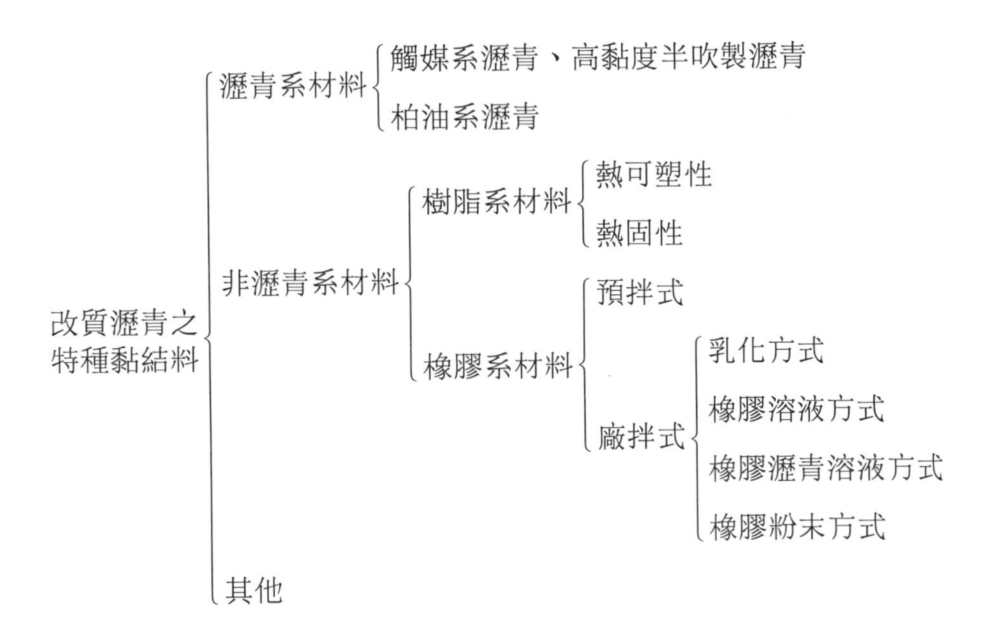

據日本日瀝化學工業株式會社太田健二先生在《アスファルト第 22 卷第 118 號》發表，用於瀝青材料改質之樹脂類及橡膠種類如下：

一、熱可塑性彈性膠

1. 天然橡膠 (NR)
2. 苯乙烯－丁二烯共聚合物 (SBR)
3. 聚氯丁二烯 (CR)
4. 丙烯腈－丁二烯共聚合物 (NBR)
5. 異丁烯－異丙烯共聚合物 (IIR)
6. 聚丁二烯 (BR)
7. 聚異丙烯 (IR)
8. 多硫化聚合物 (T)
9. 乙烯－丙烯三元聚合物 (EPT)
10. 烯屬橡膠 (AR)（苯乙烯－丁二烯共聚合物及異丙烯－丁二烯共聚合物之 2 型）
11. 聚異丁烯
12. 苯乙烯－異丙烯之嵌段共聚合物 (SIS)
13. 苯乙烯－丁二烯之嵌段共聚合物 (SBS)

14.聚乙烯 (PE)

15.聚丙烯

16.聚胺基甲酸酯

17.矽素彈性膠

18.乙烯一醋酸乙烯共聚合物 (EVA)

19.乙烯一乙基丙烯酸酯共聚合物 (EEA)

20.苯乙烯一異丙烯共聚合物 (SIR)

二、合成樹脂

(一) 熱可塑性

1. 石油樹脂

2. Croman-Indene 樹脂

3. 聚丁乙炔樹脂

4. 丁烯二酸樹脂

(二) 熱固性

1. 未飽和聚脂樹脂

2. 環氧樹脂 (EP)

三、天然樹脂

1. 松香

四、合成橡膠

1. 二烯類：丁二烯聚合物 (BR)、丁二烯一苯乙烯共聚合物 (SBR)、丁二烯一丙烯腈共聚合物 (NBR)、順二烯聚合物 (IR)、氯丁二烯 (CR)

2. 烯系 ： 異丁烯一二烯共聚合物 (IIR) 、 乙烯一丙烯共聚合物 （三元聚合物）(EPM) (EPDM)、氯磺酸化聚乙烯 (CSM)

3. 多硫化物系烯硫化物聚合物 (T)

4. 有機矽化合物：烷基一環己烷縮合物 (Q)

5.氟化合物系：二氟化乙烯、六氟化丙烯 (FKM)

6.胺基甲酸酯系：聚二異氰酸酯縮合物 (AU)、聚二異氰酸醚縮合物 (FU)

7.氯乙烯系：丙烯酸酯聚合物 (AGM、ANM)

上述分類點，在鋪面工程應用於石油瀝青之改質者，主要有：

1.熱可塑性彈性膠也稱可塑性橡膠類——主要有苯乙烯－丁二烯之嵌段共聚合物 (SBS)、苯乙烯－異丙烯之嵌段共聚合物 (SIS) 等。此類改質劑具有使變形、開裂的回復性之良好彈性特性，又有樹脂的熱可塑性性質，因而兼具有橡膠和樹脂兩類改質瀝青的結構與性質，故也稱為橡膠樹脂類。在路面工程實際應用中，以 SBS 最為普遍使用。由於苯乙烯和丁二烯所含比例的不同和分子結構的差異，SBS 分成線型結構和星型結構兩種。

2.樹脂材料類——樹脂材料類依其可塑性又可分為熱塑性樹脂和熱固性樹脂。熱塑性樹脂主要有聚乙烯 (PE)、乙烯－醋酸乙烯共聚合物 (EVA)、聚氯乙烯 (PVC) 等；熱固性樹脂可作為改質劑者主要有環氧樹脂 (EP) 和聚氨脂樹脂 (PU)。在路面工程實際應用中，以 PE、EVA 最為普遍使用，熱固性樹脂甚少應用。

3.橡膠類——橡膠係聚合物的彈性體，可分為天然橡膠 (NR)、合成橡膠、再生橡膠等，其形態有板塊狀、粉末狀、乳化狀、膠漿狀等，依使用配製法選用。在路面工程實際應用中，以合成橡膠為主，主要有 SBR、CR、SIR 等，但實際應用則以 SBR 最為廣泛，而 CR 具有極性，多用於柏油的改質劑。

廢輪胎橡膠經加工研磨成橡膠粉末，添加於石油瀝青材料混煉加熱時，橡膠微粒發生膨脹、擴散作用而溶解，使瀝青質 (Asphaltenes) 發生凝結作用增加黏性，並吸收碳化氫而影響感溫性及衝擊強度，故也可作為石油瀝青的改質劑。

4.礦物填充料類——礦物填充料類之改質劑主要有碳黑、硫磺、石灰等，其在石油瀝青材料中具填充增強作用。硫磺添加在石油瀝青中不但具有改質作用，而且可以取代部分瀝青。

上述之分類材料又可按用途分有加熱施工式與常溫施工式。

樹脂瀝青用在機場面層，處理厚度 2.5 厘米 (cm) 至 1 厘米之防滑層、積雪區之耐磨損層；環氧樹脂、環氧柏油 (Epoxy Tar)、乳化橡膠 (Rubber Latex) 則多用在厚度 1 厘米以下之橋面處理處、高架道路之防滑層、及耐磨損層。石油系及煤炭系之熱可熔樹脂為主之合成樹脂、環氧樹脂、聚酯樹脂 (Polyester Resin)、橡膠乳液等用於面層之著色鋪設，橡膠柏油則用在耐油面層之鋪設。

1.2–3 改質石油瀝青製作方式

1.2–3–1 聚合物改質劑之改質機理

改質石油瀝青是由高分子聚合物改質劑經特殊加工成一定粒徑之微粒，以分散相均勻分散在石油瀝青連續相中所構成之混熔體。由於改質劑與石油瀝青之間僅具有部分吸附、相容，而不完全熔融，屬於熱力學不穩定體系，易發生此混熔體兩相間的凝聚和離析現象。

相容性是影響石油瀝青改質最重要的因素，聚合物改質劑與石油瀝青之相容性，主要與石油瀝青種類及組成、聚合物分子量與結構、聚合物用量等因素有關。當高分子聚合物添加於石油瀝青中時，聚合物首先吸收油分而融脹，使體積增加 5～10 倍。聚合物之充分融脹才能分散成細小微粒，此微粒的大小及其在石油瀝青中的分散狀態是為分散度，對改質石油瀝青的特性有很大的影響。因之聚合物之充分分散在石油瀝青中，才能真正發揮改質作用。

大部分的高分子聚合物改質劑對石油瀝青的分散相容性不佳，為提高其相容性，一般可添加增熔劑或採用化學穩定劑。添加增熔劑者具有促使聚合物相與石油瀝青相之間形成一層穩定的相界面吸附層，降低相界面的表面張力，增加兩相間親和力，達到兩相間的相容；採用化學穩定劑者，則由於化學作用而在聚合物相與石油瀝青相之間產生化學鍵作用而避免發生凝聚和離析現象。

1.2–3–2 改質石油瀝青製作方式

大部分改質劑與鋪面石油瀝青之相容性不佳，因此必須採特殊製作方式，將改質劑製成微粒，均勻分散在石油瀝青中，以達到改質功效。改質石油瀝青的製作方式有廠拌式及預拌式兩種，茲分述於下：

一、廠拌式

將乳化的改質劑、粉末改質劑、或礦物粉末直接噴入拌合機內，直接與其內的瀝青混合料熱拌而製成改質瀝青混合料。此種方式，改質劑未預先與石油瀝青混拌，製作成改質石油瀝青，因此在產製過程中，由於乳化的改質劑中含有一半左右的水分，在熱拌瀝青混合料時，會產生大量水蒸氣，易使拌合機設備鏽蝕，而拌成的瀝青混合料中因含有水分可能影響鋪築壓實性；再者，乳化的改質劑經管道輸送，間斷計量，在使用過程中會發生少量脫乳現象，並附著於管道、泵、噴嘴等處而發生阻塞現象。

二、預拌式

將乳化的改質劑、粉末改質劑或礦物粉末及添加劑加入石油瀝青中熱拌，使改質劑微粒均勻分散在石油瀝青中而製備成改質石油瀝青的製作方式。

(一) 改質瀝青母體法

將聚合物改質劑、石油瀝青及添加劑（例如穩定劑）混煉成高濃度聚合物改質瀝青母體。此製備之改質瀝青母體，可依所要求之質量比例與熱基底石油瀝青摻配稀釋、混煉，使改質母體熔化分散在石油瀝青中，製得改質石油瀝青。

改質瀝青母體可採用溶劑法和混煉法製備。溶劑法係先將聚合物改質劑例如 SBR 剪切成薄片，用溶劑攪拌使聚合物改質劑熔解（融脹）變成微粒液態，再與熱石油瀝青、穩定添加劑混煉，然後將溶劑萃取回收，製成高濃度聚合物改質瀝青母體。對與石油瀝青相容性不佳的聚合物改質劑，可採用高速剪切法使之細化，再製得高濃度的改質瀝青母體。

溶劑法的優點是聚合物改質劑的粒度很細，在石油瀝青中分散得非常均勻。缺點是改質瀝青母體中仍殘留有少量溶劑，長時間混拌可能老化，影響石油瀝青本身性能及改性效果，又母體所使用的石油瀝青與基底瀝青類型不一致時也存在有相容性的問題。

(二) 機械攪拌法

將聚合物改質劑以膠體研磨法，高速剪切法細化之，並經機械攪拌，使改質劑微粒充分分散於熱石油瀝青中。

1. 合成橡膠或天然橡膠經過精煉，用液氮冷凍使之脆化，再用球磨機研磨成粉末加入熱石油瀝青中，經充分攪拌而均勻分散之。

2. 廢輪胎經過軋碎、切碎，再予高速剪切研磨細化成廢橡膠粉末，或採用液氮快速冷凍使之脆化，再研磨成細度小於 0.18 mm 的粉末，添加於溫度 160～180°C 的熱石油瀝青中拌合均勻，製成廢橡膠改質石油瀝青。

3. 熱塑性橡膠類如 SBS、SIS 和熱塑性樹脂類如 EVA、PE 改質劑對基底石油瀝青的相容性較差，用簡單的機械攪拌不但需時較長，且效果不佳。對這些聚合物改質劑能與基底石油瀝青相混熔，宜將改質劑、穩定劑等添加物加入至 160～180°C 的熱石油瀝青中，再經過膠體研磨或高剪切設備等機械的研磨和剪切力強制將改質劑粉碎，使改質劑能充分均勻分散在基底石油瀝青中。

SBS 根據苯乙烯和丁二烯所含比例的不同和分子結構的差異，分有線型結構和星型結構。由於線型 SBS 之分子量較星型 SBS 的分子量相對較小，所以與石油瀝青有較佳的相容性，及易形成穩定體系。

EVA 樹脂之醋酸乙烯 (VA) 的含量越大、熔融指數 (MI) 越小者，則因熔融後的黏度相對增高，改質效果雖較好，但為促進此 EVA 改質劑在石油瀝青中充分均勻分散，則宜採用膠體研磨或高速剪切設備加工之；對醋酸乙烯 (VA) 的含量較高，熔融指數較高的 EVA 改質劑，其與石油瀝青有良好的相容性，因而 EVA 容易在石油瀝青中充分分散，可以採用攪拌法加工之。

低密度聚乙烯 (PE) 由於較具柔軟性、伸長率、耐衝擊性，且密度小，較高密度聚乙烯適用於石油瀝青之改質。PE 能與石蠟基石油瀝青相容，但對鋪面使用的環烷基石油瀝青的相容性不佳。為使 PE 與石油瀝青相混熔，可在石油瀝青中添加催化劑，促進兩者相容。在 160°C 以上溫度採用膠體研磨或高剪切混熔機強力進行擠壓、剪切、碾磨，粉碎成微細顆粒充分均勻分散在基底石油瀝青中而製得聚乙烯改質石油瀝青。

1.2–4 樹脂石油瀝青

瀝青材料添加樹脂材料稱為樹脂瀝青，用以改進瀝青材料之韌性、彈性、及感溫性，通常所添加之樹脂，包括有聚乙烯 (Polyethylene)、聚丙烯 (Polypropylene)、EVA〔聚乙烯、醋酸乙烯 (Vinylacetate) 共聚合物〕、聚異丁烯 (Polyisobutylene) 等熱可塑性合成樹脂

(Thermoplastic Resins)，以單獨或適當混合物加入，再加可塑劑、軟化劑等而混拌製成。

瀝青材料也有添加環氧樹脂、呋喃樹脂 (Furan Resin)、酚醛樹脂 (Phanol Resin)、聚醇酸樹脂 (Alkyd Resin) 等熱固性合成樹脂 (Thermosetting Resins) 混入作為基劑，其次硬化劑經適當加工製成兩成分、三成分者，而於使用時混合使用。亦有將之製成樹脂瀝青乳劑。

樹脂瀝青以添加聚乙烯、或 EVA 系樹脂做為改進瀝青材料特性者較為常用。前者在瀝青中之分布狀態欠佳，但其價格低廉，對瀝青材料具有改質效果；而後者能增進瀝青材料之強韌性 (Toughness)、黏結力 (Tenacity)、彈性、及耐衝擊性等特性，EVA 樹脂瀝青與橡膠瀝青之性質甚為相似。圖 1.2–1 至圖 1.2–3 表示聚乙烯添加量對瀝青材料針入度、延性及軟化點之關係。日本日瀝化學工業株式會社發行之《アスファルト舗裝講座・第一卷》發表之 EVA 樹脂添加量對瀝青材料之改質列於表 1.2–1。

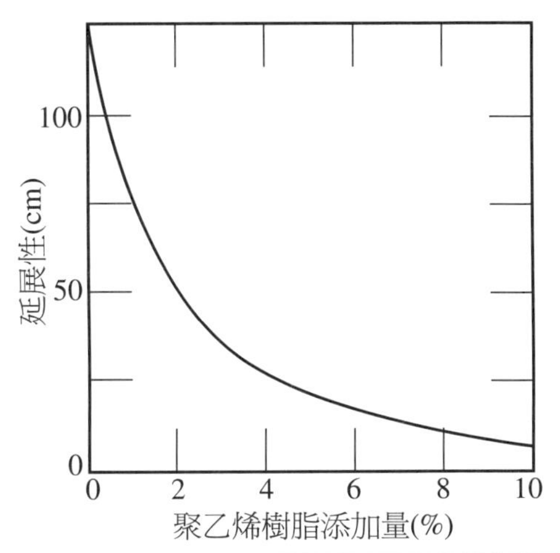

圖 1.2–1 聚乙烯添加量與延性關係曲線

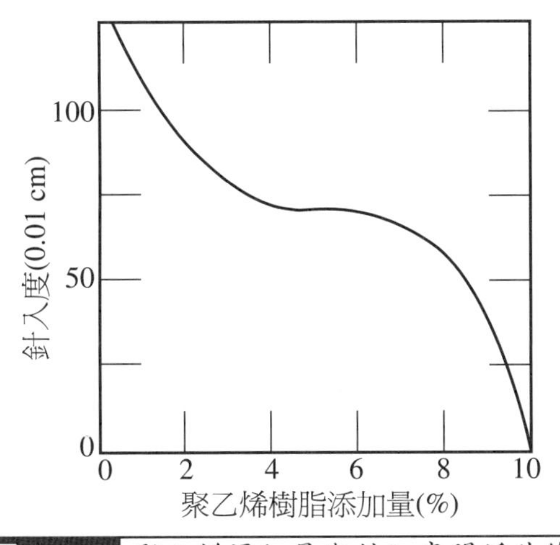

圖 1.2–2 聚乙烯添加量與針入度關係曲線

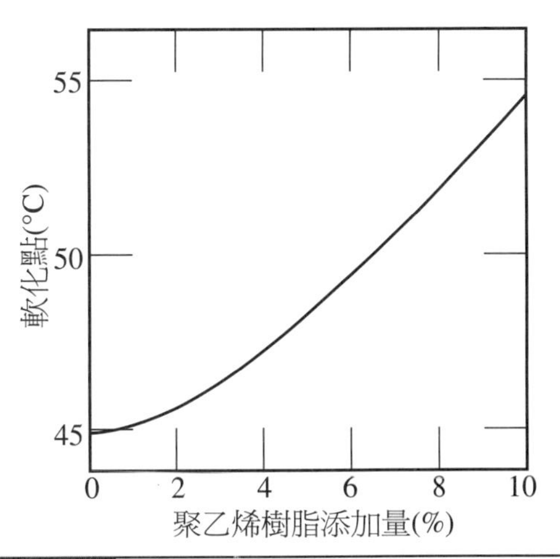

圖 1.2–3 聚乙烯添加量與軟化點關係曲線

表 1.2-1 EVA 樹脂瀝青之性質

80～100 瀝青膠泥 (%)		100	97	95
EVA 樹脂 (%)		0	3	5
比重		1.020	1.018	1.016
軟化點 (°C)		45	47	48
針入度 ($\frac{1}{100}$ cm)	(25°C)	90	101	91
	(0°C)	12	14	18
	(46°C)	406	402	344
PI		−1.1	0	−0.2
延性 (cm)	(10°C)	100 以上	100 以上	74
	(5°C)	7.5	40	39
蒸發量 (%)		0.007	0.001	0.003
蒸發後之針入度比 (%)		90	80	90
流度 (39°C) (cm)		2.21	1.32	0.71
彎曲性 (2.5 cmϕ)	(5°C)	不合格	不合格	合格
	(0°C)	–	–	不合格
薄膜熱損後針入度比 (%)		64.4	62.5	72.5
強韌性 (25°C) (N·m)		3.5	4.9	5.4
黏結力 (25°C) (N·m)		0	1.5	1.8
黏度 (cp) *	(180°C) B 型計	70	100	130
	(160°C)	130	225	295
	(140°C)	300	590	850
	(120°C)	1120	1610	1880

* cp = centipoise 厘泊。

樹脂瀝青須加熱溶解成液狀才能與級配粒料混拌，因其具高黏度，在混拌及鋪設施工時，須較一般瀝青材料用較高之溫度，在此高溫加熱混拌時，可能發生熱劣化影響品質，不能不予注意。

1.2–5 乳化橡膠

乳化橡膠係橡膠微粒或樹脂微粒懸浮於水中而成一種乳白色之水溶性液體，呈鹼性 ($pH > 7$) 與酸性 ($pH < 7$) 兩類，橡膠或樹脂之含量約 40%～60%。

1920 年英國首先研究天然乳化橡膠 (Natural Rubber Latex) 應用於公路鋪面之黏結材料，到 1930 年才開始實用化。其後對天然乳化橡膠之研究不遺餘力，近代已進展到以

合成橡膠 (Synthetic Rubber) 及合成乳化橡膠代替天然橡膠的時代。

乳化橡膠雖然分有天然橡膠、合成橡膠 (SBR)、氯化橡膠、丙烯腈橡膠、醋酸乙烯樹脂、氯乙烯、氯乙烯共聚合樹脂、壓克力樹脂等等，但其用途多用於浸漬品、接著劑、發泡體、紙加工、纖維質加工等，而用在路面黏結材料方面，則考慮其物性與經濟性之影響，多採用合成橡膠、天然橡膠、醋酸乙烯樹脂等。

SBR 乳化橡膠係由丁二烯、苯乙烯單體，以脂肪酸皂為乳化劑，在水中分散並聚合反應而製得。天然橡膠係將橡膠樹樹幹割裂，由割裂處流出之樹汁（含有 30%～45% 橡膠成分），用離心法將之濃縮至含橡膠成分 60% 以上，再加氨水為安定劑而製成。乳化橡膠用於公路路面黏結材料使用，乃能具原有之低溫性、耐衝擊性、耐磨損性、彈性等特性。

醋酸乙烯樹脂乳膠，係由醋酸乙烯單體加入乳化劑在水中分散聚合所成。此種材料在乳化合成樹脂中產量最多，價格最低，惟其低溫性、耐衝擊性、耐磨損性、彈性等，都不如橡膠系，但有較佳之抗拉強度及耐油性。

日本日瀝化學工業株式會社發行之《アスファルト舗裝講座・第一卷》發表之各種乳化橡膠之性質及各種乳化橡膠分解物之性質，分別列於表 1.2–2 及表 1.2–3。

乳化橡膠呈乳白色乳化狀態，可與水混合，亦易附著於濕粒料表面。因常溫下黏度低，故有良好的施工性。通常應用於人行天橋、人行道及階梯之鋪面鋪設，鋪設厚度約 9 厘米至 10 厘米。亦因有良好的著色性，故可用於著色鋪裝用之黏結材料。

表 1.2–2　各種乳化橡膠之性質

乳化橡膠種類	天然乳化橡膠	CBR 乳化橡膠	醋酸乙烯樹脂乳膠
外觀	乳白色懸濁液	乳白色懸濁液	乳白色懸濁液
固體成分 (%)	60 以上	40～50	40～55
黏度（cp，厘泊）	110	10～20	50
粒徑 (μ)	0.5	0.2	0.1～3
pH	10～10.5	8～10.5	3～5
比重	1.00	0.99～1.04	–
與粒料之混合性	良好	良好	良好
著色性	良好	良好	良好

表 1.2-3 各種乳化橡膠分解物之性質

乳化橡膠種類	天然乳化橡膠	CBR 乳化橡膠	醋酸乙烯樹脂乳膠
低溫屈曲性	大	中	甚小
耐衝擊性	大	中	小
耐磨損性	中	大	小
耐熱性	中	中	甚小
彈性	大	大	小
延性	大	中	甚小
耐候性	小	中	中
耐水性	大	大	小
耐油性	甚小	甚小	大

1.2-6 橡膠石油瀝青

瀝青材料中添加橡膠混拌而成者，是為橡膠瀝青。1845 年英國首先試驗將橡膠混入瀝青材料中，以期改良瀝青材料的性質，1901 年法國實際將之試驗應用在公路鋪面的鋪設，1947 年美國試驗以合成橡膠粉末及乳化橡膠混入瀝青材料，用以實際之路面鋪設。日本則於 1942 年以天然乳化橡膠混入乳化瀝青，用灌入式鋪築路面。1980 年、1982 年我國試驗以橡膠廢料、合成乳化橡膠、天然乳化橡膠混入瀝青材料技術及改質研究。

瀝青材料為瀝青路面之主要黏結料，惟其較具感溫性，在高溫情況下不易保有適宜的黏度以抵抗變形，在低溫情況下，也不易保有適宜柔性以免路面的裂損，同時高溫的日光，對瀝青材料的物性例如硬度、黏結力等，也發生直接的劣質化。由此瀝青材料對急劇增長的交通量、車輛的高速化及重量化、高熱嚴寒的地區氣候，以及特種車輛之磨耗的抵抗能力較差。瀝青材料混入橡膠，使瀝青材料能呈現有橡膠的特性，以改良瀝青材料在應用上性質的缺點。

1.2-6-1 應用於瀝青材料中之橡膠材料

可被混入瀝青材料中的橡膠材料性態，約可分為：

1. 粉狀橡膠：包括有天然橡膠粉、合成橡膠料、及再生橡膠粉。
2. 液狀橡膠：包括天然乳化橡膠、合成乳化橡膠、及橡膠溶液。

3. 細片狀及固狀橡膠：包括有天然橡膠、合成橡膠、溶化橡膠 (Rubber Master Batch)。

粉狀橡膠是將部分或全部硫化之橡膠粉末化，一般而言，橡膠之硫化將減小其溶解性。

液狀橡膠分有乳劑與溶劑兩種類。乳劑者係將橡膠藉乳化劑作用乳化或微粒懸浮於水中，分有天然乳化橡膠及合成乳化橡膠，前者橡膠固形物含量在 60% 以上，後者在 40%～60% 之間。由於乳劑含有多量水分，加熱溶解於瀝青材料中會產生多量泡沫，在增加橡膠固形物含量可將此現象減輕。溶劑者係在固體橡膠中混入適當量的揮發性溶劑，因含有多量揮發性溶劑，加熱溶解於瀝青材料中會發生著火燃燒的危險性。

細片狀及固狀橡膠不容易溶解於瀝青材料中。為促進熔化，以機器將天然橡膠，或合成橡膠、或再生橡膠與瀝青及分解劑，用機械混合方式使之成為均勻的混合組成物，而能很容易地熔化於加熱瀝青材料中，而成熔化橡膠。

應用於瀝青材料中的橡膠種類雖有多種，但以天然乳化橡膠及合成乳化橡膠之使用最為普遍，尤其合成乳化橡膠。表 1.2–4 示一般通用之 SBR 乳化橡膠之性狀：

表 1.2–4 SBR 乳化橡膠之性狀

項　目	性　狀
外觀	乳白色懸濁液
固體成分 (%)	50
pH	10.5
黏度 (25°C, CPS)	225
比重 (25°C)	0.98
機械安定性	優
化學安定性	優
瀝青材料安定性	優

1.2–6–2　橡膠在石油瀝青材料中之作用

瀝青材料中之可溶於苯的成分，包括有瀝青質、熔化料 (Melten)、及瀝青脂類 (Asphalt Resins)，而以熔化料為介質之膠狀懸浮液熔解瀝青質及脂類。橡膠混入瀝青材料，對其特性的改變程度，視瀝青材料本身的性質和混入的橡膠性質及形態，例如乳化橡膠、未硫化橡膠、硫化橡膠、粉狀橡膠、或細片狀橡膠等而有甚大的差異。關於橡膠加入瀝青材料中產生的作用及在何種情況下，瀝青材料特性開始發生變化等，迄今尚無定論。對於天然橡膠粉末混入瀝青材料中所發生的作用，G. J. Van der Bie 認為瀝青係瀝青質融於熔化料中之膠狀溶液，橡膠混入瀝青材料中後，最初大部分的橡膠粉粒次第被熔化料吸收而膨脹。橡膠被熔化料熔化，但與瀝青質不發生變化殘留下來，而熔化料因熔化橡膠增加黏性而變硬，全部瀝青隨之發生硬化現象。

J. M. Rooijen 則認為橡膠粉末混入瀝青材料，橡膠為一種熔質，受加熱作用發生熔解膨脹於融媒之瀝青材料中。橡膠粉粒不但能在融媒中起均勻的擴散作用，且發生約 5 倍的膨脹而存於融媒內，由於橡膠的膨潤作用，而促使瀝青容積改變，在此轉變之同時，橡膠繼續熔解，使瀝青質發生凝結作用，因此瀝青之性質便發生改變。若瀝青材料中含多量碳氫化合物或有多量橡膠時，此種變化更為迅速。

W. Coltof 認為橡膠混入於瀝青材料中之性質改變是受瀝青質與熔化料含量比及碳氫化合物之量與質的影響。橡膠粉粒膨潤於瀝青材料中吸收大量碳氫化合物，而影響感溫性及衝擊強度。

以上雖然指天然橡膠粉末在瀝青材料的作用，但對合成橡膠粉末，再生橡膠粉末也可能有相同作用發生。至於乳化橡膠也可能是其中的橡膠成分熔解在瀝青材料的熔化料中，而成一種溶液狀態。

1.2–6–3　橡膠石油瀝青之物理性質

有關橡膠瀝青性質，自 1934 年 Van Heurm 及 Begheyn 始作有系統的研究。其性質受所用瀝青性狀，橡膠種類（如天然橡膠、合成橡膠、再生橡膠等等），橡膠形態（如粉狀、液狀、細片狀等等）及製造條件的影響。但其一般之共同特性之優點與缺點如下：

優點：

1. 韌性增加。
2. 極限張應力增加。
3. 針入度降低，PI 值增加，減少感溫性。
4. 軟化點增高。
5. 破壞點降低。
6. 流動性獲得改進。

7. 增強耐候性。

8. 增強加熱安定性。

9. 增進彈性及衝擊抵抗性。

10. 摩擦係數增大。

缺點：

1. 由於黏性的增加，須要較高熔化溫度。

2. 由於黏性的增加，減低工作效率。

3. 附著性減低。

橡膠瀝青用於路面鋪築，具有下列之優點：

1. 在夏天高溫氣候較無軟化變形的危險，且不致發生冒油現象，常保表面粗糙。

2. 在寒冷地帶冰點溫度下，其抵抗碎裂的能力加強，不致發生龜裂及剝離現象。

3. 產生較佳之防滑效果。

4. 增加面層磨損抵抗性。

5. 減少路面破壞，保持路面完整，延長路面壽命及行車經濟。

韌性及極限張應力為最能表現橡膠瀝青特性之一種試驗數值，數值愈大，表示其對粒料間之接著力大，耐磨損性之抵抗能力強，亦即對瀝青混合料較具良好之耐久性。圖 1.2–4 示瀝青材料之橡膠添加量與韌性之關係曲線，圖 1.2–5 則表示瀝青材料之橡膠添加量與極限張應力之關係曲線。

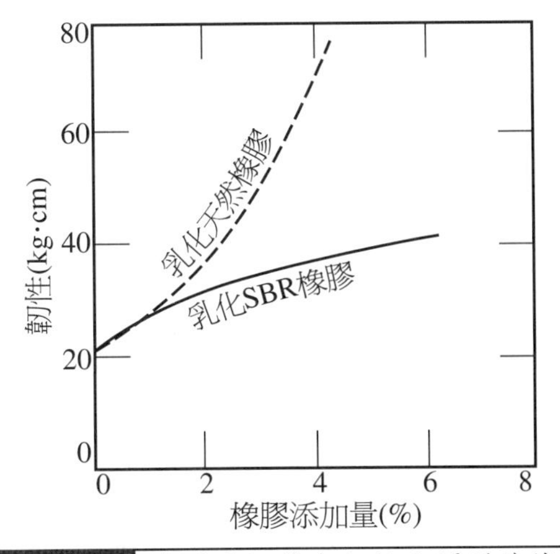

圖 1.2–4　橡膠添加量與韌性之關係曲線

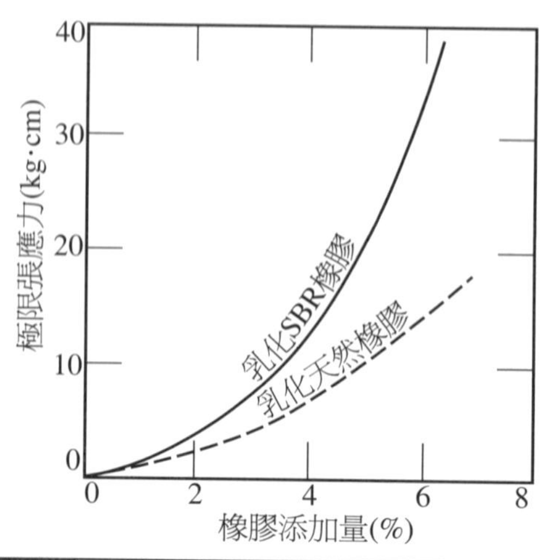

圖 1.2–5 橡膠添加量與極限張應力之關係曲線

瀝青材料混入橡膠後，其軟化點升高，針入度減少，此種性質隨橡膠添加量的增加而有顯著的變化。軟化點之上升，促使瀝青黏結料或瀝青混合料增強其高溫安定性；針入度之減低，亦即針入度指數之升高，將減低感溫性，促使瀝青黏結料或瀝青混合料增強低溫安定性。瀝青材料在不同橡膠添加量下之軟化點與針入度之關係示於圖 1.2–6，圖中曲線上所示之數值，係指橡膠添加量百分率。

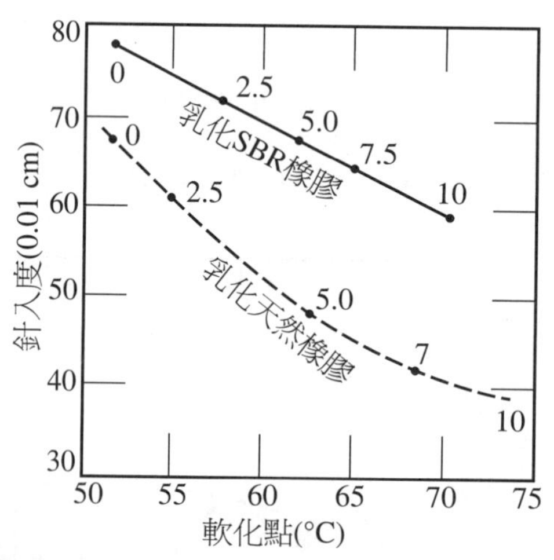

圖 1.2–6 橡膠瀝青之軟化點與針入度之關係曲線

黏度係指在一定溫度下的流動特性，瀝青材料的黏度，隨溫度的不同而有很大的變化。混有橡膠者之黏度有很顯著的增加，此種特性，可促進瀝青混合料在高溫狀態下，有較優良的安定性，但亦因此對瀝青混合料的輸送、鋪築、作業性等有較大的缺點。表

1.2–5 示添加合成橡膠之瀝青材料，在各種溫度下之黏度值。

表 1.2–5　橡膠瀝青之黏度（SFS，秒）

試驗溫度 (°C)	SBR 添加量 (%)		
	0	3	5
120	313	678.5	
140	110.5	248.1	499.6
160	57.1	136.8	252.4
180	–	72.4	150.5

茲將 CNS、美國及日本所訂有關橡膠聚合物改質瀝青規範分列於表 1.2–6～1.2–11：

表 1.2–6　聚合物改質瀝青規範 (CNS14184)

種　類			一般鋪面		
			I	II	III
針入度 (25°C, 100 g, 5 s)		(0.1 mm)	65 +	50 +	35 +
黏度	(60°C)	(poise)	2500 +	4500 +	8000 +
	(135°C)	(cSt)	3000 –	3000 –	3000 –
閃點 (COC)		(°C)	232 +	232 +	232 +
三氯乙烯溶解度		(%)	99 +	99 +	99 +
離析試驗（頂段與底段軟化點差值）		(°C)	試驗記錄	試驗記錄	試驗記錄
滾動薄膜烘箱 (RTFOT) 後					
彈性回復率（25°C, 10 cm，伸長率）		(%)	60 +	60 +	70 +
針入度 (4°C, 200 g, 60 s)		(0.1 mm)	15 +	10 +	10 +

表 1.2-7 日本聚合物改質石油瀝青規範 (JMMAS)

種　類		I 型（橡膠類）	II 型（樹脂、橡膠樹脂類）	高黏度	高黏附性	超重交通量
針入度 (25°C)	(0.1 mm)	> 50	> 40	> 40	> 40	> 40
軟化點	(°C)	50～60	56～70	> 80	> 68	> 75
閃點	(°C)	> 260	> 260	> 260	> 260	> 260
TFOT 試驗後，質量殘留率	(%)	–	–	< 0.6	< 0.6	< 0.6
TFOT 試驗後，針入度殘留率	(%)	> 55	> 65	> 65	> 65	> 65
Fraass 脆化點	(°C)	–	–	–	< −12	–
25°C 韌性	(N·m)	> 4.9	> 7.8	> 20	> 16	> 20
25°C 極限張應力	(N·m)	> 2.5	> 3.9	> 15	> 8	> 15
密度 (15°C)	(g/cm^3)	試驗記錄	試驗記錄	試驗記錄	試驗記錄	試驗記錄
黏度 (60°C)	($\times 10^4$ poise)	–	–	> 20	> 1.5	> 3.0
延性 (25°C, 5 cm/min)						
7°C	(cm)	> 30	–	–	–	–
10°C	(cm)	–	–	–	–	–
15°C	(cm)	–	> 30	> 50	> 30	> 50

註：1. 改質 I 型主要是 SBR 聚合物乳液改質石油瀝青。
2. 改質 II 型主要是 EVA 樹脂類及 SBS 橡膠樹脂類聚合物改質石油瀝青。
3. 高黏度改質石油瀝青是指 60°C 時黏度大於 200000 poise。
4. 高黏附性改質石油瀝青是指具有抗剝脫性能及抗流動性能的水泥混凝土橋面用改質瀝青。
5. 超重交通量改質瀝青是指抗流動性能高且有抗裂性能用改質瀝青。

表 1.2-8 美國 I 型 SB 或 SBS 聚合物改質石油瀝青規範 (ASTM D5976–00)

種　類		I–A	I–B	I–C	I–D
針入度 (25°C, 100 g, 5 s)	(0.1 mm)	100～150	75～100	50～75	40～75
黏度 (60°C)	(poise)	> 1250	> 2500	> 5000	> 5000
黏度 (135°C)	(cSt)	< 2000	< 2000	< 2000	< 5000
閃點 (COC)	(°C)	> 232	> 232	> 232	> 232
三氯乙烯溶解度	(%)	> 99	> 99	> 99	> 99
離析度（頂段與底段軟化點差值）	(°C)	< 2.2	< 2.2	< 2.2	< 2.2
滾動薄膜烘箱 (RTFOT) 後					
彈性回復率（25°C, 10 cm，伸長率）	(%)	> 60	> 60	> 60	> 60
針入度 (4°C, 200 g, 60 s)	(0.1 mm)	> 20	> 15	> 13	> 10

表 1.2-9 美國 II 型 SBR 或 CR 聚合物乳液改質石油瀝青規範 (ASTM D5840-00)

種類		II-A	II-B	II-C	II-D
針入度 (25°C, 100 g, 5 s)	(0.1 mm)	> 100	> 70	> 85	> 80
黏度 (60°C)	(poise)	> 800	> 1600	> 800	> 1600
黏度 (135°C)	(cSt)	> 300	> 300	> 300	> 300
延性 (4°C, 5 cm/min)	(cm)	> 50	> 50	> 25	> 25
閃點 (COC)	(°C)	> 232	> 232	> 232	> 232
韌性 (25°C, 51 cm/min)	(N·m)	> 8.5	> 12.4	> 8.5	> 12.4
極限張應力 (25°C, 51 cm/min)	(N·m)	> 5.7	> 8.5	> 5.7	> 8.5
TFOT 或 RTFOT 試驗後殘渣物					
延性 (4°C, 5 cm/min)	(cm)	> 25	> 25	> 10	> 10
黏度 (60°C)	(poise)	< 4000	< 8000	< 4000	< 8000
韌性 (25°C, 51 cm/min)	(N·m)			> 8.5	> 11.3
極限張應力 (25°C, 51 cm/min)	(N·m)			> 5.7	> 8.5

表 1.2-10 美國 III 型 EVA 聚合物改質石油瀝青規範 (ASTM D5841-00)

種類		III-A	III-B	III-C	III-D	III-E
針入度 (4°C, 200 g, 60 s)	(0.1 mm)	> 48	> 35	> 28	> 22	> 18
針入度 (25°C, 100 g, 5 s)	(0.1 mm)	30～150	30～150	30～150	30～150	30～150
黏度 (135°C)	(cSt)	150～1500	150～1500	150～1500	150～1500	150～1500
閃點 (COC)	(°C)	> 218	> 218	> 218	> 218	> 218
軟化點	(°C)	> 52	> 54	> 57	> 60	> 63
離析度（頂段與底段軟化點差值）(135°C, 18 h)	(°C)	記錄	記錄	記錄	記錄	記錄
三氯乙烯溶解度	(%)	> 99	> 99	> 99	> 99	> 99
TFOT 或 RTFOT 試驗後殘渣物						
針入度 (4°C, 200 g, 60 s)	(0.1 mm)	> 24	> 18	> 14	> 11	> 9
熱損率	(%)	< 1	< 1	< 1	< 1	< 1

表 1.2-11 美國 IV 型非交聯星型結構類改質石油瀝青規範 (ASTM D5892-00)

種 類			IV-A	IV-B	IV-C	IV-D	IV-E	IV-F
針入度 (25°C, 100 g, 5 s)		(0.1 mm)	> 90	> 75	> 65	> 50	> 50	> 35
黏度	(60°C)	(poise)	> 1250	> 4000	> 2500	> 6000	> 4500	> 8000
	(135°C)	(cSt)	< 3000	< 3000	< 3000	< 3000	< 3000	< 3000
閃點 (COC)		(°C)	> 232	> 232	> 232	> 232	> 232	> 232
三氯乙烯溶解度		(%)	> 99.0	> 99.0	> 99.0	> 99.0	> 99.0	> 99.0
離析度（頂段與底段軟化點差值）(135°C, 18 h)		(°C)	記錄	記錄	記錄	記錄	記錄	記錄
TFOT 或 RTFOT 試驗後殘渣物								
彈性回復率（25°C, 10 cm，伸長率）		(%)	> 60	> 70	> 60	> 70	> 60	> 70
針入度 (4°C, 200 g, 60 s)		(0.1 mm)	> 20	> 15	> 15	> 15	> 10	> 10

1.2-6-4 廢輪胎橡膠改質石油瀝青

將廢輪胎橡膠經過軋碎、切碎，再施以研磨可製得廢橡膠粉末，或採用液氮快速冷凍使其變脆，再施以研磨成細度小於 0.18 mm 之粉末，以此粉末約為基底石油瀝青之 6～15% 的用量加入 160～180°C 的熱石油瀝青中，經過膠體研磨或高速剪切設備研磨，促使廢橡膠粉末融脹和微細化，並充分均勻分散於石油瀝青中而製得廢輪胎橡膠改質石油瀝青。

廢橡膠粉末之細度對石油瀝青的改質效果有很大的影響，粉末粒度越細，越容易拌合均勻，且不易發生凝聚、離析及沉澱現象。若能在廢橡膠粉末與石油瀝青混熔過程中加入適量如多烷基苯酚二硫化物等之活化劑，或先將廢橡膠粉末先經少許重油浸泡融脹再與石油瀝青混熔，則有助於廢橡膠粉末在石油瀝青中充分均勻分散，提高石油瀝青改質的效果。

廢橡膠改質石油瀝青可用於封層料及熱拌瀝青混合料使用，對瀝青混凝土鋪面高低溫性能均有改善，但因橡膠粉末具有彈性，施工輾壓較難達到所期壓實度。

1.2-6-5 橡膠石油瀝青與級配粒料之混拌

橡膠石油瀝青係以針入度 60～150 之直餾瀝青膠泥混拌橡膠材料，橡膠材料通用者有橡膠粉末、再生橡膠、乳化橡膠、或溶化橡膠。橡膠材料之添加量約 2～5%。

橡膠添加在瀝青材料及級配粒料中混合作為公路路面的鋪面材料之應用方式有二：一是將橡膠材料添加在 120～160°C 之加熱熔融的瀝青材料，保持一定溫度連續加以混拌，而混煉成橡膠瀝青，在瀝青拌合廠以傳統方式噴入級配粒料中充分拌合而成橡膠瀝青混合料，此種方式稱為預拌式 (Premixed Type)。所用橡膠材料成乳劑 (Latex)，形如乳化橡膠者，可以採用比較低的溫度及較短時間的加熱混拌，就可得均勻的橡膠瀝青；若所用者為粉末狀橡膠，則須用高溫長時間混煉，才能得均勻的橡膠瀝青。橡膠瀝青在高溫長時間的加熱，可能發生熱劣化，影響品質，表 1.2–12 示橡膠瀝青在 195 ± 5°C 高溫連續加熱之品質劣化之一例：

表 1.2–12　橡膠瀝青之熱劣化

試驗項目 / 加熱時間(小時)	針入度 (25°C, $\frac{1}{100}$ cm)	延性 (5°C, cm)	軟化點 (°C)	剝離性 (60°C, %)	極限張應力 (25°C, N·cm)	彎曲性 (°C)
0	94	46	44	0	225	合格
1	90	40	44.5	0	206	合格
2	85	31	47	0	137	不合格
3	76	23	48.5	15	88	不合格

另一是在瀝青拌合廠另設一噴嘴 (Nozzle) 有如瀝青噴嘴，將乳化橡膠藉噴嘴噴入已混拌的瀝青混合料中，再經充分拌合後，而成橡膠瀝青混合料，此種方式稱為廠拌式 (Plant Mixed Type)。

茲將上述兩種製造方式，各料混拌溫度及時間等參照圖例說明於下：

1. 預拌式

粗細粒料預熱至 180 ± 10°C 按配比定量進入拌合機，添加定量石粉在拌合機內乾拌 5～10 秒。乾拌完成後，即將橡膠瀝青在熔融狀態下噴入，一面噴入一面混拌，其時間約 10 秒鐘左右，噴射完成後，繼續在 170 ± 10°C 的溫度混拌約 30～35 秒，充分而徹底的混拌後，即可出料，此時，橡膠瀝青混合料的溫度約保持在 160～170°C，圖 1.2–7 示預拌式橡膠瀝青混合料製造順序示意圖。

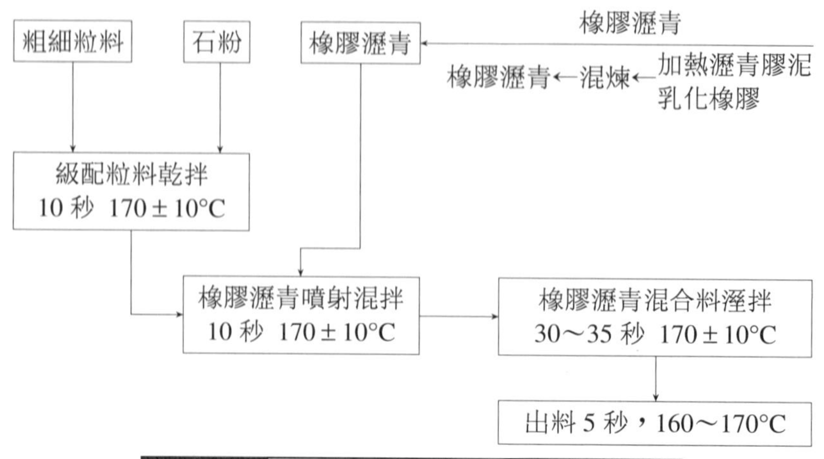

圖 1.2–7 預拌式橡膠瀝青混合料製造順序

2. 廠拌式

粗細粒料加熱至 180±10°C 按配比定量進入拌合機，添加定量石粉在拌合機內乾拌 5～10 秒。乾拌完成後，即將溫度 160±10°C 的液狀瀝青噴入乾拌料中，一面噴入一面混拌，其時間約 5 秒鐘左右，噴射完成後，繼續在 170±10°C 的溫度混拌 5～10 秒鐘，此時在常溫下，將乳化橡膠噴入瀝青混合料中，一面噴入一面混拌，其時間約須 10 秒鐘，噴射完成後，繼續在 170±10°C 的溫度混拌 20～25 秒鐘，充分而徹底的混拌後，即可出料，此時，橡膠瀝青混合料的溫度保持在 160～170°C，圖 1.2–8 示廠拌式橡膠瀝青混合料製造順序示意圖。

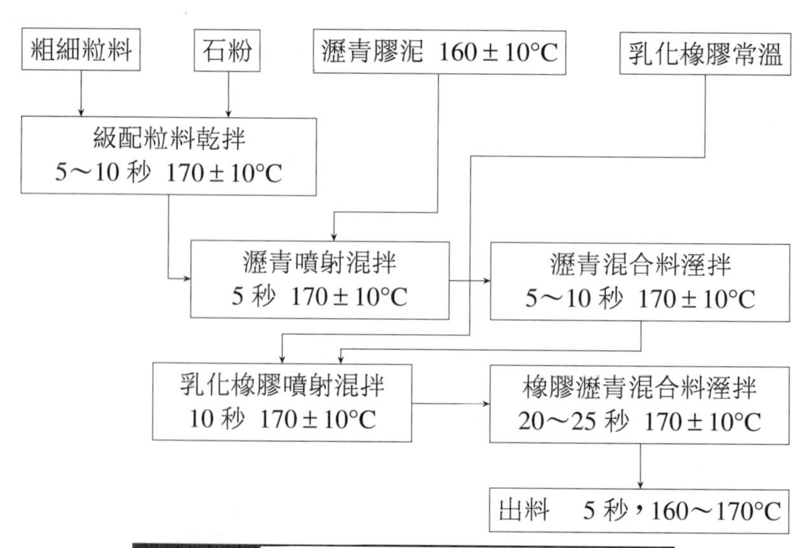

圖 1.2–8 廠拌式橡膠瀝青混合料製造順序

1.2–7 乳化改質石油瀝青

將高分子聚合物、乳化劑與石油瀝青膠泥混拌乳化而成之乳液是為乳化改質石油瀝青，按使用乳化劑之不同，使得改質石油瀝青微粒帶有不同電荷，因之亦與一般乳化石油瀝青相同分有陽離子 (Cation) 乳化改質石油瀝青及陰離子 (Anion) 乳化改質石油瀝青兩類。此由於高分子聚合物具有改善石油瀝青特性，用以提高路面使用性能及延長使用壽命。乳化改質石油瀝青較未使用改質者，更具有：

1. 提高高溫穩定性，低溫抗縮裂能力。
2. 提高黏附強度及內聚力，增強抗剝脫能力。
3. 改善瀝青混合料混拌性能。

乳化改質石油瀝青的使用性能受其組成材料，乳化劑、改質材料和石油瀝青材料本身的性能及其相互調配的影響：

1. 乳化劑：乳化劑的類型、特性直接影響乳化改質石油瀝青微粒的分散性和安定性。
2. 改質材料：高分子聚合物作為乳化改質石油瀝青的改質材料較具成效者有苯乙烯一丁二烯之嵌段共聚合物 (SBS)、苯乙烯一丁二烯共聚合物 (SBR)、氯丁二烯 (CR)、乙烯一醋酸乙烯共聚合物 (EVA) 等。其中 SBS 能對石油瀝青產生多種改質效果；SBR、CR 之改質性能相近，能明顯提高黏附性，抗開裂性及低溫延性，但對高溫的穩定性的提升不明顯；EVA 則對提高軟化點及抗流動性有幫助，但對低溫性能的改善不明顯。在選擇改質材料時，應詳細探討改質材料的離子特性，當聚合物乳液呈現陰離子特性，而乳化劑採用陽離子表面活性劑者，則在乳化過程中存在有兩性復配體系，可能形成非理想的混合膠體，將會出現改質乳液脫乳化性現象。

乳化改質石油瀝青之產製，依普通乳化石油瀝青的步驟進行，如圖 1.1–6 所示，採用下述三種方法：

1. 在瀝青配合槽內按比例添加高分子聚合物乳液與熔融的瀝青混拌製得改質石油瀝青，再與乳化液槽內之水、乳化劑、安定劑混合之水溶液依配比輸入乳化機進行乳化。
2. 先製成乳化石油瀝青，而後將瀝青乳液與高分子聚合物乳液依配比輸入乳化機進行強力混拌而得。本製程將因聚合物乳液與瀝青乳液的顆粒相對密度差，影響乳化改質石油瀝青的均勻性和穩定性，以致發生聚合物乳液分離、沉澱等現象。

3. 將高分子聚合物乳液依比例摻入乳化劑水溶液中，再與熔融的石油瀝青膠泥按配比輸入乳化機進行乳化。本製程所製得乳化改質石油瀝青之儲存穩定較佳。

茲將日本乳化橡膠改質石油瀝青規範列於表 1.2–13 以供參考：

表 1.2–13 乳化橡膠改質石油瀝青規範 (JEAAS)

類　別			PKR–T	
			1	2
英格韌黏度 (25°C)		(s)	1～10	1～10
篩析試驗 (1.18 mm)		(%)	0.3 –	0.3 –
黏附性			2/3	2/3
荷電試驗			正	正
蒸餾殘渣量		(%)	50 +	50 +
貯存安定性 (24 小時)		(%)	1.0 –	1.0 –
冰凍安定性 (–5°C)			–	–
蒸餾殘渣試驗				
針入度 (25°C, 100 g, 5 s)		(0.1 mm)	50～100	100～150
延性 (25°C, 5 cm/min) 7°C		(cm)	100 +	–
	5°C	(cm)	–	100 +
軟化點		(°C)	48.0 +	42.0 +
韌性	25°C	(N·m)	3.0 +	–
	15°C	(N·m)	–	4.0 +
極限張應力	25°C	(N·m)	1.5 +	–
	15°C	(N·m)	–	2.0 +
灰分		(%)	1.0 –	1.0 –

乳化橡膠瀝青之使用與一般乳化石油瀝青相同，於使用後，水分經滲透及蒸發後，所餘即能發揮橡膠瀝青之功效。為期能早期分解，則可添加矽氟酸鈉當作分解硬化劑。

1.2–8 油溶橡膠瀝青

油溶橡膠瀝青係將橡膠石油瀝青溶解於適當揮發性之溶劑內，促使黏度降低，使用容易。油溶橡膠瀝青之使用與一般油溶石油瀝青相同，於使用時，揮發性溶劑在大氣中完全揮發，所餘即能發揮橡膠石油瀝青之功效。

油溶橡膠瀝青的品質，相當於 RC250～800、MC800～3000 之油溶瀝青，主要用途為處理路面的老化。

1.2–9 耐油性黏結料

公路路面鋪築用之石油瀝青黏結料，能被石油系溶劑、燃料油、潤滑油等溶解，因此不適於用作停車場、調車場、停機坪等常有油料滴落之處的鋪築，而應改用耐油性之黏結材料。

耐油性黏結料是在煤柏油 (Coal Tar) 或煤柏油瀝青脂 (Coal Tar Pitch) 中混入如丙烯腈橡膠或氯化橡膠等之合成橡膠，而成所謂之橡膠柏油，或者是混入如 PVC 等之合成樹脂而成所謂之樹脂柏油。柏油之摻入橡膠、或樹脂主要在改進柏油之感溫性，其黏度高於同溫度之柏油。橡膠柏油遇高溫加熱時油分揮發，橡膠劣化，將影響原有品質，應為注意。

樹脂柏油以用 PVC 者為最多，其性較易凝固，摻用 EVA 或丙烯腈苯乙烯樹脂（AS 樹脂）者，則不易硬化。樹脂柏油之性狀，常依所用樹脂而異，按各種樹脂之種類有不同之混合料配合、性狀及施工性，其使用法與一般之柏油鋪築相同。

橡膠柏油之性質列於表 1.2–14，表 1.2–15 則列出樹脂柏油之性質，可予參考用。

表 1.2–14 橡膠柏油之性質

項目			美國工兵團規格
針入度 (25°C)		(cm)	100～250
浸油針入度 (25°C)		(cm)	100～225
容積變化		(%)	±2.5
質量變化		(%)	±2.0
流動性 (38°C)		(cm)	4 以下
軟化點		(°C)	32 以上
黏度 (cp)	(93°C) B 型計		4000～15000
	(107°C)		1750～7000
	(121°C)		800～3000
水分		(%)	0

表 1.2–15 樹脂柏油之性質

項　目		樹脂柏油
等黏度溫度 (EVT)	(°C)	50～60
比重 (25/25°C)		1.15～1.30
水分	(%)	1 以下
甲苯不溶成分（無水試樣）	(%)	25 以下
萘分（無水試樣）	(%)	2 以下
酸性油分（無水試樣）	(mL/100 g)	2 以下
分餾至 300°C 之殘留物軟化點 (°C)		30～60
燃燒點 (°C)		130 以上
起泡試驗		合格
分餾試驗（無水試料）（質量 %）		
至 170°C 之分餾物		1 以下
至 270°C 之分餾物		15 以下
至 300°C 之分餾物		20 以下

乳化煤柏油瀝青脂，係以安定性良好的乳化煤柏油混入乳化橡膠、無機質填充劑、石棉等混煉而成，為一種高黏性、或半糊狀之成品，具有良好之耐候性及防護性。其施工法有直接塗裝法及採用乳化劑之撒砂法。有關之性質列於表 1.2–16：

表 1.2–16 乳化煤柏油瀝青之性質

項　目		性　質	1965 年規格
水分	(%)	37～70	53 以下
固體物	(%)	60～63	47 以下
固體物中之灰分	(%)	30～40	30～40
固體物於二硫化碳之溶解度	(%)	20～30	20 以上
比重		1.20～1.25	1.20 以上
乾燥時間	(小時)		8 以下
耐揮發性	(%)	7～10	10 以下

1.2–10 硫磺瀝青

1.2–10–1　硫磺瀝青之研究

硫磺摻用於瀝青材料中於 1938 年首先在試驗室試驗其特性，同時發現硫磺瀝青混凝土在 60°C 下較瀝青混凝土有很高的穩定性，且在低溫下不易碎裂。1963 年在試驗室進行硫磺用作柔性路面可行性之研究，1973 年法國首先鋪築硫磺瀝青試驗道路，加拿大於 1974 年、美國於 1975 年、比利時、科威特於 1977 年也先後鋪築試驗道路進行研究，我國則遲至 1979 年才開始進行試驗研究。

1.2–10–2　硫磺之物理性質

為改良瀝青材料特性，於瀝青材料中加入硫磺混煉而成者為硫磺瀝青 (Sulfur-Asphalt)。硫磺除天然存在外，亦為一重要的工業產品，具有獨特的化學及物理特性，表 1.2–17 分列硫磺性質：

表 1.2–17 硫磺性質

項目		性質
外觀	常溫為固體	黃色
	熔點溫度為液體	淡黃色
單位質量 (kg/cm^3)	固狀	2000
	碎裂狀	1360～1400
	熔點溫度之液狀	1792
燃燒溫度 (°C)		248～266
張應力 (kg/cm^2, kPa)		12.7～19.7 (1240～1930)
壓應力 (kg/cm^2, kPa)		126.5 (12407)
彈性模數 (kg/cm^2)		2～598 (193～58590)
黏度 (cp)		隨溫度而異，參閱圖 2–9 之曲線

1.2–10–3　硫磺瀝青混拌

硫磺與瀝青材料的混合，一般係將熔融的瀝青材料與硫磺按一定比例混合，並加以攪拌均勻即成硫磺瀝青。拌合溫度低於 135°C，硫磺不容易與瀝青材料均勻混合，且拌合也困難；拌合溫度超過 150°C，將產生硫化氫 (H_2S) 氣體而逐漸硬化。較佳的拌合溫度在 145°C 左右。硫磺瀝青可在一般標準的熱拌廠與加熱的級配粒料拌合，再運到工地用鋪築機鋪築；亦可用適當的熱拌機在工地一面拌合一面鋪築。

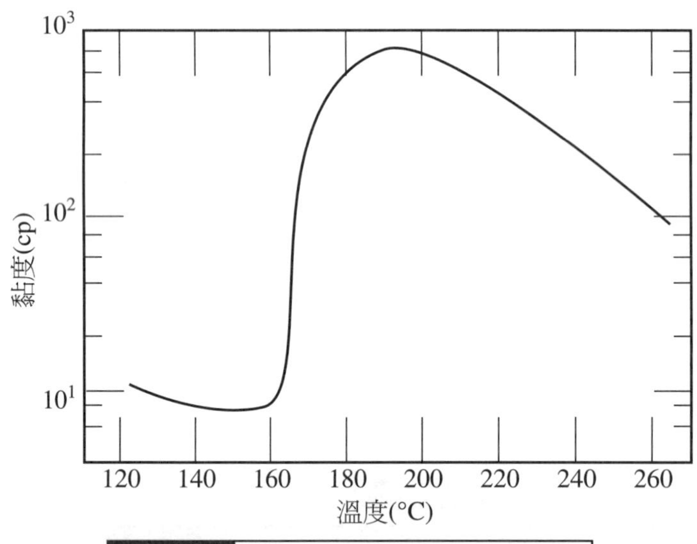

圖 1.2–9　硫磺之溫度與黏度關係曲線

1.2–10–4　硫磺瀝青之物理性質

硫磺瀝青約有瀝青質量 20% 的硫磺溶解於瀝青內，其餘則成微粒（小於 5μ）均勻分散於硫磺瀝青混合料內。溶解在瀝青內的硫磺改變瀝青特性，使較具軟化及延性；均布的硫磺微粒則增加硫磺瀝青鋪面材料的結構強度。

硫磺瀝青之性質，隨混入硫磺量而異，其在 25°C 之比重、針入度、軟化點，以及在 60°C 及 135°C 時之黏度關係曲線示於圖 2–10。

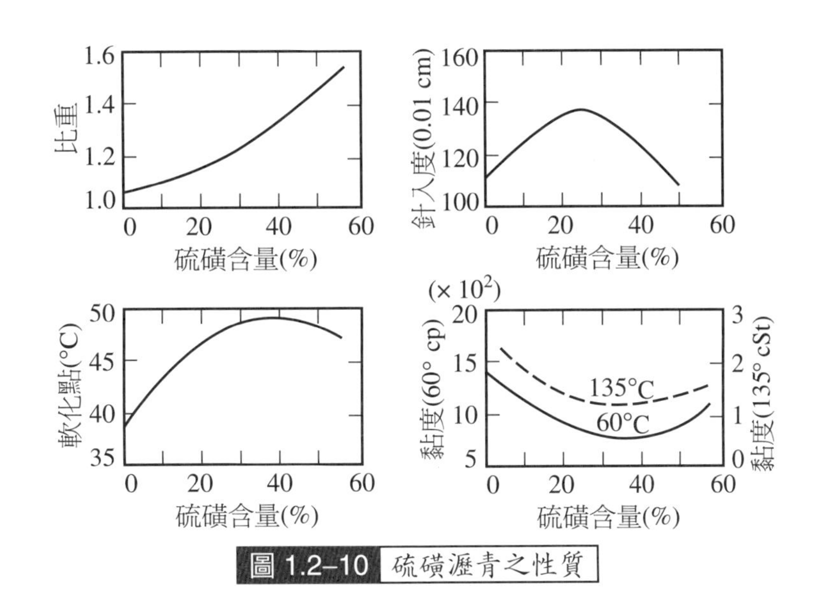

圖 1.2–10　硫磺瀝青之性質

由於硫磺之比重約為瀝青的兩倍，硫磺瀝青混合物的比重，隨硫磺含量的增加而增加，在硫磺含量低於 20% 之部分，比重之增加較緩和；含量高於 20% 的部分，則顯示有較大幅度的增加。

在 25°C 時之針入度，顯示初期針入度隨硫磺含量的增加而增加，至硫磺含量為 20～30% 達最高峰，其次則隨硫磺含量的增加而減少。硫磺含量為 50% 時，針入度已降至比純瀝青膠泥低。

以環球法 (Ring and Ball Method) 測試軟化點亦顯示初期軟化點隨硫磺含量的增加而增加，至硫磺含量為 30～40% 達最高峰，其後則隨硫磺含量的增加而有降低的趨向。

硫磺瀝青的黏度隨硫磺含量的變化而變，在初期之黏度隨硫磺含量的增加而降低，至硫磺含量為 30～40% 達最低點，其後則隨硫磺含量的增加而上升。在 135°C 時之硫磺瀝青黏度 1～2 斯托克 (stokes)，較純瀝青低，此顯示硫磺瀝青可以在較低溫度下拌合、鋪築及滾壓。

根據以往研究的結果，純瀝青黏結料加入硫磺後，提高原有品質，其對公路鋪面黏結料之改進，主要有：

1. 瀝青質量的 $\frac{1}{3}$～$\frac{1}{2}$ 可由硫磺代替。

2. 硫磺瀝青之馬歇爾穩定值高於純瀝青材料。

3. 硫磺瀝青在高溫下較不軟化，低溫下較不硬化，因此在夏天高溫天氣較無軟化變形，冬天低溫天氣不致發生龜裂。

4. 在同一溫度下，硫磺瀝青具有較低的黏度，因此可以在較低的溫度下拌合。
5. 硫磺瀝青可以改進抵抗水剝作用，增進與粒料的親和力，減少使用防剝劑 (Antistripping Agent)。
6. 改進對汽油、柴油及其他石油溶劑的抵抗。
7. 應力疲勞特性獲得改進。

1.2–11 半吹製石油瀝青

半吹製瀝青係在煉製直餾瀝青過程中吹入空氣而獲得之低感溫性、高黏度之產品，其在 60°C 之黏度約高於瀝青膠泥 3～15 倍。

瀝青鋪面車轍 (Rutting) 之產生，主要是由鋪面各層結構、路基之壓密沉陷，以及因瀝青混合料之流動性所引起。

研究瀝青混合料之流動性，則可將材料的破壞分為脆性破壞與延性破壞兩種，具硬脆性之材料，其負荷能力雖較強，但當變形量超過其負荷極限時，隨即發生破裂；而具延性者，雖負荷能力較差，但在巨大變形中，仍能支持其負荷而不致即時產生破壞。瀝青混合料中，若過分重視脆性，則龜裂容易發生；反之，在過分重視延性下，則將促進車轍的產生。通常處理流動變形，多係由瀝青混合料配合設計中，調整級配粒料之顆粒大小分布，或減少瀝青膠泥用量。但在能較有效防止車轍產生之配合下，常會相伴發生其他缺陷，特別是龜裂的發生。

半吹製石油瀝青是瀝青改質的一種，主要在改進硬度的特性，對車轍的產生具有甚佳的抵抗能力，但對龜裂的抵抗則較弱為其缺點。根據研究的結果，半吹製瀝青之使用：

1. 車轍可減少達原有二分之一以上。
2. 為防止龜裂以及獲得抵抗流動變形能力的效果，應使吹製瀝青在 60°C 之黏度具 10000 ± 2000 之泊 (poise)、黏度比在 5 以下。
3. 可與原瀝青膠泥採用相同之拌合、鋪築施工。

表 1.2–18 示美國與日本半吹製瀝青之規範。表中用 60°C 時之黏度，主要係基於在炎熱氣候下，瀝青路面溫度多達 60°C（臺灣地區之瀝青路面也多達此溫度），以此溫度

下之黏度表示稠性較以往用針入度、軟化點表示者更能符合實際、更能真正表示材料的特性，其次配合設計中之馬歇爾穩定值試驗 (Marshall Stability Test)、輪跡試驗 (Wheel Tracking Test) 等亦都在 60°C 之溫度下進行，因此以 60°C 黏度可直接與此等試驗值相比較。

表 1.2–18　半吹製瀝青之品質規範

性　質		美　國	日　本		
		AR–4000	SB–80	SB–100	SB–140
絕對黏度 (60°C)	(poise)	45000 ± 5000	8000 ± 2000	10000 ± 2000	14000 ± 4000
動黏度 (180°C)	(cSt)	325～375	200 –	200 –	200 –
薄膜熱損	(%)	–	0.5 –	0.6 –	0.6 –
針入度（25°C, 100 g, 5 秒）	(0.1 mm)	30～38	40 +	40 +	40 +
三氯乙烷溶解度	(%)	99.0 +	99.0 +	99.0 +	99.0 +
閃點	(°C)	255 +	260 +	260 +	260 +
比重 (25°C/25°C)		–	1.000 +	1.000 +	1.000 +
薄膜熱損後與熱損前之黏度比 (60°C) (%)		–	5 –	5 –	6 –

1.3 石油瀝青之性質

1.3–1 石油瀝青之組成

石油瀝青為一種複雜碳氫化合物之膠狀體，依元素分析法，其中碳元素含有 86～90%、氫元素 6～8.5%、硫元素 1.1～6.8% 及 0.6～1.4% 之氮、氧與其他元素。這些元素經由相異的結合方式形成不同分子量的石蠟類、環烷類及芳香類碳氫化合物。此碳氫化合物主要係以瀝青質、瀝青樹脂 (Asphaltic Resin)、芳香族 (Aromatics) 與飽和族 (Saturates) 所組成，其中第二、第三成分亦稱為極性芳香族 (Polar Aromatics) 與環烷芳香族 (Naphthene-Aromatics)。芳香族成分與飽和族成分合稱油質 (Oily Constituent)。

1.3–1–1 石油瀝青構成結構理論

石油瀝青之構成結構分有兩種理論：

1. 膠體理論 (Colloiled Theory)

石油瀝青在其構成中，以瀝青樹脂為防凝劑，瀝青質則以油質為媒質而呈膠狀懸浮物，亦即石油瀝青以瀝青質為主體，以瀝青樹脂之特性使之具有附著性、延性，並以油質影響其黏度與流動，如圖 1.3–1 所示之組成示意圖。

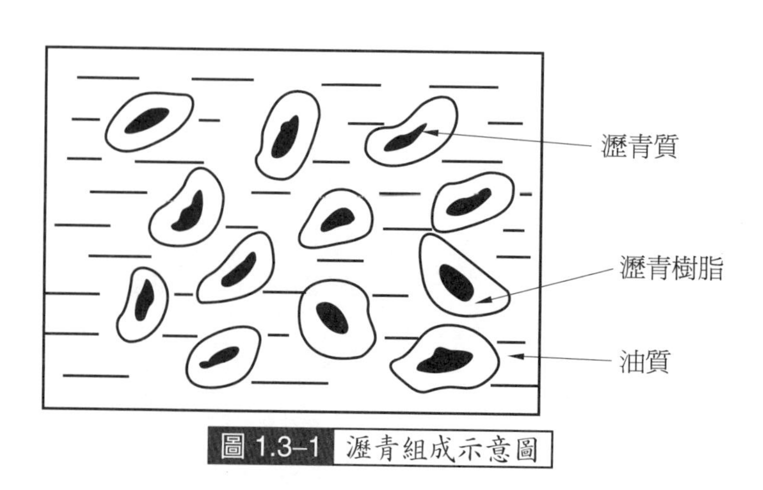

圖 1.3–1 瀝青組成示意圖

2.溶解度理論 (Solubility Theory)

石油瀝青在其構成中，瀝青質係溶解分布於油質—瀝青樹脂相 (Oil-Resin Phase) 中而不呈懸浮狀。

1.3–1–2　石油瀝青詳細組成成分

茲將石油瀝青詳細組成成分述之於下：

一、溶於苯 (Benzene Soluble) 之成分

1.瀝青質

瀝青質一般為黑褐色到深黑色易碎的高溫感性的粉末狀固體，在常溫下較脆，沒有固定的熔點，加熱時通常首先膨脹，當達到 300°C 以上時，則分解成氣體和焦碳。比重大於 1.00，大部分為高分子量之碳氫化合物，分子量約為 1000～100000，碳與氫之比例超過 8，可溶於二硫化碳 (CS_2) 及四氯化碳 (CCl_4) 溶液中。其成分：碳 (80～90%)、氫 (6～10%)、硫 (0.6～8%) 及少量氧與灰質，間或有微量的氮及氯，此等元素為構成石油瀝青材料之主要成分。石油瀝青質不具黏結能力，必須利用結構類似的瀝青樹脂先予稀釋分散後，才能與油質成分相容。瀝青質成分影響石油瀝青材料之硬度、顏色及流動性，且石油瀝青中瀝青質較多者，將促進分子間的強烈吸引力而呈較低溫感性與較高假塑性 (Pseudo-Plastic) 行為，故一般在石油瀝青中，瀝青質的含量應在 20% 左右。在石油瀝青中，瀝青質的含量多隨針入度之降低而有較大之含量。直餾瀝青之瀝青質含量低於吹製瀝青，兩者間有相當大的差距。

瀝青質分散在瀝青膠體溶液之其他組成分中而形成穩定的膠體體系。在此膠體體系中，瀝青質之含量及性質影響石油瀝青膠體的特性如下：

(1)瀝青材料的硬度隨瀝青質的含量增多而加大。

(2)瀝青材料的軟化點隨瀝青質的含量增多而升高。

(3)瀝青質的增多，可使瀝青材料在高溫時有較大的黏度。

2.瀝青樹脂

瀝青樹脂由油質受熱聚合等作用而形成，為一種碳與氫之比例在 0.6～0.8 之間的碳氫化合物，其化學組成和性質介於瀝青質與油質之間，但偏向瀝青質，一般為多環

結構，芳香性較高，含有少量硫、氮、氧等元素之較高黏稠性的半固體狀態或固體狀態物質，能與油質組成分相容，產生良好的黏附能力，而為瀝青質與油質組成分間之助溶劑，可使瀝青質均勻分散於瀝青中。瀝青樹脂的顏色從深黑到黑褐色，比重約0.98～1.08，分子量大約在500～1000之間，或更高些。瀝青樹脂能溶於各種石油產品及大部分常用的有機溶劑中，但不溶於乙醇或其他醇類。瀝青樹脂的化學穩定性很差，在吸附劑的影響、空間及陽光作用下，很容易氧化聚合，部分轉變為瀝青質。

石油瀝青之用於路面工程，必須含有適量的瀝青樹脂才能使瀝青有足夠的黏附力，有較佳的延性，較高的韌性值。此外瀝青樹脂對瀝青黏彈性以及達到所期之理想膠體溶液等具有重要的決定作用。

3.油質

芳香族成分與飽和族成分統稱為油質。

⑴芳香族成分

係一種溫感性略高於飽和族成分的黏稠狀膠體，在石油瀝青組成分中高占40%以上，分子量大約在300～2000之間，其結構中同時含有芳香、環烷等組成分。具良好的延性，且對高分子量的瀝青樹脂、瀝青質有很好的相容性，而成為一稀釋體以提升石油瀝青的黏結力與凝聚力。石油瀝青在老化過程中，芳香族成分將逐漸轉變成瀝青質而較脆硬。

⑵飽和族成分

係一種低溫感性的黏稠狀膠體，在石油瀝青組成分中約占5%以上，分子量大約在300～2000之間，為一般常用潤滑油的主要成分。飽和族成分具有使石油瀝青在低溫時保有柔軟性、潤滑作用及抗老化性。

油質由芳香族成分及飽和族成分所組合，其在石油瀝青中之含量因瀝青種類而異，一般在路面用瀝青中約占40～50%，高軟化點的瀝青中油質含量較少。油質幾可溶於所有有機溶劑之碳氫化合物，其碳與氫之比例小於0.4，受熱聚合轉變為瀝青樹脂，易蒸發及氧化而變脆。呈透明至赤褐色，分子量約500，表面張力及凝聚力小，但浸潤性及被覆性強。

4.瀝青酸及酸酐 (Asphaltic Acid and Anhydrides)

一種由碳氫化合物經複雜之氧化作用及硫化作用後而生成者，呈暗褐色、酸性。

此等成分主要存在於天然瀝青中的游離酸性物質及酸酐類，石油瀝青甚少含有。通常指能溶於苯及乙醇，但不溶於石油醚的物質。

二、不溶於苯 (Benzene Insoluble) 之成分

1.碳質瀝青 (Carbenes)

在製造過程中，若熱解溫度過高，則產生高度聚合作用而生成，其含量約 1%。碳質瀝青含有多量氧及硫磺，分子量較瀝青質高，可溶於二硫化碳 (CS_2)，但不溶於四氯化碳 (CCl_4)。普通之瀝青甚少含有碳質瀝青。

2.瀝青碳質 (Carboids)

在製造過程中，若過度熱解，將生成此不溶於二硫化碳 (CS_2) 的物質，一般認為是瀝青質之最終生成物，雖然普通之瀝青甚少含有瀝青碳質，但其含有程度對性質有很大的影響。

1.3–2 石油瀝青之性質

瀝青材料之各種性質述之如下：

1.顏色

瀝青材料之原色，呈黑褐色或黑色，但為特殊用途，可以添加無機顏料如氧化鐵 (Fe_2O_3)、氧化亞鐵 (FeO)、氧化鉻 (Cr_2O_3)、鈦白 (TiO_2) 等經過特殊加工處理製成有色瀝青 (Colored Asphalt)，其加工之顏色，通常為紅、綠、藍、及白色等多種，惟有色瀝青之價格高於通用者。

2.比重

瀝青材料之比重主要用於貯存槽、運輸量等重量與容積之互換計算及瀝青混凝土組成材料之配比計算。

瀝青材料之比重，受原油種類、來源、精煉方法、混合物及溫度等的影響，在常溫之比重約為 0.95～1.10，軟液狀瀝青之比重略低於 1，而瀝青膠泥則略大於 1。

由一產地之原油及以相同之提煉方法而製成之直餾瀝青，針入度愈小者比重愈大，針入度小軟化點高者比重亦較大。通常多為 1.00～1.10。吹製瀝青在相同針入度下，

其比重較直餾瀝青略低，普通約為 1.00～1.07。

煤焦油（Coal Tar，也稱煤柏油）之比重，亦受原料及製造方法之影響，公路鋪面用者之比重大約為 1.10～1.25，較石油瀝青略大。

乳化瀝青之比重，視所含瀝青材料之量、比重及乳化劑種類與量而定，通常其比重約 1.003～1.025，乳化柏油則在 1.10 以上。

3.吸水性

瀝青材料對水分之吸收量，視瀝青之種類而異，普通約為其質量之 1.5%～12%。直餾瀝青之透水係數小於吹製瀝青，且針入度小者透水係數亦小。表 1.3–1 分別示其透水係數。

表 1.3–1 瀝青材料透水係數

瀝青種類	針入度 (25°C, $\frac{1}{100}$ cm)	比　重 (15°C)	透水係數 (25°C) (10^{-9} g cm/cm^2 mmHg·hr)
直餾瀝青	16	1.026	9.0
	5	1.031	6.8
吹製瀝青	15	1.030	6.0
	5	1.036	4.1
煤焦油瀝青脂	16	1.270	7.0
同上 +35% 填縫料	4	1.560	0.28

4.熱膨脹係數

瀝青材料通常係在加熱熔融成液狀時使用，因此在配合設計時，應考慮加熱時之體積膨脹變化。再者，對於瀝青儲罐的設計和瀝青作為填縫、密封等材料的應用亦為一重要的數據。

比重的倒數稱為比容積 (mL/g)。瀝青材料之體積膨脹，由式 (1.3–1) 計算之：

$$V_{T_2} = V_{T_1}[1 + 2(T_2 - T_1)] \tag{1.3–1}$$

式中：V_{T_1}、V_{T_2} = 溫度為 T_1、T_2 時之比容積 (mL/g)；

T_1、T_2 = 溫度 (°C)；

2 = 體積膨脹係數 (Coefficient of Cubical Expansion)。

通常於常溫至 200°C 之間，瀝青之體積膨脹係數約在 6×10^{-4}～6.3×10^{-3}/°C，煤焦油約為 5.4×10^{-4}～6.5×10^{-4}/°C。

5. 表面與界面張力 (Surface and Interfacial Tension)

所謂表面張力係指瀝青加熱呈液體時與空氣之間的力。表面張力的大小主要視液體的化學組成而異，尤其是表面活性物質的性質與含量。界面張力則指瀝青加熱呈液體時與固體礦物料之間的界面張力。當瀝青作為黏結劑時，則瀝青與粒料之間應有足夠的附著性 (Adhesion)，而此附著性應能抵抗其他物質，特別是水的作用，亦即應考慮到固體－瀝青－空氣和固體－瀝青－水體三相體系之間的平衡，此平衡式如式 (1.3–2) 所示：

體系達到平衡時：　$\sigma_{1\cdot3}=\sigma_{1\cdot2}+\sigma_{2\cdot3}\cos\theta$

故　$$\cos\theta=\frac{\sigma_{1\cdot3}-\sigma_{1\cdot2}}{\sigma_{2\cdot3}} \qquad (1.3\text{–}2)$$

式中：$\sigma_{1\cdot3}$ = 固體與空氣或水之間的界面張力 (dyne/cm^2)；

$\sigma_{1\cdot2}$ = 固體與瀝青之間的界面張力 (dyne/cm^2)；

$\sigma_{2\cdot3}$ = 瀝青與空氣或水之間的界面張力 (dyne/cm^2)；

θ = 接觸角。

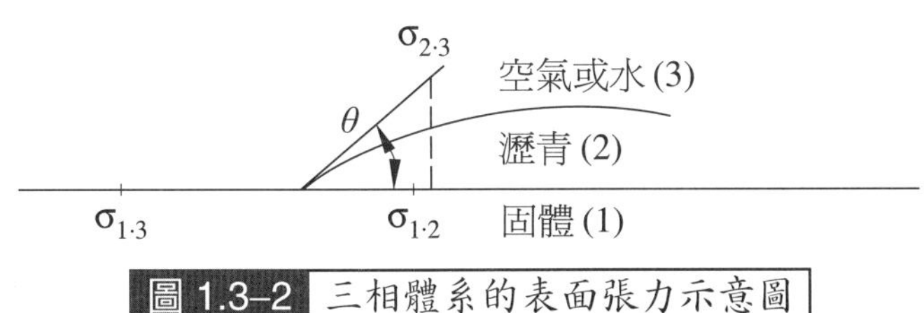

圖 1.3–2　三相體系的表面張力示意圖

在無外力作用下，接觸角對於估計固體粒料與瀝青之間的附著性有很重要的意義。

當分析瀝青對粒料之附著性，尤其在有水分存在的情況下，常須考慮到瀝青、或與水間之表面與界面張力。瀝青表面張力值約為 21～39 dyne/cm^2(21×10^{-6}～39×10^{-6} kg/cm^2)，平均值約為 25～30 dyne/cm^2 (25×10^{-6}～30×10^{-6} kg/cm^2)。瀝青與水間之界面張力較表面張力小，約為 15～30 dyne/cm^2(15×10^{-6}～30×10^{-6} kg/cm^2)，一般多在 15～20 dyne/cm^2 (15×10^{-6}～20×10^{-6} kg/cm^2) 之間。

6. 延性 (Ductility)

半固體或固體瀝青材料伸張之能力，謂之延性，為用於路面鋪築之一重要性質。半固體或固體延性之高低，隨溫度的變化而異，並與黏結性、可撓性及耐磨性等有關。一般情形，直餾瀝青之延性大，吹製瀝青則甚小。

7. 固化點

瀝青材料固化後失去黏性時之最高溫度，謂之固化點，在固化點以下者為純固體。溫度超過固化點，則逐漸軟化，隨溫度之升高由塑性材料變成脆性而失去黏性。因此，一般所選用瀝青材料之固化點，須較施工現場之最低溫度更低。

8. 軟化點

瀝青材料隨溫度的增加，由固體狀態逐漸軟化成液態過程中之軟化分界溫度，是為瀝青材料之軟化點。通常針入度愈小，軟化點愈高。直餾瀝青之軟化點約為 35°C～75°C。吹製瀝青在同一針入度下，較直餾瀝青者為高，煤柏油、瀝青脂則較低，約為 40°C 以下。

9. 針入度

以一定負荷質量（100 克）之標準針，於一定時間（5 秒）內，於瀝青試樣在規定溫度 (25°C) 下，垂直貫入瀝青內之深度值是為針入度，用以表示瀝青材料軟硬程度及稠度 (Consistency)。瀝青材料因溫度的逐漸上升而軟化，故針入度隨溫度之上升而增大，直餾瀝青針入度之變化大於吹製瀝青。

瀝青之軟硬以針入度表示，針入度在 85 以下者稱為硬瀝青，在 85～150 之間者，稱為中硬度瀝青，而在 150 以上者，則為軟瀝青。

10. 感溫性 (Temperature Susceptibility)

瀝青材料的稠度隨溫度的變化而變，其對溫度感應的程度謂之瀝青材料之感溫性，感溫性大者，在較低溫時材質易成脆弱，在較高溫時，則易成軟質，因此路面用瀝青材料須具有適當的感溫性，以適應溫度之變化。通常直餾瀝青之感溫性較吹製瀝青為大。

設 P_1、P_2、P_3 代表在不同試驗條件下，如表 1.3–2 所示之針入度，則瀝青感溫性可由下列各式表示之：

表 1.3–2 標準針負荷、貫入時間、溫度條件之針入度

代　號	標準針負荷 (g)	貫入時間 (秒)	溫度 (°C)
P_1	200	60	0
P_2	100	5	25
P_3	50	5	46

(1)針入度比 (Penetration Ratio)

為美國加州所採用，係以針入度標準試驗法求得，以標準針 100 g 在 4°C 及 25°C，5 秒鐘之針入度百分率為針入度比 PR，利用式 (1.3–3) 計算之：

$$PR = \frac{\text{標準針 100 g 在 4°C，5 秒鐘之針入度}}{\text{標準針 100 g 在 25°C，5 秒鐘之針入度}} \times 100 \qquad (1.3\text{–}3)$$

通常具有高針入度比之瀝青材料，溫度的改變對黏度 (Viscosity) 的影響小於低針入度比者。

(2)感溫因子 (Susceptibility Factor)

針入度 P_3、P_1 之差與 P_2 之比值是為感溫因子 SF，以式 (1.3–4) 表之：

$$SF = \frac{P_3 - P_1}{P_2} \qquad (1.3\text{–}4)$$

(3)感溫比 (Susceptibility Ratio)

0°C 之針入度與 25°C 及 46°C 之針入度比，是為感溫比 SR，以式 (1.3–5) 表之：

$$SR = P_1 : P_2 : P_3 \qquad (1.3\text{–}5)$$

通常直餾瀝青之感溫比為 1:(3.5～6.4):(27～107)，吹製瀝青為 1:1.4:2.5。

(4)針入度指數 (Penetration Index)

1936 年裴華 (J. Ph. Pfeiffer) 與范・多馬爾 (Van Doormaal) 提出在針入度對數值與溫度之關係直線，如圖 1.3–3 所示之正切 (Tangent) 值表示瀝青材料之感溫性。

此感溫性對針入度指數 (PI) 之關係，則以式 (1.3–6) 表示之：

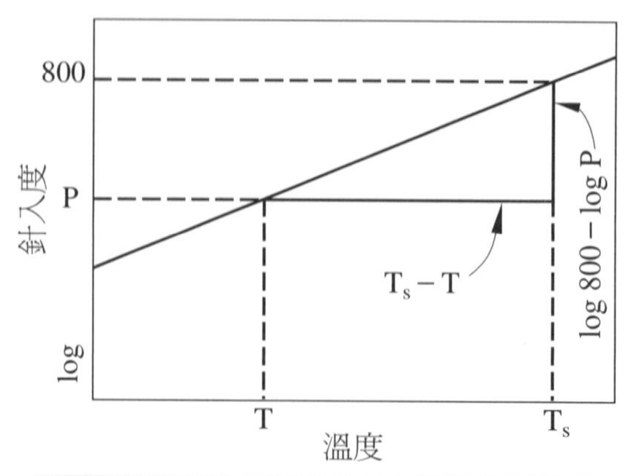

圖 1.3–3 溫度與針入度 (log) 之關係

$$\frac{\log 800 - \log P}{T_s - T} = \frac{20 - PI}{10 + PI} \times \frac{1}{50} \tag{1.3–6}$$

式中：P = 瀝青在溫度 T (25°C) 之針入度；

T = 針入度 P 試驗時之溫度 (25°C)；

800 = 瀝青在軟化點（環球法）溫度 (T_s) 之針入度；

T_s = 瀝青軟化點溫度。

式 (1.3–6) 是使用軟化點溫度之針入度 800，25°C 之針入度 200 的墨西哥產瀝青，假定其 PI 值為 0 時所推演而得。該式表示完全不受溫度影響之瀝青 PI 值為 +20，極受溫度影響之瀝青 PI 值為 −10，亦即瀝青 PI 值愈低，感溫性愈高，通常瀝青之 PI 值約在 −2 與 +2 之間。

瀝青之 PI 值，亦可由圖 1.3–4 以圖解法求得，首先以瀝青環球法軟化點試驗之，軟化點溫度與 25°C 時標準針負荷 100 g 質量在 5 秒鐘時間之針入度數值連接成一直線，該直線與 PI 線相交的數值，即為 PI 值。

瀝青材料按其 PI 值分有下列三種類型：

⑴焦油脂型 (Pitch Type)——PI < −2 者，對溫度變化具有敏感性，亦即高感溫性之瀝青材料，如焦油、熱裂瀝青 (Cracked Asphalt) 等。

⑵普通型 (Normal Type)—— −2 < PI < +2 者，正常感溫性之瀝青材料，如直餾瀝青，適合路面工程用。

⑶吹製型 (Blown Type)——PI < +2 者，低感溫性之瀝青材料，如吹製瀝青。

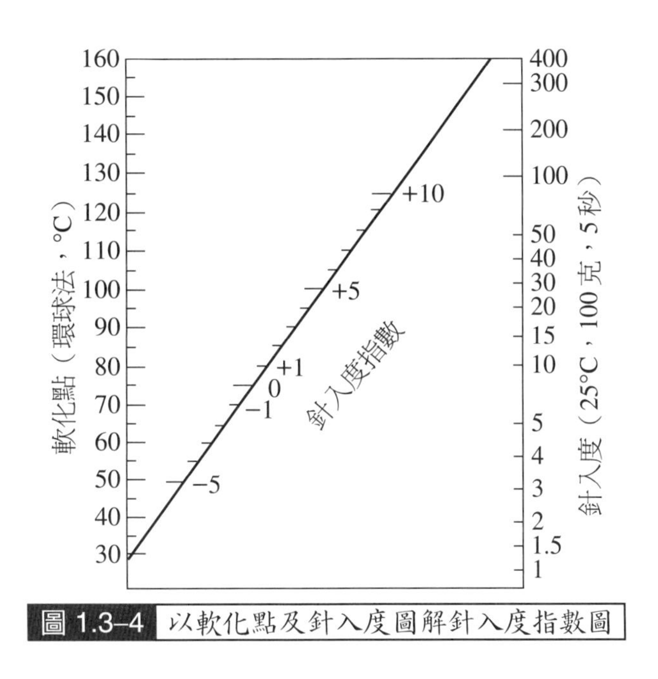

圖 1.3-4 以軟化點及針入度圖解針入度指數圖

11.脆化性

瀝青材料於低溫時，易發生破碎，脆化時之最高溫度是為脆化點 (Breaking Point)，多以佛萊斯脆化點 (Fraass Breaking Point) 之溫度表之。瀝青之脆化點溫度與針入度指數甚有關係，通常針入度指數愈大者，脆化點溫度愈低。瀝青材料之脆化性，在寒冷地區受動載荷作用下，為一必須詳加考慮的特性，近代對此特性極為重視。

12.閃點與燃燒點 (Flash and Fire Point)

加熱於瀝青材料，其表面附近蒸發有一部分碳氫氣而與空氣形成爆炸性混合物。此混合物在小火焰接觸時，最初發生閃火光現象，倘繼續加熱，蒸發之蒸氣加多，隨即發生燃燒，發生閃光與燃燒之最低溫度分別謂之閃點及燃燒點。瀝青的閃點與其所含輕餾分有關，閃點愈低，則瀝青中所含有之低分子量的碳氫化合物愈多。由閃點及燃燒點試驗，可預測瀝青材料在加熱使用過程中應注意控制加熱作業之極限溫度。

瀝青材料之閃點，主要受製造方法的影響，真空蒸餾者最高閃點約 300°C，蒸氣蒸餾者稍低，吹製瀝青約為 220°C～240°C。燃燒點較閃點高約 25°C～60°C。石油瀝青加熱使用之適當溫度，因其使用目的而異，通常約為 120°C～180°C，過高之溫度，不但會產生熱劣化影響品質，且有發生燃燒的危險。

煤焦油脂 (Coal Tar Pitch) 之閃點與燃燒點，都較石油瀝青低。使用柏油時，須加熱至 100°C～120°C，加熱溫度與閃點極為接近，故比使用直餾瀝青時之著火危險性大，加熱柏油必須特別注意控制加熱溫度，以免熱度過高而發生危險。

13.對酸之反應

(1)硫酸

瀝青對稀硫酸尚具有耐酸性，但對 96%～100% 之濃硫酸，則有複雜的化學反應，而生成硫化物。

(2)鹽酸

瀝青對無水鹽酸，可能起反應生成瀝青質，但常溫之濃鹽酸對之尚難發生作用。

(3)硝酸

硝酸對瀝青產生不良作用，濃硝酸對瀝青材料之作用，可生成硝化物及氧化碳氫化物。

(4)鹼基

瀝青中一部分酸可能與鹼溶液起反應而乳化或變色。

(5)瀝青可溶於二硫化碳及四氯化碳，除上述酸鹼外，其他酸鹼對之影響甚弱。

14.直餾瀝青與吹製瀝青之性質比較

直餾瀝青與吹製瀝青之其他性質比較，列於表 1.3–3：

表 1.3–3 直餾瀝青與吹製瀝青之性質

性質	直餾瀝青	吹製瀝青
狀態	半固體	固體
比重	1.000～1.100	1.000～1.070
比熱	0.487 cal/g°C	0.487 cal/g°C
熱傳導	0.149 kcal/m·h°C	0.139 kcal/m·h°C
延性	大	小
感溫性	大	小
黏結性	大	小
流動性	大	小
閃點	高	低
軟化點	低	高
耐候性	良	優
耐水性	良	良

1.3–3 石油瀝青的黏度

石油瀝青材料之所以能用作路面材料，係因其對石粒料之顆粒發揮特強的附著性及黏結性 (Cohesion) 而將粒料緊黏一起。瀝青材料的黏度，隨溫度的不同而有很大的變化，若黏度太大，則無法在短時間內將粒料徹底地包裹。再者瀝青路面的種類很多，又因受施工方法、交通量的大小、氣候的因素等等的影響，對路面施工上的拌合、滾壓、撒布等，都須有一定黏度的要求，所以在施工之前，應求瀝青材料的黏度與溫度的關係，以作為控制加熱溫度之依據。圖 1.3–5 示數種不同針入度之瀝青的溫度與黏度之關係。

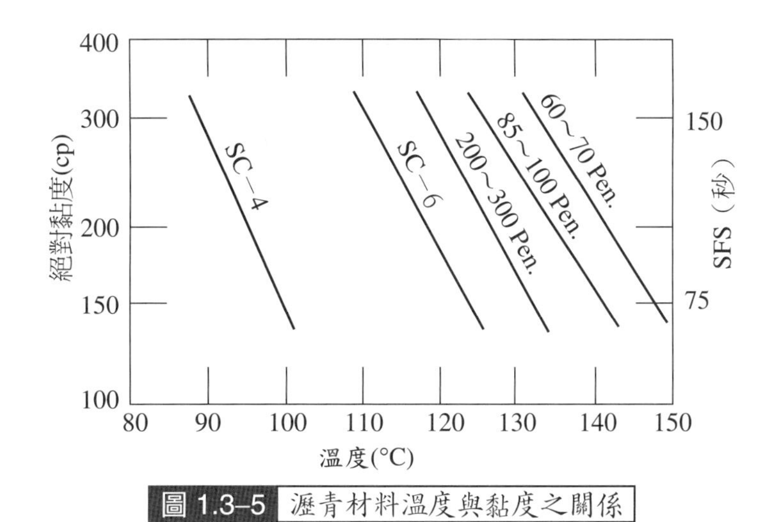

圖 1.3–5 瀝青材料溫度與黏度之關係

在公路材料上，瀝青材料應具適宜的黏度，以使公路鋪築完成後，能保持良好的成效，其黏度應具之特性如下：

1. 須能以加熱，或加入溶劑的方法，以保持適宜的黏度，使之能泵吸、噴撒、拌合、滾壓等，以配合施工要求。
2. 在路面鋪築完成後，於高溫的情況下，須具有適宜的黏度以抵抗變形。
3. 在路面鋪築完成後，於低溫的情況下，須具有適宜的柔性以防路面的裂損。

一、黏度的意義

當施力於流體時，流體隨即發生流動，但此流動體本身所具有的黏滯性能滯阻此項流動，此項黏滯性能稱為黏度。流體的黏滯性能雖有滯阻流動的能力，但不論施力多麼微小，流體的流動都非黏滯性能所能阻止；再者，當流體靜止不流動時，因無力之作用，黏滯性即不發生。

設有相距 y 之上、下平行之兩板，其間充滿瀝青或其他流體如圖 1.3–6。下板固定，上板面積 A 受一與板平行之力 F，使其平行移動，則兩板間之流體受到一剪應力 F/A 之作用而帶動上、下兩板間無數層平行於上板的流體粒子一起流動，與上板接觸的流體粒子附著於上板不致滑動，而與上板相同速率 v 流動；其次，距離以 v 速率移動的上板愈大，則其下無限薄層的流體粒子移動速率相對減小；當與固定的下板接觸的流體粒子移動距離最小，接近不動。

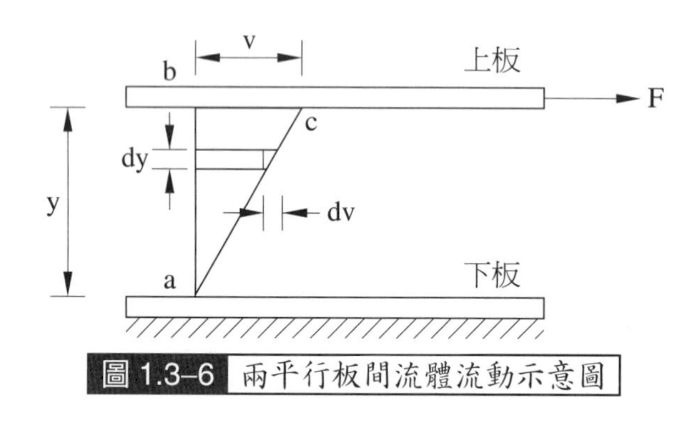

圖 1.3–6 兩平行板間流體流動示意圖

由相似三角形原理：

$$\frac{v}{y}=\frac{dv}{dy}$$

但力 F 與板面積 A 及速率 v 成正比，與兩板相距 y 成反比，即

$$F \propto = \frac{Av}{y} = A\frac{dv}{dy}$$

故
$$\frac{F}{A} \propto \frac{dv}{dy}$$

令 $F/A=\tau$ 為剪應力 (Shear Stress)、$\gamma=\frac{dv}{dy}$ 為剪應變率 (Shear Strain Rate)，則兩者之比例常數為 μ，簡稱為黏度，如式 (1.3–7) 所示：

$$\mu = \frac{\tau}{\gamma} \tag{1.3–7}$$

其意義即為單位面積上能產生單位剪應變率的剪應力。

瀝青材料的黏度單位有：

1. 絕對黏度 (Absolute Viscosity)

單位為泊 (poise) 或 kg–sec / m^2，其關係為 1 poise = 1 dyne–sec / cm^2 = 1 gm/cm–sec = 0.010197 kg–sec / m^2 = 100 centipoise（厘泊，cp）

2. 動黏度 (Kinematic Viscosity)

動黏度與絕對黏度之關係如式 (1.3–8)：

$$KV = \frac{AV}{980D} \tag{1.3–8}$$

式中：KV = 動黏度 (stoke)；

AV = 絕對黏度 (poise)；

D = 密度 (gm/cm^3)。

動黏度之單位為斯托克 (stoke)，或 m^2/ sec，其關係為 1 stoke = 1 cm^2/ sec = 10^4 m^2/ sec = 100 centistoke (cSt)

3. 賽勃爾特黏度 (Saybolt Viscosity)

瀝青材料在一定溫度下，以容量 60 mL 之試樣經一定尺寸的小孔流出，其所需要時間秒數，即為賽勃爾特黏度。分有賽勃爾特燃路油黏度 (Saybolt Furol Viscosity—SFS) 及賽勃爾特通用黏度 (Saybolt Universal Viscosity—SUS) 兩種。賽勃爾特燃路油黏度與動黏度約有下式之關係：

$$SFS = 0.47KV \tag{1.3–9}$$

式中：SFS = 賽勃爾特燃路油黏度（秒）；

KV = 動黏度 (cSt)。

4. 英格勒比黏度 (Engler Specific Viscosity)

以 50 mL 之瀝青材料與水在規定溫度下，分別流經一定大小的孔口所需之時間比，是為英格韌比黏度 (ESV)。

上述各種黏度之換算關係示於圖 1.3–7。

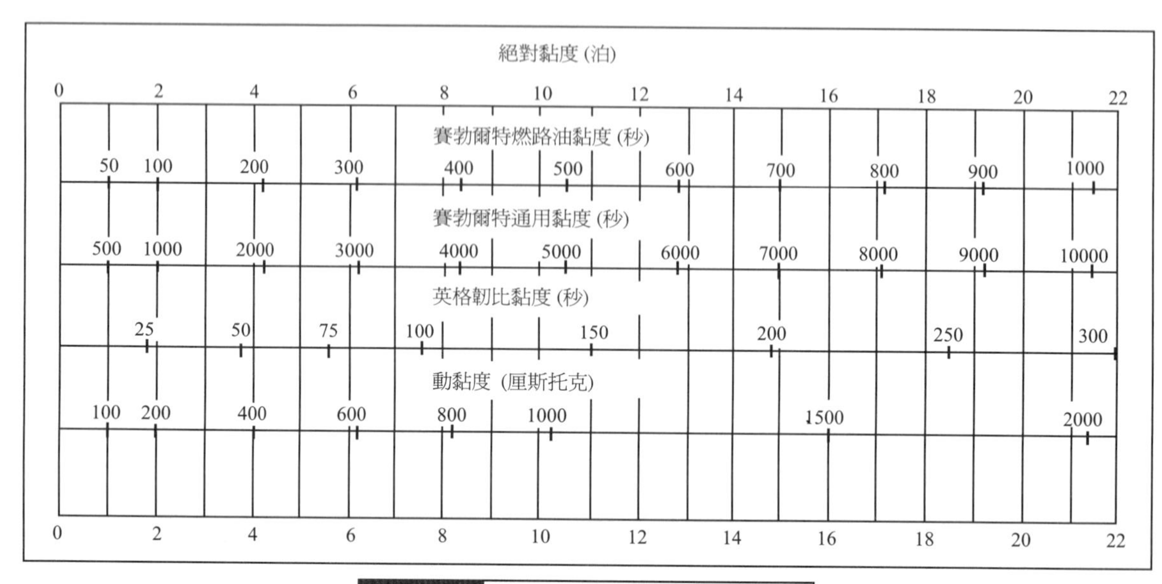

圖 1.3–7 瀝青材料各種黏度對照圖

二、勁度 (Stiffness)

勁度是瀝青在低溫時的一個重要性質，為一種同時具有黏性 (Viscous) 與彈性 (Elastic) 性質的黏彈性體 (Visco-Elasticity)。其物理意義係在某一溫度及荷重下，瀝青之彈性變形對永久變形的比例，與應力的大小、荷重時間的長短和溫度有關。當受高速剪應力時，變形量不大、荷重時間很短，則主要產生彈性變形，變形與應力之間呈線性關係，在外力消失後，仍將回復原狀；在受低速剪應力時，變形量較大、荷重時間較長，則主要產生黏性變形，一般變形與應力之間不再呈線性關係，在外力消失後，不易回復原狀。

在溫度低時，瀝青材料呈現固體性狀，溫度逐漸上升，性狀也由黏狀而至液狀。在低溫固狀體下，受長時間荷重，此固狀體會發生變形，此為瀝青之另一特殊流性。1954 年范・得・波爾 (Van der Poel) 發展瀝青材料黏彈性行為之應力與應變間之關係，此關係謂之瀝青材料之勁度模數 (Stiffness Modulus)。其式：

$$S = \frac{\sigma}{\epsilon} \tag{1.3–10}$$

式中：S = 勁度模數；

σ = 應力；

ϵ = 應變。

S 為載重時間與溫度之關係數值，其單位為 dyne/cm^2 或 N/m^2。通常載重時間愈長、或溫度愈高者，勁度模數值愈小；針入度愈大者，勁度模數值亦愈小。在一定溫度及載荷時間下，同一針入度者，針入度指數 PI 大的，勁度模數小。

圖 1.3–8 示針入度與勁度模數之另一關係例。

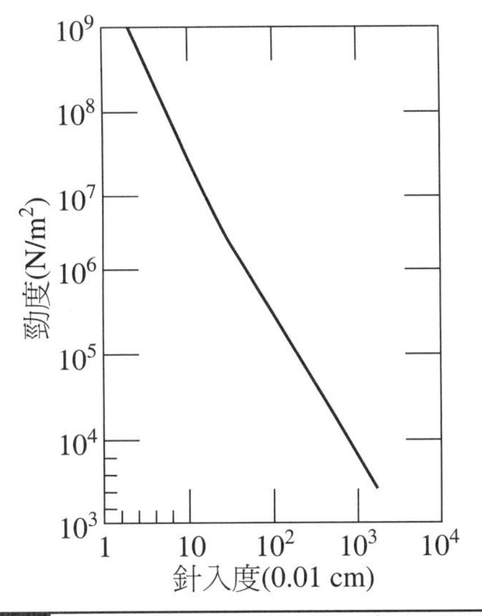

圖 1.3–8 勁度（0.4 秒）與針入度之關係曲線

勁度之表現抵抗形變的能力是隨時間的增長而減小的函數，並與下列四個因素有關：

1. 荷重的時間與頻率。
2. 瀝青的感溫性。
3. 瀝青的黏稠性。
4. 瀝青類型。

1.3–4 附著性

附著性是瀝青材料重要性質之一，係指瀝青材料對砂石粒料顆粒表面的附著能力。而黏結性則指瀝青材料以本身內部的黏結性對砂石粒料各顆粒的結合能力。黏性大的瀝青對同一粒料的附著性亦大。

瀝青材料的附著作用主要係在附著過程中，兩物質相接觸時，分子之間相互作用力所造成。當瀝青材料中含有的表面活性物質極性（例如陰離子極性、陽離子極性的化合物），與含有重金屬或鹼土金屬氧化物的粒料相接觸時，由於分子間相互作用力，在界面上生成皂類化合物，吸附力很強，形成強有力的附著性。當瀝青材料與酸性類型的粒料接觸時，則不能形成化學性吸附，而多具物理性吸附，則所產生的附著性較差。

瀝青材料對粒料顆粒的附著性作用係保持適當黏度的瀝青貼著粒料顆粒表面流散，並完全包裹潤濕。潤濕能力的效果取決於瀝青及粒料顆粒的表面張力，但因瀝青的表面張力近似常數，因此潤濕的程度則取決於粒料顆粒的表面張力。但下列情況將影響瀝青對粒料顆粒的附著性：

1. 當瀝青的黏度較大，或粒料顆粒表面黏附雜質時，將使潤濕效果變差。
2. 粒料顆粒的形態、表面狀況、潔淨程度等等，明顯影響附著性。
3. 當粒料顆粒沒有確實烘乾的情況下，初期顆粒外表似乎完整被瀝青潤濕包裹，但其後二者之間的水分將滲出沿著顆粒表面滲透而使二者相互分離。
4. 粒料顆粒表面覆蓋的瀝青薄膜厚度不足時，可能顯現不完整潤濕現象，影響附著效果。
5. 瀝青材料與粒料顆粒之間的附著性主要是化學吸附的結果，該作用取決於兩者的性質，即瀝青黏結料中，陰離子表面活性物質和粒料中重金屬及鹼土金屬氧化物陽離子含量，因此粒料的性質對附著性有決定性的意義。但因粒石料的來源種類繁多，性質各異，與瀝青黏結料的附著力亦有差異，選擇適宜的粒石料，將有助於延長瀝青路面使用年限。具有陽離子含量的各類型岩石如下：

   ⑴火成岩類——橄欖岩、輝綠岩、輝長岩、玄武岩、閃長岩、安山岩、花崗岩等。

   ⑵沉積岩類——石灰岩、砂岩、白雲岩等。

   ⑶變質岩——大理岩等。

1.3–5 瀝青的流變性行為

瀝青材料的流變性行為主導瀝青的儲運、加工、使用等方面合適的操作。瀝青材料在受到應力或因溫度的改變，其性狀也隨之改變，例如在低溫時，瀝青呈固態，易脆；當加熱至某一溫度時，則開始柔軟而呈黏彈性行為，既有彈性同時也具黏性；在溫度繼續升高，瀝青即呈黏稠狀液態而流動。瀝青材料在瀝青路面施工過程的運用係藉在不同溫度下之流變形行為，其時之黏度特性須能藉加熱的方法以保持適當的黏度使之能儲運、泵吸、噴撒、拌合、滾壓等，以配合施工要求；在路面鋪築完成後，於高溫的情況下，須具適宜的黏度以抵抗變形及於低溫的情況下，須具適宜的柔性以防路面裂損。

瀝青的形變是處於液體與固體之間性狀，其特性視瀝青種類而異，且不僅受溫度的影響，也與荷重或受力的情況有密切關係。瀝青流體之剪應力與剪應變率 γ 之比值謂之視黏度 (Apparent Viscosity)。依瀝青的形變性，其流動特性行為可分為二類：

一、牛頓流 (Newtonian Flow)

瀝青體之剪應變率與剪應力成正比例關係的流體，稱為牛頓流體，其流動行為稱為牛頓流，如圖 1.3–9 所示，對牛頓流體僅需施以很小的剪應力，形變即可開始而呈自由流動，其流過的體積與應力成正比，剪應變率與剪應力關係的流動曲線為通過原點的直線，流動行為指數 C = 1。

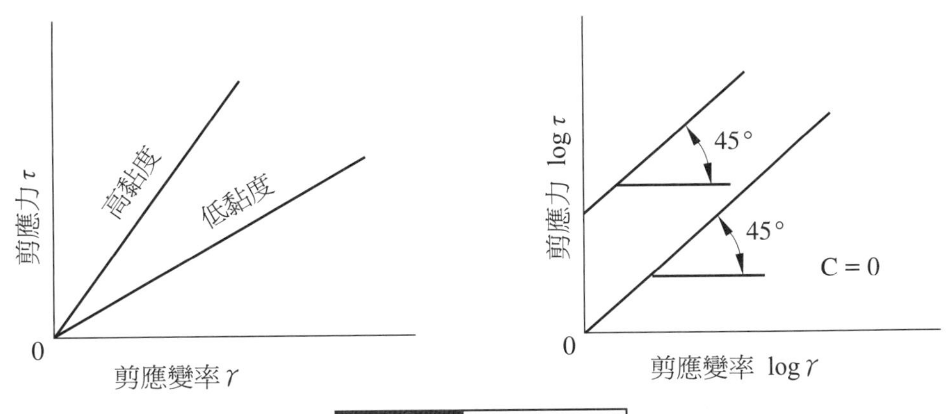

圖 1.3–9　牛頓流特性

這類瀝青對溫度具高敏感性，在高溫時為黏度很低的液體，低溫時變脆。此類瀝青與其他具有相同軟化點的瀝青相較，針入度較小，針入度指數 PI 值多小於 -2。

二、非牛頓流 (Non-Newtonian Flow)

瀝青體之剪應變率與剪應力不具正比例關係的流體謂之非牛頓流體，其流動行為謂之非牛頓流。非牛頓流體之黏度將隨剪應變率的改變而改變，不再是一定值，且剪應變率與剪應力之關係也不是一通過原點的直線。非牛頓流體依黏度與剪應變率的關係又呈現有下列各種流動曲線形態：

1. 假塑性流 (Pseudo-Plastic Flow)

瀝青流體之視黏度隨剪應力與剪應變率 γ 的增大而減小，也即施以小應力則產生較大的應變者，謂之假塑性流，如圖 1.3–10 所示，流動行為指數 $C < 1.0$。直餾瀝青多屬此類。

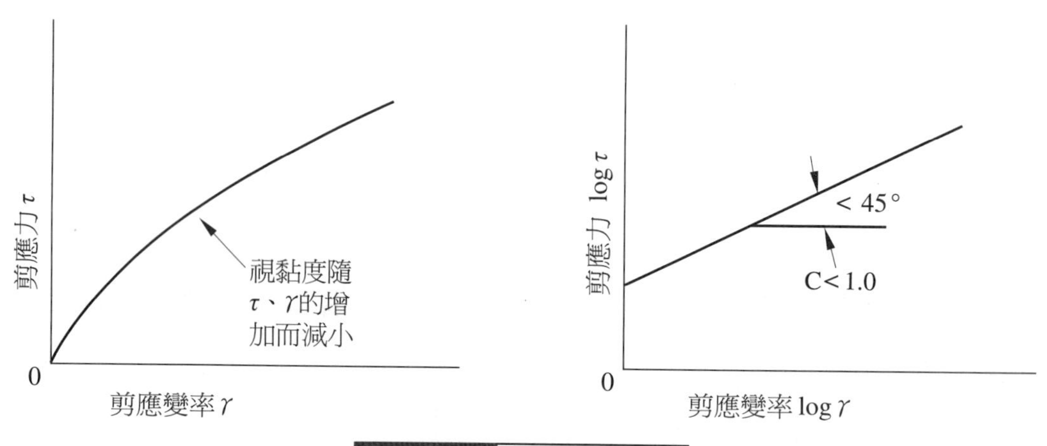

圖 1.3–10 假塑性流特性

2. 賓漢塑性流 (Bingham Plastic Flow)

呈賓漢塑性流的瀝青流體在開始施加應力時，初期不發生流動，直至應力超過某一數值時才開始流動，其流動曲線不經過原點，而是沿 τ 軸經過一段距離後，在剪應力作用下才開始流動。從原點到 τ 軸交點的距離稱降服值，其交點謂之降服點 (Yield Point)，如圖 1.3–11 所示，流動行為指數 $C < 0.5$。賓漢塑性物體在降服值以內時反映彈性狀態的塑性物體，在降服點之外時，則呈賓漢塑性流體。

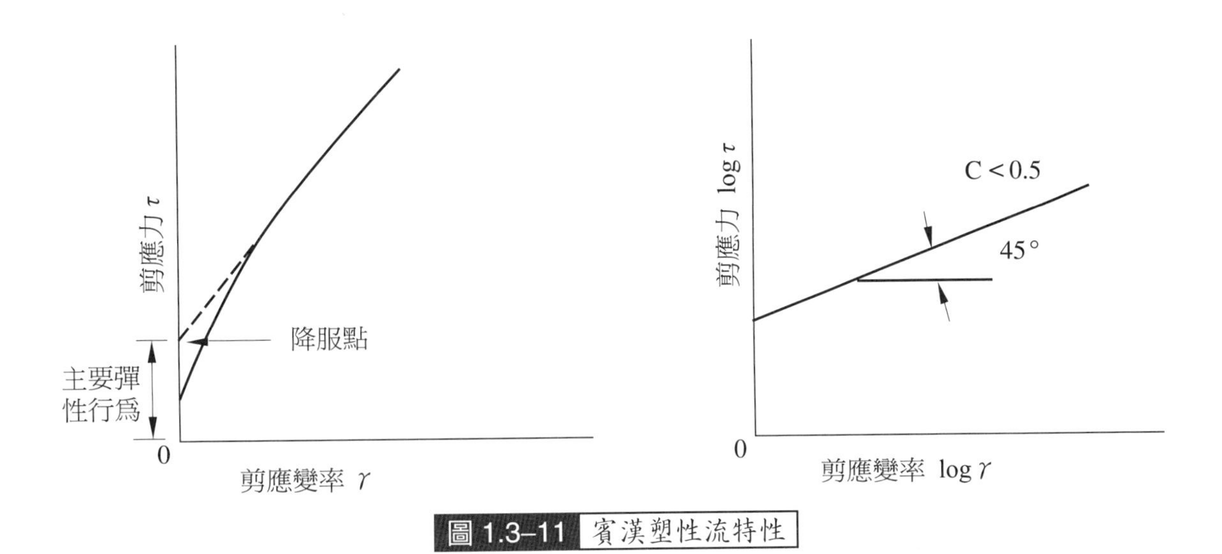

圖 1.3–11 賓漢塑性流特性

3. 膨脹塑性流 (Dilatant Plastic Flow)

瀝青流體之視黏度隨剪應力 τ、剪應變率 γ 的增加而增大，也即施以較大應力時，則所產生的應變反而較小者，謂之膨脹塑性流，如圖 1.3–12 所示，流動行為指數 $C > 1.0$。高分子改質瀝青多屬此類。

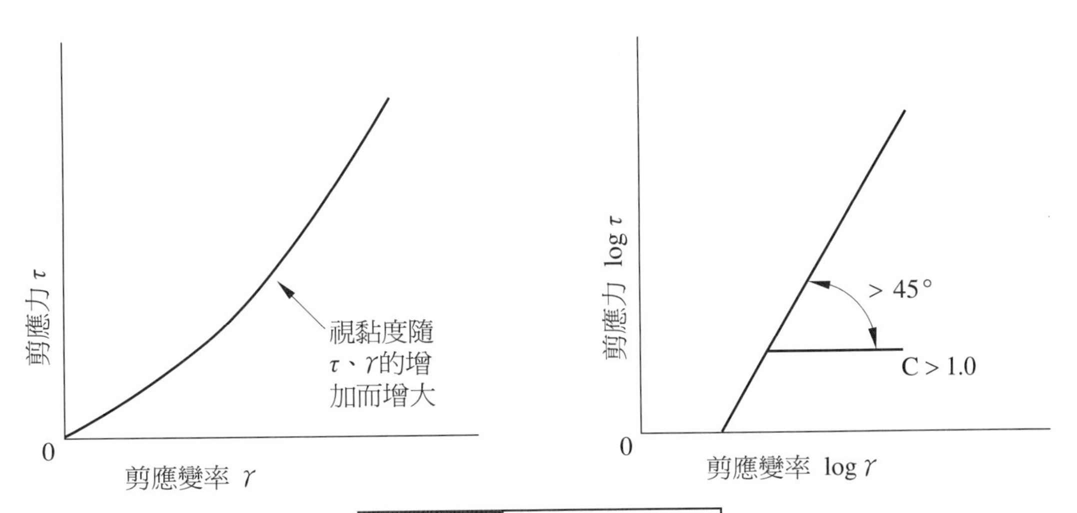

圖 1.3–12 膨脹塑性流特性

1.4 柏油

1.4-1 柏油

在石油瀝青尚未能大量用於鋪築路面之前，柏油乃是鋪築路面最普通之材料。

柏油沒有天然產品，多為粗柏油 (Crude Tar) 經直接蒸餾而得之產品。柏油可以摻入溶劑而成油溶柏油（Road Tar Cut-Back，簡稱 RTCB），或摻入合成橡膠、合成樹脂等以改進其品質，供為特殊用途之用。

凡瀝青膠泥所能使用之處，柏油大多亦能使用。由於柏油不能溶解於石油溶劑中，所以特別適用於停機坪、停車場之鋪設，因可免飛機在停機坪加油時被濺出之汽油將鋪面溶解。柏油之侵透性較瀝青大，如果使用同樣黏度及凝結度的柏油與瀝青，且鋪設在同樣之土壤基層上，則柏油侵入之深度，必較瀝青為大。

柏油用於鋪面上不能普遍之原因，係其對氣溫之變化極為敏感，在夏季溫度略為升高，鋪面立即軟化；在冬季則變脆，而使鋪面發生破裂。又柏油量少價昂，不易大量購得，故鋪面工程多使用瀝青材料。

1.4-2 柏油之製造

柏油是由粗柏油蒸餾而得，粗柏油通常可由煤焦爐法 (Coke Oven Method) 及水煤氣法 (Water-Gas Method) 兩種方法生產之：

1. 煤焦爐法是以煤為原料，置入一大而密閉之爐中加熱。煤經乾餾先得煤氣，次得煤柏油，而殘留者為焦炭，此種由煤乾餾而得之柏油，稱為粗柏油。
2. 水煤氣法係將煤製得之氣體通過焦炭層而得水煤氣，再將石油裂解蒸餾所得之碳化氫加強之，所餘重碳化氫殘留物凝結之，即得粗柏油。

粗柏油加熱至 100°C 而將其內之水分逐出後所得之柏油，謂之脫水柏油 (Dehydrated Tar)，其黏度較低。

粗柏油加熱至 100°C，水分完全蒸發；至 170°C 輕油亦被逐出後，所餘者為殘留柏油 (Residual Tar) 或直餾柏油 (Straight Run Tar)。依停止蒸餾時溫度之不同，可得各種不同性質之柏油，在低溫停止蒸餾者，其流動性較大，與脫水柏油相近似；在 120～170°C 停止蒸餾者，為常溫用之直餾柏油；170～250°C 停止蒸餾者為加熱用直餾柏油。此等柏油（Road Tar，簡稱 RT）依其黏性及軟硬程度共分有 12 級。在常溫 25°C 時，最稀薄者為 RT–1，與水相似，RT–5 之濃度如同糖蜜。若以液體或固體之狀態分之，以 1 至 7 級為液體，8 至 12 級為半固體或固體，液體者含有較多之煤蒸餾液。

以等級較高之 RT–10、RT–11、或 RT–12 柏油在蒸餾過程中，以輕油（Light Oil——苯 Benzine）、或中油（Middle Oil——雜酚油 Creosote Oil）加入混拌而成液體狀柏油，稱為油溶柏油，按黏度僅區分為 RTCB–5 及 RTCB–6 二級。所加溶劑之目的，僅係施工之便利，對其品質無多大影響，其反應與油溶瀝青之情形極為相似。

1.4–3 柏油之組成

柏油主要由不飽和碳氫化合物、芳香族碳氫化合物、其他碳氫化合物、及此等之衍生物所組成，亦含有游離碳。道路路面用柏油，在不同溫度下之直接蒸餾過程中之分餾物分別為：

1. 水分——通常粗柏油含少量水分，在溫度 100°C 分餾而出。
2. 輕油——在溫度 170°C 分餾而出，比重小於 1。輕油中含有苯類，容易引火燃燒。
3. 中油——在溫度 170～270°C 分餾而出，比重 0.98～1.03。中油中含有多量酚類、萘類，此等成分促使柏油急速硬化。
4. 重油——在溫度 270～300°C 分餾而出，比重大於 1。柏油中所含重油量，將減緩柏油之硬化。
5. 蒽油——蒽油 (Anthracene Oil) 在溫度 300～400°C 分餾而出，比重大於 1。與重油相同，可減緩柏油之硬化。
6. 瀝青脂——瀝青脂 (Pitch) 係上述揮發性油分，蒸餾後之殘留物。

1.4–4 柏油之物理性質

柏油在常溫時為液狀至半液狀，硬質者在低溫時為半固體，常溫時較瀝青為軟，25°C 之比重為 1.10～1.25，徐徐加熱時漸呈流動性，熔成液體之溫度在 110°C 以下。–50°C 以下時為固體，軟化點在 35°C 以下，閃點為 60～140°C，加熱使用時有引火之虞。所含純瀝青約 75～97%，其成分中 80% 以上可溶於二硫化碳，其不溶部分多為游離碳。

路面鋪築用之柏油與直餾瀝青之性質比較，列於表 1.4–1：

表 1.4–1 柏油與瀝青之性質比較

項　目	柏　油	瀝　青
性態	液體至半固體	半固體
氣味	有刺激臭味	無
蒸發成分 (%)	5～23	無
酚類含量 (%)	5 以下	無
萘類含量 (%)	6 以下	無
游離碳含量 (%)	25 以下	無
比重 (25°C)	1.10～1.25	1.00～1.05
軟化點 (°C)	–	35～60
使用時加熱溫度 (°C)	110 以下	140～160
混合物輾壓溫度	可用較低溫度輾壓	–
作業性	低溫作業性較瀝青好	–
對粒料之黏附性	對濕潤粒料之黏附性好	對濕潤粒料之黏附性差
黏結力	–	較柏油強
透水性及吸水性	較瀝青不具透水性與吸水性	略具透水性與吸水性
石油溶劑之耐油性	良	不良
侵透性	良	–
對氣溫之敏感性	較瀝青敏感	–

表 1.4–2 及表 1.4–3 列示美國 ASTM D490–92 (2001) 之道路柏油規範：

表 1.4-2 RT−1 至 RT−7 規範 [ASTM D490−92 (01)]

性質			RT−1	RT−2	RT−3	RT−4	RT−5	RT−6	RT−7
水分（體積 %）			2.0 −	2.0 −	2.0 −	2.0 −	1.5 −	1.5 −	1.0 −
比重 (25/25°C)			1.08 −	1.08 −	1.09 −	1.09 −	1.10 −	1.10 −	1.12 −
英格韌比黏度 (50 mL)		40°C	5～8	8～13	13～22	22～35	−	−	−
		50°C	−	−	−	−	17～26	26～40	−
浮碟試驗（秒）		32°C	−	−	−	−	−	−	50～80
		50°C	−	−	−	−	−	−	−
蒸餾至	170°C	與總蒸餾物之質量比 (%)	7.0 −	7.0 −	7.0 −	5.0 −	5.0 −	5.0 −	3.0 −
	200°C		−	−	−	−	−	−	−
	235°C		−	−	−	−	−	−	−
	270°C		35 −	35 −	30 −	30 −	25 −	25 −	20 −
	300°C		45 −	45 −	40 −	40 −	35 −	35 −	30 −
蒸餾物之	軟化點（環球法 °C）		30～60	30～60	35～65	35～65	35～70	35～70	35～70
	二硫化碳溶解度 (%)		88 +	88 +	88 +	88 +	83 +	83 +	78 +

表 1.4-3 RT−8 至 RT−12 以及油溶柏油規範 [ASTM D490−92 (01)]

性質			RT−8	RT−9	RT−10	RT−11	RT−12	RTCB−5	RTCB−6
水分（體積 %）			0	0	0	0	0	1.0 −	1.0 −
比重 (25/25°C)			1.14 −	1.14 −	1.15 −	1.16 −	1.16 −	1.09 −	1.09 −
英格韌比黏度 (50 mL)		40°C	−	−	−	−	−	−	−
		50°C	−	−	−	−	−	17～26	26～40
浮碟試驗（秒）		32°C	80～120	120～200	−	−	−	−	−
		50°C	−	−	75～100	100～150	150～220	−	−
蒸餾至	170°C	與總蒸餾物之質量比 (%)	1.0 −	1.0 −	1.0 −	1.0 −	1.0 −	2～8	2～8
	200°C		−	−	−	−	−	5 +	5 +
	235°C		−	−	−	−	−	8～18	8～18
	270°C		15 −	15 −	10 −	10 −	10 −	−	−
	300°C		25 −	25 −	20 −	20 −	20 −	35 −	35 −
蒸餾物之	軟化點（環球法 °C）		35～70	35～70	40～70	40～70	40～70	40～70	40～70
	二硫化碳溶解度 (%)		78 +	78 +	75 +	75 +	75 +	80 +	80 +

1.4–5 柏油與石油瀝青之判別

柏油與石油瀝青可由下列各點判別之：

1. 石油瀝青的氣味沒有柏油之刺激。
2. 石油瀝青的黏結力較柏油強。
3. 柏油遇熱較石油瀝青易於軟化。
4. 柏油遇冷較石油瀝青易脆。
5. 柏油之毒性較石油瀝青強。
6. 石油瀝青加熱時生青白色氣體，而柏油則生濃綠黃色氣體。
7. 石油瀝青之新斷面為黑色而有光澤，而柏油則為黑色而無光澤。

1.5 粒　料

瀝青路面所用瀝青混合料 (Asphalt Mixtures) 由承受車輛重量的粒料 (Aggregates) 及使粒料表面形成一層黏結膜而將各鬆散粒料結合緊固，充分發揮支承荷重能力的黏結料 (Binder or Cement Materials) 所組成，其中粒料所占質量比在 90～95%，或體積比在 80～85%，故粒料的特性對瀝青路面有絕對性的影響，予以充分深入研究、瞭解，對於提高及控制瀝青路面品質極關重要。

1.5–1 粒料來源

適用於瀝青混合料的粒料來源，可分為天然粒料 (Naturally Aggregates) 及人造或工業產製粒料 (Artificially or Industrially Aggregates) 兩類，如圖 1.5–1 所示。

- 粒料
  - 天然材料
    - 火成岩
      - 花崗岩：酸性至中性，其組織為細粒料狀者，較粗粒料狀者堅韌性高，抗壓強度大，吸水率小，尚可用作路面材料。
      - 石英：組織緻密，堅韌性高，抗壓強度大，吸水率小，適合作路面材料。
      - 玄武岩：酸性及中性，質硬，抗磨損力強，適用於路面材料。
    - 水成岩
      - 砂岩：組織為中粒至粗粒，依膠結材料不同，其抗壓強度、耐久性、吸水率、堅韌性等也異，質地堅硬者可用作路面材料。
      - 石灰岩：堅韌性及硬度低，抗磨損力低，膠結值高，吸水率高，不適合作重交通量的路面材料。
      - 砂及礫石：岩石破碎而成，適合作路面材料。
    - 變質岩
      - 石英岩：抗磨損力及堅韌性甚強，吸水率低，適合作路面材料。
      - 板岩：抗磨損力，硬度及堅韌性低，僅膠結值佳，因片狀構造易裂為碎片，不適合作路面材料。
  - 工業產製之粒料──爐碴：抗壓強度較低，表面粗糙且多孔，堅硬者可用於低交通量的路面材料。

圖 1.5–1　粒料來源分析

1.天然粒料

天然生成的岩石材料，經風化 (Weathering) 或未經風化作用後，仍留存於原地未經變動者即所謂殘留材料 (Residual Materials)；經過開採軋製篩分而成的碎石料，或風化石料經過冰川、河川、風力等搬運而沉積之搬運材料 (Transported Materials)，由於經過搬運，多成渾圓形，一般多存積於河床、砂礫洲沖積扇 (Alluvial Fans) 等等。

公路建築常用之岩石的一般分類，按其構成來源分為火成岩 (Igneous Rock)、水成岩或沉積岩 (Sedimentary Rock) 及變質岩 (Metamorphic Rock) 三類，而每種岩石又按其物理性質及化學成分再予細分，美國公路總局 D. O. Woolf 將其分類如表 1.5–1 所示。

在火成岩類之侵入岩 (Intrusive Rocks) 或粗粒岩 (Coarse-Grained Rocks)，例如花崗岩、輝長岩係地球內部之岩漿上升，由於上部壓力過大，無法突出地表，乃在地面之下緩慢冷卻凝固而成，其結晶大，產生粗粒狀岩石。噴出岩 (Extrusive Rocks) 或細粒岩 (Fine-Grained Rocks)，則是岩漿噴出而慢流於地表面快速冷卻凝固而成，其結晶小者有流紋岩、粗面岩、安山岩、玄武岩及輝綠岩；若岩漿冷凝極快，不及結晶，則成為均勻物質，狀似玻璃，謂之玻璃質組織，黑曜岩屬之。

水成岩類係岩石經過腐解後之岩石顆粒，經流水、冰川或風等轉運而沉積於適當地點。此等沉積物初甚疏鬆，後經壓力、膠結的作用而成堅密之岩石。按所含主要礦物成分有石灰質岩石 (Calcareous Rocks)，包括石灰岩及白雲岩。另一為矽質岩石 (Siliceous Rocks)，包括頁岩、砂岩、燧石岩等。

變質岩係水成岩或火成岩或變質岩經地內高溫、高壓及水蒸氣的作用而將原先之組織及所含之礦物全部或一部分改變而成另一種特異的岩石者，例如石灰岩可變質為大理岩，頁岩變質為板岩，砂岩變質為石英岩，花崗岩變質為片麻岩等是。此等變質有時可增進岩石的品質，如石英岩比砂岩堅韌，但有時候適得其反，如大理石較石灰岩或白雲岩不適於用作路面粒料。

表 1.5–1 一般岩石分類

類　別	型　態	科　別	附　註
火成岩	侵入岩（粗粒）	花崗岩 (Granite) 1	1. 常產生如一種斑狀岩。 2. 所含礦物成分不能決定時，可將之包括在「長石英 (Felsite)」一項內。 3. 可能部分或全部由石灰質材料組成。
		正長岩 (Syenite) 1	
		閃長岩 (Diorite) 1	
		輝長岩 (Gabbro)	
		橄欖岩 (Peridotite)	
		輝岩 (Phyoxenite)	
		普通角閃岩 (Hornblendite)	
	噴出岩（細粒）	黑曜岩 (Obsidian)	
		浮岩 (Pumice)	
		凝灰岩 (Tuff)	
		流紋岩 (Rhyolite) 1,2	
		粗面岩 (Trachyte) 1,2	
		安山岩 (Andesite) 1,2	
		玄武岩 (Basalt) 1	
		輝綠岩 (Diabase)	
水成岩	石灰質岩石	石灰岩 (Limestone)	
		白雲岩 (Dolomite)	
	矽質岩石	頁岩 (Shale)	
		砂岩 (Sandstone)	
		燧石岩 (Chert)	
		礫岩 (Conglomerate) 3	
		角礫岩 (Breccia) 3	
變質岩	薄層狀	片麻岩 (Gneiss)	
		片岩 (Schist)	
		角閃岩 (Amphibolite)	
		板岩 (Slate)	
	非薄層狀	石英岩 (Quartzite)	
		大理岩 (Marble)	
		蛇紋岩 (Serpentinite)	

火成岩

水成岩

變質岩

圖 1.5-2 粒料來自不同的岩石類別（參考文獻二.1.）

2. 工業產製粒料

人工或工業產製的粒料，主要有爐碴 (Slag)，產自煉鋼過程中，在熔煉爐中反應後所生之非金屬物，由於熔煉作業方式不同，生成物分有高爐爐碴 (Blast Furnace Slag) 及轉爐爐碴，後者在大氣中容易吸收水分，而發生風化作用及膨脹現象，而前者在大氣中較穩定，為一種多角、多孔、表面粗糙、硬度高，具有耐磨、防滑及耐久性的一種路面材料。

底碴 (Bottom Slag) 係指垃圾廢棄物經垃圾焚化爐焚化後，未完全燃燒的殘留碴。底碴顆粒表面呈粗糙多孔性，比表面積較天然粒料大，雖具吸收較多的瀝青黏結料，但也增加兩者間黏著效果。底碴之比重、磨損率等較天然粒料小，而吸水率較高。底碴在配合路面工程規範上使用，可以摻配替代部分天然粒料。

1.5–2 粒料特性

不論何種瀝青路面，其最理想的粒料，必須具備下列各種性能：

1. 質地堅韌，具有承壓及耐磨的能力。
2. 穩定性大，軋製之具有稜角之呈塊狀不呈扁條狀者。
3. 低孔隙率 (Porosity)。
4. 粗糙的表面組織 (Surface Texture)。
5. 富親油性 (Hydrophobic Characteristics) 而不具親水性 (Hydrophilic Characteristics)。
6. 理想的粒料級配及粒徑 (Gradation and Size) 以適合不同瀝青路面所需。

茲將上述各項特性分述於下列各節。

1.5–2–1　粒料的強度與堅韌性

瀝青路面在施工中須經壓路機滾壓，開放交通後受車輛重複的作用，以及其他因素的影響，例如風化作用，霜凍作用等，瀝青混合物中，粒料強度與堅韌性不足者，易受輾壓而破裂或破碎，進而改變原有級配，促進水分由碎裂面滲入使瀝青材料與粒料間的結合力降低，造成瀝青路面的提早破壞。

一般情形，粒料多在施工中被壓路機壓碎，尤其封層 (Seal Coats)、灌入式 (Asphalt

Penetration Macadam) 及表面處理瀝青路面 (Asphalt Surface Treatments) 最為顯著，粒料被壓碎後，首先瀝青路面發生冒油 (Bleeding)，隨後呈波浪紋 (Corrugations) 現象。開放級配 (Open Graded) 較密級配 (Dense Graded) 易受壓碎而改變級配，雖不致有嚴重的冒油現象，但因粒料表面積增加，瀝青材料無法充分包裹粒料表面，以致含油量不足，易為水分侵入而破壞。

由上所論，粒料的強度及堅韌性，也即抵抗壓碎及磨損的能力受滾壓壓力的影響，也與粒料的級配有關，密級配粒料可用較差強度及堅韌性的粒料，而開放級配、粗級配 (Coarse Graded) 則須用較高者。

粒料的抗磨損強度，一般多採用洛杉磯磨損率 (The Percentage of Wear by Use of the Los Angeles Machine)，通常以洛杉磯磨損試驗法〔CNS490（82 年修訂）、AASHTO T96–94、ASTM C131–89〕測定之，各層粒料所需之抗磨損率，依 ASTM 規定列於表 1.5–2。

粒料對風化而分解之抵抗力，一般多進行粒料健性 (Soundness of Aggregate) 試驗（CNS 1167–84 年修訂，AASHTO T104–97）測定之。美國州公路暨運輸官員協會 (AASHTO) 規定，對用於面層粒料者，其五次循環硫酸鈉溶液中之損耗率不得超過 9%，而在硫酸鎂溶液中，則不宜超過 12%。

表 1.5–2 瀝青路面粒料洛杉磯磨損率最高值

層　別	磨損率最高值
瀝青混凝土底層	50
瀝青混凝土面層	40
灌入式瀝青碎石底層	50
灌入式瀝青碎石面層	40
水結碎石底層	60
水結碎石面層	40
表面處理	40

1.5–2–2　粒料顆粒形狀

粒料的顆粒形狀 (Particle Shape) 不但影響工作度 (Workability)，且對達到瀝青混合物壓實到規定密度 (Density) 及穩定值 (Stability Value)，也有相當程度的影響。顆粒的形

狀可分為圓形 (Rounded)、半圓形 (Sub-Rounded)、半稜角形 (Sub-Angular) 及稜角形 (Angular)，如圖 1.5–3 所示者：

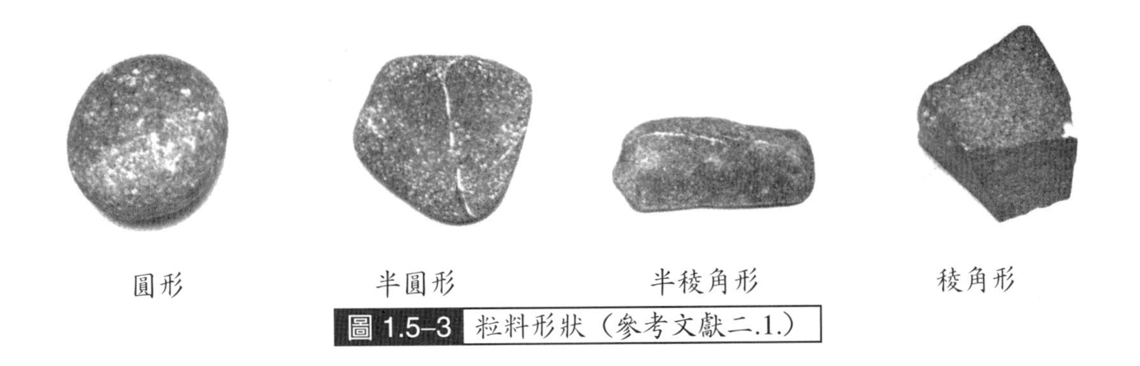

圖 1.5–3 粒料形狀（參考文獻二.1.）

粒料之具有稜角或不規則形狀者，滾壓後顆粒間發生連鎖作用 (Interlocking Action) 增加抵抗顆粒間的滑動，增進路面的穩定性，級配中細粒料具有稜角之程度較粗粒料更足以影響路面的穩定性。

在瀝青路面工程中，灌入式及表面處理路面所用粒料內含有過多扁平形者，則扁平粒料可能有重疊發生，而阻礙瀝青材料的灌入及細料的嵌填，致使膠結不良，開放交通後，產生分離鬆散 (Revalling) 現象，欲得耐久的路面，必須用塊狀粒料。瀝青混凝土路面，則對粒料形狀的要求不致過嚴，蓋其穩定性、緊密性及耐久性，都可藉粗細粒料的連鎖作用及嵌塞作用而得，故級配條件常較粒料形狀更為重要。

具有稜角的碎石及表面圓順的卵石均可使用，惟使用卵石時須對級配要求，瀝青用量及壓實度加以嚴格控制，而其穩定度，一般都較用碎石者低。ASTM 規定瀝青混凝土所用粗粒料（粒徑大於 5 毫米）至少須有質量 40% 以上，具有一面以上的碎裂面，且不得含有過薄過長的片塊。

1.5–2–3　粒料顆粒的孔隙性

粒料礦物顆粒由所含孔隙多寡分有高孔隙性 (Highly Porous)、具孔隙性 (Porous)、無孔隙性 (Non-Porous) 的顆粒，如圖 1.5–4 所示。粒料所具之孔隙率特性影響瀝青材料被吸收的程度。孔隙率適宜的粒料，少量的瀝青就可滲滿孔隙，增加兩者間的黏結力而減少遇水發生剝脫的可能性。圖 1.5–5 示一多孔性顆粒，其孔隙都被瀝青所滲入，瀝青薄

高孔隙性

具孔隙性

無孔隙性

圖 1.5–4 粒料所具之孔隙性（參考文獻二.1.）

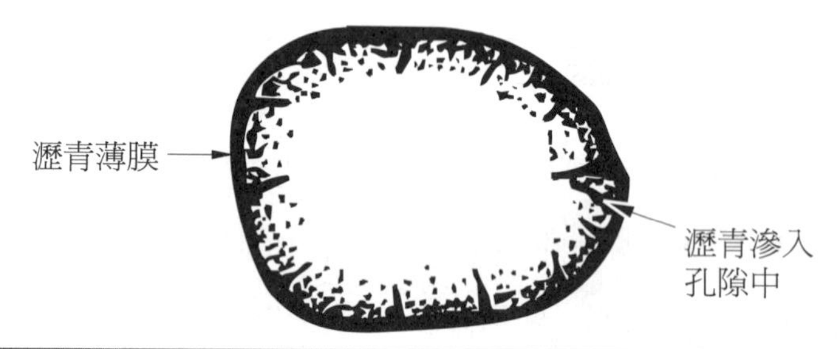

圖 1.5–5 表示瀝青材料對多孔性粒料具有較佳之黏結效果

膜對之發生極佳的黏結效果，抵抗水的剝脫能力甚強。惟多孔性粒料在乾燥或烘乾過程中，難即時將水從孔隙中徹底清除，有損黏結效果。孔隙率過高的粒料，須有較多的瀝青以填補表面的孔隙，亦即增加瀝青用量，影響經濟效益。

粒料所含孔隙程度，可由其浸水後之吸水率表現之，一般規定在 0.5～1.0% 之間，此即表示不致增多瀝青用量，反可增強粒料與瀝青油膜間之黏結力。

1.5–2–4　粒料顆粒的表面組織

顆粒的表面組織為粒料一重要特性，其對瀝青材料的黏著效果有甚大的影響，一般可分為極粗糙 (Very Rough)、粗糙 (Rough)、圓滑 (Smooth)、光澤 (Polished) 等四種，如圖 1.5–6 所示。瀝青材料甚易完整地包裹表面圓滑的粒料顆粒，但圓滑的表面對瀝青薄膜的保持性不佳；而軋製的碎石不但具有稜角狀的塊體，且具有粗糙的破裂面，產生較大的顆粒間摩擦力 (Interparticle Friction)，如圖 1.5–7。表面組織不同的材料，其表面接觸情狀的比較，顯示表面粗糙不平整者與表面圓滑平整者，雖都具有相同厚度的瀝青薄膜，但前者顯然在接觸面間有較大的摩擦力抵抗顆粒間的位移，亦即此等粒料在瀝青混合料中可以增加瀝青混合物的穩定性。

圖 1.5–8 顯示瀝青薄膜對圓滑表面及粗糙表面的不同黏著效果。表面粗糙者，兩者間的黏著效果甚佳，也不易受水的作用而發生剝脫。

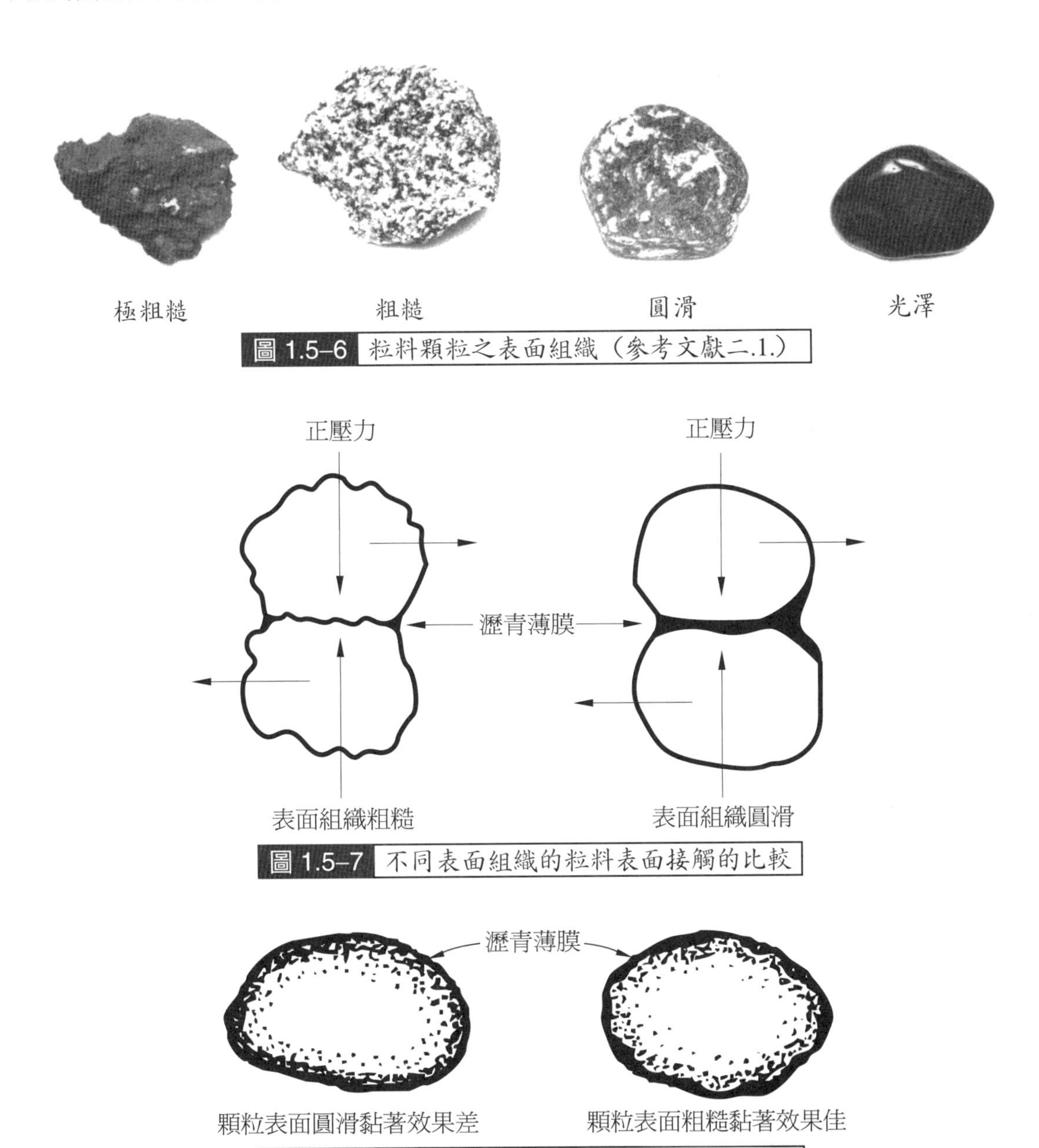

圖 1.5–6 粒料顆粒之表面組織（參考文獻二.1.）

圖 1.5–7 不同表面組織的粒料表面接觸的比較

圖 1.5–8 表示顆粒表面組織對黏著效果的不同

1.5–2–5　粒料顆粒的親油性

瀝青材料對粒料的結合強度，由瀝青材料包裹顆粒的能力及相互間的黏結力而定。瀝青混合料之由具親水性之酸性粒料（如石英等）組成者，因其對水的親和力大於瀝青黏結料，遇水後其表面的瀝青薄膜易被水所部分取代而發生剝脫 (Strip) 現象。反之，具有親油性如鹼性粒料（如石灰石等）者，其對瀝青黏結料的親和力遠較水為強，也即不易為水所侵潤而發生剝脫現象。進而言之，粒料顆粒表面，若已有水膜包裹，則瀝青黏結料在正常情況下不可能取代該水膜，而成為顆粒表面與瀝青黏結料間的隔離層，無法使兩者之間發揮堅強的黏著效果，如圖 1.5–9 所示。顆粒表面若已有瀝青薄膜包裹，則水有可能在正常情況下，部分取代瀝青薄膜，而發生剝脫現象。

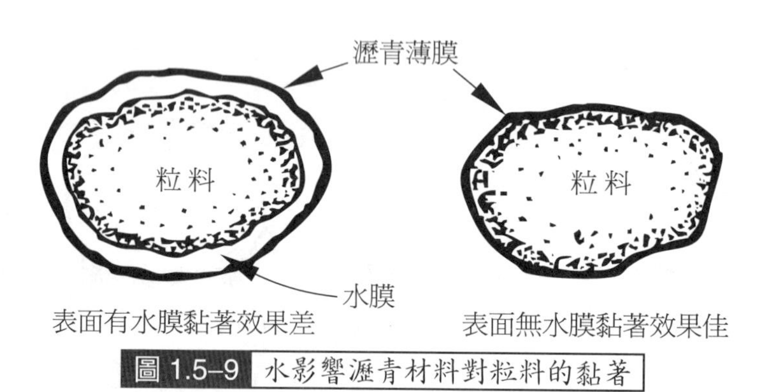

圖 1.5–9　水影響瀝青材料對粒料的黏著

1.5–2–6　粒料級配與粒徑

粒料之顆粒大小、分布及最大粒徑，主要影響瀝青混合料的穩定性及工作度。最大粒徑超過 2.5 厘米時，則瀝青混合料呈現相當粗糙狀，且易發生粗細析離現象，增加作業困難，完成之路面呈不均勻及多孔等現象。

粒料通常可分為粗粒料 (Coarse Aggregate)、細粒料 (Fine Aggregate) 及填充料 (Filler)。粗粒料係指停留在 4.75CNS386 篩（粒徑 4.75 mm，美國 4 號篩）以上的粒料；細粒料則指通過 4.75CNS386 篩而停留在 0.075CNS386 篩（粒徑 0.075 mm，美國 200 號篩）的粒料；大部分通過 0.075CNS386 篩而不具塑性者為填充料。

在理論上，較大粒料間之空隙，能有適當分布的較小顆粒填塞，則其混合物愈形堅密，所得之瀝青混合料，經壓實後之穩定性亦愈大。因此，粒料級配由大至小分布均勻者，可以緊密壓實而達到高穩定性。

1.5–3 粒料化學性質

在道路與橋梁工程中，其結構體是用礦物質級配粒料以瀝青材料或水泥作結合料混拌均勻組成之混合料所構成。礦物質級配粒料不再是一種惰性材料，其在混合料中與黏結料產生複雜的物理化學作用，石料礦物成分的化學性質對混合料的物理化學性質有甚大的影響。鹼性石料的石灰岩粒料，因含有較高成分的氧化鈣 (CaO) 及較低成分的二氧化矽 (SiO_2)，其與瀝青材料組成的混合料具有較高的抗壓強度，且浸水後之強度損失也較小；酸性石料的花崗岩粒料、石英岩粒料，皆含有較高的二氧化矽成分及較低的氧化鈣成分，其混合料表現抗壓強度低及浸水強度損失大，尤以石英岩粒料。造岩礦物的化學組成對瀝青黏結料在粒料的黏附性，尤其對水的剝脫性有很大的作用影響。水泥與鹼性骨材起化學反應，嚴重影響水泥混凝土結構體的強度及耐久性。

1.5–4 粒料比重

1.5–4–1　粒料之顆粒比重

粒料的比重 (Specific Gravity)， 主要用來計算瀝青混合料壓實後之孔隙率 ， 於圖 1.5–10 示意圖中，粒料顆粒係由礦物實體體積與孔隙兩部分所組成，孔隙部分又分有與外界相通的開口孔隙與封閉於內部的閉口孔隙。石料顆粒之比重表示法如下：

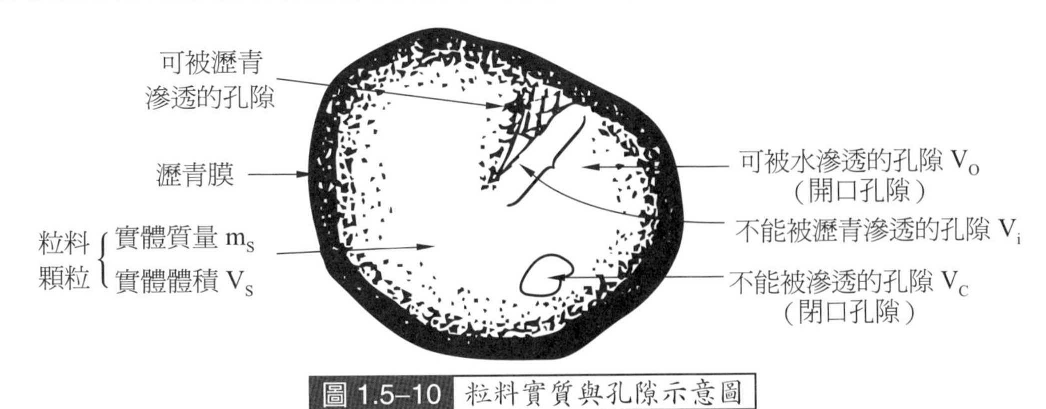

圖 1.5–10　粒料實質與孔隙示意圖

1.視比重 (Apparent Specific Gravity) $S.G._A$

石料顆粒單位體積（包括實體體積 V_S、閉口孔隙體積 V_C）的質量與水單位質量 γ_m 之比值，其關係如式 (1.5–1)：

$$S.G._A = \frac{m_S}{(V_S + V_C)\gamma_m} \tag{1.5–1}$$

2.容積比重 (Bulk Specific Gravity) $S.G._B$

石料顆粒單位體積（包括實體體積 V_S、開口孔隙體積 V_O、閉口孔隙體積 V_C）的質量與水單位質量 γ_m 之比值，其關係如式 (1.5–2)：

$$S.G._B = \frac{m_S}{(V_S + V_C + V_O)\gamma_m} \tag{1.5–2}$$

3.有效比重 (Effective Specific Gravity) $S.G._E$

實際上，在瀝青混合料中，粒料顆粒表面之開口孔隙不可能完全被瀝青黏結料填滿，也不可能完全不被填充。由於瀝青黏結料的黏稠性較水為高，其滲入粒料顆粒表面開口孔隙之程度，不能如水達到百分之百。在被水能滲透的開口孔隙 V_O 中，尚有孔隙 V_i 未能被瀝青黏結料所滲透，故瀝青黏結料僅能填充部分孔隙。其實際之有效比重為石料顆粒單位體積（包括實體體積 V_S、閉口孔隙體積 V_C、開口孔隙未能被瀝青黏結料滲透的孔隙體積 V_i）的質量與水單位質量 γ_m 之比值，其關係如式 (1.5–3)：

$$S.G._E = \frac{m_S}{(V_S + V_i + V_C)\gamma_m} \tag{1.5–3}$$

4.孔隙率 (Void Ratio)

石料顆粒孔隙率係指石料總孔隙體積（包括開口孔隙 V_O、閉口孔隙 V_C）與總體積的百分率，其關係如式 (1.5–4)：

$$P = \frac{V_O + V_C}{V} \times 100 \tag{1.5–4}$$

在計算瀝青混合料壓實後之孔隙率時，採用視比重或容積比重，其結果將有很大的差異。採用視比重的結果，孔隙率過高；反之，採用容積比重的結果，孔隙率過低，採用有效比重較為合理，惟至今尚無標準之試驗法以決定有效比重。在計算所含孔隙率時，所應選用之比重，自應以所採用的瀝青配合設計法所規定者為宜，例如威氏 (Hveem) 瀝青配合設計法則採用視比重；馬歇爾氏 (Marshall) 瀝青配合設計法，赫拜氏 (Hubbard-Field) 瀝青配合設計法，史密斯 (Smith) 瀝青配合設計法採用容積比重。

細粒料一般採用視比重。

1.5–4–2　以質量比求混合料平均比重

瀝青混合料之級配粒料，通常分有粗粒料、細粒料、填縫料，甚至有在粗粒料及細粒料之間加分中粒料，每一組粒料之比重多不相同，為方便採用，須調整為平均比重 (Average Specific Gravity)。設有三組粒料分別編號為 1、2、3，各組之質量、體積列示於圖 1.5–11，則混合粒料以質量比計算之平均比重 G_a 如下：

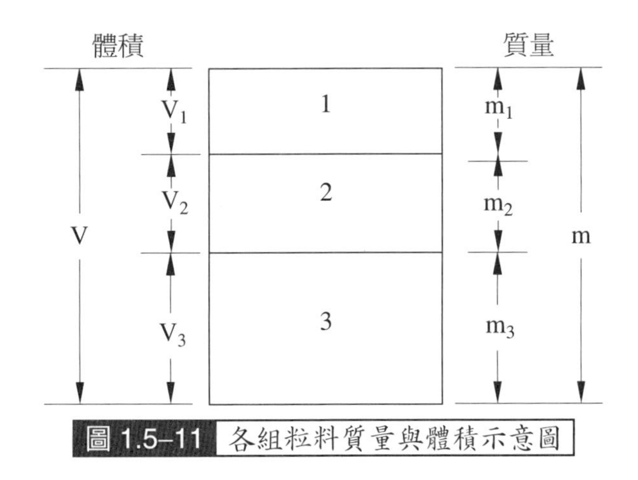

圖 1.5–11　各組粒料質量與體積示意圖

$$G_a = \frac{m_1 + m_2 + m_3}{\left(\frac{m_1}{G_1 \cdot \gamma_m} + \frac{m_2}{G_2 \cdot \gamma_m} + \frac{m_3}{G_3 \cdot \gamma_m}\right)\gamma_m}$$

$$= \frac{m_1 + m_2 + m_3}{\frac{m_1}{G_1} + \frac{m_2}{G_2} + \frac{m_3}{G_3}}$$

式中 γ_m 為水單位質量。

若以 P_m 代表各組粒料所占質量百分率，則上式可改寫為：

$$G_a = \frac{\frac{m_1}{m} + \frac{m_2}{m} + \frac{m_3}{m}}{\frac{m_1}{m \cdot G_1} + \frac{m_2}{m \cdot G_2} + \frac{m_3}{m \cdot G_3}} \times 100$$

$$= \frac{P_{m_1} + P_{m_2} + P_{m_3}}{\frac{P_{m_1}}{G_1} + \frac{P_{m_2}}{G_2} + \frac{P_{m_3}}{G_3}}$$

或

$$G_a = \frac{100}{\frac{P_{m_1}}{G_1} + \frac{P_{m_2}}{G_2} + \frac{P_{m_3}}{G_3}} \tag{1.5–5}$$

若混合粒料係由多組不同比重粒料所組成，則其平均混合比重由式 (1.5–6) 計之：

$$G_a = \frac{\sum_{i=1}^{i=n} P_{m_i}}{\sum_{i=1}^{i=n} \frac{P_{m_i}}{G_i}}$$

$$= \frac{100}{\sum_{i=1}^{i=n} \frac{P_{m_i}}{G_i}} \tag{1.5–6}$$

1.5–4–3　以體積比求混合料平均比重

當粒料之比重相差在 0.2 以下，其質量比與體積比相同，以質量比計算最簡便而實用，但在粒料之比重相差甚大時，則質量比之級配不能真正表示顆粒大小分布情形，常造成級配料不是偏粗就是偏細。為解決此項缺點，粒料配合比及級配，須改正至相當之體積比，於圖 1.5–11；設 P_V 代表各組粒料所占體積百分率，則

$$G_a = \frac{V_1G_1 + V_2G_2 + V_3G_3}{V_1 + V_2 + V_3} = \frac{\frac{V_1}{V}G_1 + \frac{V_2}{V}G_2 + \frac{V_3}{V}G_3}{\frac{V_1}{V} + \frac{V_2}{V} + \frac{V_3}{V}} \times 100$$

$$= \frac{P_{V_1}G_1 + P_{V_2}G_2 + P_{V_3}G_3}{P_{V_1} + P_{V_2} + P_{V_3}}$$

$$G_a = \frac{P_{V_1}G_1 + P_{V_2}G_2 + P_{V_3}G_3}{100} \tag{1.5–7}$$

若混合粒料係由多組不同比重粒料所組成，則其平均混合比重由式 (5–8) 計之：

$$G_a = \frac{\sum_{i=1}^{i=n} P_{V_1}G_1}{\sum_{i=1}^{i=n} P_{V_1}}$$

$$= \frac{\sum_{i=1}^{i=n} P_{V_1}G_1}{100} \tag{1.5–8}$$

又因

$$P_{V_1} = \frac{V_1}{V} \times 100 = \frac{\frac{m_1}{G_1 \cdot \gamma_m}}{\frac{m}{G_a \cdot \gamma_m}} \times 100 = \frac{m_1}{m} \times \frac{G_a}{G_1}$$

則

$$P_{V_1} = P_{m_1} \cdot \frac{G_a}{G_1}$$

同理

$$P_{V_2} = P_{m_2} \cdot \frac{G_a}{G_2}$$

$$P_{V_3} = P_{m_3} \cdot \frac{G_a}{G_3}$$

$$\vdots$$

$$P_{V_n} = P_{m_n} \cdot \frac{G_a}{G_n} \tag{1.5–9}$$

例題 1.5–4–1

設有一級配料，其粗粒料之比重為 2.38，細粒料比重為 2.56，通過每一篩號百分率如下表所列，試計算：

1. 通過每一篩號者為質量百分率，試換算為體積百分率。
2. 通過每一篩號者為體積百分率，試換算為質量百分率。

CNS386 篩號（相當美國篩號）	通過百分率
19.0 (3/4″)	100
12.5 (1/2″)	86
9.5 (3/8″)	75
4.75 (#4)	56
2.36 (#8)	42
1.18 (#16)	38
0.6 (#30)	24
0.3 (#50)	16
0.15 (#100)	11
0.075 (#200)	6

解 1. 混合粒料停留在 4.75CNS386 篩部分，比重為 2.38 之粗粒料占 44%，通過 4.75CNS386 篩部分，比重為 2.56 之細粒料占 56%，則其平均比重由式 (1.5–6) 計之如下：

$$G_a = \frac{100}{\dfrac{P_{m_1}}{G_1} + \dfrac{P_{m_2}}{G_2}} = \frac{100}{\dfrac{44}{2.38} + \dfrac{56}{2.56}} = 2.48$$

由式 (1.5–9) 計算混合粒料通過其篩號體積百分率：停留在 4.75CNS386 篩部分，以 $(100 - P_{m_1} \cdot \frac{G_a}{G_1})$ 計之，P_{m_1} 為停留百分率；通過 4.75CNS386 篩部分，以 $P_{m_2} \cdot \frac{G_a}{G_2}$ 計之，P_{m_2} 為通過百分率。換算結果列於下表：

<table>
<tr><th colspan="2">CNS386 篩號</th><th>通過百分率
（質量百分率）</th><th></th><th>通過百分率
（體積百分率）</th></tr>
<tr><td>19.0</td><td rowspan="4">粗粒料</td><td>100</td><td rowspan="4">$100 - P_{m_1} \cdot \frac{2.48}{2.38} =$</td><td>100</td></tr>
<tr><td>12.5</td><td>86</td><td>85.4</td></tr>
<tr><td>9.5</td><td>75</td><td>74.0</td></tr>
<tr><td>4.75</td><td>56</td><td>54.3</td></tr>
<tr><td>2.36</td><td rowspan="6">細粒料</td><td>42</td><td rowspan="6">$P_{m_2} \cdot \frac{2.48}{2.56} =$</td><td>40.7</td></tr>
<tr><td>1.18</td><td>38</td><td>36.8</td></tr>
<tr><td>0.60</td><td>24</td><td>23.3</td></tr>
<tr><td>0.30</td><td>16</td><td>15.5</td></tr>
<tr><td>0.15</td><td>11</td><td>10.7</td></tr>
<tr><td>0.075</td><td>6</td><td>5.8</td></tr>
</table>

2. 由式 (1.5–8) 計算平均比重如下：

$$G_a = \frac{P_{V_1}G_1 + P_{V_2}G_2}{100} = \frac{44 \times 2.38 + 56 \times 2.56}{100} = 2.48$$

式 (1.5–9) 改寫為 $P_{m_n} = \frac{P_{V_n} \cdot G_n}{G_a}$，以之計算混合料通過某篩號質量百分率：停留在 4.75CNS386 篩部分，以 $(100 - P_{V_1} \cdot \frac{G_1}{G_a})$ 計之，P_{V_1} 為停留百分率；通過 4.75CNS386 篩部分，以 $P_{V_2} \cdot \frac{G_2}{G_a}$ 計之，P_{V_2} 為通過百分率。換算結果列於下表：

<table>
<tr><th colspan="2">CNS386 篩號</th><th>通過百分率
（體積百分率）</th><th></th><th>通過百分率
（質量百分率）</th></tr>
<tr><td>19.0</td><td rowspan="4">粗粒料</td><td>100</td><td rowspan="4">$100 - P_{V_1} \cdot \frac{2.38}{2.48} =$</td><td>100</td></tr>
<tr><td>12.5</td><td>86</td><td>86.6</td></tr>
<tr><td>9.5</td><td>75</td><td>76.0</td></tr>
<tr><td>4.75</td><td>56</td><td>57.8</td></tr>
<tr><td>2.36</td><td rowspan="6">細粒料</td><td>42</td><td rowspan="6">$P_{V_2} \cdot \frac{2.56}{2.48} =$</td><td>43.4</td></tr>
<tr><td>1.18</td><td>38</td><td>39.2</td></tr>
<tr><td>0.60</td><td>24</td><td>24.8</td></tr>
<tr><td>0.30</td><td>16</td><td>16.5</td></tr>
<tr><td>0.15</td><td>11</td><td>11.4</td></tr>
<tr><td>0.075</td><td>6</td><td>6.2</td></tr>
</table>

例題 1.5–4–2

有 A、B、C 及 D 四種粒料，其比重及配合比例如下表所列，茲因比重相差在 0.2 以上，為使對體積與對質量百分率相等起見，試重新調整其質量百分率。

解 1. 先由式 (1.5–8) 計算體積百分率之平均比重如下：

粒　料	比　重	調整前配合百分率 (V)
A	2.46	45
B	2.78	30
C	2.63	15
D	2.24	10

$$G_a=\frac{P_{V_1}G_1+P_{V_2}G_2+P_{V_3}G_3+P_{V_4}G_4}{100}$$

$$=\frac{45\times2.46+30\times2.78+15\times2.63+10\times2.24}{100}$$

$$=2.56$$

2. 再由式 (1.5–9) 改寫之 $P_{m_n}=\dfrac{P_{V_n}\cdot G_n}{G_a}$ 計算每一 P_V 之 P_m 如下表所列：

粒　料	比　重	調整前配合之體積百分率		調整後配合之體積百分率
A	2.46	45	$\dfrac{P_{V_n}\cdot G_n}{2.56}=$	43.2
B	2.78	30		32.6
C	2.63	15		15.4
D	2.24	10		8.8

例題 1.5–4–3

粗粒料、細粒料及填縫料之級配及比重如下表所列。經分析結果，三種粒料的配合比為粗粒料：細粒料：填縫料 = 54%:40%:6%，即能配得混合料的級配符合規範級配要求。由於粒料間比重之差大於 0.2，試重新調整其配比。

解 1. 先由式 (1.5–8) 以體積百分率為 54–40–6 計算體積百分率之平均比重如下：

CNS386 篩號	通過百分率			
	粗粒料		細粒料	填縫料
	比重	$G_1 = 2.46$	$G_2 = 2.78$	$G_3 = 2.24$
19.0	100		100	100
12.5	87		100	100
9.5	62		100	100
4.75	31		100	100
2.36	2.1		96	100
1.18	1.2		63	100
0.6	0.5		44	100
0.3	0.3		36	100
0.15	0.2		24	94
0.075	0.1		8.6	76

CNS386 篩號	通過百分率			
	粗粒料 (51.7%)	細粒料 (43.2%)	填縫料 (5.1%)	混合後之級配
19.0	51.7	43.2	5.1	100
12.5	45.0	43.2	5.1	93.3
9.5	32.0	43.2	5.1	80.3
4.75	16.0	43.2	5.1	64.3
2.36	1.1	41.5	5.1	47.7
1.18	0.6	27.2	5.1	32.9
0.6	0.3	19.0	5.1	24.4
0.3	0.2	15.5	5.1	20.8
0.15	0.1	10.4	4.8	15.3
0.075	0	3.7	3.9	7.6

$$G_a = \frac{P_{V_1}G_1 + P_{V_2}G_2 + P_{V_3}G_3}{100} = \frac{54 \times 2.46 + 40 \times 2.78 + 6 \times 2.24}{100} = 2.57$$

2. 再由式 (1.5–9) 改寫之 $P_{m_n} = \dfrac{P_{V_n}G_n}{G_a}$ 用要求之體積百分率計算相當之質量配合百分率如下：

$$P_{m_1} = \frac{54 \times 2.46}{2.57} = 51.7$$

$$P_{m_2} = \frac{40 \times 2.78}{2.57} = 43.2$$

$$P_{m_3} = \frac{6 \times 2.24}{2.57} = 5.1$$

1.5–5 填縫料

填縫料也稱填充料係用於填塞瀝青混合料中級配粒料空隙之材料，其作用在調整混合料的緊密度，使含有適度的空隙。填縫料係指至少須有 65% 以上通過 0.075CNS386 篩（美國 200 號篩）之礦物粉末或灰塵，其在瀝青混合料中所占比例雖然甚少，但因其顆粒極小，表面積甚大，對壓實之瀝青混合料之強度、塑性、孔隙率、抵抗水之侵害、抵抗風化作用等等都有甚大的影響。

填縫料可用石灰石粉、水泥、各種岩石粉末、飛灰 (Fly Ash) 等，一般多用石灰石粉。自從發生能源危機後，石油價格高漲，供應不穩定。新建的火力發電廠及從前燃燒重油發電的火力發電廠，多改用燃燒煤炭發電，以解決當前困境。火力發電廠的煤炭經燃燒後，將產生 10%～20% 的灰分，此等煤灰量，每年的產量極其可觀，且有逐年高速成長趨勢，此等廢棄物須有大場地予以處理，處理不當則易造成環境的污染，為發電廠急待正視及謀求解決的問題。飛灰是一種煤炭經燃燒後的廢煙，由鍋爐上方通過煙道及煙囪排出外界的中途，經由集塵設備收集的一種粉末，其平均粒徑約為 0.02 mm。其用於瀝青混合料的填縫料之性能，不遜於石灰石粉。大量應用，為一種廢物利用，不但可節約資源，減低成本，且可減省大量堆集的場所及避免造成環境的污染，甚有進一步研究而予大力推廣。

填縫料在瀝青混合料中之主要作用有兩種不同的理論 ，即填縫理論 (Filler Theory) 及膠漿理論 (Mastic Theory)，茲於下列各小節分述之。

1.5–5–1 填縫料之填縫理論

認為填縫料之作用，在填充瀝青混合料中級配粒料之空隙，使其壓實後能得最高密度及高穩定性。在此理論下，填縫料之每一顆粒都被瀝青材料包裹，而成單獨的填塞級配粒料空隙及黏附於大粒料表面，達到填充空隙的作用。除非有特殊設計的拌合方法，填縫料各顆粒難均勻並全面被瀝青包裹，並可能發生下列三種現象：

1. 部分填縫料顆粒分別均勻而完整地被瀝青包裹。
2. 部分填縫料顆粒凝集成小團塊，瀝青均勻而完整地包裹此小團塊表面。
3. 部分填縫料顆粒黏附於大粒料表面，而成為該粒料的一部分被瀝青同時包裹。

填縫料的每一顆粒，均能分別被瀝青薄膜完全包裹之，瀝青混合料所鋪成之路面，其耐久性最佳。若瀝青鋪面中存在有被瀝青包裹的小團塊，則在車輛重複輾壓作用下，凝集而成的小團塊破損，致使各顆粒鬆散，鬆散的顆粒會由瀝青混合料中吸收原有定量的瀝青材料，致使混合料瀝青含量不足，而降低其耐久性。若此小團塊位於路面破裂處，則路面破損而發生小孔洞，吸收水分，促進瀝青與粒料的剝脫，同時也造成許多不利因素的侵害，加速瀝青鋪面氧化老化作用。若填縫料黏附於大粒料表面，則此填縫料顆粒妨礙瀝青與粒料的黏結，而成為一隔離層，導致瀝青薄膜的剝脫。

填縫料的顆粒大小分布情形、顆粒形狀、化學成分及表面反應性 (Surface Reactivity) 等，均影響瀝青混合料品質之均勻性及耐久性。

添加在瀝青混合料中的最佳填縫料用量，視所用粒料級配種類，填縫料之特性而定。

1.5-5-2　填縫料之膠漿理論

填縫料與瀝青材料混合後，成一種膠漿體而填充於瀝青混合料中級配粒料之空隙，並能黏結各級配粒料，使其壓實後能得最高密度及高穩定性。在此理論下，填縫料之顆粒，在瀝青材料中，成一種懸浮 (Suspension) 狀態，顆粒較大者為力學懸浮 (Mechanical Suspension)，顆粒小者為膠質懸浮 (Collodlal Suspension)，而後者在瀝青材料中懸浮的時間較長。懸浮有填縫料的膠漿，針入度比被懸浮的瀝青材料低，亦較具堅硬及強韌性，感溫性較低，可見膠漿對瀝青混合物特性有很大影響。

以往多設填縫料顆粒形狀為圓形，但事實上，顆粒多具稜角、薄片等形狀。此等形狀對凝結成團塊情形、黏附於大粒料表面程度、被瀝青包裹的程度及懸浮在瀝青材料內的性狀均有影響。

用親水性石料所生石粉，如細小的矽質砂作填縫料，則填縫料亦具親水性，而缺少對瀝青材料的親和力；反之，由親油性石料所生石粉，如花崗岩粉末作填縫料，則該填縫料亦具親油性，對瀝青材料具有相當的親和力。再者粗粒料如具親水性，則用親油性的填縫料，可以減輕瀝青混合料受水的剝脫作用。

由於瀝青膠漿能填塞於級配粒料間之空隙，而有效將粒料黏結在一起，使具高穩定性及密度，故對級配的要求不甚嚴格。

由上所論，瀝青混合料的特性，頗受填縫料顆粒大小、形狀、粒料分布及礦物成分的影響，所用填縫料必須能使所成膠漿具有所需之特性。

1.6 粒料之級配分析

由河床所得之天然級配材料，或由碎石機所軋製之碎石材料，其級配常未能符合規範所規定，而須以兩種或兩種以上之粒料相混合，以符合規範所需之級配規定。以下各節將分別舉例說明其調整之方法。

1.6–1 單一粒料之級配調整法

有時所能得到的粒料，其級配可能比規範所規定的級配過大（或過小），因之須將過大（或過小）部分除去而產生新的級配，以與他種粒料級配配合，使達規範所規定之級配。在另一情況下，則需將單一粒料之過大（或過小）部分分開各取一適當百分率例配合，而後才能達到所要求之級配。茲分敘於下：

1.6–1–1 單一粒料除去尺寸過大部分以產生新級配

在單一粒料中，若有粒料顆粒大於規範所規定之最大顆粒尺寸者，必須先將之除去，則除去過大顆粒尺寸後，其原有級配改變。於圖 1.6–1 中，P' 為原有級配 (As Received Grading) 通過某一篩號百分率，P 為改變原有級配後之所用級配 (As Used Grading) 通過某一篩號百分率，則按比例關係，可得所用級配通過各篩號百分率，其式如下：

$$P_2 = \frac{100}{P'_1} \times P'_2 \qquad (1.6\text{–}1)$$

式中：P_2 = 所用級配之通過任一篩號百分率；

P'_1 = 原有級配所欲除去部分之通過最小篩號百分率；

P'_2 = 原有級配剩餘部分之通過 P_2 篩號百分率。

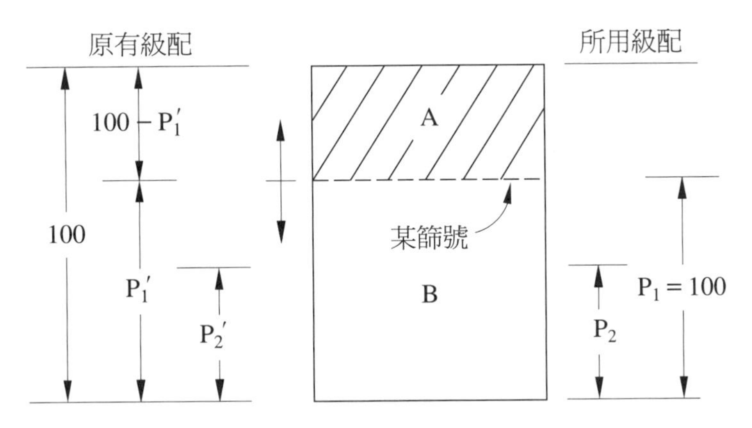

A：停留於某篩號以上之拋棄部分；

B：通過某篩號擬用之部分。

圖 1.6–1 單一粒料除去尺寸過大部分改變級配示意圖

例題 1.6–1–1

單一級配粒料，其篩分析之結果，如例題 1.5–4–1 之表所列，根據規範所規定之級配，需將停留於 4.75CNS386 篩之部分除去，試計算改變後之新級配。

解 除去停留於 4.75CNS386 篩以上者，所剩餘之粒料級配由式 (1.6–1) 計算如下表 1.6–1 所列。其計算後之所用級配通過各篩號的百分率皆較原有級配大。

表 1.6–1

CNS386 篩號	原有級配（通過 %）	式 (1.6–1)	P_2 = 所用級配（通過 %）
19.0	100	$\frac{100}{56} \times P_2' =$	
12.5	86		
9.5	75		
4.75	56		100
2.36	42		75
1.18	38		67.9
0.60	24		42
0.30	16		28.6
0.15	11		19.6
0.075	6		10.7

1.6–1–2 單一粒料除去尺寸過小部分以產生新級配

在單一粒料中，若有粒料顆粒小於規範所規定之最小顆粒尺寸者，必須先將之除去，則除去過小顆粒尺寸後，其原有級配改變。於圖 1.6–2 中，按比例關係，可得所用級配通過各篩號百分率，其式如下：

$$P_2 = \frac{100}{100 - P'_1}(P'_3 - P'_1) \tag{1.6–2}$$

式中：P_2 = 所用級配之通過任一篩號百分率；

P'_1 = 原有級配所欲除去部分之通過最大篩號百分率；

P'_3 = 原有級配剩餘部分之通過 P_2 篩號百分率。

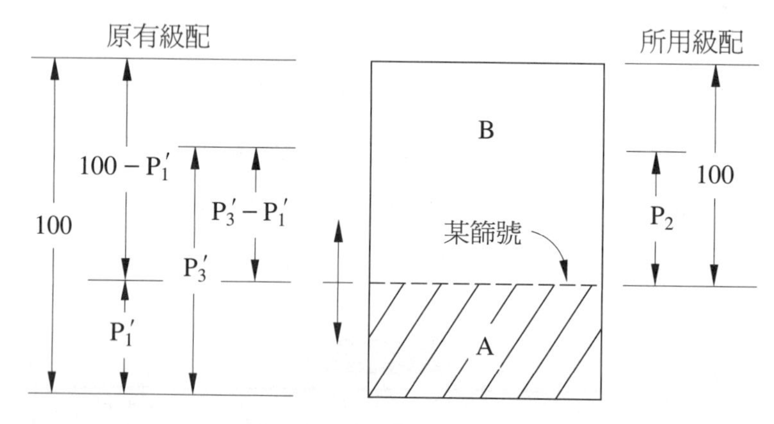

圖 1.6–2 單一粒料除去尺寸過小部分改變級配示意圖

例題 1.6–1–2

單一級配粒料，其篩分析之結果，如例題 1.6–1–1 所示，根據規範所規定之級配，需將通過 4.75CNS386 篩的部分除去，試計算改變後之新級配。

解 除去通過 4.75CNS386 篩以下部分，所剩餘之粒料級配由式 (1.6–2) 計算如下表 1.6–2 所列。其計算後之所用級配通過各篩號的百分率皆較原有級配小。

表 1.6–2

CNS386 篩號	原有級配 (%)	式 (1.6–2)	P_2 = 所用級配（通過 %）
19.0	100	$\frac{100}{100-56}(P_3'-56)=$	100
12.5	86		68.2
9.5	75		43.2
4.75	56		0
2.36	42		
1.18	38		
0.60	24		
0.30	16		
0.15	11		
0.075	6		

1.6–1–3　單一粒料除去一部分通過某篩號之粒料以產生新級配

在單一粒料中，有時需將通過某篩號之百分率降低至某一數值以改變級配，使符合要求。於圖 1.6–3 中，(B + C) 區為原有級配通過某篩號的百分率，也即 B 區為原有級配通過某篩號百分率降低至某一數值後，相當於所用級配通過該篩號的百分率。按比例關係，可得所用級配通過各篩號百分率，其式如下：

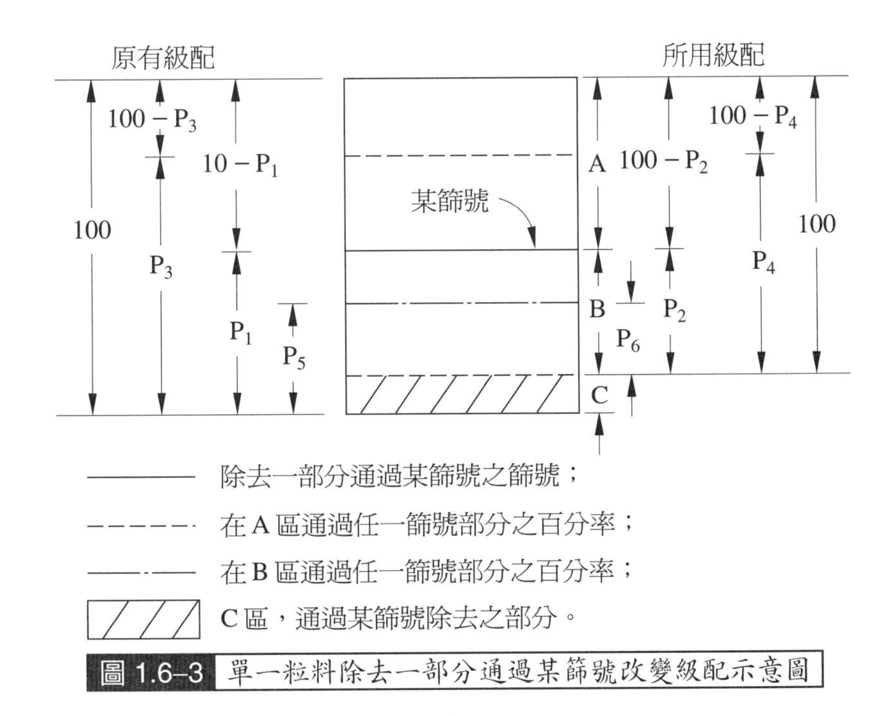

圖 1.6–3 單一粒料除去一部分通過某篩號改變級配示意圖

在 A 區中

$$P_4 = \frac{(100 - P_2)}{(100 - P_1)}(100 - P_3) \tag{1.6–3}$$

在 B 區中

$$P_6 = \frac{P_2}{P_1} \times P_5 \tag{1.6–4}$$

式中：P_4 = 所用級配之通過任一篩號百分率；

P_1 = 原有級配未除去一部分通過某篩號前之百分率；

P_2 = 除去一部分通過某篩號後之百分率；

P_3 = 原有級配通過任一篩號之百分率；

P_6 = 除去一部分通過某篩號後之部分 (B 區) 中的通過任一篩號百分率；

P_5 = 原有級配在 B 區通過該篩號百分率。

除去部分占原有級配總數之質量百分率，由圖 1.6–4 之關係推演如下式計算之：

除去之部分質量 $m_1 - m_2 = \frac{P_1}{100}m_1 - \frac{P_2}{100}m_2$

設除去之部分占原有級配總數之質量百分率為 P，則

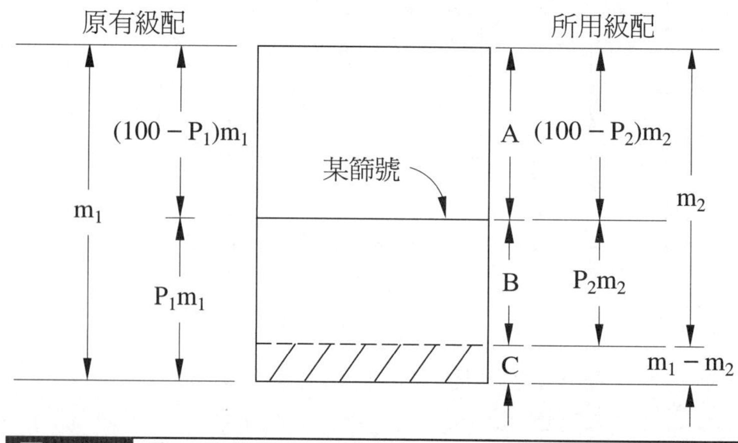

圖 1.6–4 單一粒料除去之部分占原有級配總質量之示意圖

$$P = \frac{m_1 - m_2}{m_1} \times 100 = (\frac{P_1}{100}m_1 - \frac{P_2}{100}m_2) \times 100 \div m_1$$

$$= \frac{P_1 m_1 - P_2 m_2}{m_1}$$

$$= P_1 - \frac{P_2 m_2}{m_1}$$

又因　$$(100 - P_1)m_1 = (100 - P_2)m_2$$

所以　$$\frac{m_2}{m_1} = \frac{100 - P_1}{100 - P_2}$$

將之代入上式得　$$P = \frac{P_1 - P_2}{100 - P_2} \times 100 \quad (1.6\text{–}5)$$

式中：P = 原有級配除去之部分占總數之質量百分率；

m_1 = 原有級配總質量；

m_2 = 所用級配總質量。

例題 1.6–1–3

單一級配粒料，其篩分析之結果如例題 6–1–1 所示，根據規範所規定之級配，需將通過 4.75CNS386 篩之百分率由 56 降低至 40，試計算改變後之新級配及除去之部分，占原有級配總質量之百分率。

解 1. 停留於 4.75CNS386 篩以上部分，由式 (1.6–3) 計算新級配：

$$P_4 = 100 - \frac{(100 - 40)}{(100 - 56)}(100 - P_3) = -36.36 + 1.3636P_3$$

P_3 為停留在 4.75CNS386 篩以上部分即為 A 區原有級配各篩號通過百分率。

2. 通過 4.75CNS386 篩以下部分，由式 (1.6–4) 計算新級配：

$$P_6 = \frac{40}{56} \times P_5 = 0.7143P_5$$

P_5 為通過 4.75CNS386 篩以下部分即為 B 區原有級配各篩號通過百分率。

3. 新級配之計算如下表 1.6–3 所列：

表 1.6–3

CNS386 篩號	原有級配（通過 %）	式 (1.6–3) 及式 (1.6–4)	所用級配（通過 %）
19.0	100	$-36.36+1.3636P_3=$	100
12.5	86		80.9
9.5	75		65.9
4.75	56		40
2.36	42	$0.7143P_5=$	30
1.18	38		27
0.60	24		17.1
0.30	16		11.4
0.15	11		7.9
0.075	6		4.3

4. 通過 4.75CNS386 篩者由 56% 降至 40%，其減少值占原有級配總質量之百分率，由式 (1.6–5) 計算如下：

$$P=\frac{P_1-P_2}{100-P_2}\times 100=\frac{56-40}{100-40}\times 100=26.7\%$$

1.6–1–4　單一粒料增加一部分通過某篩號之粒料以產生新級配

在單一粒料中，有時需將通過某篩號之百分率提高至某一數值以改變級配，使符合要求。於圖 1.6–5 中，C 區為原有級配通過某篩號百分率增加之部分，B 區則為原有級配增加通過該篩號百分率後之部分。按比例關係，可得所用級配通過各篩號百分率，其式如下：

在 A 區中

$$P_4=100-\frac{(100-P_2)}{(100-P_1)}(100-P_3) \qquad (1.6–6)$$

在 B 區中

$$P_6=\frac{P_2}{P_1}\times P_5 \qquad (1.6–7)$$

式中：P_4 = 所用級配之通過任一篩號百分率；

P_1 = 原有級配未增加一部分通過某篩號之百分率；

P_2 = 增加一部分通過某篩號後之百分率；

P_3 = 原有級配通過任一篩號之百分率；

P_6 = 增加一部分通過某篩號後之部分（B 區）中的通過任一號篩百分率；

P_5 = 原有級配在 B 區通過該篩號百分率。

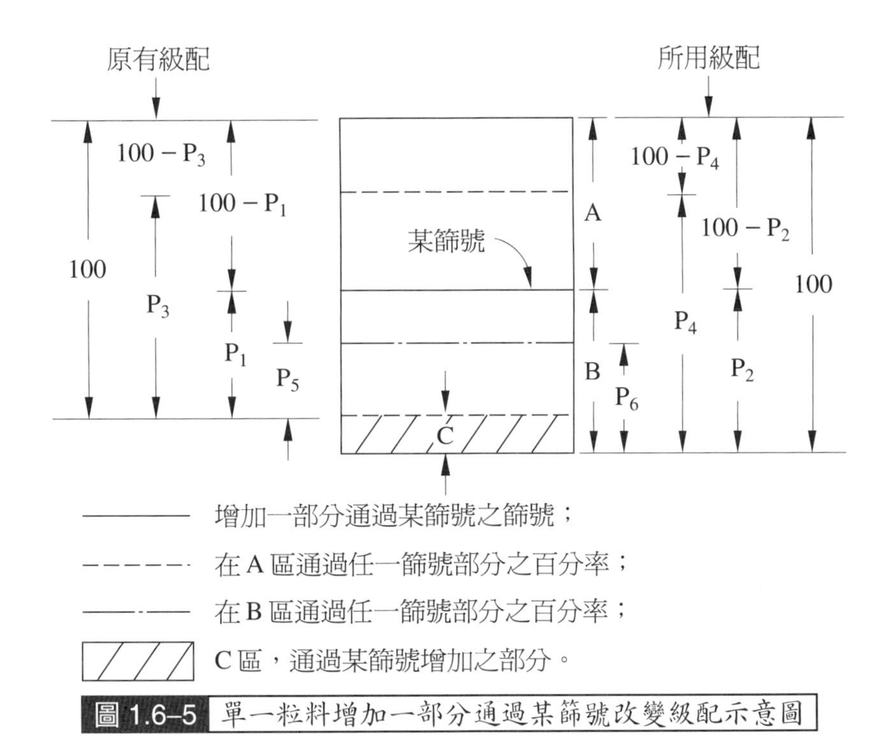

圖 1.6–5　單一粒料增加一部分通過某篩號改變級配示意圖

增加之部分占原有級配總數之質量百分率，由圖 1.6–6 之關係，推演如下式計算之：

增加之部分質量　　$m_2 - m_1 = \frac{P_2}{100}m_2 - \frac{P_1}{100}m_1$

設增加之部分占原有級配總數之質量百分率為 P，則

$$P = \frac{m_2 - m_1}{m_1} \times 100 = (\frac{P_2}{100}m_2 - \frac{P_1}{100}m_1) \times 100 \div m_1$$

$$= \frac{P_2 m_2 - P_1 m_1}{m_1}$$

$$= \frac{P_2 m_2}{m_1} - P_1$$

又因 $$(100 - P_1)m_1 = (100 - P_2)m_2$$

所以 $$\frac{m_2}{m_1} = \frac{100 - P_1}{100 - P_2}$$

將之代入上式得 $$P = \frac{P_2 - P_1}{100 - P_2} \times 100 \tag{1.6–8}$$

式中：P = 原有級配增加之部分占總數質量之百分率；

m_1 = 原有級配總質量；

m_2 = 所用級配總質量。

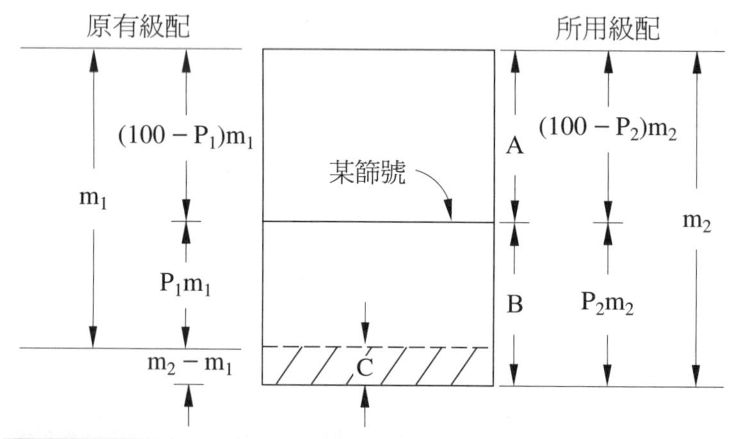

圖 1.6–6 單一粒料增加之部分占原有級配總質量之示意圖

例題 1.6–1–4

單一級配料，其篩分析結果，如例題 1.6–1–1 所示，根據規範所規定之級配，需將通過 4.75CNS386 篩之百分率，由 56 提高至 65，試計算改變後之新級配及增加之部分占原有級配總質量之百分率。

解 1. 停留於 4.75CNS386 篩以上部分，由式 (1.6–6) 計算新級配：

$$P_4 = 100 - \frac{(100 - 65)}{(100 - 56)}(100 - P_3) = 20.45 + 0.7955P_3$$

P_3 為停留在 4.75CNS386 篩以上部分，即 A 區原有級配各篩號通過百分率。

2. 通過 4.75CNS386 篩以下部分，由式 (1.6–7) 計算新級配：

$$P_6 = \frac{65}{56} \times P_5 = 1.1607P_5$$

P_5 為通過 4.75CNS386 篩以下部分，即 B 區原有級配各篩號通過百分率。

3. 新級配之計算如下表 1.6–4 所列。

4. 通過 4.75CNS386 篩者，由 56% 增加至 65%，其增加值占原有級配總質量之百分率，由式 (1.6–8) 計算如下：

$$P = \frac{P_2 - P_1}{100 - P_2} \times 100 = \frac{65 - 56}{100 - 65} \times 100 = 25.7\%$$

表 1.6–4

CNS386 篩號	原有級配（通過 %）	式 (1.6–6) 及式 (1.6–7)	所用級配（通過 %）
19.0	100	$20.45 + 0.7955P_3 =$	100
12.5	86		88.9
9.5	75		80.1
4.75	56	$1.1607P_5 =$	65
2.36	42		48.7
1.18	38		44.1
0.60	24		27.9
0.30	16		18.8
0.15	11		12.8
0.075	6		7

1.6–1–5　單一粒料，除去停留於 A 篩號以上之粒料而代以通過 A 篩號及停留於 B 篩號間之粒料以產生新級配

有時所能得到的粒料級配未能全部通過規範規定最大孔徑的 A 篩號，因之需將停留在 A 篩號以上的部分除去。在除去之後，仍須保持通過 B 篩號的級配百分率不變的情況下，則應以除去部分的相同質量用 A 篩號至 B 篩號間粒料代之，則經此調整後，通過 A

篩號與停留在 B 篩號間之級配將比原有級配增加，但通過 B 篩號者之新級配與原有級配相同。於圖 1.6–7 中，按比例關係，可得所用級配通過各篩號百分率，其式如下：

$$P_2 = P_1 + \frac{(100 - P_1)}{(P_3 - P_1)}(P_5 - P_1) \qquad (1.6\text{–}9)$$

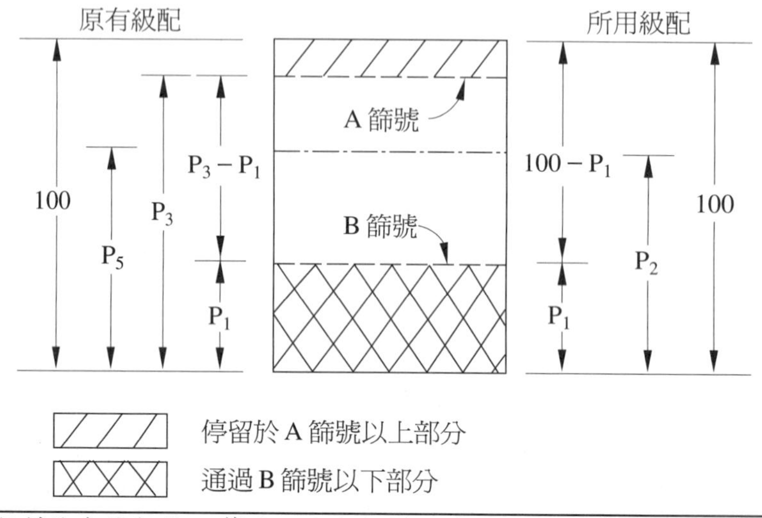

圖 1.6–7 單一粒料除去停留於 A 篩號以上之粒料，代以 A 至 B 篩號間之粒料改變級配示意圖

例題 1.6–1–5

單一級配粒料，其篩分析結果如例題 1.6–1–1 所示，根據規範所規定之級配，需將停留在 4.75CNS386 篩以上之粒料除去，換以同質量之通過 4.75CNS386 篩而停留在 0.60CNS386 篩間之粒料，但保持通過 0.60CNS386 篩以下部分之原有級配不變。試計算改變後之新級配。

解 按題意通過 4.75CNS386 篩為 100%，而通過 0.60CNS386 篩以下者，其百分率保持，則由式 (1.6–9) 計算新級配，並將之列於表 1.6–5：

$$P_2 = 24 + \frac{100 - 24}{56 - 24}(P_5 - 24) = 2.375P_5 - 33$$

表 1.6–5

CNS386 篩號	原有級配（通過 %）	式 (6–9)	所用級配（通過 %）
19.0	100		
12.5	86		
9.5	75	$2.375P_5 - 33 =$	
4.75	56		100
2.36	42		66.8
1.18	38		57.3
0.60	24	↑	24
0.30	16		16
0.15	11		11
0.075	6		6

1.6–2 數種不同級配粒料以試誤法決定配比

按質量比例配合兩種或兩種以上級配粒料，使其混合後符合規範規定級配。兩種或兩種以上不同級配之粒料，若其比重相差在 0.2 以內者，可按質量比例求出每一種粒料所需配合的百分率，使混合後的粒料級配符合規範規定。若混合之各種級配粒料的比重相差在 0.2 以上者，則以質量比例配合後所得之混合級配，不能確定代表粒料顆粒大小分布情況，致使不是使混合料顯得過於粗糙就是太細緻，而在實際作業上亦難以實體體積計量粒料，故必先按 1.5–3–3 所述求得各種粒料之體積比，再以比重換算成質量比，以符使用。以下各節所論，皆以比重相差在 0.2 以內者為之。

1.6–2–1　混合料係由兩種不同級配粒料組成

試誤法 (Trial-and-Error Method) 比較適合於不超過三種粒料的配合，有經驗者經過二次至三次的試配就可迅速求得最佳配比。

以試誤法決定兩種不同級配粒料的配比，下述兩種方法可予以採用：

1. 兩種不同級配之粒料，其通過各篩號之百分率分別設為 A 及 B，若規範規定所用粒料之級配為 E，則先計算各篩號之 (E – A) 及 (E – B)，再求各項絕對值之總和，則兩種級配粒料之混合百分率 P_A、P_B 分別為：

$$P_A = \frac{\sum(E-B)}{\sum(E-A)+\sum(E-B)} \times 100 \quad (1.6\text{–}10)$$

$$P_B = \frac{\sum(E-A)}{\sum(E-A)+\sum(E-B)} \times 100 \quad (1.6\text{–}11)$$

例題 1.6–2–1

A、B 兩種粒料，其篩分析的結果列於表 1.6–6，試將此兩種粒料加以適當的比例配合，使其混合料之級配符合如表 1.6–6 所列瀝青混凝土面層密級配粒料所規定的級配限度。

表 1.6–6

CNS386 篩號	規範限度（通過 %）	粒料 A（通過 %）	粒料 B（通過 %）
19.0	100	100	100
12.5	80～100	85	100
9.5	70～90	72	100
4.75	50～70	53	100
2.36	35～50	37	100
0.60	18～29	20	80
0.30	13～23	13	65
0.15	8～16	7	58
0.075	4～10	1	45

解 A、B 兩種粒料之混合比，以及混合後各號篩的通過百分率，分別計算於表 1.6–7 中：

表 1.6–7

CNS 386 篩號	規範限度 (通過 %)	規範限度中間值 (%)	粒料 A			粒料 B			A、B 粒料配合後之級配
			通過 %	E − A	配比 87.5%	通過 %	E − B	配比 12.5%	
(0)	(1)	(2)	(3)	(4)	(5)	(6)	(7)	(8)	(9)
19.0	100	100	100	0	87.5	100	0	12.5	100
12.5	80～100	90	85	5	74.4	100	10	12.5	86.9
9.5	70～90	80	72	8	63	100	20	12.5	75.5
4.75	50～70	60	53	7	46.4	100	40	12.5	58.9
2.36	35～50	42.5	37	5.5	32.4	100	57.5	12.5	44.9
0.60	18～29	23.5	20	3.5	17.5	80	56.5	10	27.5
0.30	13～23	18	13	5	11.4	65	47	8.1	19.5
0.15	8～16	12	7	5	6.1	58	46	7.3	13.4
0.075	4～10	7	1	6	0.9	45	38	5.6	6.5
$\sum(E-A)=45$						$\sum(E-B)=315$			

(2)欄 = (1)欄之上下限平均值；

(3)、(6)欄 = A、B 粒料原有級配；

(4)、(7)欄 = (2)欄與(3)欄，及(2)欄與(6)欄之差，不計正負號；

$\sum(E-A)$ = (4)欄之總和；

$\sum(E-B)$ = (7)欄之總和。

A 粒料混合百分率

$$P_A=\frac{\sum(E-B)}{\sum(E-A)+\sum(E-B)}\times 100$$

$$=\frac{315}{45+315}\times 100$$

$$=87.5\%$$

B 粒料混合百分率

$$P_B=\frac{\sum(E-A)}{\sum(E-A)+\sum(E-B)}\times 100$$

$$=\frac{45}{45+315}\times 100$$

$$=12.5\%$$

(5)欄 = 87.5% × (3)欄；

(8)欄 = 12.5% × (6)欄；

(9)欄 = (5)欄 + (8)欄。

2. 兩種不同級配之粒料，其通過同一號篩之百分率，分別設為 A 及 B，則

$$P = AP_A + BP_B$$

又
$$P_A + P_B = 1$$

由上兩式可求得兩種粒料第一次之試配比例，若以百分率表之，則得

$$P_A = \frac{P-B}{A-B} \times 100 \quad (1.6\text{–}12)$$

$$P_B = \frac{P-A}{B-A} \times 100 \quad (1.6\text{–}13)$$

式中：P_A、P_B = 混合料中 A、B 兩種粒料的配比；

A、B = 混合料中 A、B 兩種粒料通過同一號篩之百分率；

P = 通過該號篩規範限度之中間值。

例題 1.6–2–2

A、B 兩種粒料，其篩分析的結果列於表 1.6–6，試將此兩種粒料加以適當的比例配合，使其混合料之級配符合如表 1.6–6 所列瀝青混凝土面層密級配粒料所規定的級配限度。

解 由表 1.6–6 可知通過 0.075CNS386 篩的規範限度中間值 7% 的粒料，要全部由粒料 B 中取出，其取出百分率，由式 (1.6–13) 得：

$$P_B = \frac{P-A}{B-A} \times 100 = \frac{7-1}{45-1} \times 100 = 13.6\%$$

由粒料 A 中取出百分率為 86.4%，混合料試配之結果列於表 1.6–8：

表 1.6–8

CNS 386 篩號	規範限度（通過 %）	規範限度中間值（%）	粒料 A		粒料 B		A、B 粒料混合後之級配
			通過 %	配比 86.4%	通過 %	配比 13.6%	
19.0	100	100	100	86.4	100	13.6	100
12.5	80～100	90	85	73.4	100	13.6	87
9.5	70～90	80	72	62.2	100	13.6	75.8
4.75	50～70	60	53	45.8	100	13.6	59.4
2.36	35～50	42.5	37	32	100	13.6	45.6
0.60	18～29	23.5	20	17.3	80	10.9	28.2
0.30	13～23	18	13	11.2	65	8.8	20.0
0.15	8～16	12	7	6.0	58	7.9	13.9
0.075	4～10	7	1	0.9	45	6.1	7.0

第一次試配之結果，雖然 A、B 粒料混合後之級配符合規範限度範圍內，但 0.60CNS386 篩之通過百分率 28.2 甚為接近規範限度範圍之上限，擬改用 $P_A = 88\%$、$P_B = 12\%$ 作第二次試配，其結果列於表 1.6–9：

表 1.6–9

CNS 386 篩號	規範限度（通過 %）	規範限度中間值（%）	粒料 A		粒料 B		A、B 粒料混合後之級配
			通過 %	配比 88%	通過 %	配比 12%	
19.0	100	100	100	88	100	12	100
12.5	80～100	90	85	74.8	100	12	86.8
9.5	70～90	80	72	63.4	100	12	75.4
4.75	50～70	60	53	46.6	100	12	58.6
2.36	35～50	42.5	37	32.6	100	12	44.6
0.60	18～29	23.5	20	17.6	80	9.6	27.2
0.30	13～23	18	13	11.4	65	7.8	19.2
0.15	8～16	12	7	6.2	58	7	13.2
0.075	4～10	7	1	0.9	45	5.4	6.3

1.6–2–2　混合料係由三種不同級配粒料組成

三種不同級配粒料，其通過同一號篩的百分率分別為 A、B 及 C，混合料的配比為 P_A、P_B 及 P_C，設規範限度之中間值為 P，首先由三種不同級配粒料的篩分析結果，查出粗粒料與細粒料 A、B 粒料分界點的篩號，此篩號表示規範限度範圍內通過百分率的大部分粒料將由細粒料供應；換言之，停留在該篩號者，大部分由粗粒料供應。粗粒料（A 粒料）的配比 P_A，由式 (1.6–12) 估計之；其次再考慮通過 0.075CNS386 篩的百分率，主要由填縫料（C 粒料）供應，則由

$$P = AP_A + BP_B + CP_C \tag{1.6–14}$$

及

$$P_A + P_B + P_C = 1 \tag{1.6–15}$$

兩式可計得 P_B 及 P_C，再經二次至三次的調整試配而得最佳配比。

6–2–3

A、B、C 三種粒料，其篩分析的結果列於表 1.6–10，試將此三種粒料加以適當的比例配合，使其混合料之級配符合如表 1.6–6 所列瀝青混凝土面層密級配粒料所規定的級配限度。

表 1.6–10

CNS 386 篩號	規範限度（通過 %）	粒料 A（通過 %）	粒料 B（通過 %）	粒料 C（通過 %）
19.0	100	100	100	100
12.5	80～100	86	100	100
9.5	70～90	68	100	100
4.75	50～70	39.5	100	100
2.36	35～50	14.5	94	100
0.60	18～29	5.6	44.8	82.3
0.30	13～23	3.4	20.7	71.6
0.15	8～16	1.2	12.4	53.7
0.075	4～10	0.5	2.5	28.4

 1. 先由表中求出混合料規範限度之中間值，並將之列出如表 1.6–11。由表中可知停留在 2.36CNS386 篩者幾全由粒料 A 供應，由式 (1.6–12) 計得粒料 A 之配比為：

$$P_A = \frac{P-B}{A-B} \times 100 = \frac{42.5-94}{14.5-94} \times 100 = \frac{51.5}{79.5} \times 100 = 65\%$$

2. 其次通過 0.075CNS386 篩者幾全由粒料 C 供應，通過 0.075CNS386 篩之規範限度中間值為 7，則

$$P = AP_A + BP_B + CP_C$$

$$7 = 0.5 \times 0.65 + 2.5P_B + 28.4P_C$$

又因　$P_B = 1 - 0.65 - P_C = 0.35 - P_C$

將之代入上式得

$$P_C = \frac{5.8}{25.9} = 0.22 = 22\%$$

$$P_B = 1 - 0.65 - 0.22 = 0.13 = 13\%$$

3. 根據各配比作第一次試配後，不甚符合所規定的規範限度。粒料 C 之配比有偏高之勢，因之再調整所占配比為 $P_A = 65\%$、$P_B = 15\%$ 及 $P_C = 20\%$，經調整後之級配列於表 1.6–11。

表 1.6–11

CNS386 篩號	規範限度（通過 %）	規範限度中間值（%）	粒料 A		粒料 B		粒料 C		A、B、C 粒料混合後之級配
			通過 %	配比 65%	通過 %	配比 15%	通過 %	配比 20%	
19.0	100	100	100	65	100	15	100	20	100
12.5	80～100	90	86	55.9	100	15	100	20	91
9.5	70～90	80	68	44.2	100	15	100	20	79.2
4.75	50～70	60	39.5	25.6	100	15	100	20	60.6
2.36	35～50	42.5	14.5	9.4	94	14.1	100	20	43.5
0.60	18～29	23.5	5.6	3.6	44.8	6.7	82.3	16.5	26.8
0.30	13～23	18	3.4	2.2	20.7	3.1	71.6	14.3	19.6
0.15	8～16	12	1.2	0.8	12.4	1.9	53.7	10.7	13.4
0.075	4～10	7	0.5	0.3	2.5	0.4	28.4	5.7	6.4

1.6–3 數種不同級配粒料以圖解法決定配比

兩種或三種不同級配粒料有顯著的分界點者之混合比，可由 1.6–2 節之試誤法決定之。若多種不同級配粒料有「重疊」級配 (Overlapping Gradation) 時，其各粒料之摻合配比，以圖解法 (Graphical Methods) 求之較為方便。

1.6–3–1 級配粒料圖解法中的性質

在方格紙上繪縱橫坐標，橫坐標上自左向右每一厘米 (cm) 分別註記 0、10、20、…… 100，代表級配粒料配比。縱坐標自下向上每一厘米也分別註記 0、10、20、…… 100，代表級配粒料通過百分率。茲以表 1.6–2 所列之「所用級配」說明製圖方法：製圖時，按照級配粒料通過百分率，在縱坐標上點出，並將所點各與橫坐標之零點相連，如圖 1.6–8 所示者，同時在所連的直線上註明篩號。由所製成之圖就可看出該級配粒料的級配情形。而僅需藉一刻有最小分劃一毫米 (mm) 的直尺就可在所連直線上量計各種需要的數值，而無需經過計算。

於圖 1.6–8 中，設該級配粒料占總混合料的配比為 70%，則於橫坐標 70% 處作一垂直線 ad，此線與各號篩線分別交於 b、c 及 d 點。瞭解下述性質，對執行圖解法甚有幫助。

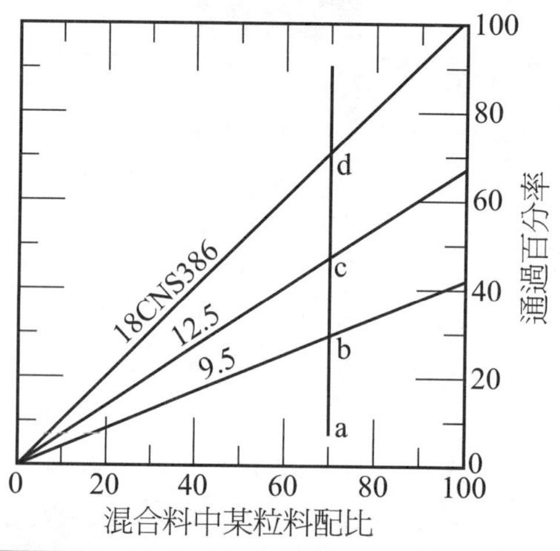

圖 1.6–8 100 單位質量某級配粒料所占百分率

1. b、c、d 各點與 a 點之縱距表示該級配粒料各篩號供給混合料通過百分率，例如 ba = 30%，即在該級配粒料占總混合料 70% 時，此級配粒料通過 9.5CNS386 篩者為 30%；同理 ca = 47%，即通過 12.5CNS386 篩者為 47%，餘者類推。
2. a、b、c 各點與 d 點之縱距（將直尺之零點放於 a、b、c 各點上，量計與最高篩號線交點 d 之尺上縱距數值）表示該級配粒料各篩號供給混合料停留在百分率，例如 bd = 40%，即在該級配粒料占總混合料 70% 時，此級配粒料停留在 9.5CNS386 篩者為 40%；同時 cd = 23%，即停留在 12.5CNS386 篩者為 23%，餘者類推。
3. 相鄰兩點間之縱距表示該兩點所代表篩號間的粒料百分率，例如量測 bc = 17%，即在該級配粒料占總混合料 70% 時，此級配粒料通過 12.5CNS386 篩而停留在 9.5CNS386 篩者之百分率為 17。

1.6–3–2　混合料係由兩種不同級配粒料組成

在方格紙上選定 10 厘米見方方格繪製兩組縱橫坐標，以右下交點的縱橫線作為級配粒料 A 縱橫坐標，左上交點的縱橫線作為級配粒料 B 的縱橫坐標，其標示法如 1.6–3–1 節所述。級配粒料 A、B 通過各篩號百分率分別標示於縱坐標上，並將相同篩號者連成直線，在直線上以箭頭頂端標出各篩號規範限度之上、下限值。在所有相對方向間的箭頭中查出最接近的兩箭頭，分別由該兩箭頭頂端繪兩垂直虛線交於上、下兩橫坐標上。每一橫坐標所交兩百分率的平均值，即為該級配粒料在總混合料中的配比。

例題 1.6–3–1

A、B 兩種粒料，其篩分析的結果列於表 1.6–12，試將此兩種粒料以圖解法求解適當的比例配合，使其混合料之級配符合如表 1.6–6 所列瀝青混凝土面層密級配粒料所規定的級配限度。

解

1. 將表 1.6–12 所列 A、B 兩種不同級配粒料通過各號篩百分率分別標示於圖 1.6–9 之右及左縱坐標上，並將相同篩號者連成直線。
2. 將各篩號之規範限度上、下限值以箭頭標示於連成的直線上，如圖 1.6–9 所示 4.75CNS386 篩的連線上，以代表上、下限 75% 及 55% 的兩相反方向的箭頭標出。

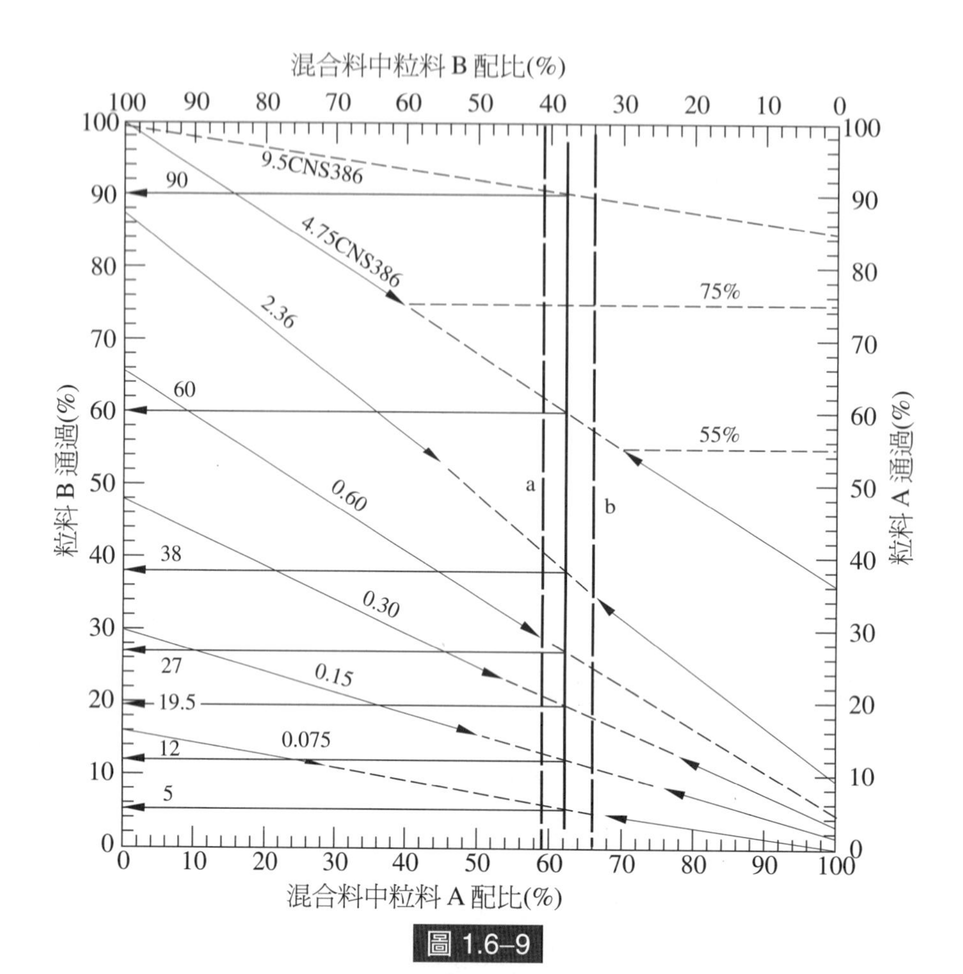

圖 1.6–9

表 1.6–12

CNS386 篩號	規範限度（通過 %）	粒料 A（通過 %）	粒料 B（通過 %）
12.5	100	100	100
9.5	80～100	85	100
4.75	55～75	36	100
2.36	35～50	8.5	87
0.60	18～29	4.3	65
0.30	13～23	2.5	48
0.15	8～16	1.2	30
0.075	4～10	0	14

表 1.6–13

CNS386 篩號	規範限度（通過 %）	規範限度中間值（%）	粒料 A		粒料 B		A、B 粒料混合後之級配
			通過 %	配比 62%	通過 %	配比 38%	
12.5	100	100	100	62	100	38	100
9.5	80～100	90	85	52.7	100	38	90.7
4.75	55～75	65	36	22.3	100	38	60.3
2.36	35～50	42.5	8.5	5.3	87	33	38.3
0.60	18～29	23.5	4.3	2.7	65	24.7	27.4
0.30	13～23	18	2.5	1.6	48	18.2	19.8
0.15	8～16	12	1.2	0.7	30	11.4	12.1
0.075	4～10	7	0	0	14	5.3	5.3

3. 在 2.36CNS386 篩及 0.60CNS386 篩之兩相向箭頭最為接近，由此兩箭頭端點繪兩垂直虛線 a 及 b 交於粒料 A 及粒料 B 的橫坐標上，依據 a、b 兩線在粒料 A 的橫坐標所示的配比為 59% 及 66%，平均為 62%；在粒料 B 的橫坐標所示者為 34% 及 41%，平均為 38%。
4. 依粒料 A 配比 62% 及粒料 B 配比 38% 進行試配，其混合後之級配列於表 1.6–13。

1.6–3–3　混合料係由三種不同級配粒料組成

在方格紙上繪各 10 cm 見方之兩相連坐標圖，如圖 1.6–10 所示，右坐標圖之下方橫坐標為細粒料所占百分率，由左向右增加；上方橫坐標為中粒料所占百分率，由右向左增加；右縱坐標為細粒料通過百分率，左縱坐標為中粒料通過百分率，兩者皆由下向上增加。其次分別將細粒料、中粒料、通過各篩號百分率分別在所屬之右縱坐標、左縱坐標上點出，並連接相同篩號所通過百分率的點，再註明該篩號於連線上。在連線上以箭頭頂端標出各篩號規範限度之上、下限數值，在上、下限範圍內取適當的垂直線，其與上、下橫坐標所交之點表示細粒料、中粒料所占百分率，即圖中之 a、h 兩者百分率之和為 100。任一篩號線與垂直線相交之點至下方橫坐標間之垂直距離，表示細、中混合料通過該篩號所占百分率。

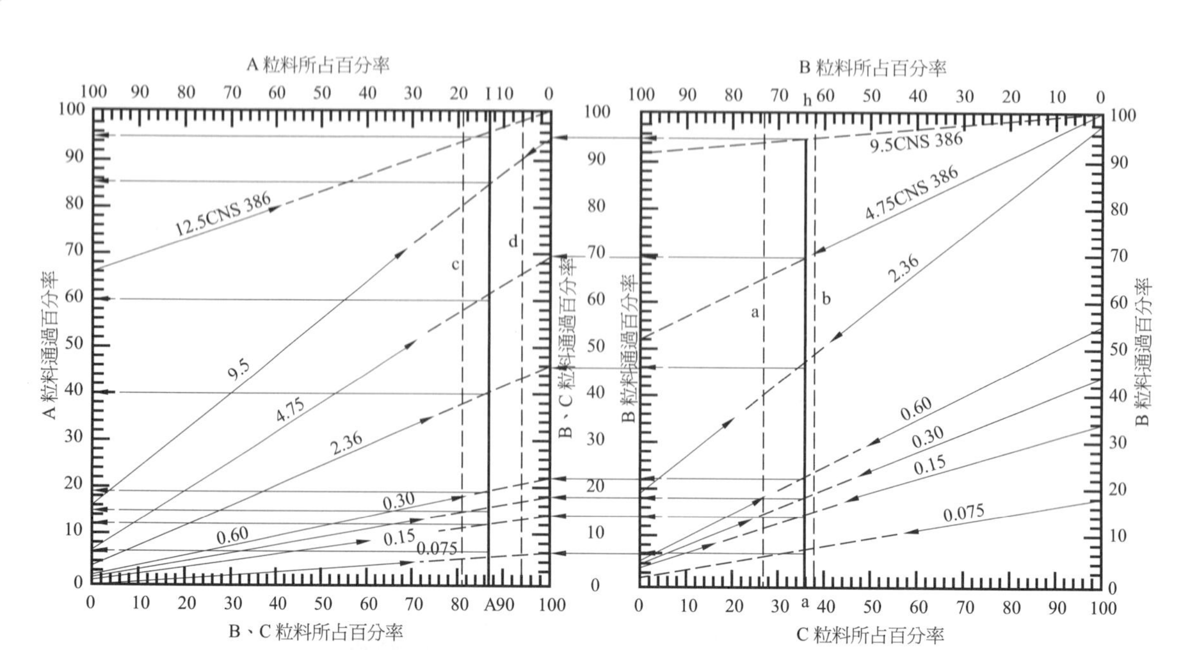

圖 1.6–10 三種不同級配粒料的圖解法

左坐標圖之下方橫坐標表示細、中混合料所占百分率，由左向右增加；上方橫坐標為粗粒料所占百分率，由右向左增加。右縱坐標表示細、中混合料通過百分率；左縱坐標則為粗粒料通過百分率，兩者皆由下向上增加。

右坐標圖在規範上、下限內所選用之適當垂直線與各篩號線相交之點，各作水平線交左坐標圖之右縱坐標上，而粗粒料通過各篩號百分率在左縱坐標上點出，並與右縱坐標上同一篩號者連成直線，註明該篩號於連線上。在連線上以箭頭頂端標出各篩號規範限度上、下限值，在所有相對方向的箭頭中，查出最接近的兩箭頭，分別由該兩箭頭頂端繪兩垂直虛線交於上、下兩橫坐標上。在兩虛線間之任意垂直線與上、下橫坐標所交之點，即表示在規範上、下限內粗粒料（交於上橫坐標之點）與細、中混合料（交於下橫坐標之點）所占總混合料百分率。進而修正細粒料、中粒料之配比如下：

$$細粒料配比 = A \times a$$

$$中粒料配比 = A \times h \qquad (1.6\text{–}16)$$

式中：A = 細、中混合料占總混合料之百分率；

a = 細粒料占細、中混合料之百分率；

h = 中粒料占細、中混合料之百分率。

由求得之粗粒料、中粒料、細粒料之配比，即可計得總混合料各篩號通過百分率。

在左坐標圖之垂直線與各篩號線相交之點引水平線交於左縱坐標上之點所示百分率，表示圖解之總混合料各篩號通過百分率。

第一次之配合不理想時，需調整配合比例作第二次的配合，直至滿意為止。

例題 1.6–3–2

A、B、C 三種粒料，其篩分析的結果，列於表 1.6–14，試將此三種粒料以圖解法求解適當的比例配合，使其混合料之級配符合如表 1.6–6 所列面層密級配所規定的級配限度。

表 1.6–14

CNS386 篩號	規範限度（通過 %）	粒料 A（通過 %）	粒料 B（通過 %）	粒料 C（通過 %）
19.0	100	100	100	100
12.5	80～100	66.7	100	100
9.5	70～90	16.4	92.2	100
4.75	50～70	5.2	51.8	100
2.36	35～50	2.8	18.7	96.7
0.60	18～29	1.9	4.6	54.0
0.30	13～23	1.2	4.3	42.8
0.15	8～16	0.8	3.4	32.2
0.075	4～10	0	1.5	16.6

解

1. 將表 1.6–14 所列 B、C 二種不同級配粒料通過各篩號百分率，分別標示於圖 1.6–10 之右坐標圖之左右縱坐標上，將相同篩號者連成直線，並將規範限度之上、下限在同一篩號連線上，分別以兩相反方向的箭頭標出。
2. 在 4.75CNS386 篩及 0.60CNS386 篩之兩相向箭頭最為接近，由此兩箭頭端點繪兩垂直虛線 a 及 b 交於 B 粒料及 C 粒料的橫坐標上。混合料規定級配限度通過 0.075CNS386 篩之中間值為 7%，由各粒料之篩分析視之，此 7% 數值多由 B、C 粒料供給，將尺上零點沿著圖 1.6–10 右坐標圖下方橫坐標軸上移動，當 0.075CNS386 篩線適切於尺上 7% 為止。沿尺緣繪垂直線 ah，此線交上、下橫坐標於 64% 及 36%。

3. 由垂直線 ah 與各篩號線相交之點，各引水平線交於左坐標圖之右縱坐標上。A 粒料通過各篩號百分率在左縱坐標上點出，將相同篩號者連成直線，並將規範上、下限在同一篩號上，分別以兩相反方向的箭頭標出，同理，繪出兩垂直虛線 c 及 d 交於 A 粒料及 B、C 粒料的橫坐標上。
4. 由各粒料之篩分析視之，通過 4.75CNS386 篩而停留於 2.36CNS386 篩者，多由 B 粒料供給，其百分率為 $0.64\times(51.8-18.7)=21.2\%$，選用 20%。將尺上零點沿著 2.36CNS386 篩線移動，直至 4.75CNS386 篩線適切於尺上之 20% 為止，沿尺緣繪垂直線交上、下方橫坐標軸於 I、A，其與各篩號線相交之點引水平線交於縱坐標軸所示之百分率數值，為圖解之總混合料級配百分率值，列於表 1.6–15。
5. AI 線交上方橫坐標於 13%，即為 A 粒料所占的百分率數值，交於下方橫坐標於 87%，即為 B、C 混合料對總混合料所占配比。A、B、C 粒料各別配比再予計算如下：

   A 粒料 = 13%

   B 粒料 $=0.87\times64\%=55.7\%$

   C 粒料 $=0.87\times36\%=31.3\%$
6. A、B、C 粒料通過各篩號所占百分率之計算值與圖解值同列於表 1.6–15。

表 1.6–15

CNS386 篩號	規範限度（通過 %）	規範限度中間值（%）	粒料 A		粒料 B		粒料 C		A、B、C 粒料混合後配比	
			通過 %	配比 13%	通過 %	配比 55.7%	通過 %	配比 31.3%	圖解值（%）	計算值（%）
19.0	100	100	100	13	100	55.7	100	31.3	100	100
12.5	80～100	90	66.7	8.0	100	55.7	100	31.3	95.2	95.6
9.5	70～90	80	16.4	2.1	92.2	51.4	100	31.3	84.3	84.8
4.75	50～70	60	5.2	0.7	51.8	28.8	100	31.3	60	60.8
2.36	35～50	42.5	2.8	0.4	18.7	10.4	96.7	30.3	40	41.4
0.60	18～29	23.5	1.9	0.25	4.6	2.6	54.0	16.9	19.5	19.8
0.30	13～23	18	1.2	0.16	4.3	2.4	42.8	13.4	15.8	16.0
0.15	8～16	12	0.8	0.1	3.4	1.9	32.2	10.1	12.0	12.1
0.075	4～10	7	0	0	1.5	0.8	16.6	5.2	5.2	6.0

1.7 防剝劑

1.5–2 節述及粒料顆粒之形狀、孔隙性、表面組織、親油性等，將影響瀝青材料對粒料顆粒之黏著力。在多雨地區，濕氣、水分長期的浸蝕作用，破壞瀝青黏結料與粒料間之黏結及黏著，而導致瀝青路面損害。為使瀝青路面具有高穩定性及耐久性，則瀝青黏結料對粒料顆粒表面之黏著性，以及黏著後之瀝青黏結料抵抗從粒料顆粒表面剝脫之能力為主要考慮的兩種性質。防剝劑用以增強此兩種性質。

1.7–1 瀝青材料對粒料之黏結與剝脫

瀝青材料為一強有力的黏結材料，其對粒料各顆粒間的結合能力稱為黏結力，而對顆粒表面的附著能力，則稱為黏著力。瀝青路面是粒料顆粒黏著瀝青材料的結合體。

瀝青材料黏著在粒料顆粒表面的能力，主要視顆粒表面被瀝青材料潤油之難易度而定。將瀝青膠泥加熱熔融成液體、或以溶劑溶解（例如油溶瀝青）降低稠性，加速瀝青油膜在顆粒表面的擴展，增進在顆粒表面潤油的能力。

剝脫現象是指瀝青材料黏著於粒料顆粒表面因濕氣、水分的浸蝕，在瀝青油膜與顆粒表面間，形成一隔離層水膜，破壞兩者間的黏著效果，而使瀝青材料由顆粒表面剝離的現象。為減少水膜存在的破壞性，通常將粒料乾燥、或加熱除去附著水分，加速顆粒表面的潤油效果，增強黏著能力。

1.7–2 防剝劑

防剝劑是一種摻用於瀝青材料中，促進瀝青油膜均勻有效地潤布及牢固地吸附於粒料顆粒表面，防止水分的浸蝕及瀝青材料的剝離，增強瀝青材料與粒料間有效黏結的材料。

瀝青材料中可添加一些物質或將粒料顆粒表面加工以提高兩者之黏著性及防止兩者之剝離現象，例如瀝青材料中添加少量高分子有機酸，如環己酸 (Naphthenic Acid) 則可改進其黏著性，或加入少量的柏油可提高黏著性；以消石灰、水泥當作填充劑亦可改良其防剝效果。至於粒料方面可塗一薄層糠醛 (Furfural) 或其他樹脂質衍生物，以改進其黏著性，粒料顆粒表面以稀無機酸處理，亦可防止剝離。

一般認為鈣皂、鎂皂、鉛皂等金屬肥皂型界面活性劑對黏著性及剝脫抵抗性頗具功效。近年來，界面活性劑化學中的陽離子界面活性劑之發展，創造了許多新而實用的防剝劑，例如以油脂為基體之胺類、醯胺類、三級和四級胺鹽等等。

1.7–3 防剝劑之作用

目前通用之防剝劑，多由高級脂肪酸衍生之長鏈胺例如粗製胺類，或添加適當溶劑製成漿狀或液狀的成品，再予瀝青材料質量之 0.2～2% 摻入混拌。

茲以胺類防剝劑產生之作用，如圖 1.7–1 作一說明：胺類為一種界面活性劑，其分子有對水親和力大之親水性胺基及對油親和力大之疏水性烴基 。將此類物質溶入瀝青材料時，疏水性部分（親油性部分）即被瀝青所吸引，而親水性部分則被排斥於外。此種具有親水基及疏水基之分子處於物質界面時，則按一定方向排列，為一般界面活性劑之特性。

瀝青材料為一種油，屬於疏水性物質；而粒料則為一種容易被水潤濕的親水性物質，所以粒料顆粒表面可結合界面活性劑之親水基。若此與親水基之結合力勝過與水之結合力，則雖其表面有水分，亦可與瀝青黏著，而且瀝青與粒料之接著面中，若有水介入亦有防剝效果。

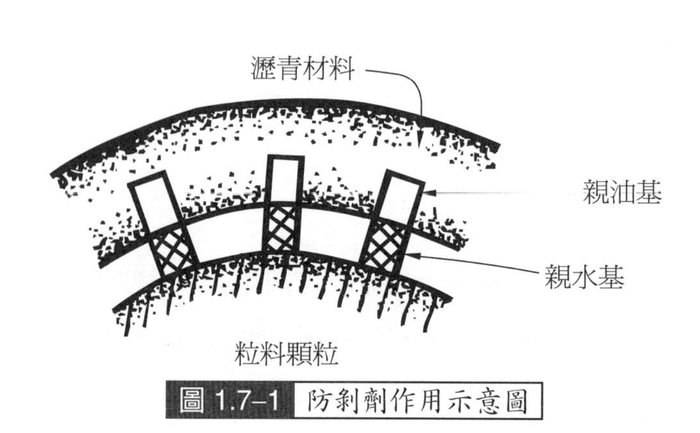

圖 1.7–1 防剝劑作用示意圖

1.7–4 防剝劑應具之性質及使用

防剝劑應具之性質如下：

1. 防剝劑必須能與瀝青材料充分混合，不生有害瀝青材料之性態。
2. 能在瀝青材料附著於粒料顆粒表面時，即刻起吸附作用，發揮黏著效果，防止水分浸蝕及瀝青材料的剝脫，即使有游離水存在，也能形成一層薄膜，而使顆粒表面發揮潤油效果。
3. 防剝劑摻入瀝青材料之化學性及物理性，須具有高度的安定性。
4. 防剝劑摻入瀝青材料在加熱混合時，不起泡沫、不失原有性能且不生副作用。瀝青防剝劑混合料在實際使用溫度下，雖經長期貯藏，不應發生分離或沉澱現象。

防剝劑之使用：

1. 防剝劑之種類甚多，不同性質之粒料具不同之防剝抵抗能力，因此最適用之防剝劑，須配合施工方法與所使用之材料，於試驗室進行浸水馬歇爾穩定值試驗或瀝青膜剝脫抵抗性試驗而決定之。
2. 防剝劑摻合瀝青材料之使用量甚少，僅及瀝青量之 0.2～4%，為了得到均質的混合物，必須加以充分而均勻的攪拌。
3. 一般而言，防剝劑在高溫下常呈不安定，故不可長時間的高溫加熱。
4. 在防剝劑添加量較多的情況下，有可能影響瀝青材料的性質，此時應以黏度、針入度、軟化點、耐候性等試驗檢驗之。
5. 瀝青材料添加防剝劑處理過程中，不可觸及皮膚及衣物。

1.7–5 防剝劑之混拌

防剝劑之使用，可以在工地或拌合廠直接添加於拌合機內與瀝青材料及粒料混合，唯因每盤混拌都須經過準確計量再予混拌，為一相當煩雜之工作。近日之趨勢，已多改在煉油廠內預先添加防剝劑於瀝青材料混拌而成所謂之「加有防剝劑之瀝青材料」。防剝劑摻入瀝青材料內之方法，可將定量的防剝劑加於抽油機排出端或吸入端之裝油管內，或趁瀝青油料由油管末端流出時加入之，混合也可在貯藏槽內行之。惟在裝運之前，混合料必須已經均勻而徹底的混拌。

油溶瀝青原則上是在常溫中使用，粒料不經過加熱乾燥，多附著有不同程度的水膜，因此在油溶瀝青中添加防剝劑也是至為重要。防剝劑雖較易與油溶瀝青拌合，但因添加量少，徹底而均勻的拌合至為重要。

添加防剝劑於乳化瀝青內時，最好在瀝青乳化前充分拌合之。

1.8 壓實瀝青混合料質量與體積之關係

瀝青混合料壓實後之質量與體積關係之計算至為重要，尤其在瀝青混凝土配合設計中，更為不可欠缺。

多孔性粒料顆粒，包括有不能被水滲透的閉口孔隙及表面層可被水滲透的開口孔隙。熱融的瀝青，其黏稠性較水稠，在開口孔隙中，僅靠顆粒表面部分能被熱融瀝青滲透，其餘孔隙則不被滲透填充，而顆粒表面則能被熱融瀝青包裹而形成瀝青薄膜，如圖 1.8–1 所示意者。壓實瀝青混合料由空氣、瀝青黏結料及粗細粒料等三者所構成，其間之關係如圖 1.8–2 之柱狀圖所示。

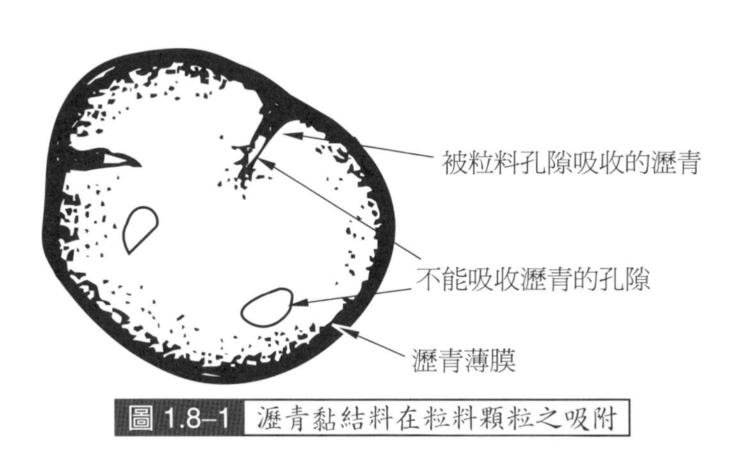

圖 1.8–1　瀝青黏結料在粒料顆粒之吸附

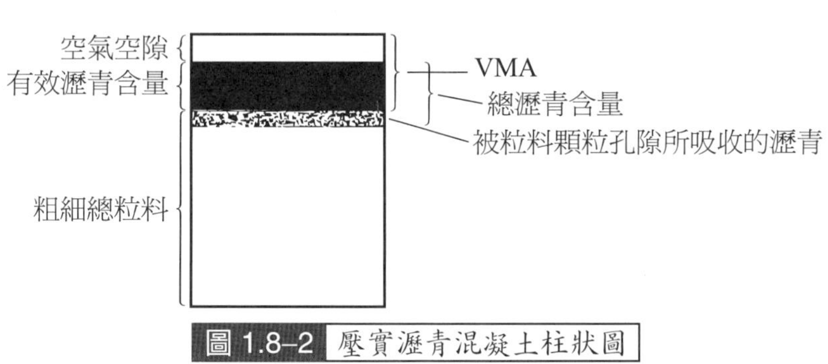

圖 1.8–2　壓實瀝青混凝土柱狀圖

壓實瀝青混合料之質量與體積之關係如下面各節所述：

1.8-1 理論最大密度

壓實之瀝青混合料的空隙完全被瀝青黏結料所填滿，亦即無空隙存在的情況下，所計得之密度是為理論最大密度 (Theoretical Maximum Mass Density)。圖 1.8-3 示壓實瀝青混合料各組成材料之柱狀圖，其理論最大密度計算式為：

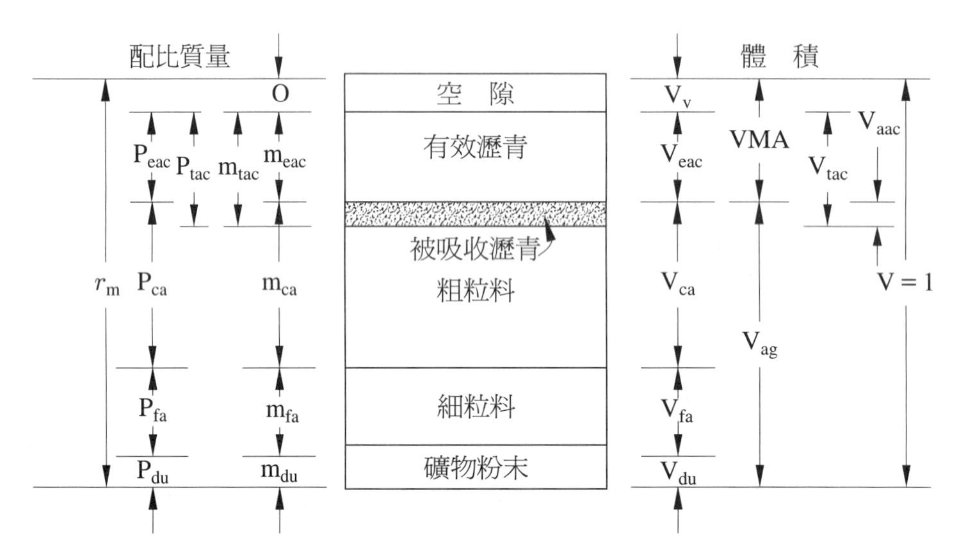

註：P_{tac}、P_{eac} 瀝青含量百分率（基於乾粒料總質量百分率）。

圖 1.8-3 壓實瀝青混合料之質量與體積之關係

理論最大密度
$$\gamma_{max} = \frac{m_{tac} + (m_{ca} + m_{fa} + m_{du})}{V_{tac} + (V_{ca} + V_{fa} + V_{du})} \quad (1.8\text{–}1)$$

設壓實瀝青混合料中，粒料所占粒料總質量 m 的百分率為 $P_{ag} = 100\%$，而瀝青總含量百分率及有效瀝青含量百分率則基於乾粒料總質量百分率分別為 P_{tac} 及 P_{eac}，則理論最大密度亦可以式 (1.8–2) 表示之：

$$\gamma_{max} = \frac{\frac{P_{tac}}{100 + P_{tac}} \times \gamma_m + (\frac{P_{ca}}{100 + P_{tac}} \times \gamma_m + \frac{P_{fa}}{100 + P_{tac}} \times \gamma_m + \frac{P_{du}}{100 + P_{tac}} \times \gamma_m)}{\frac{\frac{P_{tac}}{100 + P_{tac}} \times \gamma_m}{G_{ac} \times \gamma_m} + \left(\frac{\frac{P_{ca}}{100 + P_{tac}} \times \gamma_m}{G_{ca} \times \gamma_m} + \frac{\frac{P_{fa}}{100 + P_{tac}} \times \gamma_m}{G_{fa} \times \gamma_m} + \frac{\frac{P_{du}}{100 + P_{tac}} \times \gamma_m}{G_{du} \times \gamma_m}\right)} \quad (1.8\text{–}2)$$

式 (1.8–2) 可簡化成：

$$\gamma_{max} = \frac{P_{tac} + P_{ca} + P_{fa} + P_{du}}{\frac{P_{tac}}{G_{ac}} + \frac{P_{ca}}{G_{ca}} + \frac{P_{fa}}{G_{fa}} + \frac{P_{du}}{G_{du}}} \times \gamma_m \tag{1.8–3}$$

式中：G_{ac} = 瀝青黏結料比重；

G_{ca} = 粗粒料比重；

G_{fa} = 細粒料比重；

P_{du} = 填縫料比重；

γ_m = 水單位質量。

壓實之瀝青混合料在無空隙狀態下，瀝青含量與理論最大密度間之關係可由式 (1.8–1) 至式 (1.8–3) 計得。在已知瀝青黏結料及各粒料之比重，則可由理論最大密度公式計得各瀝青黏結料含量（粒料總質量的百分率）與理論最大密度之關係曲線，如圖 1.8–4 所示，圖中所示之理論最大密度曲線與壓實曲線相似於土壤壓實試驗所得之曲線。

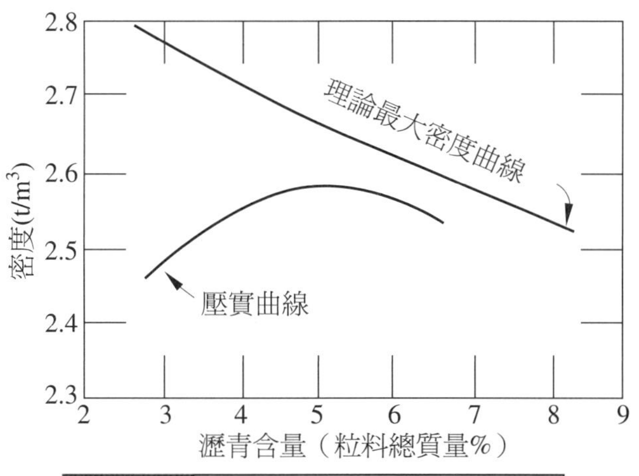

圖 1.8–4　瀝青混合料無空隙密度曲線

1.8–2 空隙率

瀝青混合料壓實體，在包裹有瀝青薄膜的粒料間空氣體積百分率是為空隙率 (Air Voids)，為瀝青混合料最佳瀝青含量 (Optimum Asphalt Content) 決定因素之一，影響瀝青混凝土路面壓密、冒油等現象。

壓實之瀝青混合料空隙體積，由圖 1.8–3 之關係如下：

$$V_v = 1 - V_{tac} - V_{ag} \tag{1.8–4}$$

以壓實之瀝青混合料粒料間空隙百分率表之如下：

$$V_v(\%) = [\frac{1 - (V_{tac} - V_{ag})}{1}] \times 100 \tag{1.8–5}$$

空隙率亦可由理論最大密度與壓實之瀝青混合料密度求得之：

$$V_v(\%) = [\frac{\gamma_{max} - \gamma_m}{\gamma_{max}}] \times 100 \tag{1.8–6}$$

壓實之瀝青混合料空隙體積亦可如式 (8–7) 計之：

$$V_v = VMA - V_{eac} \tag{1.8–7}$$

1.8–3 粒料間空隙

壓實之瀝青混合料的粒料間空隙 (the Voids in the Compacted Mineral Aggregate—VMA) 係指壓實瀝青混合料的空隙體積與有效瀝青含量體積之和。由圖 1.8–3 之關係如下：

壓實之瀝青總混合料粒料間空隙體積：

$$VMA = 1 - V_{ag} \tag{1.8–8}$$

以壓實之瀝青混合料粒料間空隙百分率表之如：

$$VMA\ (\%) = [\frac{1 - V_{ag}}{1}] \times 100 \qquad (1.8\text{–}9)$$

壓實之瀝青混合料粒料間空隙，亦可如式 (1.8–10) 計之：

$$VMA = V_v + V_{eac} \qquad (1.8\text{–}10)$$

1.8–4 瀝青填充之空隙

壓實之瀝青混合料的粒料間空隙被有效瀝青含量所填充的部分體積，由圖 1.8–3 之關係如下：

瀝青填充之空隙比

$$V_{fac} = \frac{V_{eac}}{VMA} = \frac{V_{eac}}{1 - V_{ag}} \qquad (1.8\text{–}11)$$

瀝青填充之空隙率

$$V_{fac}\ (\%) = \frac{V_{eac}}{1 - V_{ag}} \times 100 \qquad (1.8\text{–}12)$$

瀝青填充之空隙比或空隙率相當於土壤力學之土壤飽和度同樣意義。

例題 1.8–4–1

已知壓實之瀝青混合料密度 $\gamma_m = 2280\ kg/m^3$；細粒料之比重 $G_{fa} = 2.78$、占乾粒料質量之 57%；粗粒料之比重 $G_{ca} = 2.75$、占乾粒料質量之 43%；瀝青含量 $P_{tac} = 6.0\%$；設瀝青黏結料之比重 $G_{ac} = 1.01$, $\gamma_w = 1000\ kg/m^3$，試求 V_v、VMA 及 V_{fac}。

解 1. 依已知數據作出柱狀圖如圖 1.8–5 所示：

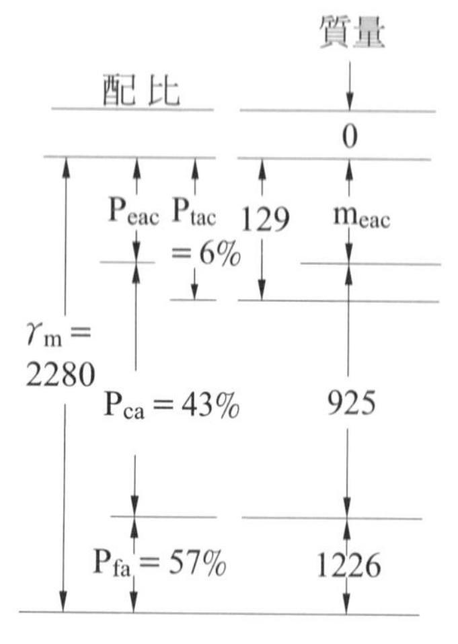

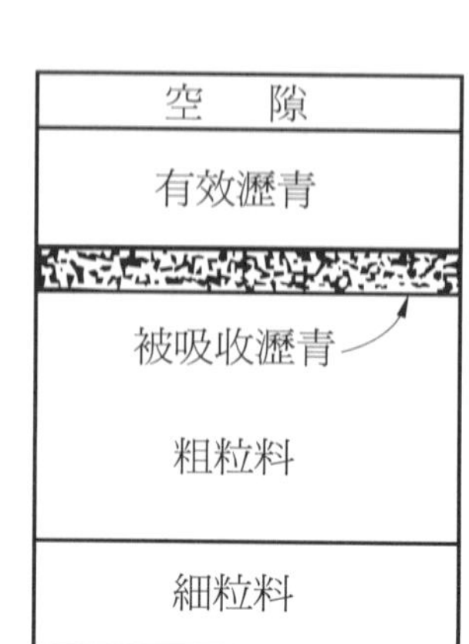

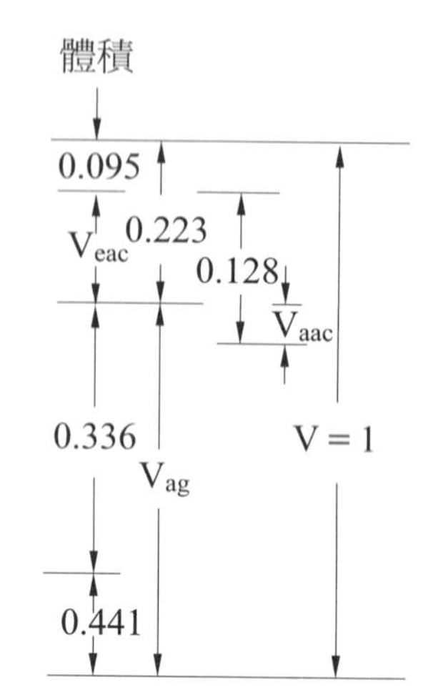

圖 1.8–5

$$m_{tac} = \frac{P_{tac}}{100 + P_{tac}} \times \gamma_m = \frac{6}{100+6} \times 2280 = 129 \text{ kg}$$

$$m_{fa} = \frac{P_{fa}}{100 + P_{tac}} \times \gamma_m = \frac{57}{100+6} \times 2280 = 1226 \text{ kg}$$

$$m_{ca} = \frac{P_{ca}}{100 + P_{tac}} \times \gamma_m = \frac{43}{100+6} \times 2280 = 925 \text{ kg}$$

$$V_{tac} = \frac{m_{tac}}{G_{ac} \cdot \gamma_w} = \frac{129}{1.01 \times 1000} = 0.128 \text{ m}^3$$

$$V_{ca} = \frac{m_{ca}}{G_{ca} \cdot \gamma_w} = \frac{925}{2.75 \times 1000} = 0.336 \text{ m}^3$$

$$V_{fa} = \frac{m_{fa}}{G_{fa} \cdot \gamma_w} = \frac{1226}{2.78 \times 1000} = 0.441 \text{ m}^3$$

2. $$\gamma_{max} = \frac{m_{tac} + m_{ca} + m_{fa}}{V_{tac} + V_{ca} + V_{fa}} = \frac{129 + 925 + 1226}{0.128 + 0.336 + 0.441} = 2519.3 \text{ kg/m}^3$$

$$V_v = \frac{\gamma_{max} - \gamma_{min}}{\gamma_{max}} = \frac{2519.3 - 2280}{2519.3} = 0.095 = 9.5\%$$

$$V_v = 1 - V_{tac} - (V_{ca} + V_{fa}) = 1 - 0.128 - (0.336 + 0.441) = 0.095 = 9.5\%$$

3. $$VMA = 1 - (V_{ca} + V_{fa}) = 1 - (0.336 + 0.441) = 0.223 = 22.3\%$$

4. $$V_{fac} = \frac{V_{tac}}{VMA} \times 100 = \frac{0.128}{0.223} \times 100 = 57.4\%$$

第2篇

瀝青材料試驗

2.1 瀝青材料取樣法

Sampling Bituminous Materials，參照國工局高試 5–1、AASHTO T40–02

2.1–1 目　的

1. 採取具有充分代表性的各種石油瀝青材料作為品質檢驗及在試驗室測定瀝青材料各項性質的取樣法。
2. 本取樣法適用於瀝青生產廠、貯存槽、油罐車、交貨驗收場等場所。

2.1–2 儀　器

1. 盛樣器類型
   ⑴固體瀝青可用塑膠袋，但需附有方便攜運的外裝盒。
   ⑵黏稠性瀝青及液體瀝青可用有密封蓋之廣口金屬容器。
   ⑶乳化瀝青也可使用有密封蓋之聚氯乙烯塑膠容器。
   ⑷盛樣容器大小須相當於樣品所需數量。
2. 瀝青取樣器

有蓋塞的金屬取樣器，如圖 2.1–1 所示。取樣時，先將蓋塞栓塞妥當，再將之沉入瀝青槽內。當達到所需深度時，則以與其相連之線索或鏈條等，將蓋塞拉開，瀝青樣品則流入取樣器內。當液體瀝青表面已無氣泡自瀝青槽內冒出時，則取樣器已裝滿。其次將取樣器自瀝青槽內拉出，將其所盛裝之瀝青材料倒入另一潔淨之盛樣器中。每採取一樣品，均須用另一潔淨之盛樣器。

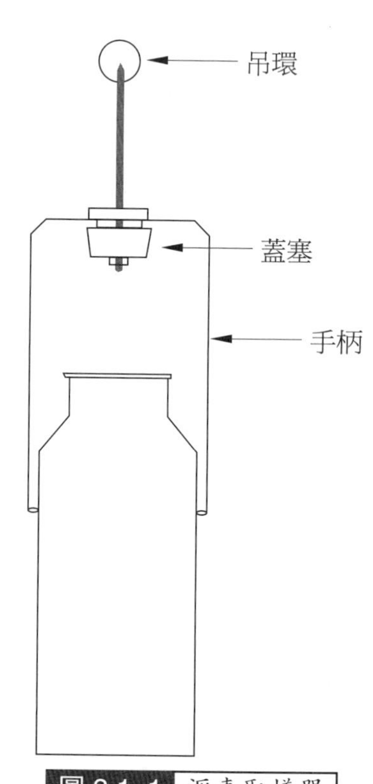

圖 2.1–1 瀝青取樣器

2.1–3 取樣數量

1. 黏稠性及固體瀝青材料取樣數量不可少於 1 kg。
2. 液體瀝青材料取樣數量不可少於 1 L。
3. 乳化瀝青材料取樣數量不可少於 4 L。
4. 非屬常規性檢驗者，可根據實際需要的瀝青材料數量確定之。

2.1–4 取樣注意事項

1. 取樣前應將盛樣器清潔乾淨，不得含有或黏附任何足以影響所盛瀝青材料品質者，例如水分、塵埃等等。
2. 檢查盛樣器蓋子是否具有密封性。
3. 盛樣器以用新品為宜，不可用水或沾有油脂之布擦拭，如需潔淨則用乾淨的乾布擦拭。
4. 盛樣品時，須小心操作以防止樣品沾污。裝入樣品後，須隨即蓋緊密封。
5. 已裝入樣品之容器不可使用沾有溶劑之布巾擦拭，僅可以乾潔布巾擦拭。
6. 在寒冷地區乳化瀝青須作正確包裝以防止凍結。
7. 盡量避免將樣品自一盛樣器倒入另一盛樣器，以防可能因換容器而改變瀝青材料性質及因此發生污染。
8. 樣品裝入盛樣器後，隨即拭淨並蓋緊密封，在容器筒體（不可在蓋面）作樣品標記。

2.1–5 取樣方法

一、從貯油槽中取樣

(一) 無攪拌設備者

液體瀝青或經加熱成流體的黏稠性瀝青材料取樣時，需將進油閥和出油閥先予關閉再予取樣。

1. 直立圓筒貯油槽

貯油槽內將液體深分三等分，上層三分之一中心部位所取者為上部試樣，中間部位為中部試樣，下層三分之一中心部位所取者為下部試樣。用取樣器由該三部位中心處各取規定數量樣品，上、中、下層取樣後，取樣器內瀝青材料樣品盡可能倒淨於盛樣器內。底層取樣時，取樣點不得低於 1/6 液面深。將三層取得之樣品混合均勻後，取規定數量樣品作為試樣，進行規定之品質檢驗。

2. 橫置圓筒貯油槽

在橫置圓筒貯油槽內所貯瀝青材料上、中、下層取樣之部位，依圓筒槽直徑的百分率規定及三層料之混合比如表 2.1–1 所列，充分混合取規定數量樣品作為試樣，進行規定之品質檢驗。

表 2.1–1 橫置圓筒貯油槽取樣位置及樣品混合比

液面深與筒徑 (%)	取樣位置（取樣深度與筒徑 %）			試樣混合比（容積）		
	上	中	下	上	中	下
100	80	50	20	3	4	3
90	75	50	20	3	4	3
80	70	50	20	2	5	3
70		50	20		6	4
60		50	20		5	5
50		40	20		4	6
40			20			10
30			15			10
20			10			10
10			5			10

資料來源：「試驗法集」，鹿島道路株式會社，1987, p. 19。

(二) 有攪拌設置者

液體瀝青或經加熱成流體的黏稠性瀝青材料充分均勻攪拌後，用取樣器從貯油槽內液體層二分之一深度中間部取規定數量試樣。

二、從油罐車、瀝青撒布車中取樣

(一) 設有取樣閥者

油罐車與撒布車皆設有取樣閥設備，其裝置應深入車體外殼內至少 0.3 m 以上。旋開取樣閥，俟流出至少 4 kg 或 4 L 之瀝青材料予以拋棄，再予取規定數量之瀝青材料樣品。

(二) 僅有出料閥而無取樣閥者

俟放出全部瀝青材料的一半時，再予取規定數量之瀝青材料樣品。

(三) 從頂蓋處取樣者

用取樣器從車內液體層二分之一深度中間部取規定數量之瀝青材料樣品。

三、從裝料或卸料過程中取樣

在裝料或卸料過程中取樣者，按瀝青材料流出時間間隔均勻取至少三個規定數量樣品，將之充分混合拌均後，再予取規定數量之瀝青材料樣品。

四、從瀝青桶中取樣

1. 同一批生產之產品者，依隨機方法取樣。非同一批生產之產品者，取樣桶數依表 2.1–2 規定，或按總桶數的立方根數，隨機方法求取瀝青桶數。

表 2.1–2 瀝青桶取樣桶數

瀝青桶總數	取樣桶數	瀝青桶總數	取樣桶數
2～8	2	217～343	7
9～27	3	344～512	8
28～64	4	513～729	9
65～125	5	730～1000	10
126～216	6	1001～1331	11

資料來源：AASHTO T40–78.

2. 將瀝青桶加熱，俟全部瀝青材料熔化成流體狀後，依油罐車取樣法取樣，並將之混合拌勻，再予取規定數量試樣以供檢驗。

若瀝青桶不便加熱熔化者，則由桶高之半處鑿開，由鑿開處往內至少 5 cm 以上的內部鑿取規定數量試樣，以供混合拌勻後檢驗。鑿取時應防止試樣散落地面。

五、固體瀝青取樣

固體瀝青材料能夠打碎者，則用乾淨工具將之打碎，取中間部分規定數量的試樣；若瀝青材料為軟塑性者，則用乾淨熱工具切割採取規定數量的試樣。

2.1–6 試樣保存與試驗準備

一、試樣保存

1. 裝有試樣的盛樣器應加蓋密封，擦拭乾淨，並在試樣器筒身標明工程名稱、施工廠家、樣品編號、樣品名稱、取樣地點、取樣日期、取樣者等。
2. 加熱取樣者應一次取足夠一批試驗所需的數量裝入另一盛樣器，其餘試樣密封妥善保存備用，盡量減少重複加熱取樣。
3. 乳化瀝青試樣在冬季寒冷氣溫下，應有妥善的防護措施。

二、試樣準備法

1. 將裝有試樣加蓋的盛樣器置入 80°C 左右的恆溫烘箱中，直至全部瀝青熔化。
2. 由烘箱中取出裝有熔化瀝青的盛樣器安置在有石棉墊的加熱器上緩慢加熱，並用玻璃棒輕輕攪拌，防止瀝青局部過熱，時間以不超過 30 分鐘為宜。其次將瀝青加熱，在不超過 100°C 的條件下，讓瀝青材料脫水至無氣泡發生為止。最後將瀝青材料加熱至不超過軟化點溫度加上 100°C。
3. 將盛樣器內的瀝青材料用 0.60CNS386 篩過濾，分裝於擦拭乾淨的數個瀝青盛樣皿內，數量應足夠一批試驗項目所需而有餘。
4. 將瀝青盛樣皿內的瀝青試樣一次灌入各項試驗模具中。灌模時，若溫度下降，可適當加熱，但重複加熱次數不宜超過二次，以防瀝青材料老化影響試驗結果。
5. 瀝青盛樣皿內剩餘瀝青材料應棄除乾淨，不得重複使用。

2.2 瀝青材料之針入度試驗法

Method of Test for Penetration of Bituminous Materials，參照 CNS10090、AASHTO T49–06

2.2–1 目　的

利用針入度的大小，以表示瀝青材料的軟硬程度及稠度以及瀝青膠泥之等級分類，而為決定瀝青路面穩定度之一主要因素。本試驗法適用於半固體、固體瀝青材料及油溶瀝青、乳化瀝青蒸發後殘留物之針入度。

針入度試驗乃用一標準針頭在規定溫度、質量及規定時間下，垂直貫入瀝青試樣內，其貫入之深度以 0.1 mm 為一單位。針入度大者表示瀝青材料質軟；反之，表示其質較硬。

針入度之試驗，一般可分為數種不同條件試驗之，如表 2.2–1 所示：

表 2.2–1　在不同溫度下，標準針質量與時間之關係

溫度 (°C)	標準針質量 (g)	時間 (s)
0	200	60
4	200	60
25	100	5
45	50	5
46	50	5

若未特別註明，則以溫度 25°C，標準針質量 100 g，時間為 5 秒之針入度為標準。

2.2–2 儀　器

1. 針入度儀

任何可使針貫入時，不生明顯摩擦阻力下，而能垂直貫入，獲得正確試驗結果者皆可使用，如圖 2.2–1 所示。儀器需設有放置平底保溫之容器傳遞皿平臺的底座，並

設有可調節水平的螺絲裝置，以使標準貫入針能垂直試樣表面，及一垂直固定支柱。柱上附有可調上下滑動的懸臂兩個，上臂裝有刻度 360 格，每格 0.1 mm 之針入度刻度盤；下臂裝設可操作標準貫入針升降之構件及能使標準貫入針在無顯著摩擦阻力下自由降落的制動按鈕，且標準貫入針應易於裝卸以方便查核其質量。垂直固定支柱下端部設一面小鏡，或其他可藉以觀察針尖與試樣表面接觸情況之儀器器具。自動針入度試驗儀，其基本要求事項與上述相同。

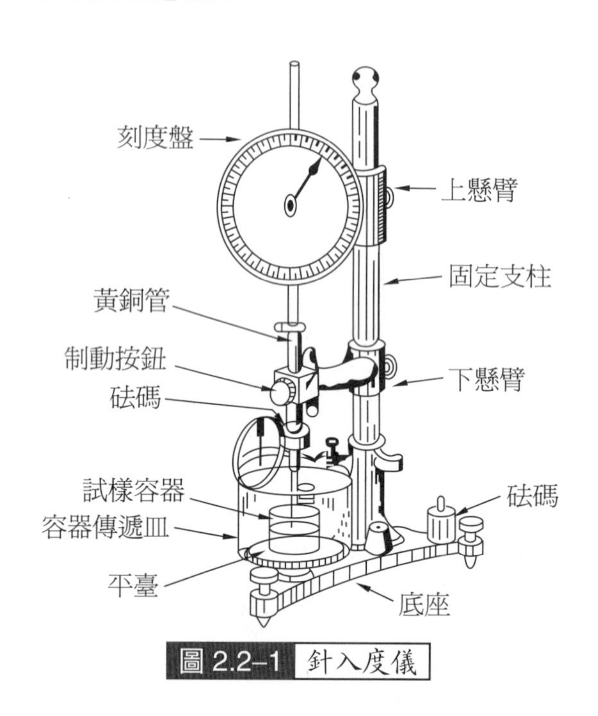

圖 2.2–1 針入度儀

2. 試樣容器

任何金屬，或玻璃製之平底圓柱形小圓盒，用以盛試樣。針入度在 200 以下者，使用 90 mL 之容器，其內徑為 55 mm，深為 35 mm；針入度在 200～350 者，使用 180 mL，其內徑為 55～75 mm，深為 45～70 mm；對針入度大於 350～500 的試樣，使用大於 125 mL、內徑為 55 mm、深度為 70 mm 之特殊容器。如圖 2.2–2 所示。

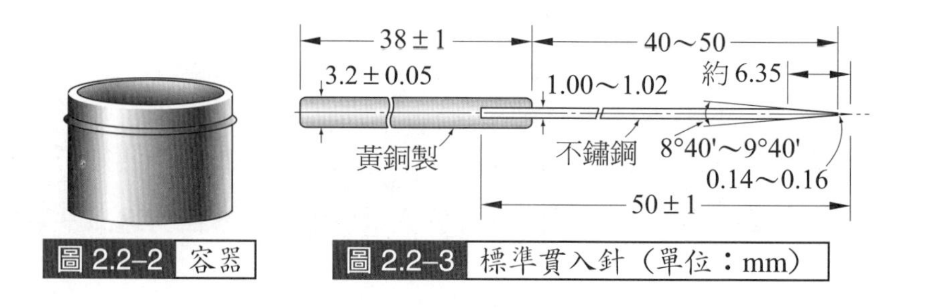

圖 2.2–2 容器

圖 2.2–3 標準貫入針（單位：mm）

3. 標準貫入針

如圖 2.2–3 所示之貫入針，由硬化與回火的不鏽鋼製成，長度約 50.8 mm，直徑 1.00～1.02 mm。此鋼桿之一端作成圓錐狀，其長為 6.35 mm，針頭之角度為 8°40′ 至 9°40′，將針之尖端磨鈍，使其頂端之直徑為 0.14～0.16 mm 之錐體。此標準針裝入針入度儀後，露出之長度不得小於 40 mm，不得大於 45 mm，此針之形式如圖 2.2–3 所示。標準針與黃銅製圓筒桿之組合質量為 2.50 ± 0.05 g，裝在針架之總質量為 50.0 ± 0.1 g，另備有 50.0 ± 0.05 g 與 100.0 ± 0.05 g 之砝碼各一個，俾供給 100 g 與 200 g 試驗所需之總質量。

4. 恆溫水槽

恆溫水槽須能經常保持試驗溫度 ±0.1°C，水之容積不得少於 10 L。試樣浸入水槽中須深 10 cm 以上，且置於離槽底至少 5 cm 之有孔架上。

5. 容器之傳遞皿

任何金屬，或玻璃製之平底圓柱形大圓盒，其大小須能使整個容器完全浸入，且能穩固支承之，以防容器之振動。通常其內徑須大於 90 mm，深度須大於 55 mm，容積至少 350 mL，如圖 2.2–4 所示者。

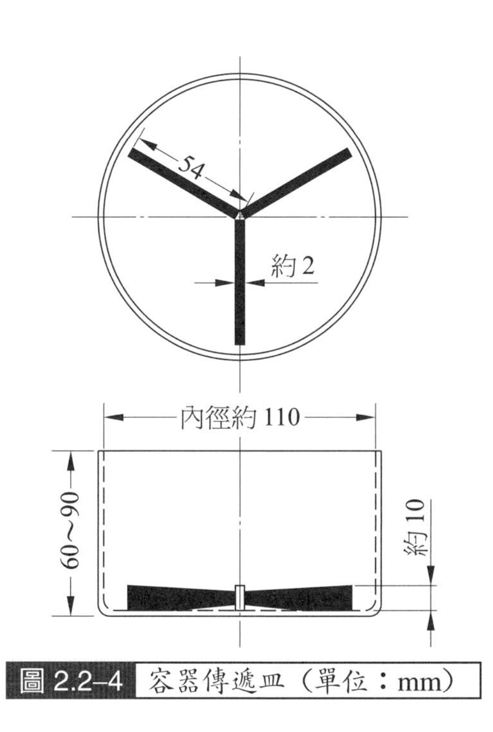

圖 2.2–4　容器傳遞皿（單位：mm）

6.溫度計

針入度試驗結果的準確性，與試驗溫度之控制具有密切關係，因之選用之溫度計應經常檢驗校準。

(1)作 0°C 之試驗者，採用範圍為 −8～32°C 之精確溫度計，溫度計須浸入水槽中 150 ± 15 mm 深。

(2)作 25°C 之試驗者，採用範圍為 19～27°C 之精確溫度計，溫度計須浸入水槽中 150 ± 15 mm 深。

(3)作 46°C 之試驗者，採用範圍為 25～55°C 之精確溫度計，溫度計須浸入水槽中 150 ± 15 mm 深。

7.計時設備

任何刻度在 0.1 秒以下，且在 60 秒之時間內，能準確至 0.1 秒之計時器皆可使用；針入度儀附設有自動計時設備者，必須準確校準在 ±0.1 秒以內。

2.2–3 試樣準備

1. 試樣應先以低溫加熱，使其完全熔解成為液體，加熱之溫度通常不得比預估軟化點高出 90°C 以上，加熱時間不宜超過 30 分鐘，也應注意勿使有局部溫度升高的現象。試樣須經充分的攪拌使其均勻且無氣泡的存在後，再倒入容器內，其深度至少須使標準針貫入試樣後，針頭至容器底大於 10 mm 以上。在冷卻時容器須加蓋，以防塵埃進入。使用 180 mL 容器者，須靜置於 21～30°C 之室溫內冷卻一小時半至二小時；若使用 90 mL 容器者，須冷卻一小時至一小時半；若使用 125 mL 容器者，須冷卻二小時至二小時半。然後與傳遞皿同放入水槽中，125～180 mL 容器者須一小時半至二小時；90 mL 容器者須一小時至一小時半。水槽內之水須保持規定的試驗溫度 ±0.1°C。
2. 調整針入度儀使之水平。檢驗標準貫入針，用三氯乙烯或其他溶劑洗淨，再以乾淨布拭乾。將標準貫入針緊固於針入度儀，按試驗條件加上附加砝碼。

2.2-4 試驗方法

1. 將盛有試樣之容器與傳遞皿由水槽中取出，並將此容器放入傳遞皿中之不鏽鋼三腳支架，使試樣容器能保持穩固，皿中須加水槽中的水使其滿過容器內試樣表面不少於 10 mm。
2. 將此傳遞皿放於針入度儀之平臺上，並調整標準貫入針，藉針入度儀之反光小鏡，觀察針端與試樣表面接觸情況，使針尖與試樣表面剛好接觸，調降刻度盤記錄錶針讀數或將錶針歸零。
3. 按下秒錶的同時，放鬆標準貫入針及其上附加之質量，使其自然下降，貫入試樣內。到達規定時間時，停止其下降，然後再調整刻度盤指針，且記錄其讀數，精確至 0.5。此次讀數與最初讀數之差，即為所求之針入度。當採用自動針入度儀時，計時與標準針貫入試樣係同時開始，到達規定時間，則自動停止，而顯示針入度值。

2.2-5 注意事項

除上述外：

1. 每一試樣至少須試驗三點以上，每點距容器邊緣，及各點間距不得小於 10 mm。
2. 每次試驗後，須將盛有試樣之傳遞皿放回恆溫水槽中。用塗有三氯乙烯的拭布將針端拭乾淨。
3. 所測針入度值大於 200 時，至少須使用三支標準針，每次試驗後，將針留在試樣中，直至完成三次平行試驗後，才可將標準針取出。
4. 同一試樣至少平行試驗三次，此至少三次針入度試驗值之最大值與最小值之差不超過下列允許偏差範圍時，則取此至少三次針入度試驗值之平均值，且取整數作針入度試驗結果。

針入度 (0.1 mm)	0～49	50～149	150～249	250～500
允許偏差值 (0.1 mm)	2	4	12	20

若試驗值之間差值有超出允許偏差範圍時，則以第二個試樣再測試之。如數值再超出允許範圍，則所有數據均須捨棄，重新試驗。

5. 在試驗過程中，若發現試樣容器有位移晃動現象時，則測試數據應予捨棄。
6. 試樣浸入恆溫水槽後，若發現試樣表面有氣泡，則應改用蒸餾水或煮沸過之水。

2.2–6 記錄報告

一、精確度

同一試驗者二次試驗數據之差異稱為重複性 (Repeatability)；不同試驗室，不同試驗者所得數據之差異稱為再現性 (Reproducibility)。欲判斷針入度值試驗數據是否合理，可依據：

1. 當試驗值小於 50 (0.1 mm) 時，重複性試驗精確度的容許偏差為 1 (0.1 mm)，再現性則為 4 (0.1 mm)。
2. 當試驗值大於 50 (0.1 mm) 時，重複性試驗精確度的容許偏差為平均數的 3%，再現性則為平均數的 8%。

二、記錄表格

瀝青材料針入度試驗報告

工程名稱：________ 送樣單位：________

瀝青種類：________ 瀝青來源：________ 取樣日期：________

取樣者：________ 試驗編號：________ 試驗日期：________

試驗溫度：________°C 標準針質量：________g 時間：________s

試驗次數		1	2	3	4	5	本試驗法依據
刻度盤讀數	試驗後						
	試驗前						
針入度 (0.1 mm)							
平均針入度 (0.1 mm)							

複核者：________ 試驗者：________

2.3 瀝青材料之軟化點試驗——環球法

Method of Test for Softening Point of Bituminous Materials (Ring-and-Ball Method)，參照 CNS2486、AASHTO T53–06

2.3–1 目　的

加熱於瀝青材料，則瀝青將因溫度的升高，由固體變為半固體而至於液體狀態。軟化點乃表示瀝青材料達到流動性時之溫度，因之使用瀝青材料作為路面材料時，須根據其軟化點配合當地最高氣溫以防軟化。不同等級的瀝青材料，其軟化點的溫度也不同。一般而言，高軟化點者對溫度之敏感性較小。本試驗法不但可以控制精煉的操作，同時可用以鑑別決定生產方法或原油之衍化物。

本試驗法可用以檢定瀝青膠泥、柏油、樹脂等之軟化點。惟高軟化點者（軟化點在 80°C 以上者）須以甘油代替蒸餾水。

2.3–2 儀　器

軟化點試驗儀如圖 2.3–1 所示，包括有：

1. 銅環

係一種黃銅環，設有突出之托肩，其內徑為 15.9 mm，高 6.4 mm，環壁 2.4 mm，如圖 2.3–1 (a)。

2. 鋼球

係直徑為 9.53 mm，質量為 3.45 至 3.55 g 之鋼球。

3. 容器

係耐熱玻璃製之容器，其直徑不得小於 85 mm，高為 120 mm。相當於 800 mL 低型燒杯。

4. 溫度計

低軟化點者使用刻劃範圍 0～100°C 之溫度計；高軟化點者使用刻劃範圍 30～200°C 之溫度計。

5. 銅環支架

黃銅製之銅環支架，如圖 2.3–1 (c)所示者，由二支黃銅桿及三層平行的黃銅鈑所組成。上層為一直徑略大於容器直徑的圓盤，中間有一圓孔，用以插放溫度計；中層為銅環鈑，如圖 2.3–1 (b)所示者，鈑上兩端各設二孔或四孔圓孔，用以放置黃銅製銅環；中間小孔用以支撐溫度計測溫球體底面與環鈑底面平齊，並且在環之 13 mm 範圍

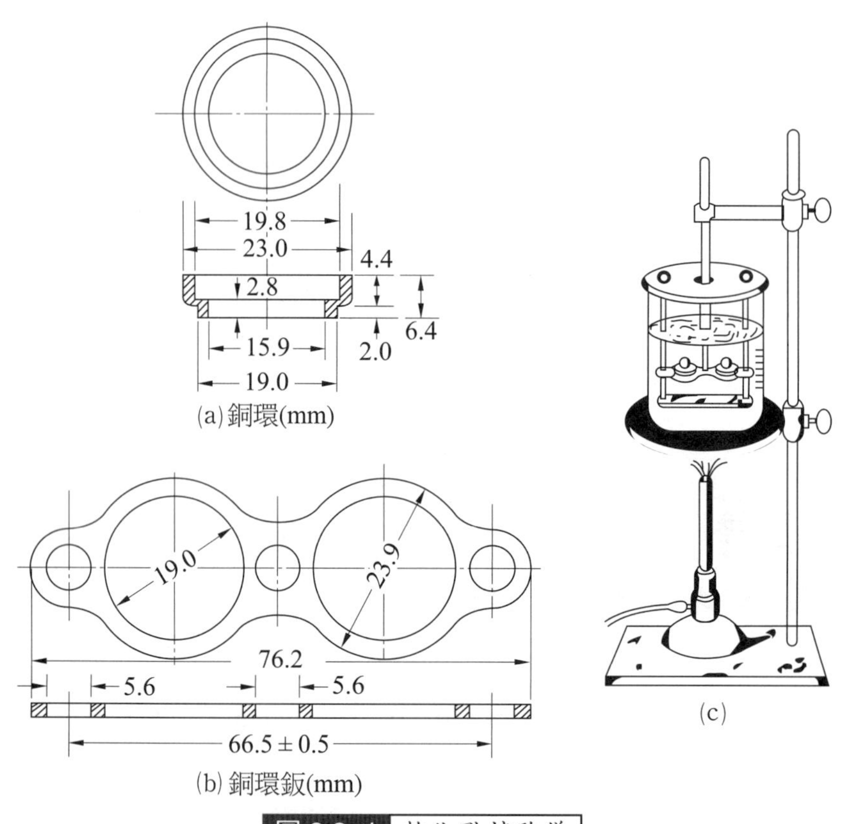

(a) 銅環(mm)

(b) 銅環鈑(mm)

(c)

圖 2.3–1 軟化點試驗儀

以內，但不能與環相靠；下層底鈑與容器底面相距 13 mm 以上，不超過 19 mm。中層銅環底面距下層鈑頂面為 25 mm。三層平行的黃銅鈑由二支頂面 51 mm 處刻有水高標記之黃銅桿固結之。

6. 鋼球定位器

黃銅或不鏽鋼製成，供鋼球球心對準銅環中心用，如圖 2.3–2 所示。

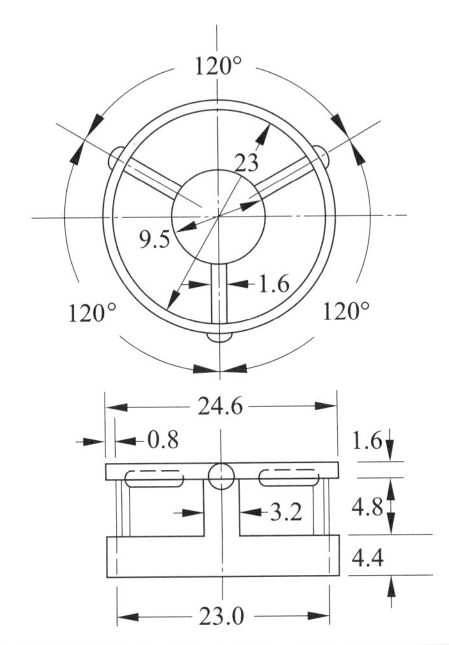

圖 2.3–2 鋼球定位器（單位：mm）

7. 三角架及石棉網

係用以支承容器。

8. 加熱器

係加熱的設備如酒精燈，使容器內的水或甘油增高溫度用。

9. 軟刀

係用於修整試樣表面。

10. 銅鈑或玻璃板

用於準備試樣。

11. 鉗

用以夾鋼球。

2.3–3 試樣準備

1. 依「2.1 瀝青材料取樣法，2.1–6　二、試樣準備法」將瀝青試樣加熱，加熱溫度之上升不可超過瀝青試樣預期軟化點高出 110°C，並須在 2 小時內加熱至其充分流動性而能傾倒的溫度，並加以充分攪拌以免氣泡混入。將二個銅環放置於已塗氯化汞、甘油滑石粉等隔離劑之玻璃板或銅鈑上。此隔離劑的作用，在避免瀝青材料黏著於板上。次將已充分融化之瀝青材料緩慢傾入銅環內至略高出環面為止。如若估計試樣軟化點高過 120°C，則銅環和銅鈑（不用玻璃板），均應預熱至 80～100°C。
2. 將試樣靜置於室溫下冷卻至少 30 分鐘，使其溫度低於預期軟化點最少 10°C。
3. 試樣冷卻之後，凸出銅環的試樣用稍許加熱的軟刀沿銅環面刮平。
4. 將裝有試樣的銅環連同銅鈑或玻璃板，及鋼球、鋼球定位器等，置於水溫 5 ± 1°C（或甘油 32 ± 1°C）之恆溫槽內至少 15 分鐘。

2.3–4 試驗方法

一、試樣軟化點為 80°C 或以下者

1. 以 5 ± 1°C 的蒸餾水傾入玻璃容器內，水面略低於銅環支架之黃銅桿水高標記。
2. 將從 5 ± 1°C 恆溫水槽內取出之試樣銅環各安裝在銅環支架中層鈑的圓孔中，套上定位器，再連同鋼球置入玻璃容器內，並調整水位至黃銅桿水深標記，保持水溫 5 ± 1°C。將刻度 0～100°C 溫度計由上層鈑中心孔垂直插入，使端部水銀球底與試樣銅環底面齊平，距兩銅環壁各保持 6.5 mm 而不互相接觸。
3. 將盛有 5 ± 1°C 蒸餾水和銅環支架的容器放置於三腳架石棉網上或其他適宜的加熱器上，用鉗夾鋼球置於定位器試樣正中央。徐徐加熱，使每分鐘水溫升高 5°C。溫度升高的速率須穩定，但在試驗週期中，不一定須要均一的上升。在起始三分鐘以後，任何一分鐘時間以內，最大容許變化為 ±0.5°C。在試驗進行中，如溫度升高超過此限度時，應一律取消。

4. 溫度繼續升高，試樣開始軟化下墜，當其接觸支架下層底鈑之瞬間，溫度計所指的溫度即記錄為軟化點，精確至 0.5°C。同一試樣至少試驗二個，取其平均值作為試驗結果，若兩者之差超過 1°C，則須重新試驗。

二、試樣軟化點為 80°C 以上者

1. 以預先加熱至 32 ± 1°C 的甘油傾入玻璃容器內，液面略低於銅環支架之黃銅桿水高標記。
2. 將從 32 ± 1°C 甘油恆溫槽內保溫 15 分鐘之試樣銅環取出，各安裝在銅環支架中層鈑的圓孔中，套上定位器，再連同鋼球置入玻璃容器內，並調整液面至黃銅桿水深標記，保持甘油溫度 32 ± 1°C。將刻度 30～200°C 溫度計由上層鈑中心孔垂直插入，使端部水銀球底與試樣銅環底面齊平，距兩銅環壁各保持 6.5 mm 而不互相接觸。
3. 將盛有 32 ± 1°C 甘油和銅環支架的容器放置於三腳架石棉網上或其他適宜的加熱器上，用鉗夾鋼球置於定位器試樣正中央。餘均按本節「一」中之規定步驟測試。

2.3–5 注意事項

除上述外：

1. 用新鮮蒸餾水以避免試樣上產生氣泡，影響精確度。
2. 用甘油時，應避免銅環支架任何部分附有氣泡。
3. 須嚴格遵守加熱速度，即每分鐘升高 5 ± 0.5°C。
4. 熔解瀝青試樣時，不可溫度過高，產生局部過熱，或引起揮發現象，致使試驗偏高。
5. 用一張紙以加重或其他方法附著於支架底板，或容器底面上，以避免瀝青材料附著其上，因之可以節省洗刷的時間及麻煩。
6. 使用氯化汞或水銀時，對人身健康有影響，因之須特別注意下列數項：
   (1)置氯化汞或水銀於封閉的瓷瓶中，藏於陰暗處。
   (2)避免氯化汞或水銀溢出外面。
   (3)避免接觸水銀蒸氣。
   (4)塗有氯化汞、水銀之銅鈑或玻璃板及其他儀器，應置於不超過室溫之處所。

2.3–6 記錄報告

一、精確度

同一試驗者二次試驗數據之差異稱為重複性；不同試驗室、不同試驗者所得數據之差異稱為再現性。欲判斷軟化點試驗數據是否合理，可依據：

1. 當試驗值小於 80°C，採用蒸餾水測試者，重複性試驗精確度的容許偏差為 1.2°C，再現性則為 2.0°C。
2. 當試驗值大於 80°C，採用甘油測試者，重複性試驗精確度的容許偏差為 2.0°C，再現性則為 3.0°C。

二、記錄表格

瀝青材料軟化點試驗報告

工程名稱：＿＿＿＿＿＿　送樣單位：＿＿＿＿＿＿

瀝青種類：＿＿＿＿　瀝青來源：＿＿＿＿　取樣日期：＿＿＿＿

取樣者：＿＿＿＿　試驗編號：＿＿＿＿　試驗日期：＿＿＿＿

玻璃容器液體：蒸餾水、甘油

1. 每分鐘溫度變化

時間 (min)												
溫度 (°C)												

2. 軟化點

試樣編號	1	2	3	4	本試驗法依據
軟化點 (°C)					
平均軟化點 (°C)					

複核者：＿＿＿＿　試驗者：＿＿＿＿

2.4 瀝青材料之閃點與著火點試驗——克氏開口杯法

Method of Test for Flash and Fire Points of Bituminous Materials by Cleveland Open Cup，參照 CNS3775、AASHTO T48–06

2.4–1 目　的

用於檢定瀝青材料施工時之安全加熱溫度，防止發火之危險。

逐漸加熱於瀝青材料，其溫度隨之漸漸升高，在表面附近蒸發出一部分碳氫蒸氣，而與空氣形成爆炸性混合物。最初以小火焰接觸此蒸氣時，不發生閃亮現象。若溫度慢慢升高而達某一限度時，此小火焰與之接觸時，將發生閃光現象，此時之最低溫度謂之閃點；倘繼續加熱，溫度隨著繼續升高至另一限度時，此小火焰與之接觸，蒸氣發生繼續的燃燒至少有五秒以上時之最低溫度謂之著火點。通常較軟等級的瀝青膠泥，其閃點在 177°C 以上；較硬等級的瀝青膠泥，其閃點則在 232°C 以上。

本克利夫蘭開口杯試驗儀適用於測定黏稠性石油瀝青材料、改質瀝青及閃點在 79°C 以上之液體石油瀝青材料，而不適用於閃點低於 79°C 的液體石油瀝青。

2.4–2 儀　器

如圖 2.4–1 所示，包括：開口杯、加熱鈑、加熱鈑支架、溫度計、加熱器、火焰鎗等。

1. 克利夫蘭開口杯

　黃銅或銅合金製開口杯各部分尺寸如圖 2.4–2 所示。環邊緣之外截角須成約 45° 之斜角。杯底與杯壁交接處須作成圓角，其半徑為 4 mm。杯上裝設一把手，以便移動。

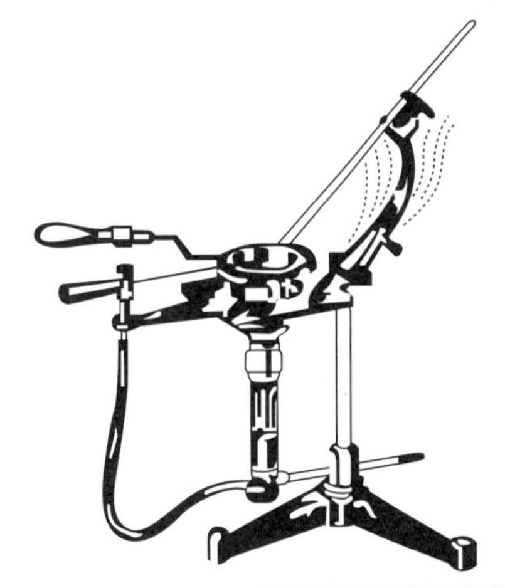

圖 2.4–1 克氏開口杯閃點試驗儀

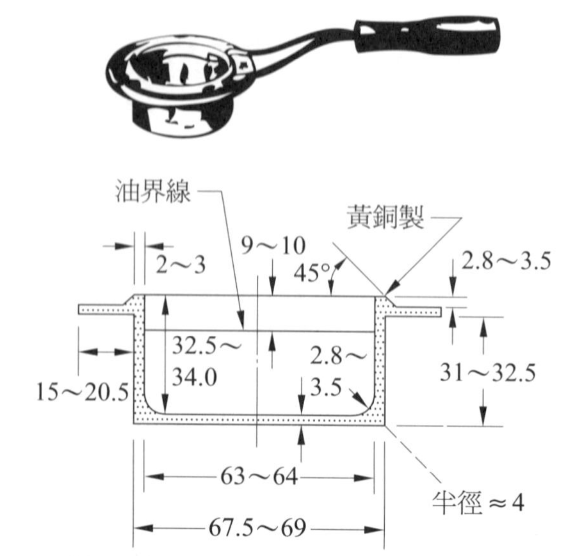

圖 2.4–2 克氏開口杯（單位：mm）

2. 加熱鈑

係一種黃銅、鋼鐵等金屬材料製成，厚度為 6～7 mm，直徑 146～159 mm，用以支持開口杯。於鈑中央開一直徑為 55～56 mm 之圓孔，另於鈑面中央沿直徑 69.5～70.5 mm 之邊緣挖深 0.5～1.0 mm，如圖 2.4–3 所示。鈑上蓋一片厚度 6～7 mm 之硬石棉，其大小與加熱鈑同，中央部分開一直徑 69.5～70.5 mm 之圓孔以承納開口杯，其各部尺寸示於圖 2.4–3。另提供與試驗火焰之大小相比較之金屬小珠，其直徑為 3.2～4.8 mm，可裝設在鈑上，使其穿透並略高出設於石棉鈑中之一適當小孔洞。

3. 加熱鈑支架

用以固定加熱鈑及其上之開口杯、溫度計等。支架支腳附有高度調節器，使加熱鈑保持水平。溫度計之支承應能在試驗完成後，方便從開口杯上拆下。

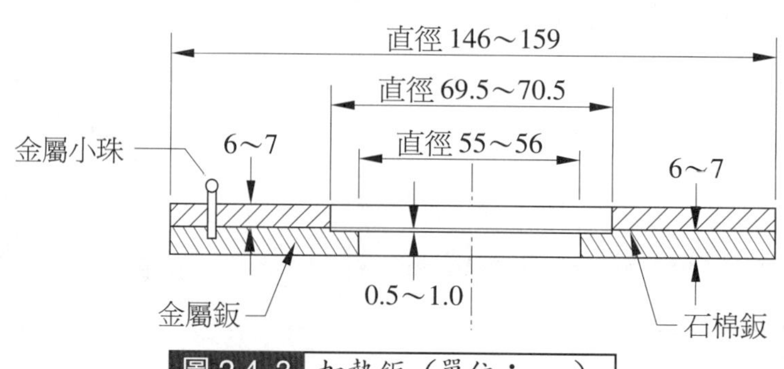

圖 2.4–3 加熱鈑（單位：mm）

4. 溫度計

使用刻劃範圍由 –6～400°C 之溫度計。

5. 加熱器

係加熱的設備，可用瓦斯燈、酒精燈、電熱器等適當加熱源，所採用的加熱源均不可有火焰環繞開口杯四周。加熱源應能置於加熱鈑圓孔中心，防止發生局部性過熱。加熱器應能依需要控制加熱於開口杯內試樣、升溫速率為 14～17°C/min、5.5 ± 0.5°C/min。

6. 火焰鎗

係金屬細管，一端連有瓦斯或煤氣，且設有一開關以控制火焰的大小；另一端為產生火焰的尖嘴，尖端部外徑約 1.6 ± 0.05 mm、內徑為 0.8 ± 0.05 mm，管徑以能產生直徑 3.2～4.8 mm 之火焰為原則。火焰鎗設備之裝置，應能以不少於 150 mm 半徑作水平旋轉，且其尖端部應以高過開口杯頂緣不超過 2.0 mm 水平圓弧掃過。若使用電動旋轉，火焰通過開口杯的時間約應為 1.0 秒鐘。

7. 防護屏

由高約 610 mm 之金屬薄鈑製成，內壁塗成黑色，可三面將儀器圍住，防止火焰型加熱器受到氣流的影響或發生過分的輻射。

2.4–3 試驗準備

1. 應將加熱鈑支架置於室內光線較暗且無空氣流通的水平、穩定桌子上，並以任何適當方式將防護屏圍護支架，遮住強烈光線，俾能有效偵測到閃點。
2. 將開口杯內外以適當溶劑洗淨、烘乾，裝置於加熱鈑支架上。在使用前，開口杯須冷卻至預期閃點以下 56°C。
3. 將溫度計垂直插入開口杯中固定之，溫度計的水銀球體距杯底 0.4 ± 0.1 mm，且位於與火焰鎗（杯中心點）相對的另一側，距杯邊緣約 16 mm 處之中點。
4. 依「2.1 瀝青材料取樣法，2.1–6　二、試樣準備法」將瀝青材料試樣以不低於閃點以下 56°C 的溫度傾入開口杯中，直至試樣面恰與填油界線齊平為止。對固體或半固體瀝青材料之加熱溫度以不低於預期閃點以下 56°C；若為液體瀝青材料則僅加熱至可以倒入開口杯之最低溫度。

5. 將火焰鎗轉向一側，試驗點火，並調整火苗直徑為 3.2～4.8 mm 之間，或與加熱鈑裝設之標準金屬小珠球形大小相比對。

2.4–4 試驗方法

1. 安置在加熱鈑圓孔中之裝有試樣之開口杯，由其下之加熱器開始加熱，加熱器之火焰應置於開口杯心之下，避免火焰由杯緣上升產生溫度不均勻。
2. 加熱開始時，開口杯內試樣之溫度上升率為 5～17°C/min。當試樣溫度約低於預期閃點 56°C 時，減緩加熱，使在閃點前之 28°C 間之溫度上升率降為 5～6°C/min。
3. 試樣溫度達到預期閃點前 28°C 時開始，每隔 2°C 將火焰鎗的火焰依一直線或依一直徑為 150 ± 1 mm 圓弧沿杯面上方不大於 2 mm 作水平橫過中心。火焰鎗掃過試樣表面時須與溫度計相垂直。火焰掃過一次的時間須時約 1 ± 0.1 s，首先按一個方向橫過，下一次則按相反方向掃過。
4. 當溫度上升至閃點前之最後 28°C 時，必須小心避免擾動或靠近開口杯呼吸，擾動杯中蒸氣。
5. 當火焰鎗之火焰橫過試樣表面時，若在試樣表面發生有青藍色閃光時，此時溫度計之讀數，即為閃點。但勿將有時會出現於試驗火焰四周的淺藍色光環 (Halo) 誤認為是閃點。
6. 測定閃點之後，繼續以每分鐘 5～6°C 之速度加熱，每升高 2°C 時，用試驗火焰橫過之，直至試樣表面發生燃燒，此燃燒須繼續有 5 秒之久，此時溫度計之讀數即為著火點。

2.4–5 注意事項

除上述外：

1. 若開口杯傾入過多試樣時，則須將其倒空洗淨、烘乾，再重新裝填。
2. 在開口杯液面以上的杯壁不應沾有試樣，若沾有試樣應去除之。
3. 試樣面上之任何氣泡須予弄破。
4. 易燃燒物應遠離加熱器以免危險。

2.4–6 記錄報告

一、對大氣壓之修正

當試驗時之大氣壓在 101.3 kPa (760 mmHg) 以下時，須對測定之閃點與著火點依下列公式進行修正：

$$\text{修正值} = c + 0.25(101.3 - k) \quad (2.4\text{–}1)$$

$$\text{或} \quad = c + 0.033(760 - p) \quad (2.4\text{–}2)$$

式中：c = 測定值 °C；k = 大氣壓 kPa；p = 大氣壓 mmHg。

二、精確度

1. 同一試樣至少平行試驗兩次，兩次測試結果的差值不可大於重複性試驗精確度的容許偏差，取其平均值的整數作為試驗結果。
2. 同一試驗者及儀器，每次試驗結果的重複性試驗精確度允許偏差，閃點為 8°C、著火點為 8°C。
3. 不同試驗者及儀器，每次試驗結果的再現性試驗精確度允許偏差，閃點為 16°C、著火點為 14°C。

三、記錄表格

瀝青材料閃點與著火點克氏開口杯試驗報告

工程名稱：＿＿＿＿＿＿　送樣單位：＿＿＿＿＿＿

瀝青種類：＿＿＿＿　瀝青來源：＿＿＿＿　取樣日期：＿＿＿＿

取樣者：＿＿＿＿　試驗編號：＿＿＿＿　試驗日期：＿＿＿＿

試驗次數	1	2	3	試驗次數	1	2	3	本試驗法依據
閃點 (°C)				著火點 (°C)				
平均閃點 (°C)				平均著火點 (°C)				

複核者：＿＿＿＿　試驗者：＿＿＿＿

2.5 油溶瀝青之閃點試驗——塔氏開口杯法

Method of Test for Flash Point of Cut-Back Asphalt by Tag Open Cup Apparatus，參照 AASHTO T79–96 (2004)

2.5–1 目的

測定閃點低於 93.3°C (200°F) 之油溶瀝青閃點，其目的請參閱 2.4「瀝青材料之閃點與著火點試驗——克氏開口杯法」。

2.5–2 儀器

如圖 2.5–1 所示，包括：

1. 塔氏開口杯試驗儀 (Tag Open Cup Tester)

   本儀包括有一玻璃試驗杯（其各部尺寸請參閱圖 2.5–2）、銅製水槽、溫度計支架、加熱設備（使用瓦斯、煤氣、或電熱而適當者皆可）、火焰鎗（金屬細管一端連有瓦斯或煤氣）、及防護屏 (Draft Shield) 等。

2. 溫度計

   刻劃由 −5～110°C 者皆可使用。

3. 液平校正計 (Liquid Leveling Device)

   金屬鈑如圖 2.5–3 所示，用以測定玻璃試驗杯內試樣之高度，校正試驗火焰距杯頂的高度及試驗火焰的大小。

4. 銅製水槽

   對閃點低於 79.5°C 者可直接添加水於水槽內加溫；對閃點高於 79.5°C 者，則應改用添加水與乙二醇 1 : 1 混合液於槽內加溫。

5. 加熱支架

   附有溫度計夾及塔氏開口杯支架，支架腳具有支架水平調節設計，使加熱開口杯內試樣表面能保持水平。

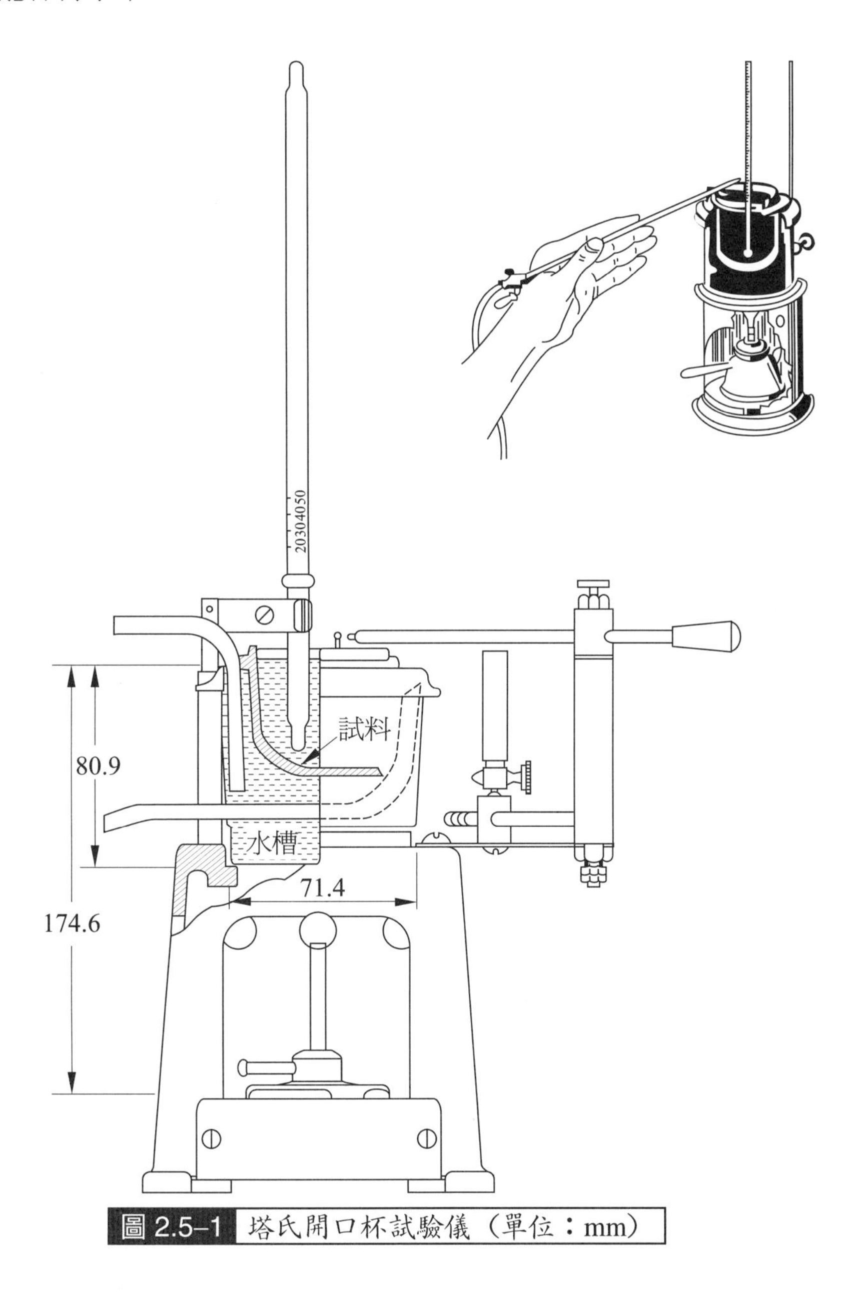

圖 2.5–1　塔氏開口杯試驗儀（單位：mm）

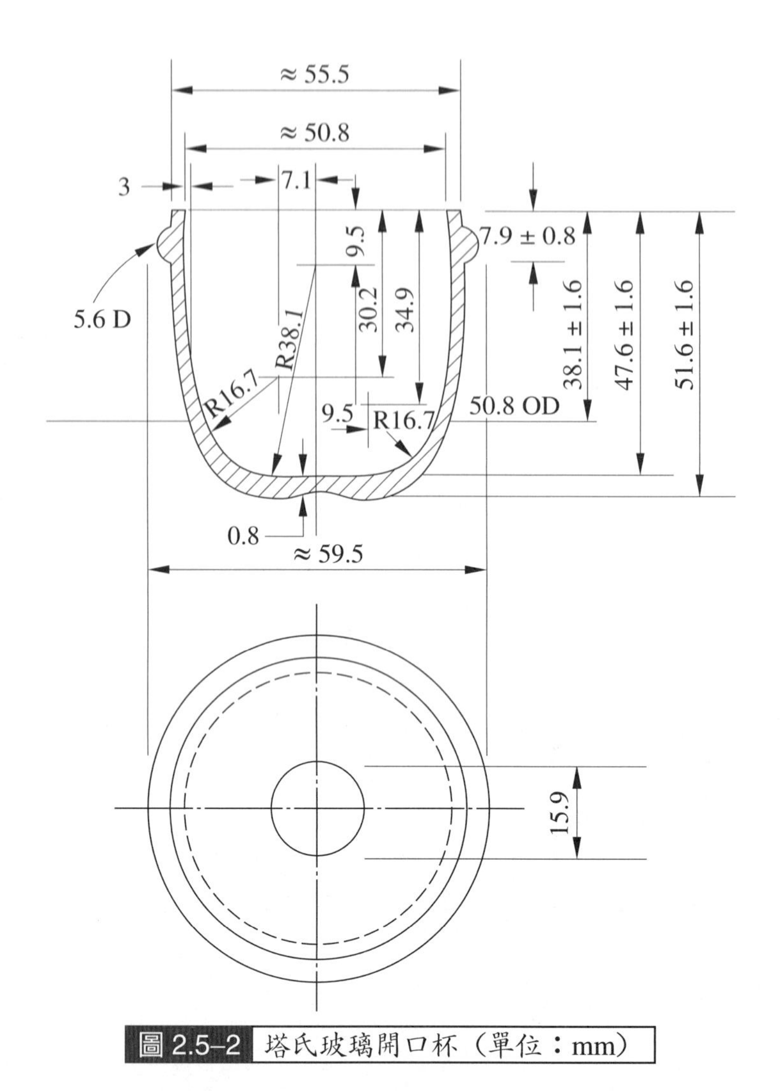

圖 2.5–2 塔氏玻璃開口杯（單位：mm）

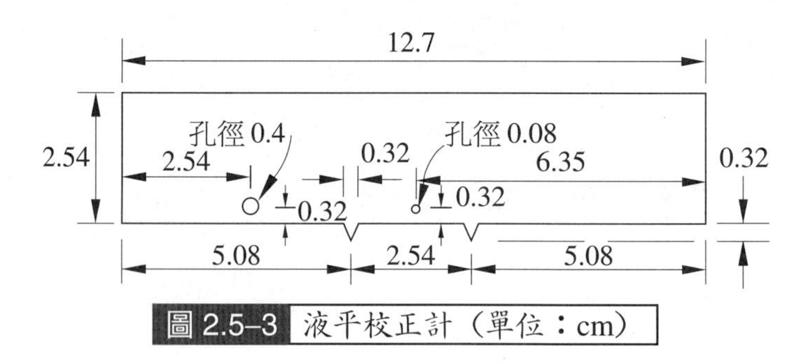

圖 2.5–3 液平校正計（單位：cm）

2.5–3 試驗準備

1. 將塔氏開口杯試驗儀安置在一穩固的桌面，其背面避免有過強的光線，以免妨礙閃點火焰的能見度。再者室溫在試驗過程中，須能始終保持 25 ± 5°C。
2. 將開口杯內外以適當溶劑洗淨、烘乾，裝置於加熱支架上。
3. 調整火焰鎗的水平及垂直位置，使之有一 15 mm 之轉動圓弧，並使火焰恰通過開口杯中心。火焰鎗距開口杯頂緣須保持 3.2 mm。以上之調整可使用液平校正計為之。
4. 將防護屏打開，並圍繞試驗儀側安置。
5. 在將試樣傾入開口杯之前，先固定溫度計於支架上，並調整使成垂直，水銀球底距杯底約 0.64 mm，其位置在杯中心與杯壁之中間，並處於火焰鎗之轉軸與杯中心之連線上。
6. 在水槽中注入溫度至少低於試樣可能之閃點 16.5°C 的水（試樣之閃點低於79.5°C）或 1 : 1 之水一乙二醇溶液（試樣之閃點高於79.5°C），使水面在裝設開口杯後距水槽頂面約 3.2 mm。
7. 將液平校正計架於開口杯緣上，依「2.1 瀝青材料取樣法，2.1–6　二、試驗準備法」將瀝青材料試樣以預期閃點以下至少 11°C 的溫度小心傾入試樣，直至液面恰好接觸液平校正計之三角尖端為止。此時液面距開口杯頂約 3.2 mm。試樣的溫度至少須低於預期閃點 10°C。
8. 調整火焰鎗之火焰大小，使其直徑不大於 4 mm 或與液平校正計上所示者同等大小。

2.5–4 試驗方法

1. 對銅製水槽內試樣加熱，加熱速度約使試樣溫度每分鐘升高 1.0 ± 0.3°C。
2. 在低於預期閃點以下至少 10～15°C 時，先以液平校正計複核液面高度。開口杯內之試樣液面若過高或過低時，可用注射器或滴管吸取或加入。
3. 當試樣溫度每升高 1.0°C 時，則引火焰鎗之火焰，依單方向橫過杯中心，橫過一次的時間須時約一秒鐘。

4. 當火焰鎗橫過試樣表面時，若在試樣表面發生有青藍色閃光，此時溫度計之讀數，即為塔氏開口杯之閃點，準確至 1°C。但勿將有時會出現於試驗火焰四周淺藍色光環誤認為是閃點火焰。

2.5–5 注意事項

除上述外：

1. 選擇通風的室內進行試驗，試驗儀背面須較暗，以便觀察閃點的火焰。
2. 進行試驗時，絕對避免振動試驗儀。
3. 避免由於呼吸或開口杯的移動，擾亂試樣中所發生的蒸氣。
4. 塔氏開口杯試驗儀之水槽內，若有溢水管設備者，注入水槽直至發現有水自溢水管流出，即須停止注水。
5. 易燃物體應遠離加熱器，以免危險。
6. 安置試驗儀之桌面須水平。

2.5–6 記錄報告

一、精確度

1. 同一試樣至少平行試驗兩次，兩次測試結果的差值不大於 10°C 時，取平均值準確至 1°C 作為試驗結果。
2. 同一試驗者及儀器，每次試驗結果的重複性試驗精確度允許偏差為 10°C。
3. 不同試驗者及儀器，每次試驗結果的再現性試驗精確度允許偏差為 15°C。

二、記錄表格

油溶瀝青閃點塔氏開口杯 (TOC) 試驗報告

工程名稱：________　送樣單位：________

瀝青種類：____　瀝青來源：____　取樣日期：____

取樣者：____　試驗編號：____　試驗日期：____

試驗次數	1	2	3	本試驗法依據
閃點 (°C)				
平均閃點 (°C)				

複核者：____　試驗者：____

2.6 瀝青材料之延性試驗

Method of Test for Ductility of Bituminous Materials，參照 CNS10091、AASHTO T51–06

2.6–1 目　的

用以量度瀝青材料之黏結性及彈性，表示瀝青材料的韌性，亦即其黏結力的大小。通常具有較高延性者，其黏結力較強，也較易受溫度的影響。瀝青材料的延性試驗，仍根據以一定標準形態的瀝青試體，其最小橫斷面為一平方厘米，在一定的速率，一定的溫度下，將之拉長至斷裂時為止，其所拉長的距離（以 cm 表之），即為瀝青材料的延性。除特別註明外，一般標準試驗係規定溫度 25±0.5°C，拉長之速率為 5 cm/min±5%。若欲求瀝青材料在低溫時之延性，則試驗時之溫度規定為 4°C，拉伸之速率為每分鐘一厘米。

本試驗法適用於測定鋪面用石油瀝青膠泥、油溶瀝青蒸餾殘餘物及乳化瀝青蒸發殘餘物等瀝青材料的延性。

2.6–2 儀　器

如圖 2.6–1 所示，包括有：

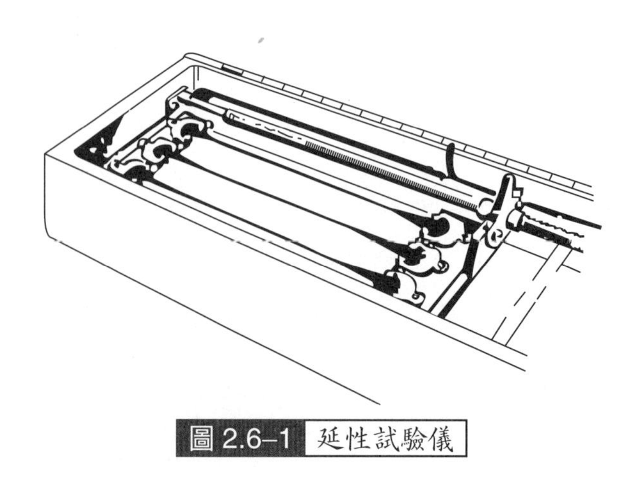

圖 2.6–1 延性試驗儀

1.銅模

如圖 2.6–2 所示之設計尺寸，係由黃銅製成，兩端 b 及 b′ 稱為銅模夾 (Clips of Mold)，兩側 a 及 a′ 稱為銅模邊 (Sides of Mold)。由此銅所模製出之試樣須符合下列尺寸：

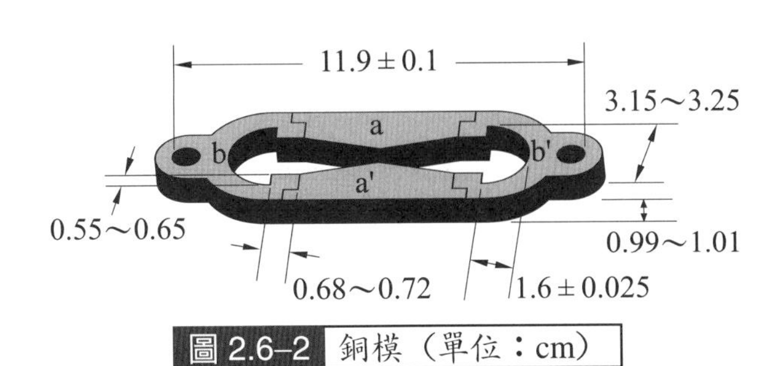

圖 2.6–2 銅模（單位：cm）

試樣各部分	尺　寸 (cm)
試樣全長	7.45～7.55
夾子間距離	2.97～3.03
夾子口的寬度	1.98～2.02
最小橫斷面的寬度	0.99～1.01
試樣厚度	0.99～1.01
試樣兩端各為半個圓形	3.15～3.25

2.銅模底鈑

用以準備試樣，由玻璃板或磨光的銅鈑、不鏽鋼鈑所製成，須有足夠厚度以防止變形，其尺寸應能承托一至三副銅模所需。底鈑須平坦，以能與每一銅模底面完全接觸。

3.軟刀

用於修整試樣表面。

4.恆溫水槽

恆溫水槽須能保持試驗時所要求的溫度，其誤差以不超過 0.1°C 為原則，水容積不得少於 10 L，且能使試樣浸入水中的深度大於 10 cm，槽底須附一有孔架 (Perforated Shelf)，以便支承試樣。此架距槽底不得小於 5 cm。

5. 試驗儀

試驗儀 (Testing Machine) 係由一水槽及拉伸設備所組成。水槽須能保持試驗時所要求之溫度，其誤差以不超過 ±0.5°C 為原則。水容量須能使試樣浸入水中後，由水面至試樣頂面，及試樣底面至水槽底至少有 2.5 cm。試體拉伸時，二夾頭能按規定速率均勻拉伸，不致產生任何不適當之振動的設備。

6. 溫度計

溫度計乃用以量度恆溫水槽及試驗儀中之水溫。若以 25°C 為試驗時，則可採用 −8～32°C 之水銀溫度計。

7. 隔離劑

防止試體製作時，試體與銅模兩側邊 a、a′ 及銅模底鈑發生黏著。隔離劑可採用甘油與糊精 (Dextrine) 或滑石粉 (Talc) 的混合物，其比例為甘油與糊精或滑石粉之質量比為 3 : 5 加以拌合均勻而得。

2.6–3 試樣準備

1. 將拌合均勻的隔離劑塗抹於潔淨乾燥的銅模底鈑和兩個側模邊 a、a′ 內側面，並將銅模在底鈑上加以組裝。
2. 依「2.1 瀝青材料取樣法，2.1–6　二、試樣準備法」，將瀝青材料以低溫加熱，避免局部過熱，待完全融化直至具有足夠之流動性為止。然後將之濾過 0.3CNS386 篩，經均勻攪拌後，將之緩慢而小心地傾入銅模內；傾入時宜使其能以一條細線的形狀自銅模的一端至另一端往返數次緩緩注入模中，直至滿過銅模為止。灌模時應注意勿使氣泡混入，也不可造成銅模各組合件發生位移。
3. 將含有瀝青試樣之銅模及其底鈑，先靜置於室溫下冷卻 30～40 分鐘。然後將之浸入恆溫水槽內之有孔架上，槽內須保持規定試驗時之溫度 ±0.1°C 約經 30 分鐘後取出，用烘熱的軟刀沿銅模表面將溢餘之試樣刮除，使試樣表面平坦。
4. 將修整平齊的銅模底鈑、銅模及其內之試樣再置入規定試驗溫度的恆溫水槽內的有孔架上約 85～95 分鐘。

5. 檢查試驗儀拉伸速率是否合乎規定要求，然後移動滑鈑使其指針對準標尺零點。其次注水入水槽，並維持試驗時所要求之溫度 ±0.5°C。

2.6–4 試驗方法

1. 試樣在恆溫槽內保持 85 分鐘至 95 分鐘後，由槽內取出試樣，移入試驗儀的水槽中，然後移開銅模之邊 a 及 a′，再將銅鈑也移除。
2. 將銅模兩端的孔，各嵌入試驗儀之鉤內，試驗儀內的水溫，須保持試驗時規定的溫度 ±0.5°C。水面距試樣表面應不小於 25 mm。
3. 以均勻、規定的速率（每分鐘 5 ± 0.3 cm）將試樣拉長至試樣斷裂時為止。其拉斷所需的距離以 cm 表示，即為瀝青材料的延性。若在試驗儀之拉伸限量以內試樣尚未斷裂時，則記錄此項事實。

2.6–5 注意事項

除上述外：

1. 傾注試樣於銅模內時，須注意不使銅模各部分移動，以免試樣變形。
2. 銅鈑或玻璃板須放置水平。
3. 標準的試驗，是試樣在夾子間被拉長成一細線最後斷裂，在拉伸過程中，細線不許浮於水面，或沉於槽底。若發生此項情形，是為試驗不正常。須於水槽中加入甲醇 (Methyl Alcohol) 或氯化鈉 (Sodium Chloride)，以改正水槽中水的比重至與試樣相近後，再重新試驗。
4. 在試驗過程中，試驗儀不得有振動，水面不得有晃動現象。
5. 在正常情況下，試樣拉伸時應成尖錐狀，拉斷時之實際斷面接近於零，如無此現象，應在報告中註明。
6. 若在三次連續試驗中，皆無法在標準試驗下完成，則記錄為延性在試驗條件不能獲得。

2.6–6 記錄報告

一、精確度

1. 同一試樣，至少平行試驗三次，取其平均值，準確至 1 cm。如三次試樣測定結果均大於 100 cm，則記錄為 100 cm +。
2. 若三次試樣測定結果中，有一個以上的測定值小於 100 cm 時，且最大值或最小值與平均值之差符合重複性試驗精確度，則取三次試驗值的平均值的整數作為延性試驗值。若平均值大於 100 cm，則記錄為 100 cm +。若最大值或最小值與平均值之差不符合重複性試驗精確度，則試驗應重作。
3. 試驗結果小於 100 cm 時，則同一試驗者及儀器每次試驗結果的重複性試驗精確度允許偏差為平均值的 10%。
4. 試驗結果小於 100 cm 時，則不同試驗者及儀器每次試驗結果的再現性試驗精確度允許偏差為平均值的 20%。

二、記錄表格

瀝青材料延性試驗報告

工程名稱：＿＿＿＿＿＿　送樣單位：＿＿＿＿＿＿

瀝青種類：＿＿＿＿　瀝青來源：＿＿＿＿　取樣日期：＿＿＿＿

取樣者：＿＿＿＿　試驗編號：＿＿＿＿　試驗日期：＿＿＿＿

試驗溫度：＿＿＿＿°C　拉伸速率：＿＿＿＿cm/min

試驗編號	1	2	3	本試驗法依據
延性 (cm)				
平均延性 (cm)				

複核者：＿＿＿＿　試驗者：＿＿＿＿

2.7 賽勃爾特黏度試驗

Method of Test for Saybolt Viscosity，參照 CNS3483（94 年印行）、AASHTO T72–97 (2001)

2.7–1 目　的

用以測定瀝青材料在應用之溫度下的流動特性。賽勃爾特黏度測定，係在一定的溫度下，以容量 60 mL 之試樣經一定尺寸的小孔流出，其所需之時間秒數，即為試樣之黏度。賽勃爾特黏度儀，可用以測定溫度 21～99°C 之賽勃爾特黏度。

本方法可用於石油瀝青、油溶瀝青、乳化瀝青、柏油等黏度的測定，並用於確定瀝青的施工溫度。

2.7–2 賽氏黏度

1. 賽氏通用黏度 (Saybolt Universal Viscosity)

   60 mL 試樣於規定溫度條件下，由內徑 1.765 mm 的通用黏度孔口 (Universal Orifice) 流出所需的時間，以秒計之，是為賽氏通用黏度，簡稱為 SUS。

2. 賽氏燃路油黏度 (Saybolt Furol Viscosity)

   60 mL 試樣於規定溫度條件下，由內徑 3.15 mm 的燃路油孔口 (Furol Orifice) 流出所需的時間，以秒計之，是為賽氏燃路油黏度，簡稱為 SFS。(按 “Furol” 一字係 “Fuel” 與 “Road Oil” 之縮寫) 若試樣之 SUS 大於 1000 秒，可改用本燃路油孔口測定賽氏黏度。

3. 賽氏燃路油黏度 SFS 與賽氏通用黏度 SUS、動黏度間的關係列於表 2.7–1 及表 2.7–2。

表 2.7–1 SUS 與 SFS 之互算表

SUS	SFS	SUS	SFS	SUS	SFS	SUS	SFS	SUS	SFS
32	–	65	13	160	20	650	66	2500	250
34	–	70	13	180	21	700	71	3000	300
36	–	75	13	200	23	800	81	4000	400
38	–	80	14	225	25	900	91	5000	500
40	–	85	14	250	27	1000	101	7500	750
42	–	90	14	300	32	1100	111	10000	1000
44	–	95	15	350	37	1200	121	25000	2500
46	–	100	15	400	41	1300	131	50000	5000
48	–	110	16	450	46	1400	141		
50	–	120	17	500	51	1500	151		
55	12	130	17	550	56	1750	175		
60	12	140	18	600	61	2000	200		

表 2.7–2 動黏度 (centistoke) 與賽氏燃路油黏度 (SFS) 的關係

動黏度 (cSt)	賽氏燃路油黏度 (SFS)	動黏度 (cSt)	賽氏燃路油黏度 (SFS)	動黏度 (cSt)	賽氏燃路油黏度 (SFS)
48	25.3	100	46.8	210	99.7
50	26.1	105	50.9	220	104.3
52	27.0	110	53.2	230	109.0
54	27.9	115	55.5	240	113.7
56	28.8	120	57.8	250	118.4
58	29.7	125	60.1	260	123.0
60	30.6	130	62.4	270	127.7
62	31.5	135	64.7	280	132.4
64	32.4	140	67.0	290	137.1
66	33.3	145	69.4	300	141.8
68	34.2	150	71.7	310	146.5
70	35.1	155	74.0	320	151.2
72	36.0	160	76.3	330	155.9
74	36.9	165	78.7	340	160.6
76	37.8	170	81.0	350	165.3
88	38.7	175	83.3	360	170.0
90	44.1	180	85.6	370	174.7
92	45.0	185	88.0	380	179.4
94	45.9	190	90.3	390	184.1
96	46.8	195	92.6	400	188.8
98	47.7	200	99.0		

註：動黏度大於 400 者，按賽氏燃路油黏度 (SFS) = 動黏度 (cSt) × 0.4717。

2.7–3 儀　器

1. 賽勃爾特黏度試驗儀

包括黏度儀及水槽如圖 2.7–1 所示者。黏度儀上端須設有溢環 (Overflow Rim)，下端有可互相置換通用孔口及燃路油孔口孔頭的設計，水槽須有加溫及控制溫度的裝置，但加熱器距黏度儀，至少需有 7.5 cm，同時須能支持黏度儀，使水槽內之液面高出溢環至少 6.4 mm。

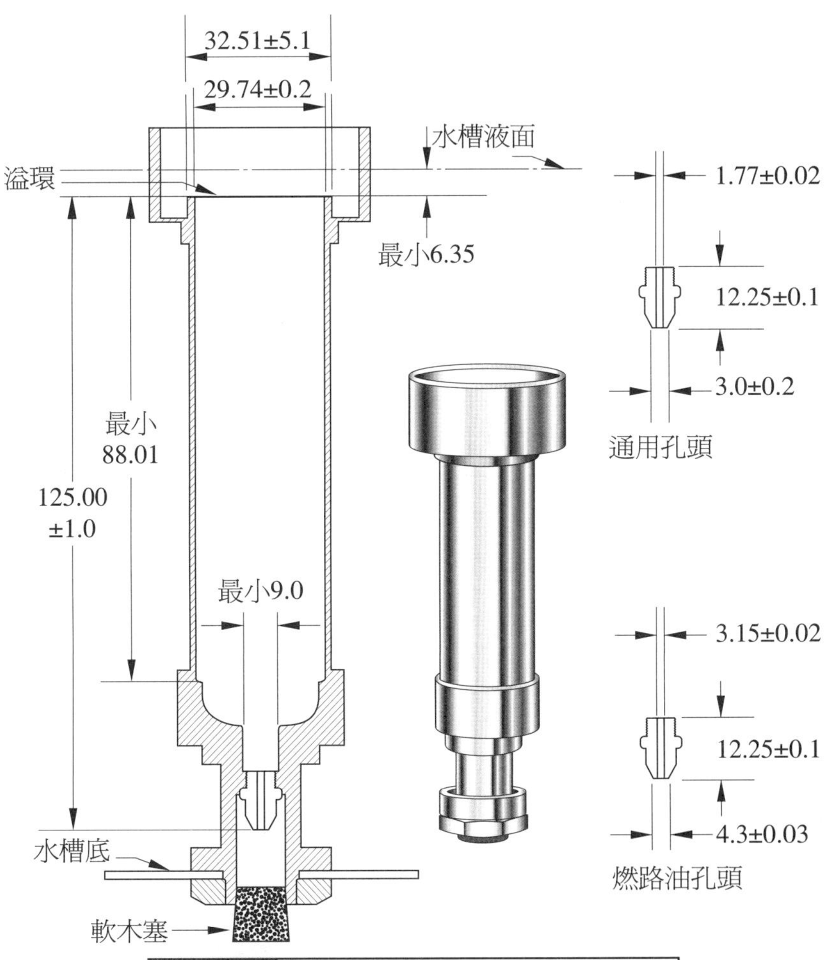

圖 2.7–1　賽勃爾特黏度儀（單位：mm）

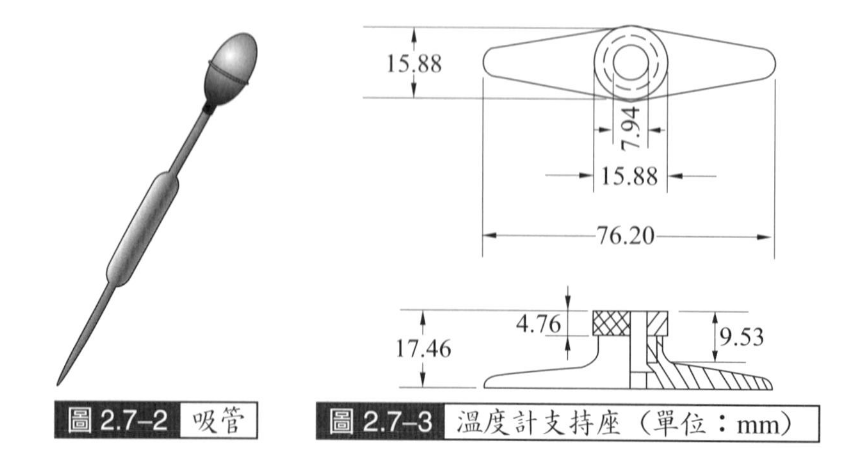

圖 2.7–2 吸管　　圖 2.7–3 溫度計支持座（單位：mm）

2. 吸管 (Withdrawal Tube)

如圖 2.7–2 所示者，管端外徑約 3 mm，內徑約 2 mm。

3. 溫度計支持座

如圖 2.7–3 所示者。

4. 過濾漏斗 (Filter Funnel)

如圖 2.7–4 所示者，內設 0.15CNS 386 篩網。

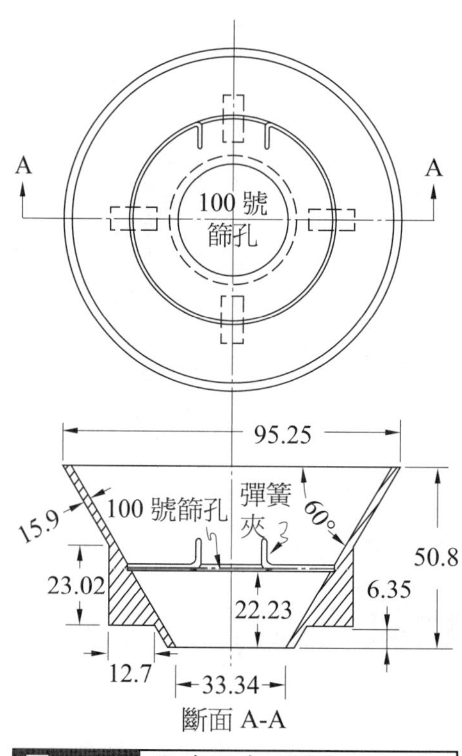

圖 2.7–4 過濾漏斗（單位：mm）

5. 量瓶 (Measuring Flask)

容量 60 mL 有刻劃之量瓶，如圖 2.7–5 所示者。

6. 停錶

能量測 1/10 秒者。

7. 黏度溫度計

用以量測試樣之試驗溫度，最小溫度分劃為 0.1°C。表 2.7–3 是在不同標準試驗溫度下，溫度計之刻劃範圍。

8. 水槽溫度計

使用黏度溫度計，或其他相當精確度之溫度計。

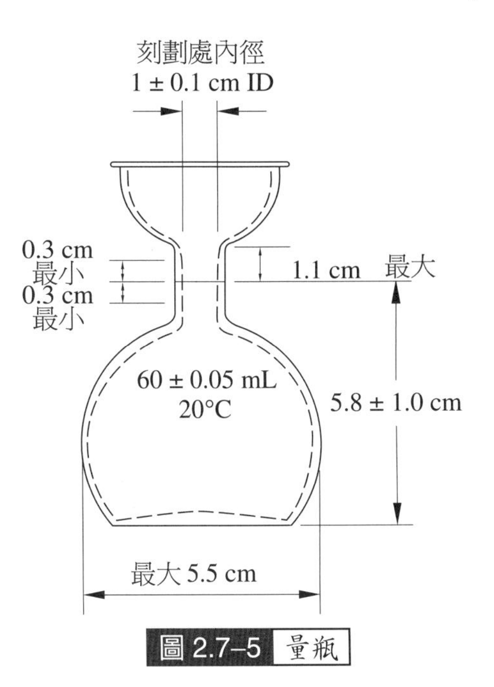

圖 2.7–5 量瓶

表 2.7–3 賽勃爾特黏度測度計

標準試驗溫度 (°C)	溫度計溫度範圍 (°C)	溫度刻劃界限 (°C)
21.1	19～27	0.1
25	19～27	0.1
37.8	34～42	0.1
50	49～57	0.1
54.4	49～57	0.1
60	57～65	0.1
82.2	79～87	0.1
98.9	95～103	0.1

2.7–4 儀器及試樣的準備

1. 潤滑油類及蒸餾類之材料，其流出通用孔口之孔頭的時間大於 32 秒，小於 1000 秒者，選用通用孔口之孔頭。瀝青蒸餾物材料，其流出燃路油孔口之孔頭的時間大於 25 秒，或試樣之流出通用孔口之孔頭之時間大於 1000 秒者，選用燃路油孔口之孔頭。
2. 將黏度儀及孔頭孔口以有效無毒溶劑洗淨，將留在溝槽及黏度儀內之溶劑乾燥除去。
3. 將賽勃爾特黏度儀設置於穩固的位置，避免因空氣的流通，而影響試驗溫度，同時須避免在試驗過程中，灰塵或蒸氣等物之污染試樣。

4. 水槽內注入如表 2.7–4 所建議之在標準試驗溫度下之液體，使其液面高出黏度儀溢環頂至少 6 mm。

表 2.7–4 賽氏黏度儀標準試驗溫度與水槽液體

標準試驗溫度 (°C)	建議加熱液	水槽溫度與試驗溫度之最大溫度差 (°C)	有效精確度 (°C)
21.1	水	±0.05	±0.03
25	水	±0.05	±0.03
37.8	水，或在 37.8°C 具有 50～70 SUS 之油類	+0.15	±0.03
50	水，或在 37.8°C 具有 120～150 SUS 之油類	+0.20	±0.03
54.4	水，或在 37.8°C 具有 120～150 SUS 之油類	+0.30	±0.03
60	水，或在 37.8°C 具有 120～150 SUS 之油類	+0.60	±0.06
82.2	水，或在 37.8°C 具有 330～370 SUS 之油類	+0.80	±0.06
98.9	在 37.8°C 具有 330～370 SUS 之油類	+1.10	±0.06

5. 水槽內的液體，用具有控制溫度之加熱器加溫，並加以充分的攪拌，使黏度儀內的試樣，在達到試驗溫度後，不致有大於 ±0.03°C 之溫度差。
6. 依「2.1 瀝青材料取樣法，2.1–6　二、試樣準備法」將瀝青材料用一容器取樣約 450 g。若試驗溫度大於室溫者，試樣可預先加熱，但加熱後之溫度，不得超過試驗溫度 1.6°C。絕對避免任何試樣預熱超過該試樣閃點內溫度 27.5°C，以免揮發物質揮發，影響試樣成分。

2.7–5 黏度儀校正

1. 賽氏通用黏度儀須以標準液於 37.8°C 溫度，按照 2.7–6 節方法定期測定其流經孔口的時間秒數，作為校正。
2. 流經時間應與標準液黏度值相等，若其誤差超過 0.2%，則按式 (2.7–1) 計算黏度儀之校正係數 F：

$$F = v/t \quad (2.7\text{–}1)$$

式中：F = 黏度儀校正係數；

v = 標準液之黏度；

t = 37.8°C 溫度時，流經孔口之時間 (s)。

3. 賽氏燃路油黏度儀須以標準液於 50°C 溫度，按照 2.7–6 節方法定期測其流經孔口的時間秒數，作為校正。所用標準液流經孔口的時間不得小於 90 秒。

4. 凡黏度儀校正數值超過 1% 時，即不得用於鑑定檢驗。

2.7–6 試驗方法

1. 將附有鏈條之軟木塞，塞緊於黏度儀下端之氣室。量瓶放於黏度儀下端適當的位置，使流出的試樣不致觸及瓶頸壁。量瓶頸上之刻劃距黏度儀底面約 10～13 cm。

2. 將準備好的試樣，經過濾漏斗直接過濾入黏度儀內，直至試樣液面高出溢環。

3. 黏度溫度計置於溫度計支持座內，以 30～50 rpm 之轉速水平圓周的運動方式，將試樣均勻的攪拌，使試樣在試驗溫度下連續攪拌一分鐘，而其溫度保持在試驗溫度 ±0.03°C 的範圍內。

4. 取出黏度溫度計後，即刻用吸管由溫度儀之環槽內，將多餘的試樣吸出，直至環槽內的液面低於溢環頂。吸管不得觸及溢環，其他足以影響溫度儀內試樣高度的動作，皆須避免。

5. 拉動軟木塞之鏈條，拔出軟木塞。在拔出軟木塞的同時即開動停錶，記錄流入量瓶內 60 mL 標線處所需的時間秒數，準確至 0.1 秒。

2.7–7 注意事項

除上述外：

1. 黏度試驗，不可在室內大氣壓之露點 (Dew Point) 以下溫度試驗。若室溫超過 37.8°C (100°F)，其誤差不得大於 1%。試驗時之室溫，最好保持在 20～30°C，而試驗之室溫應予以記錄。

2. 試樣之測定僅能加熱一次使用，不可重複。

3. 黏度儀之使用以不超過三年，即需重新檢測校正。

4. 具有高揮發性之試樣(例如速凝油溶瀝青，中凝油溶瀝青)，不得在開口的容器內預熱，直接傾入黏度儀內。若確須對高揮發性試樣預熱時，可將原盛器置入 50°C 之水槽內數分鐘後，直接傾入黏度儀內，可無須使用過濾漏斗。

2.7–8 動黏度、英格韌比黏度換算

1. 賽氏黏度係 60 mL 試樣在規定溫度下流經一經過校正的賽氏黏度儀孔口所測定秒數乘以黏度儀校正係數之值，按式 (2.7–2) 計算：

$$v_S = v \cdot F \qquad (2.7\text{–}2)$$

式中：v_S = 試樣賽氏黏度 (s)；

v = 試樣測定黏度 (s)；

F = 黏度儀校正係數。

2. 依日本道路協會，《鋪裝試驗法便覽》昭和 63 年版提出動黏度、英格韌黏度之換算公式如下：

⑴石油瀝青材料在相同溫度條件下，動黏度之換算式：

$$Kv = 2.12v_S \qquad (2.7\text{–}3)$$

式中：Kv = 動黏度 (cSt、mm^2/s)；

v_S = 賽氏黏度 (s)。

⑵乳化瀝青在相同溫度條件下，英格韌比黏度之換算式：

$$E = 0.28v_S$$

式中：E = 英格韌比黏度；

v_S = 賽氏黏度 (s)。

2.7–9 記錄報告

一、精確度

1. 同一試樣，至少平行試驗兩次，兩次測試結果符合重複性試驗精確度要求時，取其平均值作為試驗結果。試驗值低於 200 s 者，須精確到 0.1 s；200 s 或以上者，須精確到 1.0 s。
2. 同一試驗者及儀器每次試驗結果的重複性試驗精確度允許偏差為平均值的 4%。
3. 不同試驗者及儀器每次試驗結果的再現性試驗精確度允許偏差為平均值的 6%。

二、記錄表格

瀝青材料賽氏黏度試驗報告

工程名稱：＿＿＿＿＿＿　　送樣單位：＿＿＿＿＿＿

瀝青種類：＿＿＿＿　　瀝青來源：＿＿＿＿　　取樣日期：＿＿＿＿

取樣者：＿＿＿＿　　試驗編號：＿＿＿＿　　試驗日期：＿＿＿＿

試驗溫度：＿＿＿＿°C　　賽氏黏度：SFS、SUS

溫度 (°C)	時間（秒）	SFS					SUS					本試驗法依據
		1	2	3	4	平均	1	2	3	4	平均	
	終止時間											
	開始時間											
	黏度值											

複核者：＿＿＿＿　　試驗者：＿＿＿＿

2.8 瀝青絕對黏度試驗

Method of Test for Absolute Viscosity of Asphalt，參照 AASHTO T202–03

2.8–1 目 的

以真空毛細管黏度計 (Vacuum Capillary Viscometer) 在溫度 60°C 時，測定瀝青材料之絕對黏度，本試驗方法適用於試驗黏度 42～2000000 泊之間的瀝青材料。

本試驗方法適用於測定石油瀝青膠泥、半吹製瀝青、改質瀝青之品質檢驗，以及瀝青混合料中之回收瀝青老化程度之評估。

絕對黏度之選用溫度 60°C，乃基於該溫度是接近瀝青路面在夏天之最高溫度，具有將相同針入度等級而有不同感溫性的瀝青材料，在較高溫度與低溫度之間，其黏度差異減至最小的趨勢。

2.8–2 儀 器

瀝青材料絕對黏度試驗儀，示於圖 2.8–1，包括有：

1.真空毛細管黏度計

所用之黏度分有加農・曼寧真空黏度計 (Connon-Manning Vacuum Viscometer，簡稱 CMVV)、美國瀝青學會真空黏度計 (Asphalt Insititute Vacuum Viscometer，簡稱 AIVV)、以及改良型古柏真空黏度計 (Modified Koppers Vacuum Viscometer，簡稱 MKVV) 等三種。每一種黏度計之試驗溫度都定在 60°C，而各有標準校正油 (Standard Calibrating Oil) 以定出校正因子 (Calibration Factor)，如式 (2.8–1)：

$$K = \frac{v}{t} \tag{2.8–1}$$

式中：K = 校正因子 (Pa·s 300 mmHg)；

v = 絕對黏度之標準值 (poise)；

t = 流過兩時間刻劃所需之時間 (s)。

真空黏度計具有瀝青材料注入管 (Filling Tube)，管下刻一注滿線 (Fill Line)，再以彎曲管連接平行之真空管 (Vacuum Tube)，管內裝設毛細管，並刻有三至四段時間刻劃。上述三種類型之真空黏度計各部尺寸示於圖 2.8–2 至圖 2.8–4，各號黏度計之校正因子，測試之黏度範圍，分別於表 2.8–1 至表 2.8–3。

2.溫度計

溫度刻劃範圍 58.5～61.5°C，最小刻劃為 0.056°C。

3.恆溫黏度計液槽

為一玻璃製圓柱形液槽，其高度需能使黏度計置入時，最高之時間刻劃在液面下至少 20 mm。頂面設固定架用以裝設黏度計、加熱器、攪拌器、溫度計等等。槽內加水，或其他液體，控制其溫度在 60°C 者之溫度差範圍為 ±0.01°C，在 60～99°C 者為 ±0.02°C。

4.真空系統

由真空泵或抽氣機使真空計保持 40 ± 0.07 kPa (300 ± 0.5 mmHg) 之真空，利用該恆定之真空作用，在溫度 60°C 下抽吸黏度計瀝青材料流經管中二時間刻劃。

5.停錶

最小刻度 0.1 秒之停錶。

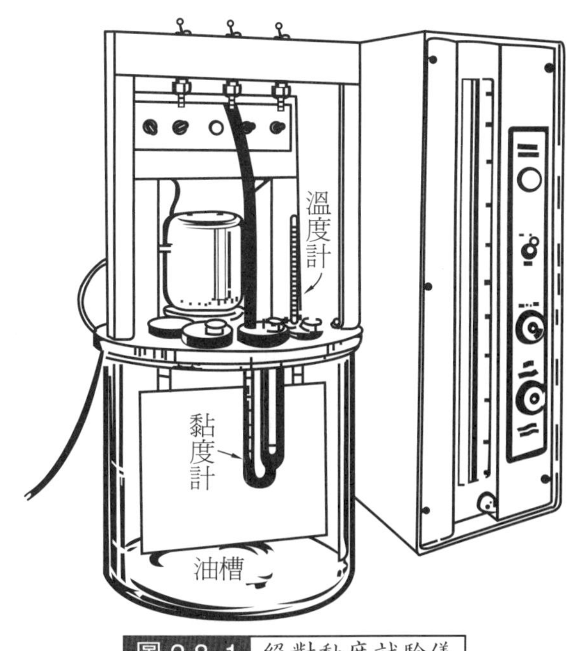

圖 2.8–1　絕對黏度試驗儀

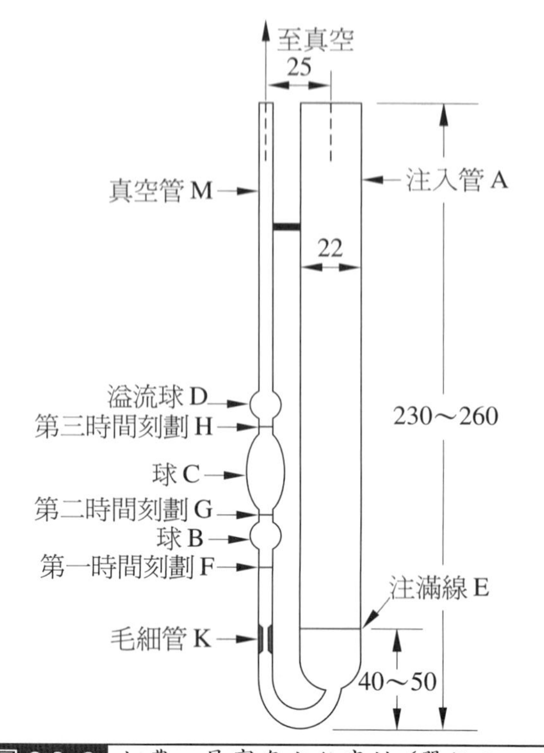

圖 2.8–2 加農・曼寧真空黏度計（單位：mm）

表 2.8–1 加農・曼寧真空黏度計之校正因子 K，及測試黏度範圍

黏度計編號	K (Pa·s 30 cm Hg)		黏度範圍 (Pa)
	B 球	C 球	
4	0.002	0.0006	0.036～0.8
5	0.006	0.002	0.12～2.4
6	0.02	0.006	0.36～8
7	0.06	0.02	1.2～24
8	0.2	0.06	3.6～80
9	0.6	0.2	12～240
10	2.0	0.6	36～800
11	6.0	2.0	120～2400
12	20.0	6.0	360～8000
13	60.0	20.0	1200～24000
14	200.0	60.0	3600～80000

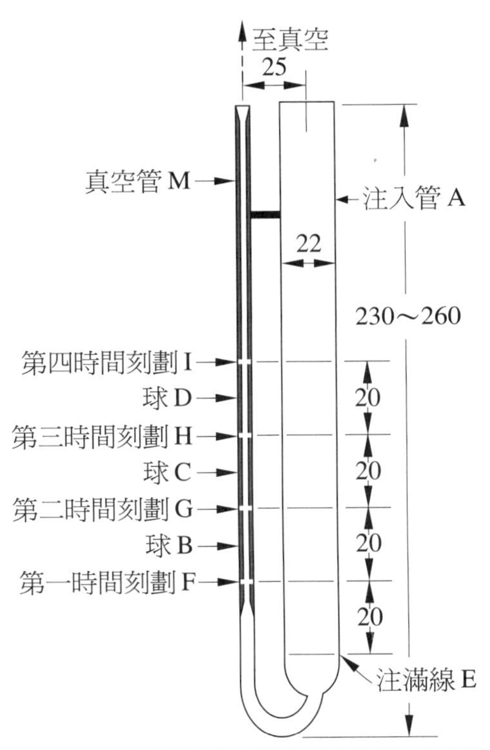

圖 2.8–3　美國瀝青學會真空黏度計（單位：mm）

表 2.8–2　美國瀝青學會真空黏度計之校正因子 K，及測試黏度範圍

黏度計編號	毛細管半徑 (mm)	K (Pa·s 30 cmHg)			黏度範圍 (Pa)
		B 球	C 球	D 球	
25	0.125	2	1	0.7	42～800
50	0.25	8	4	3	180～3200
100	0.5	32	16	10	600～12800
200	1.0	128	64	40	2400～52000
400	2.0	500	250	160	9600～200000
400R	2.0	500	250	160	9600～1400000
800R	4.0	2000	1000	640	38000～5800000

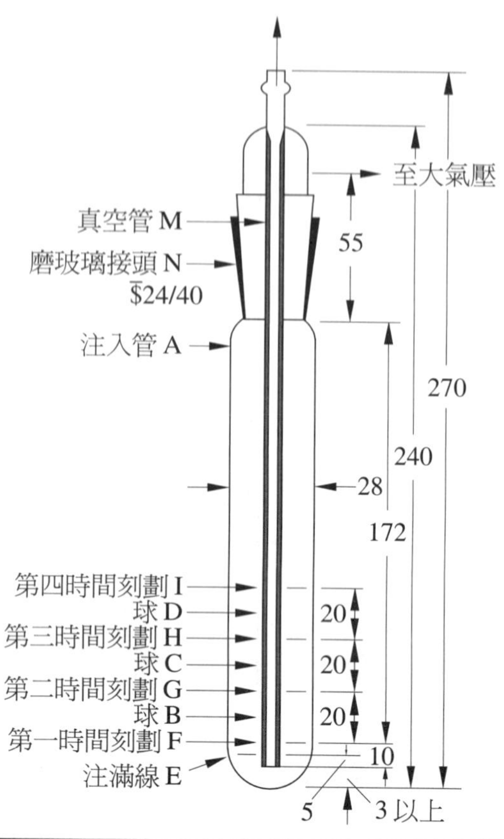

圖 2.8–4 改良型古柏真空黏度計（單位：mm）

表 2.8–3 改良型古柏真空黏度計之校正因子 K，及測試黏度範圍

黏度計編號	毛細管半徑 (mm)	K (Pa·s 30 cmHg)			黏度範圍 (Pa)
		B 球	C 球	D 球	
25	0.125	2	1	0.7	42～800
50	0.25	8	4	3	180～3200
100	0.5	32	16	10	600～12800
200	1.0	128	64	40	2400～52000
400	2.0	500	250	160	9600～200000

2.8–3 試樣準備

1. 預估試樣的黏度，選取一合適的黏度計。
2. 將黏度計用三氯乙烯洗淨、烘乾。
3. 依「2.1 瀝青材料取樣法，2.1–6　二、試樣準備法」將瀝青材料予以加熱直至具十足流動性，為免發生局部過熱及使溫度均勻起見，應在加熱過程中時時加以攪拌。然後傾倒約 20 mL 試樣於適當的容器內，並將之加熱至 135 ± 5.5°C，在加熱過程中亦須時時予以攪拌，同時注意避免將空氣拌入試樣內。

2.8–4 試驗方法

由於所選用之真空黏度計類型之不同，其試驗步驟略有差異，一般正常之試驗步驟如下：

1. 調整恆溫黏度計液槽溫度，其溫度須保持在試驗溫度 60 ± 0.03°C。
2. 選取三支合適之乾潔黏度計，並將之在恆溫水槽或烘箱中預熱至 135 ± 5.5°C。
3. 將已加熱至 135 ± 5.5°C 之瀝青試樣由注入管倒入，其量適至注滿線 ±2 mm 之範圍內為止。然後將之移於 135 ± 5.5°C 之恆溫水槽或烘箱內 8 分鐘至 12 分鐘，以移除試樣內氣泡。
4. 由恆溫水槽或烘箱內將黏度計取出，於 5 分鐘內將之插入恆溫黏度計液槽上之固定架 (Holder)，調整黏度計使之垂直，並使黏度計最上端之時間刻劃在液槽內液面下至少 20 mm。
5. 調整真空系統使具 40 ± 0.07 kPa (300 ± 0.5 mmHg) 之真空，將真空系統連接於黏度計並關閉活門，直至黏度計在槽內 25 分鐘至 35 分鐘後，在同一時間打開活門，按壓停錶，瀝青試樣開始上流。
6. 讀記上流之瀝青試樣凸形面頂點通過每一時間刻劃之時間，精確至 0.1 秒鐘。記錄第一個超過 60 秒鐘的時間刻劃及間隔時間。
7. 按此方法對黏度計作三次平行試驗。

2.8–5 黏度計之清洗

1. 讀記上流之瀝青試樣凸形面頂點通過最後時間刻劃之時間後，關閉真空系統活門，由黏度計液槽內取出黏度計，將之倒立於燒杯中，放入 135 ± 5.5°C 之烘箱內約 0.5～1 小時，直至瀝青試樣流出為止。預熱時間不宜過長，以免瀝青烘焦附在管中。
2. 從烘箱中取出黏度計及燒杯，迅速用棉紗小心詳盡將黏度計管口周圍所沾附的瀝青擦淨。
3. 從黏度計口注入三氯乙烯溶劑，然後用吸耳球對準黏度計管口抽吸，瀝青逐漸被溶解而被吸出進入吸耳球；重複多次，直至注入之三氯乙烯抽出時呈清澈透明狀為止。
4. 洗淨後之黏度計用蒸餾水沖淨，再以熱空氣吹乾之。

2.8–6 注意事項

除上述外：

1. 每一支黏度計用兩個停錶讀取數值為宜。
2. 黏度計之清洗溶劑若具揮發性、毒性者應小心防止著火、中毒。
3. 選用合適之黏度計須使瀝青試樣流經兩時間刻劃的時間超過 60 秒鐘，否則應改選較小尺碼之真空毛細管黏度計。
4. 黏度計裝置於液槽，而由液槽側面必須能很清晰地看清黏度計之時間刻劃。
5. 讀記瀝青試樣流經時間刻劃時，須注意避免有視差現象。

2.8–7 記錄報告

一、計算式

瀝青試樣流經相鄰兩時間刻劃之時間差，乘以所選用黏度計之校正因子，即得絕對黏度泊 (Pa) 值。其計算式如下：

$$P = Kt \tag{2.8–2}$$

式中：P = 絕對黏度 (Pa)；

K = 所選用黏度計之校正因子 (Pa·s)；

t = 流經兩相鄰時間刻劃所需之時間 (s)。

二、精確度

1. 同一試樣至少平行試驗兩次，兩次測試結果的差值不大於平均值 7% 時，取平均值準確至三位數作為試驗結果。
2. 同一試驗者及儀器每次試驗結果的重複性試驗精確度允許偏差為 2%。
3. 不同試驗者及儀器每次試驗結果的再現性試驗精確度允許偏差為 10%。

三、記錄表格

瀝青材料絕對黏度試驗報告

工程名稱：__________ 送樣單位：__________

瀝青種類：______ 瀝青來源：______ 取樣日期：______

取樣者：______ 試驗編號：______ 試驗日期：______

試驗溫度：60°C 真空減壓裝置：300 mmHg (40 kPa)

No. 1	黏度計編號：					本試驗法依據
時間刻劃	B	C	D	E	F	
校正因子 (K)						
時間（t 秒）						
絕對黏度 (P = Kt)						
平均絕對黏度 (Pa)						
No. 2	黏度計編號：					
時間刻劃	B	C	D	E	F	
校正因子 (K)						
時間（t 秒）						
絕對黏度 (P = Kt)						
平均絕對黏度 (Pa)						
No. 3	黏度計編號：					
時間刻劃	B	C	D	E	F	
校正因子 (K)						
時間（t 秒）						
絕對黏度 (P = Kt)						
平均絕對黏度 (Pa)						
平均絕對黏度 (Pa)						

複核者：______ 試驗者：______

2.9 瀝青動黏度試驗

Method of Test for Kinematic Viscosity of Asphalt，參照國工局高試 5–15、AASHTO T201–03

2.9–1 目　的

1. 定量之瀝青試樣，在規定溫度下，流經毛細管黏度計之兩時間刻劃間的時間，與所用黏度計之校正因子的乘積而得瀝青動黏度。瀝青試樣在毛細管黏度計內流動不以真空作用而藉試樣重量而生之虹吸作用所達成，以二次方米每秒 (m^2/s) 或 mm^2/s 表示之 (SI 單位 1 m^2/s 相當於 10^4 St，或 10^6 cSt)。
2. 本方法適用於試驗液體瀝青、道路油、以及各種液體瀝青之蒸餾殘渣物在 60°C 時之動黏度，或試驗黏度 6～100000 mm^2/s (cSt) 之瀝青膠泥在溫度 135°C 動黏度。
3. 動黏度之選用溫度 135°C，乃基於該溫度係瀝青混凝土拌合及鋪築之溫度。由於針入度不能有效表示瀝青材料的感溫性，在某一溫度下，不同瀝青膠泥雖有相同的針入度，但在另一溫度則針入度呈現差異，而黏度則有使差異減小的趨勢。
4. 可用 120°C、150°C、180°C 作為試驗溫度測得黏度以繪製石油瀝青膠泥高溫時之黏度一溫度曲線，用以決定施工溫度。

2.9–2 儀　器

瀝青材料動黏度試驗儀，示於圖 2.9–1，包括有：

1. 毛細管黏度計

(1)所用黏度計分有：加農・范斯克黏度計 (Connon-Fenske Viscometer)、瑞特福確交臂黏度計 (Zeitfuchs Cross-Arm Viscometer)、蘭姿・瑞特福確黏度計 (Lantz-Zeitfuchs Viscometer) 等多種，每一種黏度計各有標準校正油，以定出校正因子，如式 (2.9–1)：

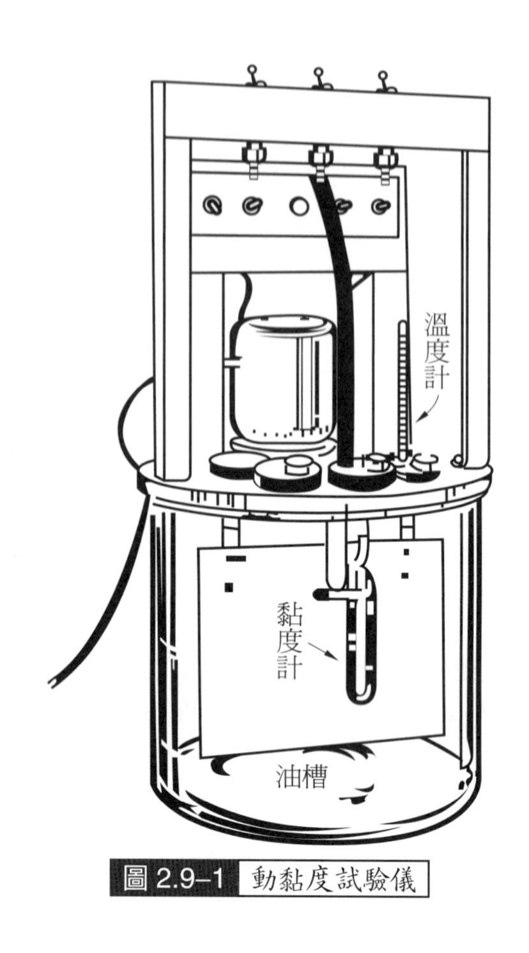

圖 2.9–1 動黏度試驗儀

$$c = v/t \tag{2.9–1}$$

式中：c = 校正因子 mm^2/s^2 (cSt/s)；

v = 標準液體之黏度值 mm^2/s (cSt)；

t = 流過兩時間刻劃所需之時間 (s)。

⑵毛細管黏度計具有一瀝青材料注入之毛細管，另一與之平行之管刻有時間刻劃，注入之瀝青試樣，可由另一平行管吸氣，使之能順利進入毛細管一定之注滿線。不同類型的黏度計，瀝青試樣的注入方式略有不同。上述三種類型之毛細管黏度計各部尺寸於圖 2.9–2 至圖 2.9–4，及表 2.9–1 至表 2.9–3。

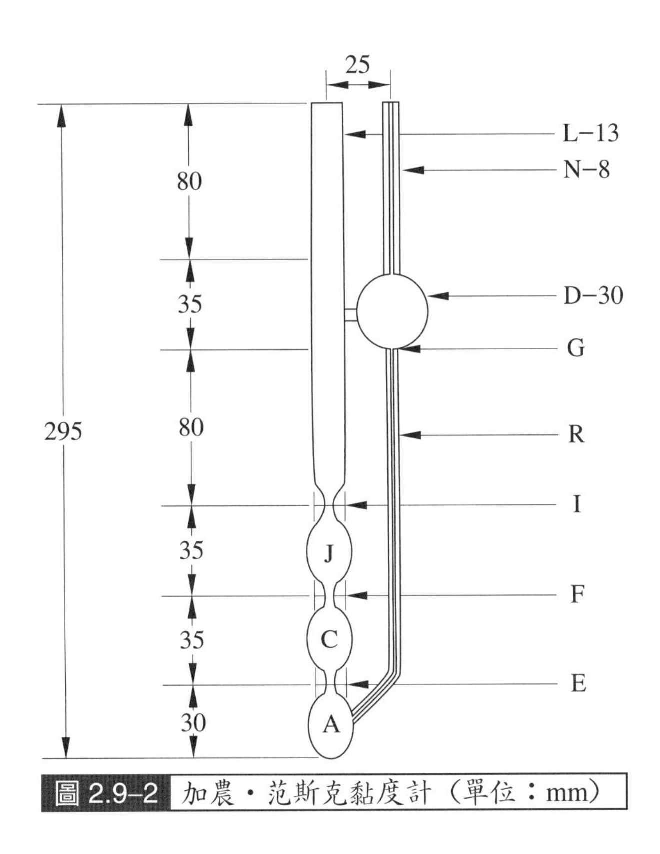

圖 2.9–2 加農・范斯克黏度計（單位：mm）

表 2.9–1 加農・范斯克黏度計尺寸

尺碼	校正因子 mm^2/s^2 (cSt/s)	黏度範圍 mm^2/s (cSt)	R 內徑 (mm, ±2%)	N、G、E、F、I 內徑 (mm, ±5%)	球 A、C、J 容積 (mL, ±5%)	球 D 容積 (mL, ±5%)
150	0.035	2.1～35	0.78	3.2	2.1	11
200	0.1	6～100	1.02	3.2	2.1	11
300	0.25	15～200	1.26	3.4	2.1	11
350	0.5	30～500	1.48	3.4	2.1	11
400	1.2	72～1200	1.88	3.4	2.1	11
450	2.5	150～2500	2.20	3.7	2.1	11
500	8	480～8000	3.10	4.0	2.1	11
600	20	1200～20000	4.00	4.7	2.1	13

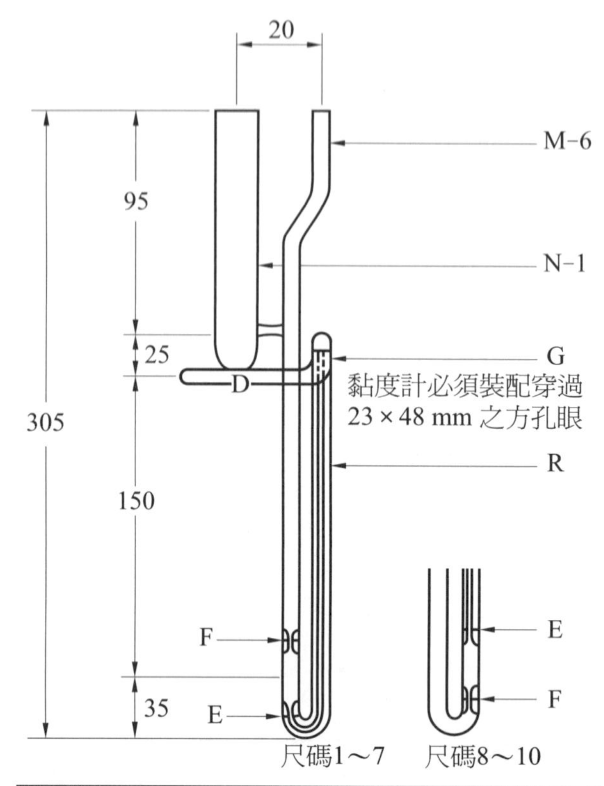

圖 2.9-3 瑞特福確交臂黏度計（單位：mm）

表 2.9-2 瑞特福確交臂黏度計尺寸

尺碼	校正因子 mm^2/s^2 (cSt/s)	黏度範圍 mm^2/s (cSt)	R 內徑 (mm, ±2%)	R 長度 (mm, ±2%)	底球容積 (mL, ±5%)	水平管直徑 (mm, ±5%)
4	0.10	6～100	0.64	210	0.3	3.9
5	0.3	18～300	0.84	210	0.3	3.9
6	1.0	60～1000	1.15	210	0.3	4.3
7	3.0	180～3000	1.42	210	0.3	4.3
8	10.0	600～10000	1.93	165	0.25	4.3
9	30.0	1800～30000	2.52	165	0.25	4.3
10	100.0	6000～100000	3.06	165	0.25	4.3

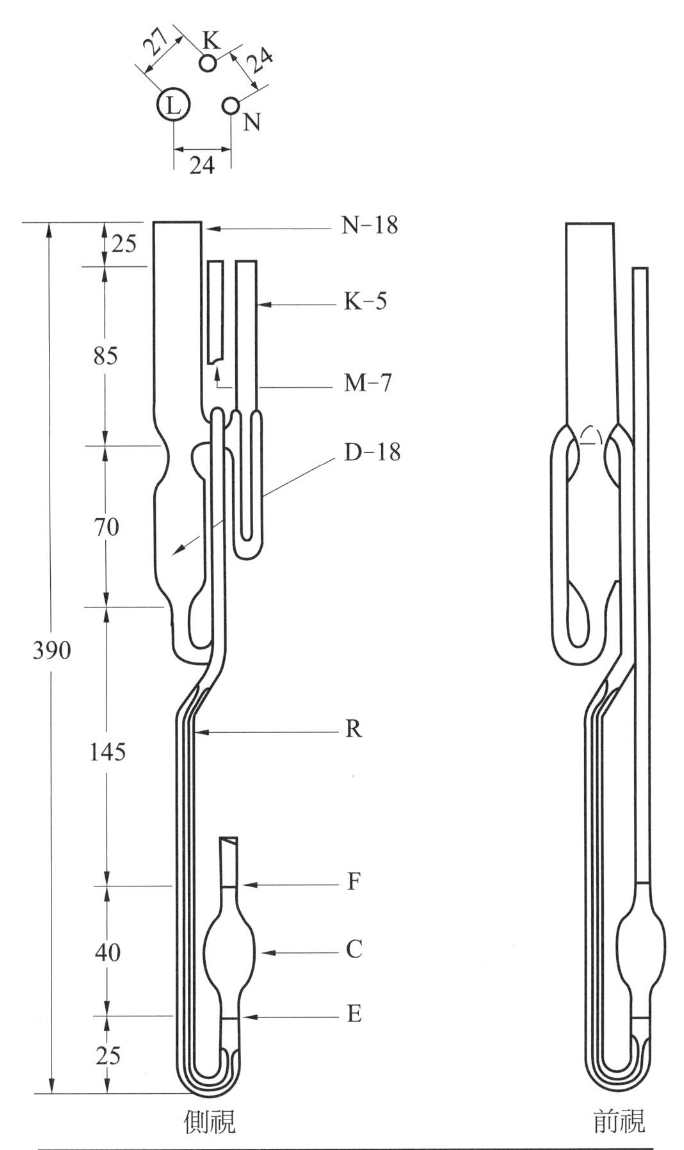

圖 2.9-4　蘭姿・瑞特福確黏度計（單位：mm）

表 2.9-3 蘭姿・瑞特福確黏度計尺寸

尺碼	校正因子 mm^2/s^2 (cSt/s)	黏度範圍 mm^2/s (cSt)	R 內徑 (mm, ±2%)	R 長度 (mm, ±2%)	球 C 容積 (mL, ±5%)
5	0.3	18～300	1.65	490	2.7
6	1.0	60～1000	2.25	490	2.7
7	3.0	180～3000	3.00	490	2.7
8	10.0	600～10000	4.10	490	2.7
9	30.0	1800～30000	5.20	490	2.7
10	100.0	6000～100000	5.20	490	0.85

2. 溫度計

兩支溫度計，一支溫度刻劃範圍 58.5～61.5°C，另一為 133.5～136.5°C，最小刻劃為 0.056°C。

3. 恆溫黏度計液槽

具有一液槽，頂面設固定架用以裝設黏度計、加熱器、攪拌器、溫度計等等。槽內加水或其他液體，能具有控制溫度的設備，槽內試驗溫度在 60°C 者，溫度差範圍為 ±0.01°C，在 135°C 者為 ±0.03°C。槽之前壁應具透明性，以觀測槽內黏度計及溫度計之刻劃。

4. 停錶

最小刻度為 0.1 秒以下，或試驗時程不少於 15 分鐘者，其準確度應在 0.05% 以內。

2.9-3 試樣準備

依「2.1 瀝青材料取樣法，2.1-6　二、試樣準備法」，將送達試驗室達到室溫的密封樣品依瀝青材料種類進行試樣準備工作，使揮發性成分之損失減至最少及具再製性結果：

一、油溶瀝青及道路油

1. 將油溶瀝青或道路油試樣先予徹底攪拌 30 秒鐘，在攪拌過程中，須預防空氣被攪拌入試樣內。在室溫下，若試樣稠度過高，攪拌困難，則應將之蓋緊置於 63 ± 3°C 之水槽或烘箱內加溫直至具十足流動性，而後再予攪拌。

2. 將攪拌過之試樣注入黏度計中，或若稍遲再作試驗時，則傾倒約 20 mL 於一個或多個乾淨之約 30 mL 容量之適當容器內並加以蓋緊。再將之置於 63 ± 3°C 之恆溫水槽或烘箱內，以不超過 30 分鐘的時間使其具有十足的流動性，以便能順利注入黏度計內。

二、瀝青膠泥

將瀝青膠泥予以加熱直至具十足流動性，為免發生局部過熱及使溫度均勻起見，應在加熱過程中時時加以攪拌。然後傾倒約 20 mL 試樣於適當的容器內，並將之加熱至 135 ± 5.5°C，在加熱過程中，亦須時時予以攪拌，同時注意避免將空氣拌入試樣內。

2.9–4 試驗方法

由於所選用之毛細管黏度計類型不同，其試驗步驟略有差異。一般正常之試驗步驟如下：

1. 調整恆溫黏度計液槽溫度，試驗溫度為 60°C 者，其溫度差限為 ±0.01°C，試驗溫度為 135°C 者，溫度差限為 ±0.03°C。
2. 選取一合適之乾潔黏度計，並將之在恆溫水槽或烘箱中預熱至試驗溫度。
3. 按所選用黏度計類型的不同，瀝青試樣灌入黏度計之方式亦相異。其注入方式可參閱所選用黏度計所附之說明書為之。一般通用標準式黏度計，注入試樣之方式如下：

⑴加農・范斯克黏度計——將黏度計倒立，N 管浸入液體瀝青試樣，由 L 管抽氣吸引試樣流入 N 管注入 D 球，直達注滿線 G 為止。然後將 N 管多餘之試樣擦拭乾淨，倒回正常直立位置，再將之架設於恆溫黏度計液槽內，調整 L 管之垂直向。

⑵瑞特福確交臂黏度計——將黏度計架設於恆溫液槽內，調整 N 管垂直向，將液體瀝青試樣引導入 N 管而入 D 交臂 (Cross-Arm) 直至其前導邊達到虹吸管注滿線 G 之 0.5 mm 範圍內。

⑶蘭姿・瑞特福確黏度計——將黏度計架設於恆溫液槽內，調整 N 管垂直向，將液體瀝青試樣引導入 N 管而注滿 D 球，並略有溢流入 K 溢流球 (Overflow Bulb)。若注入黏度計之試樣溫度高過試驗溫度，則注有試樣之黏度計在恆溫液槽內須候 15 分鐘而達到試驗溫度後，再灌注瀝青試樣，直至略有溢流至 K 溢流球為止。

4. 瀝青試樣在恆溫黏度計液槽內，須有足夠的時間才能使試樣溫度達到所規定的試驗溫度。試驗溫度為 60°C 者約須 25 分鐘，135°C 者約須 30 分鐘才能達到均衡之試驗溫度。
5. 瀝青試樣溫度達到均衡之試驗溫度後，瀝青試樣隨即開始在黏度計內藉本身重量之重力作用而流動，其操作方法按所選用黏度計類型的不同而相異，可參閱所選用黏度計所附之說明書為之。一般通用標準式黏度計之操作方法如下：
   (1)加農・范斯克黏度計——將 N 及 L 管之塞子拔除，使瀝青試樣藉著本身之重力而流動。
   (2)瑞特福確交臂黏度計——對 M 管略施以真空，使瀝青試樣流過虹吸管而進入毛細管 R 的深度，約在 D 水平管下 30 mm 處為止，其後瀝青試樣即可藉著本身之重力而流動。
   (3)蘭姿・瑞特福確黏度計——對 M 管略施以真空，以吸引瀝青試樣流入毛細管 R 直至其下端達到所相對之 E 時間刻劃，其後瀝青試樣即可藉著本身之重力而流動。
6. 讀記由重力而上流之瀝青試樣凸形面頂通過時間刻劃 E、F 之時間，精確至 0.1 秒鐘。
7. 讀記上流之瀝青試樣凸形面頂點通過最後時間刻劃之時間後，即由黏度計液槽內取出黏度計，以可溶解瀝青材料之溶劑清洗多次，將殘餘之瀝青材料都清洗乾淨後，再以熱空氣吹乾之。

2.9–5 注意事項

1. 黏度計必須定期以鉻酸 (Chromic Acid) 清除有機物沉積，再以蒸餾水和丙酮 (Acetone) 清洗，而後用熱風吹乾之。
2. 選用之合適黏度計，須使瀝青試樣流經兩時間刻劃的時間超過 60 秒鐘，否則應改選較小尺碼之毛細管黏度計。
3. 黏度計置於液槽，而由液槽側面必須能清晰地看清黏度計之時間刻劃。
4. 讀記瀝青試樣流經時間刻劃時，須注意避免視差現象。

2.9–6 記錄報告

一、計算式

瀝青試樣流經相鄰兩時間刻劃之時間差乘以所選用黏度計之校正因子，即得動黏度 (cSt) 值，其計算式如下：

$$V = Ct \quad (2.9\text{–}2)$$

式中：V = 動黏度 mm^2/s (cSt)；

C = 所選用黏度計之校正因子 mm^2/s^2 (cSt/s)；

t = 流經兩相鄰時間刻劃所需之時間 (s)。

二、精確度

1. 同一試驗者，以同一黏度計兩次試驗結果，其誤差不得大於表 2.9–4 所列：

表 2.9–4 同一試驗者兩次試驗結果之誤差限值

試樣	誤差限值（平均值之 %）
瀝青膠泥（試驗溫度 135°C）	< 1.8
液體瀝青（試驗溫度 60°C）	
< 3000 mm^2/s (cSt)	< 1.5
3000～6000 mm^2/s (cSt)	< 2.0
> 6000 mm^2/s (cSt)	< 8.9

2. 不同試驗者於不同試驗室所得之兩試驗結果，其誤差不得大於表 2.9–5 所列：

表 2.9–5 不同試驗者兩次試驗結果之誤差限值

試樣	誤差限值（平均值之 %）
瀝青膠泥（試驗溫度 135°C）	8.8
液體瀝青（試驗溫度 60°C）	
< 3000 mm^2/s (cSt)	3.0
3000～6000 mm^2/s (cSt)	9.0
> 6000 mm^2/s (cSt)	10.0

三、記錄表格

瀝青動黏度試驗報告

工程名稱：＿＿＿＿＿＿　送樣單位：＿＿＿＿＿＿

瀝青種類：＿＿＿＿　瀝青來源：＿＿＿＿　取樣日期：＿＿＿＿

取樣者：＿＿＿＿　試驗編號：＿＿＿＿　試驗日期：＿＿＿＿

黏度計類型：＿＿＿＿　試驗溫度：＿＿＿＿

黏度計編號				本試驗法依據
校正因子 (C)				
時間（t 秒）				
動黏度 (V = Ct)				
平均動黏度（mm^2/s 或 cSt）				

複核者：＿＿＿＿　試驗者：＿＿＿＿

2.10 柏油比黏度試驗——英格勒黏度儀

Method of Test for The Specific Viscosity of Tar Products by Engler Viscositimeter，參照 ASTM D1665

2.10–1 目　的

1. 用以決定為了某項目的及施工的控制等之瀝青材料的適應性。瀝青材料主要用於公路鋪面之結合料，故必先明瞭其黏度的大小以為設計時之參考。
2. 黏度乃表示液體內部之摩擦抗力。所謂瀝青材料的比黏度，乃指瀝青材料在某規定溫度下流經某特定孔口，流滿某指定的容積時，所需的時間與同情況蒸餾水所需時間之比。瀝青材料黏度高者，流出所需時間較長；黏度低者，所需時間較短。除特別規定外，本試驗之溫度為 25°C，流量為 50 mL 所需之秒數。
3. 本試驗法適用於測定乳化瀝青及柏油產物或其他低稠度瀝青材料的英格勒比黏度值。

2.10–2 儀　器

1. 英格勒黏度儀

如圖 2.10–1 所示之各部分構造如下：

(1)試樣容器

為黃銅製之容器，附有黃銅製之蓋子，容器底略往下凹，其中央位置附有流管。此流管長 20 mm，上端直徑 2.9 mm，下端直徑 2.8 mm，此管由一硬木塞控制。容器之內壁自底部等距離處，設有 L 形之標準點指針，用以測定試樣之裝置，其量為 240 cm^3。黃銅製之蓋子中央及邊緣部分開有兩孔，中央者為控制木塞之開關，邊緣者為插溫度計用以量瀝青試樣之溫度。試樣容器各部分之尺寸，如表 2.10–1。

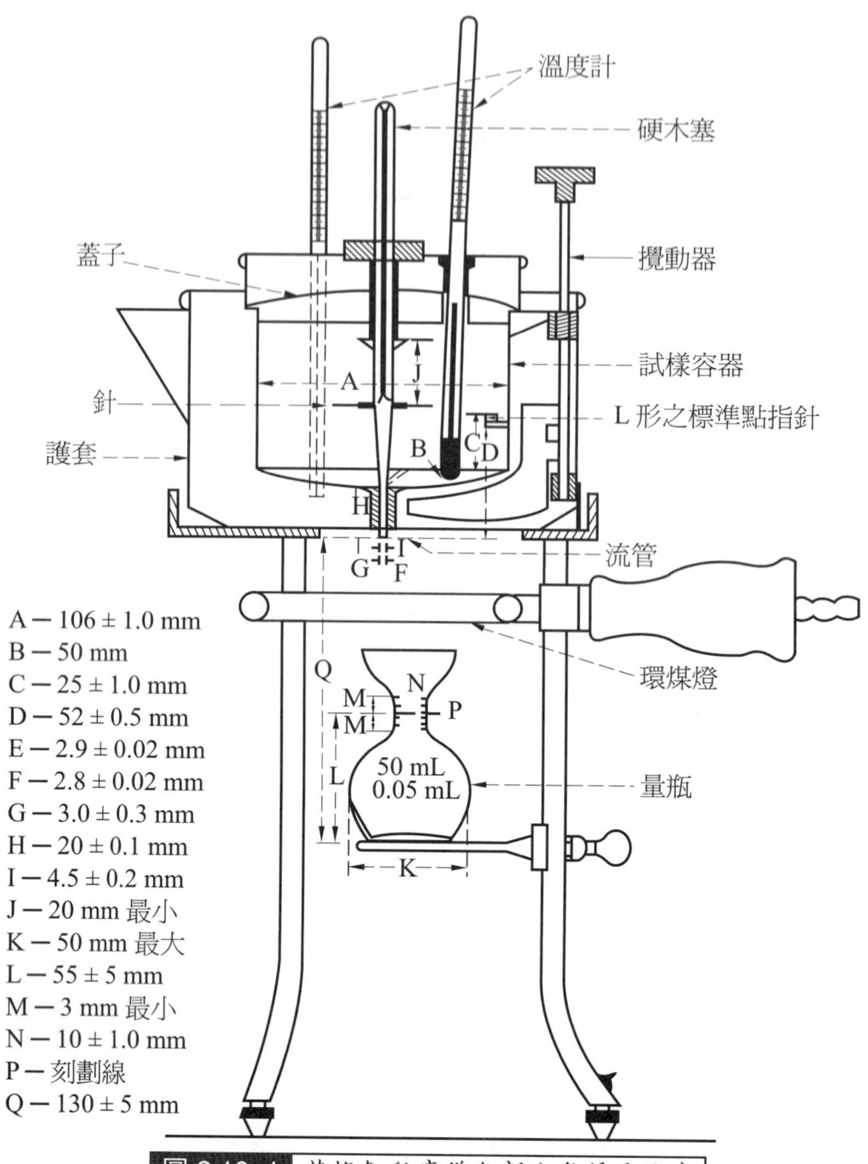

圖 2.10-1 英格勒黏度儀各部分名稱及尺寸

表 2.10-1 容器各部分尺寸

各部分名稱	尺寸 (mm)
內徑	106 ± 1.0
流管底端至指針之高	52.0 ± 0.5
內壁底端至指針之高	25.0 ± 1.0
流管長	20.0 ± 0.1
流管頂端之內徑	2.90 ± 0.02
流管底端之內徑	2.80 ± 0.02
流管於護套底突出部分長	3.00 ± 0.03

⑵黃銅製護套

圍繞試樣容器，並與之連結者是為黃銅製護套。此黃銅製護套也可謂是一種加溫槽。其內可盛水，或棉花子油，藉環煤燈 (Ring Burner) 加熱使保持試驗時所要求的溫度。邊緣部分另附有一夾子以支持另一溫度計，藉之控制加溫槽之溫度。

2. 環煤燈

用以直接加熱於加溫槽。其形狀為一圓環，一端可接燃料來源，環上有許多小孔。

3. 三腳架

用以支承黏度儀及環煤燈。三腳架之中兩腳設有調節螺絲。

4. 量瓶

容量 50 mL 有刻劃之量瓶，或其他適宜之量瓶皆可使用。

5. 溫度計

溫度刻劃由 0～50°C，最小刻劃為 0.1°C，由 0～100°C，最小刻劃為 1°C 者。

6. 停錶

最小刻劃 0.1 秒之適宜的停錶。

7. 濾篩

篩孔孔徑為 0.5 mm 之濾篩用以過濾乳化瀝青試樣。

8. 恆溫水槽

9. 清潔液

2.10–3 試驗儀器準備

1. 將黏度儀的試樣容器、流管孔等用三氯乙烯及蒸餾水洗淨，並擦拭乾淨，並用濾紙吸去剩下的水滴，用空氣吹乾，務使其表面不得有不潔物，以免影響精確度。其次將黏度儀架於三腳架上，再將乾淨的硬木塞塞入試樣容器流管孔中。
2. 將量瓶用清潔液及蒸餾水清洗乾淨，再置入 105 ± 5°C 恆溫烘箱內烘乾。

2.10–4 試樣準備

依「2.1 瀝青材料取樣法，2.1–6　二、試樣準備法」將乳化瀝青試樣以濾篩過濾，或其他低稠度瀝青試樣預熱到稍高於規定溫度 2°C 左右，使之完全融化，並需充分攪拌使其內部不含氣泡。

2.10–5 試驗方法

一、蒸餾水測定

1. 將蒸餾水注入已擦拭乾淨之試樣容器內，直至其表面與指針尖端相觸為止。然後蓋上蓋子，插入溫度計。加溫槽注入水，插入溫度計。
2. 打開環煤燈使加熱於加溫槽保持溫度 25°C，試樣容器內之蒸餾水，藉加溫槽加溫直至其溫度保持 25°C。當容器內蒸餾水達到 25°C 時，至少須保持三分鐘以上。
3. 將洗淨烘乾之量瓶放置於流管下面，拔出硬木塞之同時即按下停錶，記錄流出 50 mL、100 mL、……蒸餾水所需之時間秒數，其所得結果須核對數次。流出 50 mL 蒸餾水需時約 11 秒。

二、瀝青試樣測定

1. 將已預熱之瀝青材料傾入試樣容器內，直至表面與指針尖端相觸為止，將蓋子蓋好插入溫度計。黃銅製護套內之加溫槽加入蒸餾水，並將溫度計放於夾子內，然後用環煤燈加熱，使加溫槽內蒸餾水保持 25°C，而試樣容器內的試樣，藉加溫槽的溫度加溫，直至其溫度也為 25°C，達到試驗溫度至少須三分鐘後才可開始試驗。
2. 將洗淨烘乾之量瓶放置於流管下面，拔出硬木塞之同時即按下停錶，測定流出 50 mL、100 mL、……瀝青所需之秒數。

2.10–6 注意事項

除上述外：

1. 試樣容器內及加溫槽內在開始試驗前，須隨時用溫度計攪動，以得均勻之標準試驗溫度。
2. 試驗時之溫度，一般按其稠度的大小而定，標準者為 25°C；若稠度大時，可改為 50°C 或 100°C，但若採用試驗溫度 100°C 時，應以甘油代替蒸餾水，其餘步驟同。
3. 通常係以流出 50 mL 所需之秒數為準。
4. 在試驗進行中，應量得流出量 20 mL、50 mL、100 mL 或 200 mL 所需的秒數。若已量得 100 mL 流出量所需之秒數，可乘以 2.35 算得 200 mL 流出量所需之秒數。又若各已量得 20 mL 或 50 mL 流出量所需之秒數，可各乘以 11.95 或 5 而算得 200 mL 流出量所需之秒數。
5. 若試樣數量不足以裝滿至試樣容器內指針之尖端時，如僅有 25 mL 或 45 mL 時，則可量得 10 mL 或 20 mL 流出量所需之秒數，再各乘以 13 或 7.25 而算得 200 mL 流出量所需之秒數。本節「4.」「5.」所乘的係數為常數，可供參考用。
6. 試樣在 t°C 之黏度與水在 20°C 之黏度比，等於 t°C 時流出流管 200 mL 所需秒數與水在 20°C 時流出流管 200 mL 所需秒數之比。
7. 不可過分壓插木塞，以免木塞磨損。
8. 木塞提起的高度，應保持與蒸餾水測試時相同。

2.10–7 記錄報告

一、計算式

英格勒比黏度之計算式如式 (2.10–1)：

$$E = \frac{t_s}{t_w} \qquad (2.10\text{–}1)$$

式中：E = 在 t°C 時英格軔比黏度；

t_s = 瀝青材料在 t°C 時流出 50 mL 所需之秒數；

t_w = 蒸餾水在 25°C 時流出 50 mL 所需之秒數。

二、精確度

1. 同一試樣至少平行試驗兩次，其差值在平均值的 4% 以內時，取其平均值作為測試結果的報告。
2. 同一試驗者及儀器，每次試驗結果的重複性試驗精確度允許偏差為 4%。
3. 不同試驗者及儀器，每次試驗結果的再現性試驗精確度允許偏差為 6%。

三、記錄表格

柏油比黏度試驗（英格軔黏度儀）報告

工程名稱：＿＿＿＿＿＿　送樣單位：＿＿＿＿＿＿

瀝青種類：＿＿＿＿　瀝青來源：＿＿＿＿　取樣日期：＿＿＿＿

取樣者：＿＿＿＿　試驗編號：＿＿＿＿　試驗日期：＿＿＿＿

蒸餾水				
溫度 (°C)	25°C			
流出量 (mL)				
流出時間 (s)				
平均流出時間 t_w (s)				
瀝青試樣				
溫度 (°C)				
流出量 (mL)				
流出時間 (s)				
平均流出時間 t_s (s)				
英格軔比黏度 $E = \frac{t_s}{t_w}$				
本試驗法依據：				

複核者：＿＿＿＿　試驗者：＿＿＿＿

2.11 旋轉式黏度儀量測瀝青黏度試驗法

Method of Test for Viscosity Determination of Asphalt Using Rotational Viscometer，參考 CNS14186、AASHTO T316–04

2.11–1 目　的

1. 本試驗法使用旋轉式布魯克熱力黏度儀 (Brookfield Thermosel Viscometer) 量測瀝青於溫度 38～260°C 之視黏度試驗方法。
2. 旋轉式布魯克熱力黏度儀係以一已知表面積的圓柱形轉子 (Cylindrical Spindle) 浸入控溫槽試樣管內所定溫度的瀝青試樣中，以所定轉速旋轉，而對瀝青試樣施加扭力，此時瀝青試樣相對產生阻抗力，所讀出之扭力值乘一修正因數以計算瀝青試樣在該溫度之視黏度，以毫帕斯卡・秒 (mPa·s) 為單位表示之。

2.11–2 儀　器

1. 恆溫烘箱

　　能維持室溫～260 ± 3°C 的恆溫烘箱。

2. 溫度計

　　60～200°C，刻劃 0.2°C 溫度計。

3. 天秤

　　稱量 2000 g，精確度不大於 0.1 g。

4. 旋轉式布魯克熱力黏度儀

　　依測試視黏度範圍可選用 LV、RV、HA 或 HB 等機型，各項配件如圖 2.11–1 所示。

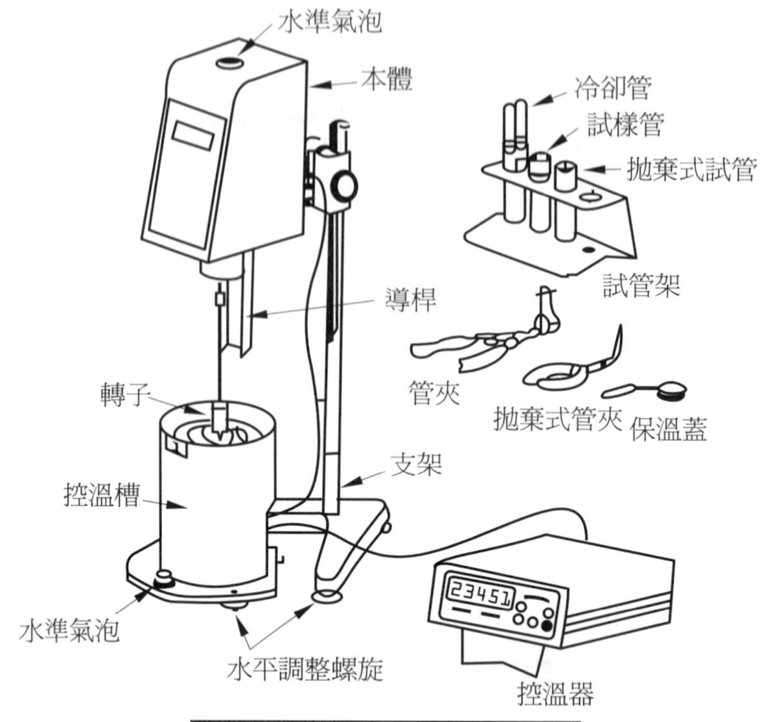

圖 2.11–1 布魯克熱力黏度儀

⑴黏度儀本體與支架。

⑵控溫槽。

⑶精確度 0.1°C 之控溫器。

⑷瀝青試樣管。

⑸瀝青試樣管架。

⑹冷卻管。

⑺保溫蓋。

⑻管夾。

5. 圓柱形轉子

各式轉子如表 2.11–1 所列：

表 2.11–1 圓柱形轉子施測黏度範圍與樣品量

轉子型號	施測黏度範圍 [poise, P (0.1 Pa·s)]			樣品量 (mL)
	HBT	HBDV–II +	HBDV–III	
SC4–21	4～8000	4～13000	1.6～40000	8.0
SC4–27	20～40000	20～67000	8～200000	10.5
SC4–28	40～80000	40～133000	16～400000	11.5
SC4–29	80～160000	80～267000	32～800000	13.0

2.11–3 試樣準備

依「2.1 瀝青材料取樣法，2.1–6　二、試樣準備法」將瀝青材料取樣備用：

1. 備用之瀝青試樣加熱至具流動性，加熱時須時時徹底攪拌均勻後，傾出 20～50 mL 至適當容器內，置入烘箱加熱至 135 ± 5°C。
2. 將布魯克黏度儀置於檯面穩定位置，調整黏度儀上方之水平氣泡居中。
3. 控溫槽安置在黏度儀本體正下方，校正轉子軸線與控溫槽中心線對齊，並調整水準氣泡使控溫槽水平。
4. 打開控溫器，設定試驗溫度。
5. 參考操作手冊，選擇一圓柱形轉子置於控溫槽內的瀝青試樣管內預熱達到平衡狀態。

2.11–4 試驗方法

1. 由控溫槽取出預熱的瀝青試樣管，注入由烘箱預熱的瀝青試樣，注入的容量依操作手冊對不同粗細轉子型號所建議的容量 mL 數，約 8～13 mL。
2. 裝有瀝青試樣的試樣管安置於控溫槽內，並設定控溫器至所需的試驗溫度。
3. 當控溫槽內溫度達到試驗溫度時，將預熱的轉子懸掛在黏度儀本體上，慢慢降低本體，使轉子浸入試管中瀝青試樣內，直到本體固定支架與控溫槽密合。此時，瀝青液面約在轉子上圓錐體與圓柱面交界處以上 3.2 mm。

4. 轉子浸入瀝青試樣內後，蓋上保溫蓋，俟溫度達到穩定後（約 15～40 分鐘），啟動黏度儀。
5. 黏度儀的轉速分別可設定為 0.5、1.0、2.5、10、20、50、100 rpm 等不同轉速。RV、HA 和 HB 機型可設定 20 rpm，LV 機型則設定 12 rpm。在選定的轉速，面板所顯示的扭矩 (Torque) 百分率須在 2～98 範圍內才可進行試驗。
6. 在一固定溫度下，分三次不同轉速，每次間隔 60 秒，分別讀取所顯示之試驗值，而三次扭矩百分率應分布於 2～98 之間。
7. 提高另一試驗溫度，並俟溫度穩定後，重複上述前一步驟。
8. 試驗完成後之清理工作：
    (1)提升黏度儀本體，直至轉子脫離瀝青試樣管內之瀝青表面。
    (2)卸下轉子以溶劑清理。
    (3)以管夾取出瀝青試樣管，置入烘箱中高溫加熱使成流體而後傾倒，並立即以溶劑清理之。
    (4)將冷卻管放入控溫槽內，打開水流降低控溫槽溫度。

2.11–5 注意事項

除上述外：

1. 在最大轉速下，若扭矩百分率小於 1%，則表示試驗值已在量測範圍限制外，所讀取之黏度數據誤差大。
2. 在最小轉速下，若扭矩百分率大於 98%，應即停止試驗，或提高溫度再進行試驗。
3. 在最低試驗溫度下，若扭矩百分率大於 98%，應立即停止試驗，或降低轉子轉速進行試驗。
4. 若扭矩百分率高於 98%，則可選用次小轉力及調整試樣管內試樣量再進行試驗。
5. 瀝青試樣管不可傾入過量瀝青試樣，以免影響瀝青試樣表面在試樣管內標準位置。
6. 當測定黏度值時不可改變轉速，以免剪應變率改變。
7. 試樣管內瀝青試樣量以容積表示，但可視瀝青密度為 1.0 而以質量 g 代之。
8. 進行試驗前，應先讀儀器製造廠商所提供的操作手冊。

2.11–6 記錄報告

一、計算式

依儀器製造廠商提供的操作手冊，有些黏度儀機型可直接讀取黏度、剪應變率、剪應力等，記錄於試驗表格。若無法直接讀取者，則依據所用轉子型號的修正常數將記錄的轉速轉換為剪應變率，將記錄的扭矩百分率換算為剪應力。

$$\gamma = RPM \times SRC \qquad (2.11\text{–}1)$$

$$\tau = TK \times SMC \times SRC \times Torque \qquad (2.11\text{–}2)$$

式中：γ = 剪應變率 (1/sec)；

τ = 剪應力 (dyne/cm^2)；

RPM = 轉子轉速 (rpm)；

SRC = 所用轉子之剪應變常數；

TK = 黏度儀之扭矩常數；

SMC = 所用轉子之剪應力常數；

Torque = 扭矩 (%)。

二、精確度

1. 同一試驗者及儀器，每次試驗結果的重複性試驗精確度允許偏差不大於 3.5%。
2. 不同試驗者及儀器，每次試驗結果的再現性試驗精確度允許偏差不大於 14.5%。

三、記錄表格

1.記錄表格

瀝青材料黏度試驗（旋轉式布魯克黏度儀法）報告

工程名稱：________ 取樣者：________ 送樣單位：________

瀝青種類：________ 瀝青來源：________ 取樣日期：________

黏度儀機型：________ 試驗編號：________ 試驗日期：________

試驗次數	轉子型號	試驗溫度 (°C)	轉速 (rpm)	扭矩 (%)	黏度 (cp)	剪應力 ($dyne/cm^2$)	剪變率 (1/sec)
本試驗法依據：							

複核者：________ 試驗者：________

2.繪製

(1)根據不同溫度下所測得瀝青黏度繪製瀝青材料的溫感曲線（繪於半對數紙上，黏度值採用對數）。

(2)在固定試驗溫度下所測得瀝青剪應力及相對應之剪應變率繪製瀝青材料的流變性行為曲線，參閱「1.3–5 瀝青的流變性行為」分析，據以研判該瀝青材料的流變行為。

2.12 瀝青材料溶於有機溶劑之溶解度試驗

Method of Test for Solubility of Bituminous Materials in Organic Solvents，參照 CNS K6757（94 年印行）AASHTO T44–03

2.12–1 目　的

1. 本試驗法用以測定瀝青材料溶解於三氯乙烯之活性膠結物成分及不溶解之礦物等雜質之含量，以為品質擬定之標準。
2. 本試驗法適用於測定石油瀝青膠泥、改質石油瀝青、液體石油瀝青或乳化石油瀝青蒸餾後殘留物之瀝青溶解度。

2.12–2 儀　器

如圖 2.12–1 所示，包括有：

1. 古氏坩堝

古氏坩堝 (Gooch Crucible) 為瓷製附有蓋，上端直徑約 44 mm，下端直徑約 36 mm，深約 24～28 mm 成圓錐狀，坩堝底面鑽有許多小孔。

2. 玻璃纖維濾墊

玻璃纖維濾墊 (Glass Fiber Pad) 之直徑 32.35 或 37 mm。

3. 錐形燒瓶

容量 125 mL 以上之錐形燒瓶，或其他合適之容器。

4. 溶劑

三氯乙烯。

5. 抽氣設備

真空唧筒及其附屬設備。

6.乾燥器

適宜大小的乾燥器 (Desiccator)。

7.天秤

能得精確度 0.1 mg 者。

8.過濾燒瓶

過濾燒瓶 (Filter Flask) 的口須足以容納坩堝及其周圍的橡皮膜，其邊有一管可連結抽氣設備。

9.橡皮膜一小段

可使用腳踏車內胎一小段，以防坩堝與過濾燒瓶口接觸部分漏氣。

10.錶玻璃

錶玻璃 (Watch Glasses) 的大小，須足以覆蓋錐形燒瓶口。

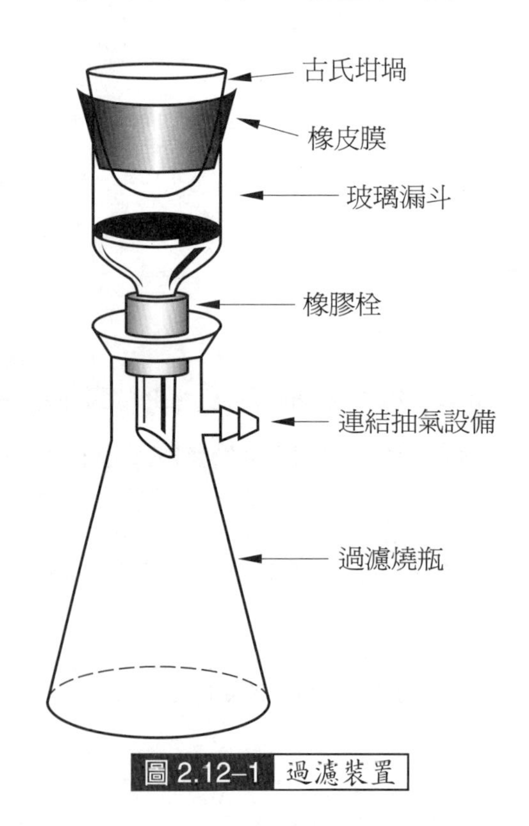

圖 2.12-1 過濾裝置

2.12–3 古氏坩堝準備

1. 將古氏坩堝擦拭乾淨如圖 2.12–1 所示裝妥。
2. 將玻璃纖維濾墊置入擦拭乾淨之古氏坩堝的底部，用三氯乙烯溶劑沖洗濾墊，俟溶劑自行沉降後，稍微抽氣去除剩餘溶劑，以使濾墊嵌固於坩堝中。
3. 俟溶劑揮發後，置入 110 ± 5°C 之烘箱中至少 20 分鐘，直至乾燥至恆重，然後取出置於乾燥器中冷卻，冷卻時間不可少於 20 分鐘，之後，稱其質量準確至 0.1 mg，重複烘乾與冷卻，直至質量差達 ±0.3 mg 為止。
4. 完成處理後之古氏坩堝儲存於乾燥中備用。

2.12–4 試樣準備

1. 依「2.1 瀝青材料取樣法，2.1–6　二、試樣準備法」將送達試驗室之密封樣品依瀝青種類進行試樣準備工作。
2. 若試樣的含水量超過 2% 時，須先經過脫水；若試樣不是流體，或試樣硬度大、易碎者，須先將之打碎，再加熱至適當溫度而成易於傾倒之流體，為防止局部性過熱及含有氣泡，應在加熱過程中時時攪拌。
3. 稱取已烘乾的錐形燒瓶和玻璃棒的質量，準確至 1 mg。
4. 小心稱出 2 g 試樣，置入錐形燒瓶或其他合適之容器，準確至 1 mg，持續分次加入 100 mL 三氯乙烯溶劑於容器中，並用玻璃棒充分攪拌，直至試樣完全溶解。以塞子塞住錐形燒瓶或其他容器，靜置 15 分鐘以上。

2.12–5 試驗方法

1. 將儲存於乾燥器中之已稱質量之古氏坩堝安置於玻璃漏斗之橡皮膜內，以少量的三氯乙烯濕潤玻璃纖維濾墊。
2. 將錐形燒瓶內之瀝青懸液小心地沿玻璃棒倒入鋪有濾墊的坩堝中，視實際情形的需要，可用抽氣設備略為抽氣加速過濾。

3. 當此瀝青懸液傾完後，為恐錐形燒瓶中尚留殘渣，可加少量三氯乙烯溶液沖洗之，然後再倒入坩堝過濾，此項工作須做到錐形燒瓶中無任何瀝青懸液黏附為止。
4. 此時玻璃纖維濾墊尚現有瀝青材料的顏色，須再以三氯乙烯溶液沖洗之，一直沖洗到完全無色為止。
5. 以強力抽氣抽去附著的殘餘三氯乙烯溶液。
6. 取下坩堝，用三氯乙烯溶液洗去底面所附著的任何瀝青試樣。然後放在 110±5°C 的烘箱頂層以驅去已無氯味的所有三氯乙烯溶液，至少需 20 分鐘。
7. 由烘箱中取出坩堝置入乾燥器中至少 30±5 分鐘冷卻後，稱其質量。重複乾燥與稱量，直至質量差不大於 0.3 mg 為止。
8. 若有不溶解的試樣黏附在錐形燒瓶中，則須將此錐形燒瓶放入 110±5°C 的烘箱烘乾後，置入乾燥器中冷卻後稱其質量。將此不溶試樣的質量加入由坩堝過濾出來的不溶試樣的質量中。
9. 若欲求含礦物質百分率時，可將過濾後之坩堝用火加以燃燒，直至將任何異色部分燒去為止。然後置於乾燥器內冷卻後，再稱其質量，如燒瓶中有不溶解物，須如上述處理，加入坩堝內所得的質量。

2.12–6 注意事項

除上述外：

1. 瀝青試樣須完全溶解於錐形燒瓶中之三氯乙烯溶液，燒瓶中任何部分，都不許黏附有瀝青試樣。
2. 由錐形燒瓶將瀝青懸液傾入坩堝中時，須特別小心，不可使懸液溢出。
3. 抽氣的強度應控制適當。在坩堝中尚有懸液時，應使用較輕的抽氣強度，在上述第「2.11–5 5.」步驟，須使用較強的抽氣強度。
4. 瀝青試樣加入三氯乙烯溶液中須連續徹底攪拌，使所有塊狀物質消失，且無未溶解之瀝青試樣沾附於容器。
5. 為獲得準確的結果，加熱後在乾燥器內冷卻的時間須大致相同，以相差 ±5 分鐘為宜。
6. 玻璃纖維墊不可重複使用。

2.12–7 記錄報告

一、計算式

1. 瀝青試樣中瀝青含量百分率的計算式如式 (2.12–1)：

$$J = \frac{C - (F + H)}{C} \times 100 \qquad (2.12\text{–}1)$$

式中：J = 瀝青含量百分率 (%)；C = 瀝青試樣質量 (g)；

F = 坩堝中不溶物質質量 (g)；H = 錐形燒瓶中不溶物質質量 (g)。

2. 瀝青試樣中礦物質含量百分率的計算式如式 (2.12–2)：

$$J' = \frac{F + H}{C} \times 100 \qquad (2.12\text{–}2)$$

式中：J′= 礦物質含量百分率 (%)；C = 瀝青試樣質量 (g)；

F = 坩堝中礦物質量 (g)；H = 錐形燒瓶中不溶物質質量 (g)。

3. 瀝青試樣中其他物質含量百分率 (J″) 的計算式如式 (2.12–3)：

$$J'' = 100 - (J + J') \qquad (2.12\text{–}3)$$

二、精確度

1. 當不溶物質含量小於 1.0% 時，須報告至 0.01%；當不溶物質含量大於 1.0% 時，須報告至 0.1%。
2. 當瀝青溶解度超過 99% 時，同一試驗者及儀器，每次試驗結果的重複性試驗精確度允許偏差為 0.1%。
3. 當瀝青溶解度超過 99% 時，不同試驗者及儀器，每次試驗結果的再現性試驗精確度允許偏差為 0.26%。

三、記錄表格

瀝青材料溶解度試驗報告

工程名稱：＿＿＿＿　　取樣者：＿＿＿＿　　送樣單位：＿＿＿＿

瀝青種類：＿＿＿＿　　瀝青來源：＿＿＿＿　　取樣日期：＿＿＿＿

試驗編號：＿＿＿＿　　　　　　　　　　　　試驗日期：＿＿＿＿

一、瀝青含量　　　　　　　　二、礦物質含量

次數	1	2	3	次數	1	2	3	本試驗法依據
（瀝青試樣 + 錐形燒瓶）質量 (g) A				（瀝青試樣 + 錐形燒瓶）質量 (g) A				
錐形燒瓶質量 (g) B				錐形燒瓶質量 (g) B				
瀝青試樣質量 (g) A − B = C				瀝青試樣質量 (g) A − B = C				
坩堝過濾後質量 (g) D				坩堝過濾燃燒後質量 (g) D				
(坩堝 + 濾墊) 質量 (g) E				(坩堝 + 濾墊) 質量 (g) E				
坩堝中不溶物質質量 (g) D − E = F				坩堝中礦物質質量 (g) D − E = F				
（錐形燒瓶 + 不溶物質）質量 (g) G				（錐形燒瓶 + 礦物質）質量 (g) G				
（錐形燒瓶中不溶物質）質量 (g) G − B = H				（錐形燒瓶中礦物質）質量 (g) G − B = H				
不溶物質質量 (g) F + H = I				礦物質質量 (g) F + H = I				
瀝青含量 (%) $\frac{C-I}{C}\times 100 = J$				礦物質含量 (%) $\frac{I}{C}\times 100 = J$				
平均瀝青含量 (%) K				平均礦物質含量 (%) K′				

平均瀝青含量 K = ＿＿＿＿ %

平均礦物質含量 K′= ＿＿＿＿ %

平均其他物質含量 K″= 100 − (K + K′) = ＿＿＿＿ %

複核者：＿＿＿＿　　試驗者：＿＿＿＿

2.13 瀝青材料之比重試驗——比重瓶法

Method of Test for Specific Gravity of Bituminous Materials by Pycnometer Method，參照 AASHTO T228–06

2.13–1 目　的

1. 本試驗法採用比重瓶法測定半固體瀝青材料 (Semi-Solid Bituminous Materials)、瀝青膠泥、與軟柏油脂 (Soft Tar Pitches) 在規定溫度下之密度與比重。
2. 瀝青材料的比重是指在規定溫度下，瀝青材料質量與同體積的蒸餾水質量之比值。非經註明，瀝青材料與蒸餾水的比重是指 25°C 相同溫度下的比重。
3. 瀝青材料的比重值主要係：(1)辨別瀝青材料的特性；(2)為了工程上的控制；(3)為了控制工程上的供給；(4)可由已知體積換算為質量，例如蓄存於已知容積的油槽中，則可根據其比重的大小計算出其質量；(5)在瀝青混合料中用於理論密度計算，供配合比設計及空隙率計算使用。

2.13–2 儀　器

如圖 2.13–1 所示，包括有：

1. 比重瓶

比重瓶 (Pycnometer) 之形狀及各部尺寸，如圖 2.13–1 所示，係玻璃製大口瓶。研磨的瓶口有一十分吻合的研磨玻璃塞，其直徑由 22～26 mm，此玻璃塞中央須開一直孔，直徑由 1.0～2.0 mm，其下部表面，必須向上略凹，使空氣易於由直孔排除。凹形斷面中心處之高度為 4.0～6.0 mm，或採用另一合適高度 4.0～18.0 mm 之瓶塞。蓋妥後比重瓶之容量為 24～30 mL，其質量不超過 40 g。

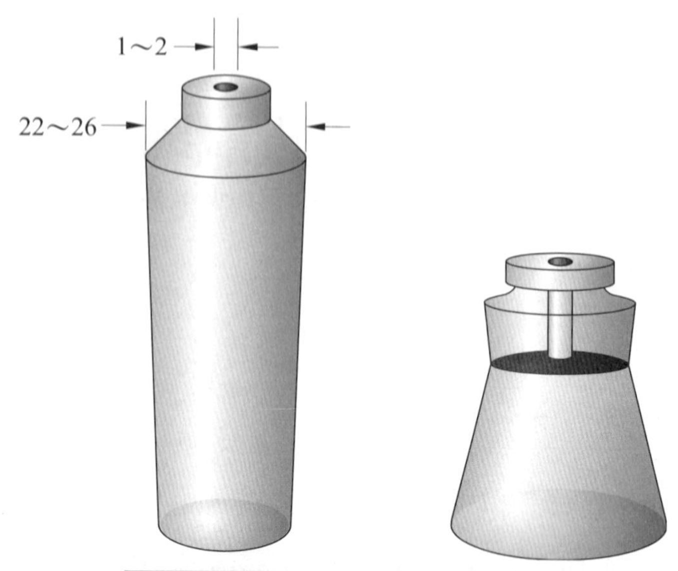

圖 2.13-1 比重瓶（單位：mm）

2. 恆溫水槽

能保持試驗溫度在 ±0.1°C 之恆溫水槽。

3. 溫度計

溫度刻劃由 −8～32°C，最小刻劃為 0.1°C 者。

4. 燒杯

使用耐溫之燒杯 (Beaker)，其容積約 600～800 mL 須足使比重瓶整個浸入而有餘。

5. 天秤

精確度在 0.1 mg 以內的任何一種天秤都可。

6. 真空乾燥器

7. 蒸餾水

新煮沸並冷卻之蒸餾水或去離子水 (Deionized Water)。

8. 軟布、濾紙等

9. 濾篩

0.6 mm、2.36 mm 濾篩各一個。

2.13–3 比重瓶校準

1. 將新煮沸並已冷卻的蒸餾水或去離子水注入燒杯內，水的深度必須超過比重瓶頂部至少 40 mm 以上。燒杯中插入溫度計。
2. 將燒杯按半浸水方式浸入恆溫水槽中，浸入深度應使燒杯底部離恆溫水槽水面至少 100 mm，燒杯口露出水面，並用夾具夾固。
3. 維持恆溫水槽及燒杯內蒸餾水於規定的試驗溫度，並準確至 ±0.1°C。
4. 將比重瓶及玻璃塞先以乾淨的軟布徹底擦拭完善，然後稱其總質量，準確至 1 mg。
5. 自恆溫水槽內取出燒杯，將比重瓶裝滿新煮沸蒸餾水或去離子水，並鬆開玻璃塞，其次將整個比重瓶浸沒於燒杯內之蒸餾水中，再將玻璃塞壓緊，連同燒杯再放回恆溫水槽。燒杯內蒸餾水或去離子水須經常保持規定試驗溫度，浸沒的時間不得少於 30 分鐘。
6. 由燒杯中取出比重瓶，立即用乾淨的軟布將玻璃塞頂部擦拭一次，再迅速擦乾比重瓶所有其他外側表面的水分，並立刻稱其質量，準確至 1 mg。

2.13–4 試樣準備

依「2.1 瀝青材料取樣法，2.1–6　二、試樣準備法」準備瀝青材料試樣。

1. 液體瀝青試樣須先濾過 0.6 mm 篩備用。
2. 黏稠性瀝青試樣須先預以低溫加熱，使其完全融化，直至試樣具有足夠的流動性而能傾倒為止。黏稠性瀝青試樣的加熱溫度，對石油瀝青膠泥不可超過估計軟化點加上 110°C，對柏油不可超過估計軟化點加上 55°C。加熱時間不可超過 60 分鐘，並須充分攪拌，不許有任何氣體存在其中。
3. 固體瀝青試樣如表面潮濕，可用乾潔的空氣吹乾，或置入 50°C 烘箱中烘乾。將表面乾燥的固體瀝青試樣打碎，篩過 0.6 mm 及 2.36 mm 篩，取 0.6～2.36 mm 的粉碎試樣備用。

2.13–5 試驗方法

一、液體瀝青試樣

1. 將濾過 0.6 mm 篩備用之液體瀝青試樣注滿於擦拭乾淨的比重瓶內，注意不得有任何氣體氣泡混入其中。
2. 從規定試驗水溫的恆溫水槽內，移出盛有新煮沸蒸餾水的燒杯，將盛有試樣的比重瓶及玻璃塞移入燒杯內。燒杯內水面應在比重瓶口下約 40 mm，勿使水浸入比重瓶內，燒杯中插入溫度計，再將燒杯移置於恆溫水槽。
3. 從燒杯內的水溫達到規定試驗溫度 ±0.1°C 後至少保持溫度 30 分鐘，將玻璃塞塞緊之，使多餘的試樣由瓶塞直孔排出。小心用蘸有三氯乙烯的乾淨布擦淨直孔中被擠出的試樣，但仍應保有直孔內試樣。
4. 由燒杯中取出比重瓶，立即用乾淨軟布仔細擦除比重瓶側表面的水分及黏附的試樣，但不得再擦拭直孔口。立刻稱其質量，準確至 1 mg。

二、黏稠性瀝青試樣

1. 將黏稠性瀝青材料依「2.12–4 2.」小心加熱使完全融化，注意防止因蒸發產生損失。
2. 比重瓶擦拭乾淨後，略為加溫，再將已成流體之瀝青試樣傾入比重瓶內約四分之三之容量，注意防止瀝青試樣黏著於比重瓶壁上，也不許有氣泡存在其中。
3. 將比重瓶及其內含之瀝青試樣，移入乾燥器內，靜置於室溫下冷卻至少 40 分鐘。然後與玻璃塞合稱其質量，準確至 1 mg。
4. 從恆溫水槽內取出盛有新煮沸蒸餾水的燒杯，將蒸餾水注滿比重瓶內，連同玻璃塞一起放入燒杯內，燒杯再放回恆溫水槽中。
5. 從燒杯內的水溫達到規定試驗溫度 ±0.1°C 後至少保持溫度 30 分鐘，將玻璃塞塞緊之，使多餘的水由瓶塞直孔排出。此時應注意確認無氣體氣泡存在其中。
6. 由燒杯中取出比重瓶，立即用乾淨軟布仔細擦拭比重瓶側表面及瓶塞頂並抹乾。立刻稱其質量，準確至 1 mg。

三、固體瀝青試樣

1. 將固體瀝青試樣依「2.12–4 2.」粉碎成 0.6～2.36 mm 試樣，取不少於 5 g 放入擦拭乾潔的比重瓶內，連同玻璃塞合稱其質量，準確至 1 mg。
2. 從恆溫水槽內取出盛有新煮沸蒸餾水的燒杯，將蒸餾水注入比重瓶內，水面高過瓶內試樣約 10 mm。搖動比重瓶，使試樣沉入水底及逸出試樣顆粒表面吸附的氣泡，勿過度用力搖動，以防試樣搖出瓶外。
3. 搖動後的比重瓶置於真空乾燥器中抽真空，真空度達 98 kPa (735 mmHg) 不少於 15 分鐘。如比重瓶試樣表面仍有氣泡存在，可再搖動後再抽真空，重複多次直至無氣泡為止。
4. 將保有試驗溫度的燒杯水加滿比重瓶，連同玻璃塞一起放入燒杯內，燒杯再放回恆溫水槽中。
5. 從燒杯內的水溫達到規定試驗溫度 ±0.1°C 後至少保持溫度 30 分鐘，將玻璃塞塞緊之，使多餘的水由瓶塞直孔排出，此時應注意確認無氣體氣泡存在其中。
6. 由燒杯中取出比重瓶，立即用乾淨軟布仔細擦拭比重瓶側表面及瓶塞頂並抹乾。立刻稱其質量，準確至 1 mg。

2.13–6 注意事項

除上述外：

1. 宜使用新煮沸並已經冷卻的蒸餾水。
2. 試驗的溫度界限為 25°C、15°C。
3. 比重瓶玻璃塞頂部只能擦拭一次，即使由於膨脹關係形成小水滴也不可在瓶塞頂部再擦拭一次。
4. 稱量時，比重瓶上若凝聚有水氣，除瓶塞頂部外，應迅速抹乾。
5. 比重瓶應經常校準。
6. 測定較稠的瀝青材料後，先將蒸餾水倒出，再放入烘箱內，烘箱溫度以不超過 100°C 為佳。直至瀝青試樣完全融化成為流體後，將之倒出，然後用軟布或棉花等擦拭乾淨。若能輔以適當的溶劑，如四氯化碳、二硫化碳等更能見效。

2.13–7 記錄報告

一、計算式

1. 液體瀝青試樣在規定試驗溫度下之密度與比重依式 (2.13–1) 及式 (2.13–2) 計算之：

$$\rho_b = \frac{m_3 - m_1}{m_2 - m_1} \times \rho_w \tag{2.13–1}$$

$$\gamma_b = \frac{m_3 - m_1}{m_2 - m_1} \tag{2.13–2}$$

式中：ρ_b = 試樣在規定試驗溫度下的密度 (g/cm^3)；

γ_b = 試樣在規定試驗溫度下的比重；

m_1 = 比重瓶、塞之總質量 (g)；

m_2 = 比重瓶、塞與盛滿水之總質量 (g)；

m_3 = 比重瓶、塞與盛滿試樣之總質量 (g)；

ρ_w = 水在規定試驗溫度下的密度，15°C 水的密度為 0.99910 g/cm^3，25°C 水的密度為 0.99703 g/cm^3。

2. 黏稠性瀝青試樣在規定試驗溫度下之密度與比重依式 (2.13–3) 及式 (2.13–4) 計算之：

$$\rho_b = \frac{m_4 - m_1}{(m_2 - m_1) - (m_5 - m_4)} \times \rho_w \tag{2.13–3}$$

$$\gamma_b = \frac{m_4 - m_1}{(m_2 - m_1) - (m_5 - m_4)} \tag{2.13–4}$$

式中：m_4 = 比重瓶、塞與瀝青試樣之總質量 (g)；

m_5 = 比重瓶、塞與瀝青試樣和水之總質量 (g)。

3. 固體瀝青試樣在規定試驗溫度下之密度與比重依式 (2.13–5) 及式 (2.13–6) 計算之：

$$\rho_b = \frac{m_6 - m_1}{(m_2 - m_1) - (m_7 - m_6)} \times \rho_b \qquad (2.13\text{–}5)$$

$$\gamma_b = \frac{m_6 - m_1}{(m_2 - m_1) - (m_7 - m_6)} \qquad (2.13\text{–}6)$$

式中：m_6 = 比重瓶、塞與瀝青試樣之總質量 (g)；

m_7 = 比重瓶、塞與瀝青試樣和水之總質量 (g)。

4. 瀝青試樣在 15°C 時密度與比重 (25/25°C) 之間的換算可由式 (2.13–7) 計算之：

$$\text{瀝青試樣比重}\ (25/25°C) = \text{瀝青試樣密度}\ (15°C) \times 0.996 \qquad (2.13\text{–}7)$$

二、精確度

1. 同一試樣至少平行試驗兩次，其差值在重複試驗的精確度範圍內時，取其平均值準確至小數點第三位作為瀝青試樣密度試驗結果的報告，試驗報告須註明試驗溫度。
2. 同一試驗者及儀器，每次試驗結果的重複性試驗精確度允許偏差對黏稠性石油瀝青及液體瀝青為 0.003 g/cm^3；對固體瀝青為 0.01 g/cm^3。
3. 不同試驗者及儀器，每次試驗結果的再現性試驗精確度允許偏差對黏稠性石油瀝青及液體瀝青為 0.004 g/cm^3；對固體瀝青為 0.02 g/cm^3。
4. 比重的精確度要求與密度相同，但不具單位。

三、記錄表格

瀝青材料比重試驗（比重瓶法）報告

工程名稱：________ 取樣者：________ 送樣單位：________

瀝青種類：________ 瀝青來源：________ 取樣日期：________

試驗編號：________ 試驗日期：________

1. 液體瀝青試樣

蒸餾水溫度：________°C 密度 ρ_w：________g/cm^3 瀝青試樣溫度：________°C

試驗次數		1	2	3	本試驗法依據
（比重瓶＋瓶塞）質量 (g)	m_1				
（比重瓶＋瓶塞＋水）質量 (g)	m_2				
（比重瓶＋瓶塞＋試樣）質量 (g)	m_3				
密度 $= \frac{m_3 - m_1}{m_2 - m_1} \times \rho_w \ (g/cm^3)$	ρ_b				
比重 $= \frac{m_3 - m_1}{m_2 - m_1}$	γ_b				
平均密度、比重					

複核者：________ 試驗者：________

2. 黏稠性瀝青試樣

蒸餾水溫度：________°C 密度 ρ_w：________g/cm^3 瀝青試樣溫度：________°C

試驗次數		1	2	3	本試驗法依據
（比重瓶＋瓶塞）質量 (g)	m_1				
（比重瓶＋瓶塞＋水）質量 (g)	m_2				
（比重瓶＋瓶塞＋試樣）質量 (g)	m_4				
（比重瓶＋瓶塞＋試樣＋水）質量 (g)	m_5				
密度 $= \frac{m_4 - m_1}{(m_2 - m_1) - (m_5 - m_4)} \times \rho_w \ (g/cm^3)$	ρ_b				
比重 $= \frac{m_4 - m_1}{(m_2 - m_1) - (m_5 - m_4)}$	γ_b				
平均密度、比重					

複核者：________ 試驗者：________

3. 固體瀝青試樣

蒸餾水溫度：________°C　密度 ρ_w：________g/cm^3　瀝青試樣溫度：________°C

試驗次數		1	2	3	本試驗法依據
（比重瓶 + 瓶塞）質量 (g)	m_1				
（比重瓶 + 瓶塞 + 水）質量 (g)	m_2				
（比重瓶 + 瓶塞 + 試樣）質量 (g)	m_6				
（比重瓶 + 瓶塞 + 試樣 + 水）質量 (g)	m_7				
密度 $= \dfrac{m_6 - m_1}{(m_2 - m_1) - (m_7 - m_6)} \times \rho_w$ (g/cm^3)	ρ_b				
比重 $= \dfrac{m_6 - m_1}{(m_2 - m_1) - (m_7 - m_6)}$	γ_b				
平均密度、比重					

複核者：________　試驗者：________

2.14 液體瀝青之比重試驗——比重計法

Method of Test for Specific Gravity of Liquid Asphalts by Hydrometer Method，參考 ASTM D3142–05

2.14–1 目　的

以瀝青比重計直接測定各種液體瀝青試樣之比重。

2.14–2 儀　器

1.比重計

比重計之刻劃界限有：0.800 至 0.900；0.900 至 1.000；1.000 至 1.070；1.070 至 1.150；1.150 至 1.230 等不同種類，以適合於測定各不同比重的試樣，如圖 2.14–1 所示。

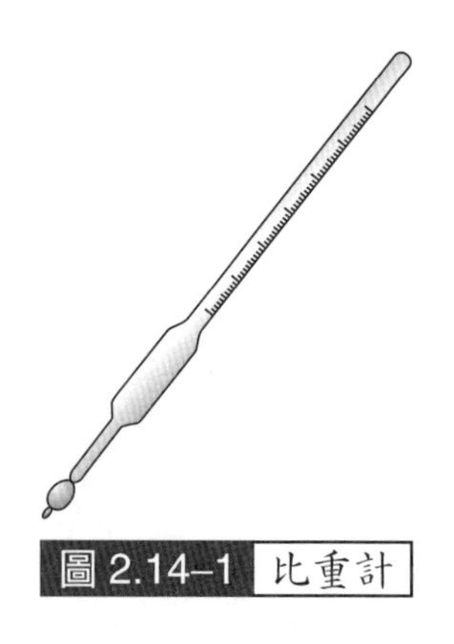

圖 2.14–1 比重計

2.量筒

通常使用的量筒，其容積為 100 mL，高約 300 mm，內徑不得小於 32 mm。

3.溫度計

溫度計的刻劃界限，由 0～100°C，最小刻劃為 1°C。

4. 加熱器

任何適宜種類皆可。

5. 燒杯

燒杯之容量，須有 150 mL 者。

6. 恆溫水槽

能保持規定試驗溫度，準確至 0.5°C。

2.14–3 試樣準備

依「2.1 瀝青材料取樣法，2.1–6　二、試樣準備法」準備瀝青材料：

一、液體瀝青試樣

先將量筒擦乾淨，放在平坦堅硬的位置（量筒須能保持垂直）。將試樣傾入量筒中，至適宜高度即可。須小心注意傾入，不使產生氣泡，若有氣泡產生，須等待所有氣泡浮至試樣表面後，用吸墨紙或濾紙，將所有氣泡吸盡。

二、較黏稠性瀝青試樣

將瀝青試樣置於燒杯中，隔水加熱，用溫度計適宜地攪拌，使各處溫度均勻。加熱溫度略高於 25°C。然後將試樣傾入擦拭乾淨的量筒內，至適宜高度即可。若產生氣泡，須俟氣泡浮至試樣表面後，用吸墨紙或濾紙將之吸盡。

2.14–4 試驗方法

1. 試樣存於量筒中，置入恆溫水槽，待冷卻至 25°C 而又無氣泡存在時，隨即垂直緩慢的放入比重計。
2. 若由於試樣黏滯性的關係，比重計下沉很慢，則須有一段足夠的時間令比重計下沉至一穩定點，此穩定點最好能經校正。校正法即此時將比重計往上提高，然後再令其下沉直至穩定，前後兩次穩定點須相同。

3. 當比重計穩定後，記錄試樣表面與比重計相切之讀數（非半月形面最上端之讀數），此讀數即為瀝青試樣的比重。

2.14–5 注意事項

除上述外：

1. 當比重計放入量筒中之試樣後，須注意勿使與量筒壁接觸。
2. 須俟比重計穩定後，才能讀取比重計的數字。
3. 當比重計放入量筒中時，勿過分壓沉比重計，使超過其穩定點過巨。
4. 若壓沉比重計，使超出其穩定點三至四最小分格時，當壓力解除後，此比重計能立刻上升。倘無上升現象，則表示此瀝青試樣過稠，不能使用比重計測定其比重，應改用比重瓶法。
5. 若試樣顏色過暗，未能讀得試樣表面與比重計相切的讀數時，可先讀取半月形最上端與比重計相切之讀數，然後估計此差額，加於上述之讀數。

2.14–6 記錄報告

一、計算式

瀝青試樣的比重試驗標準溫度為 25°C，而有些比重計對水的比重，在溫度為 15.6°C 時為 1.000，因之比重計所測定的瀝青試樣比重為 25°C/15.6°C，故應將之改為 25°C/25°C，其式如式 (2.14–1)：

$$\text{瀝青試樣比重}\,(25°C/25°C) = \text{瀝青試樣比重}\,(25°C/15.6°C) \times 1.002 \qquad (2.14\text{–}1)$$

若比重計對水在溫度為 4°C，其比重為 1.000，而瀝青試樣試驗之溫度為 t°C 時，其比重計算式如式 (2.14–2)：

$$S(25°C/4°C) = S' + (t - 25) \times 0.007$$

瀝青試樣比重

$$S(25°C/25°C) = S(25°/4°C) \times 1.0029 \qquad (2.14\text{–}2)$$

式中：S = 25°C/4°C 時瀝青試樣之比重；

S′= t°C/4°C 時瀝青試樣之比重；

t = 瀝青試樣在試驗時之溫度。

二、精確度

1. 同一試樣至少平行試驗兩次，其差值在重複試驗的精確度範圍內時，取其平均值準確至小數點第三位作為試樣比重試驗結果的報告，試驗報告須註明試驗溫度。
2. 同一試驗者及儀器，每次比重試驗結果的重複性試驗精確度允許偏差不宜大於 0.006。
3. 不同試驗者及儀器，每次比重試驗結果的再現性試驗精確度允許偏差不宜大於 0.008。

三、記錄表格

液體瀝青比重試驗報告

工程名稱：________　取樣者：________　送樣單位：________

瀝青種類：________　瀝青來源：________　取樣日期：________

瀝青試樣溫度________°C　比重計標準溫度________°C

試驗編號：________　試驗日期：________

次數	1	2	3	本試驗法依據
比重計讀數 (°C/°C)				
比重 (25°C/25°C)				
平均比重 (25°C/25°C)				

複核者：________　試驗者：________

2.15 瀝青材料之比重試驗——置換法

Method of Test for Specific Gravity of Bituminous Materials by Displacement Method，參考 ASTM D3289–03

2.15–1 目的

本試驗法係在規定試驗溫度下，半固體或固體瀝青試樣測定同一試樣在空氣中及水中質量，進而計得密度或比重之方法。其用途請參閱「2.13 瀝青材料之比重試驗——比重瓶法」。

2.15–2 儀器

如圖 2.15–1 所示，包括有：

1. 天秤

使用靈敏度至 0.001 g 任何型式之天秤。

2. 燒杯

容量為 150 mL 之燒杯。

3. 跨座

支承燒杯跨於天秤一端之底盤上。

4. 銅模

須能鑄成瀝青試樣成每邊 12.7 mm 之立方體者。

5. 坩堝

坩堝之高度約 43 mm、直徑約 41 mm、容積約 30 mL。

6. 玻璃板或銅鈑

7. 加熱器

8. 恆溫槽

9. 軟刀

10. 溫度計

最小刻劃為 0.1°C。

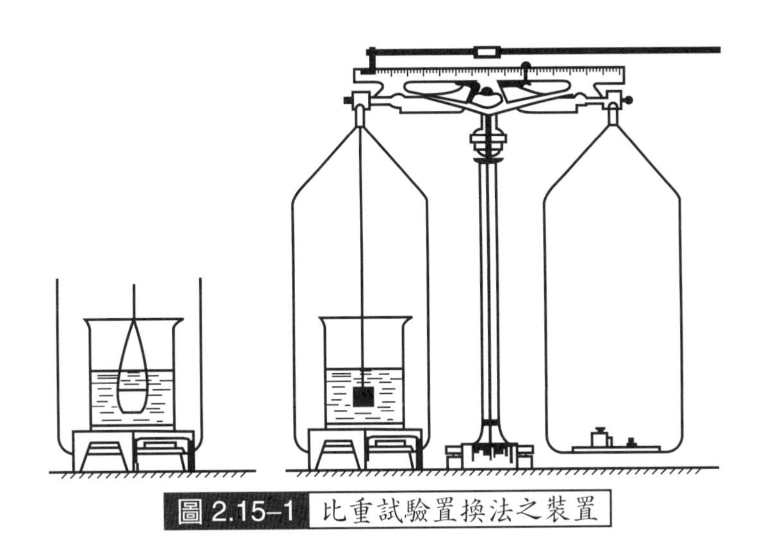

圖 2.15–1 比重試驗置換法之裝置

2.15–3 試樣準備

依「2.1 瀝青材料取樣法，2.1–6　二、試樣準備法」準備瀝青試樣。

一、瀝青試樣為半固體者

先以低溫加熱，使瀝青試樣完全融化，直至試樣具有足夠的流動性而能傾倒為止。黏稠性半固體瀝青試樣的加熱溫度，對石油瀝青膠泥不可超過估計軟化點以上 110°C，對柏油不可超過估計軟化點以上 55°C。加熱時間不可超過 60 分鐘，並須充分攪拌，不許有任何氣體氣泡存在其中。

二、瀝青試樣為固體者

1. 先將銅模之內壁及玻璃板或銅鈑上，均勻抹上一層氯化汞或隔離劑。再將銅模放在玻璃板上。
2. 瀝青試樣依半固體瀝青試樣加熱方式低溫加熱，注意防止因蒸發的損失。當此試樣完全融化後，小心傾入銅模內，至略為滿溢為止。

3. 靜置於室溫下冷卻，軟刀略為加熱後，將餘溢部分小心切平，務使其表面平整。
4. 將銅模、試樣及玻璃板一起放入恆溫槽中至少半小時，恆溫槽的溫度須保持 25 ± 0.1 °C。
5. 由恆溫槽中取出銅模、試樣及玻璃板，去除銅模及玻璃板得試樣，準備作試驗。

2.15–4 試驗方法

一、瀝青試樣為半固體者

1. 在準備試樣之前，於天秤之一端掛鉤上紮一已打過蠟的細絲線，另一端懸吊坩堝，於空氣中稱其質量，準確至 1 mg。
2. 於天秤紮有絲線的一端，跨上底盤一跨座，跨座上放一盛有規定試驗溫度（或 25°C）±0.1°C 新鮮蒸餾水的燒杯。將坩堝於此燒杯之中稱其質量，準確至 1 mg。
3. 取下所懸吊之坩堝並擦乾，然後放入 120°C 的烘箱加熱烘乾 10 分鐘。由上節 2.15–3 所得具有足夠流動性的瀝青試樣略傾滿烘乾之坩堝，並冷卻至少 40 分鐘。
4. 冷卻後之坩堝及其內之試樣懸吊於天秤之一端，於空氣中稱其質量，準確至 1 mg。
5. 由天秤取下坩堝將之浸入恆溫水槽內，水溫保持在規定試驗溫度（或 25°C）±0.1°C 至少 30 分鐘。
6. 取出坩堝懸吊於天秤之一端，並浸入盛有規定試驗溫度（或 25°C）±0.1°C 新鮮蒸餾水的燒杯內，稱坩堝試樣在水中的質量，準確至 1 mg。

二、瀝青試樣為固體者

1. 在準備試樣之前，於天秤之一端掛鉤上紮一已打過蠟的細絲線，稱該細絲線質量，準確至 1 mg。
2. 由上節 2.15–3 所得固體瀝青試樣懸吊於絲線之一端，稱其質量，準確至 1 mg。
3. 將所繫試樣浸入盛有規定試驗溫度（或 25°C）±0.1°C 新鮮蒸餾水的燒杯內，稱試樣在水中的質量，準確至 1 mg。

2.15–5 注意事項

除上述外：

1. 氯化汞之使用對健康有影響，應謹慎使用。
2. 試樣放入燒杯中量其質量之前，須注意不能有氣泡附著於瀝青試樣或坩堝上。
3. 量測所繫瀝青試樣之質量時，所繫之細絲線不可有晃動現象。

2.15–6 記錄報告

一、計算式

1. 瀝青試樣為黏稠性半固體者之比重計算式如式 (2.15–1) 所示：

$$\text{瀝青試樣之比重}\ (25°C/25°C) = \frac{\text{某體積瀝青試樣質量}\ (25°C)}{\text{同體積蒸餾水質量}\ (25°C)} = \frac{c-a}{(c-a)-(d-b)} \qquad (2.15\text{–}1)$$

式中：c = 坩堝及瀝青試樣於空氣中總質量 (g)；

a = 坩堝於空氣中質量 (g)；

b = 坩堝於水中質量 (g)；

d = 坩堝及瀝青試樣於水中總質量 (g)。

2. 瀝青試樣為固體者，其比重計算式如式 (2.15–2) 所示：

$$\text{瀝青試樣之比重}\ (25°/25°C) = \frac{a-c}{a-b} \qquad (2.15\text{–}2)$$

式中：a = 細絲線及瀝青試樣於空氣中總質量 (g)；

b = 細絲線及瀝青試樣於水中總質量 (g)；

c = 細絲線於空氣中質量 (g)。

3. 瀝青試樣之密度計算式如式 (2.15–3) 所示：

$$\rho_b = \gamma_b \times \rho_w \qquad (2.15\text{–}3)$$

式中：γ_b = 瀝青試樣在規定試驗溫度下之比重；

ρ_b = 瀝青試樣在規定試驗溫度下之密度 (g/cm^3)；

ρ_w = 水在規定試驗溫度下之密度 (g/cm^3)，15°C 水的密度為 0.99910 g/cm^3，25°C 水的密度為 0.99703 g/cm^3。

二、精確度

1. 同一試樣至少平行試驗兩次，其差值在重複試驗的精確度範圍內時，取其平均值準確至小數點第三位作為瀝青試樣密度試驗結果的報告，試驗報告須註明試驗溫度。
2. 同一試驗者及儀器，每次試驗結果的重複性試驗精確度允許偏差為 0.0016 g/cm^3。
3. 不同試驗者及儀器，每次試驗結果的再現性試驗精確度允許偏差為 0.002 g/cm^3。

三、記錄表格

瀝青材料比重試驗（置換法）報告

工程名稱：________　取樣者：________　送樣單位：________

瀝青種類：________　瀝青來源：________　取樣日期：________

試驗編號：________　試驗日期：________

1. 瀝青試樣為黏稠性半固體

蒸餾水溫度：__25__°C　密度 ρ_w：__0.997__ g/cm^3　瀝青試樣溫度：__25__°C

試驗次數		1	2	3	本試驗法依據
（坩堝＋試樣）於空氣中質量 (g)	c				
坩堝於空氣中質量 (g)	a				
試樣於空氣中質量 (g)	(c − a)				
（坩堝＋試樣）於水中質量 (g)	d				
坩堝於水中質量 (g)	b				
試樣於水中質量 (g)	(d − b)				
與試樣同體積水質量 (g)	(c − a) − (d − b)				
比重 (25°/25°C)					
平均比重 (25°/25°C)	γ_b				
瀝青試樣密度 (g/cm^3)	0.997 γ_b				

2. 瀝青試樣為固體者

試驗次數		1	2	3	本試驗法依據
（細絲線＋試樣）於空氣中質量 (g)	a				
細絲線於空氣中質量 (g)	c				
試樣於空氣中質量 (g)	(a − c)				
（細絲線＋試樣）於水中質量 (g)	b				
與試樣同體積水質量 (g)	(a − b)				
比重 (25°/25°C)					
平均比重 (25°/25°C)	γ_b				
瀝青試樣密度 (g/cm^3)	0.997 γ_b				

複核者：________　試驗者：________

2.16 瀝青材料無機物或灰分含量試驗

Method of Test for Inorganic Matter or Ash in Bituminous Materials，參考 CNS2487、AASHTO T111–83 (2004)

2.16–1 目　的

1. 本試驗主要在測定瀝青材料經高溫燃燒後所剩餘的無機礦物質殘留物的含量百分率，作為瀝青材料品質的鑑定。
2. 本試驗法適用於測定石油瀝青、煤柏油等材料的灰分含量。

2.16–2 儀　器

1. 瓷製附蓋坩堝

   容量 50～100 mL。
2. 坩堝鉗

   用以夾持坩堝。
3. 高溫電爐

   1000°C 之能調溫的適宜高溫爐。
4. 分析天秤

   稱量 50 g，精確度不大於 0.1 mg。
5. 乾燥器、蒸餾水等

2.16–3 試樣準備

依「2.1 瀝青材料取樣法，2.1–6　二、試樣準備法」將瀝青材料準備好備用。

用蒸餾水或其他適宜之洗滌液將坩堝洗淨，置於已加熱至恆溫 900 ± 10°C 的高溫電爐中鍛燒至恆重（至少 10 分鐘），用坩堝鉗取出，並置入乾燥器中冷卻後，稱其質量準確至 0.2 mg。

2.16–4 試驗方法

1. 將備用之瀝青試樣熔化成流體，均勻攪拌後，約注入 2～5 g 已稱質量之坩堝內，準確至 0.1 mg。
2. 將置有試樣的坩堝置入高溫電爐內，緩慢提高溫度，並注意勿使坩堝中之試樣濺溢。
3. 待坩堝內試樣的揮發物全部除去後，再慢慢升高溫度至 750～900°C，使所遺留炭狀物完全灰化為止。
4. 取出坩堝及其內之灰分，在室溫下冷卻約 5 分鐘，再放入乾燥器內冷卻至室溫後稱其質量，準確至 0.2 mg。
5. 重複進行鍛燒、冷卻、稱其質量，直至連續兩次稱重的質量差不大於 0.3 mg 之恆重為止。

2.16–5 注意事項

除上述外：

1. 煤柏油在最高鍛燒溫度範圍內可用較低的溫度。
2. 在灰化後，若仍有黑色顆粒呈現，應再繼續鍛燒，務使鍛燒的殘留物無黑色物質為止。
3. 盛有試樣的坩堝在高溫爐內加熱的速度不可過快，以防坩堝內試樣著火，或因膨脹而濺溢出坩堝。

2.16–6 記錄報告

一、計算式

瀝青試樣灰分含量之計算式依式 (2.16–1) 計算之：

$$P_a = \frac{m_2 - m}{m_1 - m} \times 100 \qquad (2.16\text{–}1)$$

式中：P_a = 瀝青試樣灰分含量 (%)；

m = 坩堝質量 (g)；

m_1 = 坩堝與試樣總質量 (g)；

m_2 = 坩堝與試樣灰分總質量 (g)。

二、精確度

1. 同一試樣至少平行試驗兩次，其差值在重複試驗的精確度範圍內時，取其平均值作為試樣灰分試驗結果的報告。
2. 同一試驗者及儀器，每次灰分試驗結果的重複性試驗精確度允許偏差為 0.03%。
3. 不同試驗者及儀器，每次灰分試驗結果的再現性試驗精確度允許偏差為 0.05%。

三、記錄表格

瀝青材料灰分含量試驗報告

工程名稱：________　　取樣者：________　　送樣單位：________

瀝青種類：________　　瀝青來源：________　　取樣日期：________

試驗編號：________　　試驗日期：________

試驗次數		1	2	3	本試驗法依據
（坩堝＋試樣）總質量 (g)	m_1				
（坩堝＋灰分）總質量 (g)	m_2				
坩堝質量 (g)	m				
試樣質量 (g)	$m_1 - m$				
灰分質量 (g)	$m_2 - m$				
灰分含量 (%)	$\frac{m_2 - m}{m_1 - m} \times 100$				
平均灰分含量 (%)					

複核者：________　　試驗者：________

2.17 瀝青材料韌性與極限張應力（黏結力）試驗

Method of Test for Toughness and Tenacity of Bituminous Materials，參考 CNS14185、ASTM5801-95 (06)

2.17-1 目　的

1. 本試驗法係測定瀝青材料在規定試驗溫度下，磨光之金屬半球體於瀝青試樣內拉伸時的韌性值及極限張應力（黏結力）強度，用以評價瀝青材料摻配橡膠或熱塑性樹脂等改質劑的效果。通常石油瀝青以聚合物改質，將促使改質後瀝青伸展時具有較大的延性，且同時可阻抗進一步的拉伸，而韌性值及極限張應力為測定此能力的指標。
2. 當金屬半球體在瀝青試樣內拉伸之初期，呈現較大的拉力，短時間拉力就下降，拉伸度小；其後，則有一較長時間的拉伸段，直至試樣與張力頭完全分離。此總拉力曲線與橫坐標所涵蓋的總面積稱為韌性值 (Toughness)，其後期較長時間的拉伸段所涵蓋的面積則稱為極限張應力 (Tenacity)。
3. 石油瀝青材料或任何添加改質劑的改質瀝青皆可使用本試驗法測定其韌性值及極限張應力值。

2.17-2 儀　器

如圖 2.17-1 所示，包括有：

1. 試樣容器

盛裝試樣之金屬製圓柱形平底容器，內徑 55 mm，深度 35 mm。

2. 張力頭 (Tersion Head)

拉伸瀝青試樣用之黃銅或不鏽鋼金屬製成半球體圓頭，其半徑 11.1 mm；半球體的平面中央旋入直徑 6.35 mm 螺桿，並配置 6.35 mm 厚的螺帽。螺桿側設一小栓以落入三腳支架中心套筒內壁的豎槽中，使旋轉定位螺母時，張力頭不致扭轉。

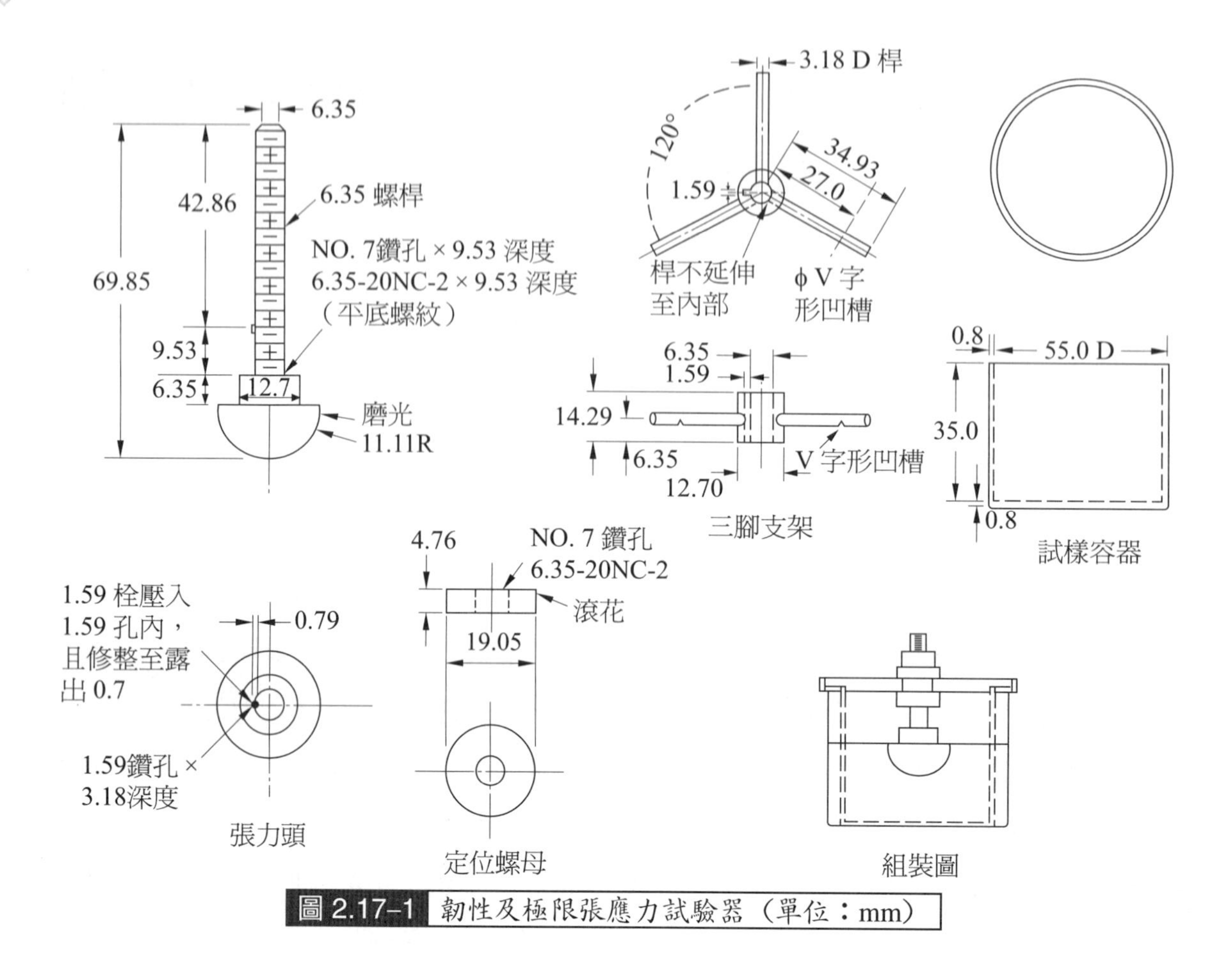

圖 2.17-1 韌性及極限張應力試驗器（單位：mm）

3. 定位螺母

金屬製成，外周滾花，旋在張力頭螺桿上，用以調整張力頭在試樣容器內的高度。

4. 三腳支架

具有以 120° 等角分開之三腳，腳底有凹槽用以扣在試樣容器的周緣上，使支架套筒位於試樣中心位置上，由於螺桿小栓落入套筒豎槽，限制張力頭僅能作上下移動。

5. 拉伸試驗機

能以 500 mm/min 速率等速拉伸之任何拉伸試驗機，最高加載能力為 1 kN，並可記錄拉力對拉伸長度所繪成之曲線；拉伸速率必須能控制在 ±2% 以內，且在裝置試樣支持具後之最小有效拉伸距離為 610 mm。試驗機應備有固定韌性及極限張應力試驗器的上下夾具。

6. 恆溫水槽

能控制恆溫 25 ± 0.1°C，槽內須置有多孔的安放試樣容器的支持架。架底距槽底不少於 50 mm，且低於水面不少於 100 mm。

7. 烘箱

裝有溫度控制器之重力對流式烘箱，溫度應能維持在 163 ± 5.5°C。

8. 溫度計

經校正之溫度計，溫度測定範圍 −8～32°C，刻劃為 0.1°C。

2.17–3 試樣準備

依「2.1 瀝青材料取樣法，2.1–6　二、試樣準備法」準備瀝青試樣。

1. 將試樣容器放入 60～80°C 烘箱內預熱。
2. 用三氯乙烯溶劑擦淨張力頭半球體，裝入三腳支架乾燥待用。
3. 將瀝青試樣加熱至可傾出之流體狀：
   (1)將加熱之試樣倒入未蓋緊之容器內，置入 163°C 烘箱內加熱至均勻溫度且可傾倒出流體之程度，加熱時避免局部過熱。
   (2)如試樣為乳化蒸餾試驗之殘留物者，應在殘留物還是熱時小心攪拌均勻。
4. 在三個預熱的試樣容器內傾入小心攪拌均勻的瀝青試樣約 36 ± 0.5 g。試樣中不得混入氣泡。
5. 立即將組妥的張力頭和三腳支架的腳底凹槽扣在每一試樣容器的周緣上。調整定位螺母，使張力頭浸入瀝青試樣表面下約 1 mm。
6. 將裝有張力頭和三腳支架組合的試樣容器置入 163°C 恆溫烘箱內 15 分鐘。
7. 由烘箱內取出試樣容器，調整張力頭高度直至半球體上端平面與瀝青試樣表面齊平後，靜置於室溫冷卻 75 ± 5 min。
8. 將室溫下靜置後的試樣容器移入 25 ± 0.1°C 恆溫水槽中的架子上保溫 75 ± 5 min。

2.17–4 試驗方法

1. 調整拉伸試驗儀的拉伸速率至 500 mm/min，記錄儀以 Y 軸表示拉力，X 軸表示拉伸長度。
2. 將試樣容器由 25 ± 0.1°C 恆溫水槽內取出，立即將中央三腳支架移開，迅速安裝到拉伸試驗機的上、下壓頭夾具間。安裝時不得使張力頭半球體與瀝青試樣產生擾動。
3. 調整繪圖筆歸零，維持室溫在 25 ± 3°C 下，以 500 mm/min 之速率開始拉伸，並記錄拉力與拉伸長度之曲線，直至試樣被拉斷，此時拉力歸零，或已達拉伸試驗機拉伸界限時，即結束試驗。

2.17–5 注意事項

除上述外：

1. 為取得均質瀝青試樣，在加熱時應徹底攪拌均勻，傾入試樣容器內不得混有氣泡。
2. 由恆溫水槽取出試樣至開始拉伸的時間間隔不得超過 3 分鐘。
3. 由恆溫水槽取出試樣容器時，宜保留容器頂部存留的水，有助於維持試樣表面溫度變化。

2.17–6 記錄報告

一、計算式

圖 2.17–2 為本試驗記錄之拉力－拉伸長度曲線。依試樣之韌性值與極限張應力值之定值：

1. 韌性值

瀝青試樣在特定試驗條件下完全自張力頭半球體分離時所需之功。即是量取拉力－拉伸長度之曲線所包圍的總面積 ABCDF 以 N·m 為單位。

2. 極限張應力值

瀝青試樣在特定試驗條件下，試樣拉伸以克服起始阻力時所需的功。其量取係自拉力－拉伸長度曲線之尖峰值後之線段作一切線與橫軸相交，切線右方曲線所包圍的面積 CDFE 以 N·m 為單位。

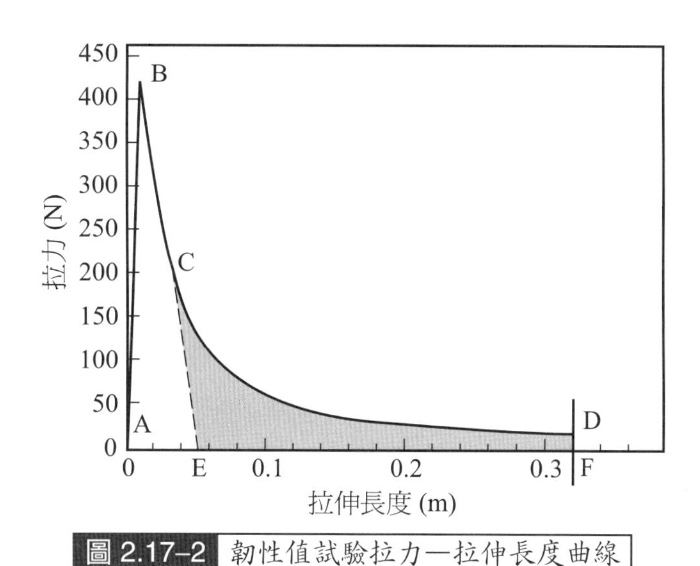

圖 2.17–2 韌性值試驗拉力－拉伸長度曲線

二、精確度

1. 同一試驗至少平行試驗三次，取三次試驗值之平均值作為試樣韌性與極限張應力試驗結果的報告。如三次試驗值之一與其他二者比較時，有早期斷裂現象，應視為無效，而取兩次有效試驗之平均值報告之。
2. 以聚合物改質瀝青為試樣者，對同一試驗者及儀器，每次韌性與極限張應力試驗結果的重複性試驗精確度允許差異不得超過平均值之 20%。
3. 以聚合物改質瀝青為試樣者，對不同試驗者及儀器，每次韌性與極限張應力試驗結果的再現性試驗精確度允許差異不得超過平均值之 32%。

三、記錄表格

瀝青材料韌性及極限張應力試驗報告

工程名稱：________　取樣者：________　送樣單位：________

瀝青種類：________　瀝青來源：________　取樣日期：________

試驗溫度：25°C　試驗編號：________　試驗日期：________

試驗次數	1	2	3	平均	本試驗法依據
韌性值 (N·m)					
極限張應力值 (N·m)					

拉力—拉伸長度曲線

複核者：________　試驗者：________

2.18 延性試驗儀量測瀝青材料彈性回復率試驗

Test Method for Elastic Recovery of Bituminous Materials by Ductilometer，參考 CNS14184、ASTMD 6084–97

2.18–1 目　的

1. 評估改質瀝青的回彈性能。
2. 以 2.6 之延性試驗儀將中央截面積 1 cm^2 的試體拉伸 10 cm 後剪斷，經 1 小時拉伸彈性回復以百分率表示之。

2.18–2 儀　器

1. 銅模

如圖 2.18–1 所示的設計尺寸，係由黃銅製成，兩側銅模邊 a、a′ 部分為直線段，試體中央部分截面積為 1 cm^2。

2. 剪刀

可以在試驗溫度下剪斷瀝青試體拉伸部位。

3. 其他

其餘有關銅鈑或玻璃板、軟刀、恆溫水槽、試驗儀等與「2.6 瀝青材料之延性試驗」相同。

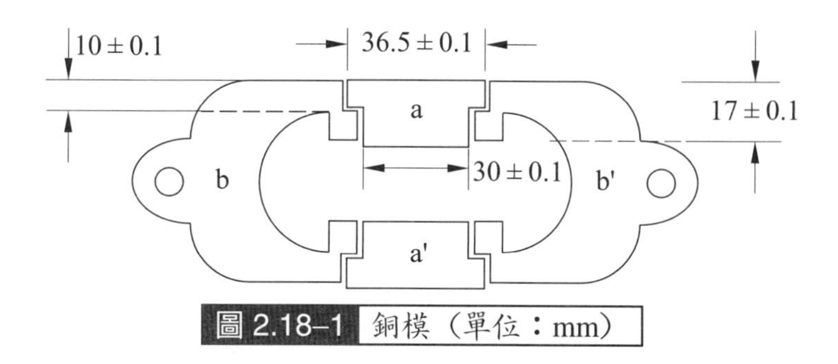

圖 2.18–1 銅模（單位：mm）

2.18–3 試樣準備

依「2.1 瀝青材料取樣法，2.1–6　二、試樣準備法」採取瀝青試樣備用。

1. 以低溫加熱於瀝青試樣，待完全融化而成流體為止。然後使之濾過 0.3CNS386 篩，均勻攪拌之。
2. 銅模水平放置於已塗氯化汞、或甘油與糊精、滑石粉或瓷土所調製之混合物的銅鈑或玻璃板表面上，銅模之直線段邊的內側面也須塗抹，以避免瀝青黏著其上。
3. 將過濾攪拌均勻的瀝青試樣傾入銅模內至溢滿為止。
4. 含有瀝青試樣之銅模及其銅鈑靜置於室溫下冷卻 30～40 分鐘，然後浸入恆溫水槽內之有孔架上，槽內須保持試驗時之溫度 25 ± 0.5°C 約經 30 分鐘後取出，用烘熱的軟刀沿銅模表面割除溢餘部分，使試樣表面平坦。再將之浸入恆溫水槽內約 85～95 分鐘。

2.18–4 試驗方法

1. 由 25 ± 0.1°C 恆溫水槽內取出試樣，移開銅模兩側邊，再將銅鈑或玻璃板也移除。
2. 將銅模夾兩端的孔，各嵌入試驗儀的鉤上，試驗儀內的水溫，保持在試驗時規定的溫度 25 ± 0.5°C。試驗儀水槽的水容量須能使試樣浸入水中後，由水面至試樣頂面，及試樣底面至水槽底至少有 2.5 cm。
3. 以每分鐘 5 ± 0.3 cm 的速率均勻穩定地將試樣拉伸至 10 cm，立即以剪刀將試體由中央剪斷並關機，而後靜置試體於水槽內 1 小時。
4. 經過 1 小時後，將兩半試體放回中心點位置，使剪斷點抵觸，量測伸縮後的試體長並記錄之。

2.18–5 注意事項

除上述外：

1. 傾注試樣於銅模內時，須注意不使銅模各部分移動，以免試樣變形。

2. 銅鈑或玻璃板須放置水平。

3. 傾注試樣於銅模時，需以細流來回注入於銅模兩端間，直到溢滿為止。

4. 試樣加熱時應防局部過熱。

5. 試樣傾入銅模，不可有氣泡混入。

2.18–6 記錄報告

一、計算式

聚合物改質瀝青之彈性回復率由式 (2.18–1) 計算之：

$$R = \frac{10 - x}{10} \times 100 \tag{2.18–1}$$

式中：R = 彈性回復率 (%)；

x = 試體伸縮後長度 (cm)；

10 = 試體拉伸 10 cm。

二、記錄表格

改質瀝青彈性回復率試驗報告

工程名稱：________　取樣者：________　送樣單位：________

瀝青種類：________　瀝青來源：________　取樣日期：________

試樣拉長：10 cm　試驗編號：________　試驗日期：________

試驗次數		1	2	3	本試驗法依據
伸縮後長度 (cm)	x				
彈性回復率 (%)	$R = \frac{10 - x}{10}$				
平均彈性回復率 (%)					

複核者：________　試驗者：________

2.19 聚合物改質瀝青材料離析試驗

Test Method for Separation of Polymer-Modified Asphalt Materials，參考 CNS14184、ASTM D5976–00

2.19–1 目的

1. 聚合物改質瀝青材料在熱儲時，聚合物與瀝青材料會發生析離，此種離析現象視添加之聚合物改質劑種類及用量而異。若有較大離析現象者，則在熱儲時須經常徹底攪拌。
2. 離析現象的研判係將試樣灌入鋁管，並封口豎立於 163 ± 5°C 恆溫烘箱內 48 小時後，取頂、底試樣測試軟化點，以兩軟化點的差值評估之。

2.19–2 儀器

1. 薄鋁管

   直徑 25.4 mm，長 139.7 mm，有底薄管。

2. 烘箱

   需能控溫 163 ± 5°C。

3. 冷藏櫃

   需能控溫 −6.7 ± 5°C。

4. 管架

   用以豎立鋁管，並可放入烘箱或冷藏櫃。

5. 刀具、鎚

   刀具須堅韌、鋒利得以將置有瀝青試樣的鋁管切斷。

2.19–3 試樣準備

依「2.1 瀝青材料取樣法，2.1–6　二、試樣準備法」準備瀝青試樣。

以低溫加熱於瀝青試樣，待完全融化而成流體為止。然後將之濾過 0.3CNS386 篩，均勻攪拌之。

2.19–4 試驗方法

1. 將已充分攪拌的瀝青試樣注入 50 g 於豎立在管架的鋁管內，鋁管頂端空管部分擠扁摺成兩摺密封之。
2. 將管架及其上裝填有試樣的鋁管置入 165 ± 5°C 的恆溫烘箱內經 48 ± 1 小時後，立即移入 −6.7 ± 5°C 的冷藏櫃中冷凍至少 4 小時，使試樣固化。
3. 從冷藏櫃中將冷凍的鋁管取出，放平於平坦的檯面上，用刀具和鎚子將試樣切成等長的三段，取頂段和底段分別放入燒杯，置於 163 ± 5°C 的烘箱內直至試樣融化成流體後，去除鋁管。
4. 將去除鋁管的頂段和底段瀝青試樣經充分攪拌後，依「2.3 瀝青材料之軟化點試驗——環球法」分別量測軟化點。

2.19–5 注意事項

除上述外：

1. 瀝青試樣的加熱過程中應充分均勻攪拌，避免局部過熱。
2. 管架上的鋁管無論在灌注瀝青試樣，或置入烘箱內及冷藏櫃皆須保持直立狀。
3. 每支鋁管的頂段與底段的試樣皆須同時測試軟化點。

2.19–6 記錄報告

聚合物改質瀝青離析試驗報告

工程名稱：＿＿＿＿　取樣者：＿＿＿＿　送樣單位：＿＿＿＿

瀝青種類：＿＿＿＿　瀝青來源：＿＿＿＿　取樣日期：＿＿＿＿

試驗編號：＿＿＿＿　試驗日期：＿＿＿＿

1. 每分鐘溫度變化

頂 段	時間 (min)										
	溫度 (°C)										
底 段	時間 (min)										
	溫度 (°C)										

2. 離析值

試驗次數		1	2	3	本試驗法依據
頂 段	軟化點 (°C)				
	平均軟化點 (°C) TS				
底 段	軟化點 (°C)				
	平均軟化點 (°C) BS				
離析值 (TS – BS)					

複核者：＿＿＿＿　試驗者：＿＿＿＿

2.20 瀝青材料之熱及空氣效應試驗——薄膜烘箱法

Method of Test for Effect of Heat and Air on Asphaltic Materials (Thin-Film Oven Test)，參考 CNS10093（94 年印行）、AASHTO T179–05

2.20–1 目　的

1. 用以檢定石油瀝青材料加熱廠拌操作時，包裹粒料之瀝青膠泥薄膜硬化的程度。此硬化趨勢的測定，係以薄膜加熱試驗前後，引起瀝青試樣質量的損失，以評定瀝青材料受熱時特性的變化。
2. 本試驗法（簡稱 TFOT）係以瀝青試樣 50 g，成薄層體於直徑 55 mm 蒸發皿上，在烘箱內受溫度 163°C 的流動空氣烘熱 5 小時後，量測瀝青試樣受熱空氣作用前後之物理特性變化，評估受熱與空氣影響程度。
3. 本薄膜烘箱熱損後之殘留物進行黏度、針入度、延性及軟化點試驗的數值，相當於原瀝青材料經加熱廠拌操作過程後之特性；熱損後之殘留物亦類似瀝青路面鋪設後之瀝青材質。

2.20–2 儀　器

1. 烘箱

電熱通風式矩形烘箱，如圖 2.20–1 所示。箱內最小尺寸，每向最小 330 mm。烘箱前面有一門，門上有一 100 mm 見方之相隔雙層玻璃窗。由此玻璃窗可直接觀讀箱內溫度計的刻度 。 箱內設有一直徑至少 250 mm 的金屬圓形旋轉架 (Metal Circular Rotating Shelf)，其轉速可控制在 5.5 ± 1 rpm。旋轉架中心軸應靠近烘箱中心位置垂直裝置。旋轉架之承載容器平面，當將容器置於其上之位置時，不可阻斷通過支架之所有循環空氣。

2.溫度計

溫度範圍為 155～170°C，加熱損失試驗專用溫度計，最小刻劃 0.5°C。

3.容器

適宜者及一容量 240 cm^3 的容器。

4.盛樣皿

內徑 140 mm，深度 9.5 mm，皿壁厚 0.762 mm 之鋁製圓柱體平底皿器。50 mL 的試樣恰能在其內形成 3.2 mm 的薄膜，如圖 2.20–2 所示者。

5.天秤

精確度在 0.001 g 以內者。

6.藥刀

圖 2.20–1 薄膜加熱用之烘箱

圖 2.20–2 盛樣皿

2.20–3 試樣準備

依「2.1 瀝青材料取樣法，2.1–6　二、試樣準備法」準備瀝青試樣。

1. 將多個盛樣皿洗淨擦乾，再稱其質量，準確至 1 mg。
2. 採取具有代表性的瀝青試樣，於適宜的容器內，並加熱使成流體狀。加熱時須注意不得發生局部過熱現象，最高溫度不得超過環球法軟化點之溫度加上 100°C。加熱期間，隨時用溫度計攪拌之，但須注意不得有氣泡存在。
3. 若瀝青試樣含有水分，則以適當方法先予脫水。
4. 將瀝青試樣緩緩傾入兩個或多個盛樣皿中，質量約 50 ± 0.5 g，俟試樣冷卻至室溫後，再稱一次質量，準確至 1 mg。
5. 另按規定傾出部分試樣，於針入度試驗之容器內，施行針入度試驗。

2.20–4 試驗方法

1. 調整烘箱使之處於水平，因此旋轉架也同處於水平位置。旋轉架轉動時，其與水平面之最大斜度不得超過 3°。
2. 溫度計垂直插入烘箱內，其下端球體底距旋轉架須保持 6.4 mm 的間隔。
3. 當烘箱內的溫度達到 163°C 時，迅速將盛有試樣的皿器放在旋轉架上，然後烘箱門關緊，再開動旋轉架，使其保持 5.5 ± 1 rpm 的轉速不停地旋轉。
4. 保持烘箱內的溫度在 163 ± 1°C。
5. 保持溫度在 163 ± 1°C 五小時後，在五小時終了時，由烘箱內取出盛有試樣的皿器。當冷卻至室溫後，立即稱其質量達 0.001 g。由此可計算瀝青材料熱損量。
6. 稱過質量後，將之放在石棉水泥 (Asbestos-Cement) 板上，同置於烘箱內旋轉架上，緊閉烘箱門後，再開動旋轉架，使在箱內溫度保持 163°C 的情況下旋轉 15 分鐘，然後由烘箱內取出試樣。
7. 將試樣傾入同一 240 cm^3 的容器內，並用藥刀將皿器內餘料也同時刮出。容器內的殘留物，須徹底而均勻地攪拌，若有需要，可將之放在加熱鈑上加熱成流體狀後，再傾入特定的容器內施行針入度試驗、延性試驗、三氯乙烯溶解度試驗，以及其他認為有必要的試驗。

2.20–5 注意事項

1. 將盛試樣的容器放在旋轉架上，而把烘箱門緊閉後，當烘箱內的溫度回升至 162°C 時，開始保持箱內溫度 163 ± 1°C 五小時，但不得超過五小時十五分鐘。也即烘箱內溫度上升至 162°C 以前的一段時間不計在五小時內。
2. 若不計熱損量時，則試樣在 163 ± 1°C 的烘箱內五小時後，即可直接傾入 240 cm^3 的容器內，以供殘留物的特定試驗。
3. 若須計及熱損量，而其餘試驗不能在同一天完成時，則在殘留物稱過質量後，貯存過夜，而不可放入烘箱內預熱。
4. 若不須計及熱損量，而其餘試驗不能在同一天內完成時，則直接傾入 240 cm^3 的容器內貯存過夜。
5. 不同等級的瀝青試樣，不可同時置於同一烘箱內試驗。

2.20–6 記錄報告

一、計算式

1. 瀝青試樣薄膜熱損率之計算式依式 (2.20–1) 計算之：

$$P_\ell = \frac{m_2 - m_r}{m_2 - m_1} \times 100 \qquad (2.20\text{–}1)$$

式中：P_ℓ = 瀝青試樣薄膜熱損率 (%)；

m_1 = 盛樣皿器質量 (g)；

m_2 = 盛樣皿器與試樣總質量 (g)；

m_r = 盛樣皿器與薄膜熱損殘留物總質量 (g)。

2. 瀝青試樣薄膜熱損殘留物針入度與占原試樣針入度百分率之計算依式 (2.20–2) 計算之：

$$P_P = \frac{P_2}{P_1} \times 100 \tag{2.20–2}$$

式中：P_P = 薄膜熱損針入度比 (%)；

P_1 = 原瀝青試樣針入度；

P_2 = 薄膜熱損殘留物針入度。

3. 瀝青試樣薄膜熱損殘留物軟化點增值百分率之計算依式 (2.20–3) 計算之：

$$T_S = T_2 - T_1 \tag{2.20–3}$$

式中：T_S = 薄膜熱損軟化點增值 (%)；

T_1 = 原瀝青試樣軟化點；

T_2 = 薄膜熱損殘留物軟化點。

4. 瀝青試樣薄膜熱損殘留物黏度比之計算依式 (2.20–4) 計算之：

$$K = \frac{V_2}{V_1} \times 100 \tag{2.20–4}$$

式中：K = 薄膜熱損黏度比 (%)；

V_1 = 原瀝青試樣 60°C 黏度 (poise)；

V_2 = 薄膜熱損殘留物 60°C 黏度 (poise)。

二、精確度

1. 同一試樣至少平行試驗兩次，其差值在重複試驗的精確度範圍內時，取其平均值準確至小數點 2 位，作試樣薄膜熱損試驗結果的報告。
2. 根據需要列入熱損殘留物的針入度、軟化點、黏度等測試結果的報告。
3. 同一試驗者及儀器，每次試驗結果的重複性試驗精確度允許偏差在薄膜熱損量小於 0.4% 者為 ±0.04%，大於 0.4% 者為 ± 平均值之 8%。

4. 不同試驗者及儀器，每次試驗結果的再現性試驗精確度允許偏差在薄膜熱損量小於 0.4% 者為 ±0.06%，大於 0.4% 者為 ± 平均值之 40%。

5. 薄膜熱損殘留物針入度、軟化點、黏度等性質試驗的精確度應符合相應的試驗方法的規定。

三、記錄表格

瀝青材料之薄膜烘箱加熱試驗報告

工程名稱：________ 取樣者：________ 送樣單位：________

瀝青種類：________ 瀝青來源：________ 取樣日期：________

試驗編號：________ 試驗日期：________

1. 熱損量

盛樣皿		1	2	3	4	本試驗法依據
（皿 + 原試樣）質量 (g)	m_2					
（皿 + 殘留物）質量 (g)	m_r					
皿質量 (g)	m_1					
原試樣質量 (g)	$m_2 - m_1$					
熱損量 (g)	$m_2 - m_r$					
熱損率 (%)	$\frac{m_2 - m_r}{m_2 - m_1} \times 100$					
平均熱損率 (%)	P_ℓ					

2. 殘留物針入度比

試驗次數		1	2	3	4	本試驗法依據
殘留物針入度（25°C, 100 g，5 秒）	P_2					
原試樣針入度（25°C, 100 g，5 秒）	P_1					
殘留物與原試樣之針入度比 (%)	$\frac{P_2}{P_1} \times 100$					
平均殘留物與原試樣針入度比 (%)	P_P					

3.殘留物黏度比

試驗次數		1	2	3	4	本試驗法依據
原試樣 60°C 黏度 (poise)	V_1					
殘留物 60°C 黏度 (poise)	V_2					
黏度比 (%)	$\frac{V_2}{V_1} \times 100$					
平均黏度比 (%)	K					

複核者：________　試驗者：________

2.21 瀝青材料流動薄膜之熱及空氣效應試驗——滾動薄膜烘箱試驗法

Method of Test for Effect of Heat and Air on Moving Film of Asphalt (Rolling Thin-Film Oven Test), CNS14250（94 年印行）、AASHTO T240 × 06

2.21-1 目　的

1. 用以檢定石油瀝青材料加熱廠拌加熱時，包裹粒料之瀝青膠泥薄膜硬化的程度。此硬化趨勢的測定，係以薄膜加熱試驗前後，引起瀝青試樣質量的損失，以評定瀝青材料受熱時特性的變化。
2. 本試驗法（簡稱 RTFO）係以瀝青試樣 35 g 置於玻璃試樣瓶中，在烘箱內以 163°C 的熱空氣噴入轉速 15 rpm 的瓶內，此時瀝青試樣在試樣瓶內翻轉，造成流動薄膜，時時更新表面與熱空氣接觸。經 75 分鐘後，量測瀝青試樣受熱空氣作用前後之物理特性變化，評估受熱與空氣影響程度。
3. 本薄膜烘箱熱損後之殘留物進行黏度、針入度、延性、及軟化點試驗的數值，相當於原瀝青材料經加熱廠拌操作過程後之特性；熱損後之殘留物亦類似瀝青路面鋪設後之瀝青材質。
4. 本試驗法可與薄膜烘箱法 (TFOT) 相互代替。

2.21-2 儀　器

1. 滾動薄膜烘箱

　　如圖 2.21–1 所示，其主要裝設如下：

(1)烘箱為雙層壁，對流電熱系統附有溫度感應器，可維持室內溫度為 163 ± 0.5°C。其內部尺寸為高 381 mm、寬 483 mm、深 445 ± 13 mm（關門後）。烘箱門上有一對稱的雙層耐熱玻璃的視窗，其寬度為 305～330 mm、高 203～229 mm，透過視窗可清晰看清烘箱內部試驗情況。加熱元件表面位於烘箱底板下方 25 ± 3 mm。

⑵烘箱的頂部及底部均設有通風口，底部通風口開口面積為 15.0 ± 0.7 cm^2，對稱配置，可提供進入的空氣均勻流過加熱元件，頂部通風口開口面積為 9.3 ± 0.45 cm^2，亦對稱配置。

⑶烘箱內夾層間距 38.1 mm，作為空氣對流的通道，箱頂中央有一周緣成翼輪形的鼠籠式風扇 (Squirrel Cage-Type Fan)，其軸心垂線距試樣轉架表面 152.4 mm、風扇外徑 133 mm、輪寬 73 mm、轉速 1725 rpm，旋轉方向與輪翼的指向相反，由箱頂的馬達帶動。

⑷烘箱須配備有調控恆溫裝置以維持恆溫 165 ± 0.5°C ，感溫器裝置在左箱面 ，25.4 mm、後箱面 203.2 mm 及頂箱面 38.1 mm 的位置；測試用的溫度計則懸掛在頂板的鉤上，位於烘箱深度的一半，距右箱面 50.8 mm，溫度計懸掛時，其水銀球距試樣瓶環形金屬架的中心水平線上下 25.4 mm 以內 。烘箱控溫能力需能使預熱好的烘箱，在環形金屬架全部裝滿有試樣的試樣瓶後，能在 10 分鐘內達到試驗溫度。

⑸烘箱內裝設一直徑 304.8 mm 的垂直試樣瓶環形金屬架，沿圓周開設有 8 個大小合適的圓孔與彈簧夾，以固定或開啟 8 支平擺的玻璃盛樣瓶。瓶架的軸心為 19 mm，由箱後的機械以 15 ± 0.2 rpm 轉速帶動迴轉。

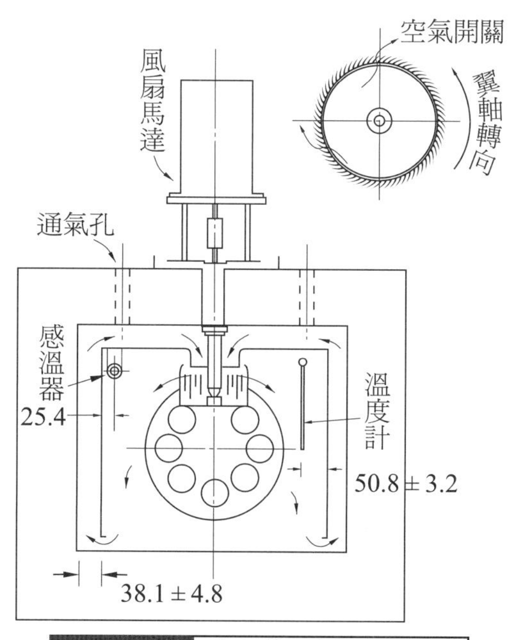

圖 2.21-1 滾動薄膜烘箱恆溫室

⑹烘箱內底部裝設一熱空氣噴嘴，當每支試樣瓶轉到最低位置時，向瓶口噴進熱空氣。噴嘴口徑為 1.016 mm，後端連接一長 7.6 m、外徑 8 mm 的銅管。銅管水平盤繞在烘箱底層，外端接通一能調節流量、新鮮、乾燥、無塵的空氣。在烘箱表面上裝備有溫度指示器、空氣流量計。空氣流量計可以準確量測筒管出口空氣量 4000 ± 200 mL/min。

2.溫度計

0～170°C，分度 0.5°C。

3.試樣瓶

耐熱玻璃製，其形狀及各部分尺寸如圖 2.21–2 所示。

4.天秤

精確度不大於 0.1 g 及 1 mg 各一個。

5.洗滌用溶劑

6.乾燥器

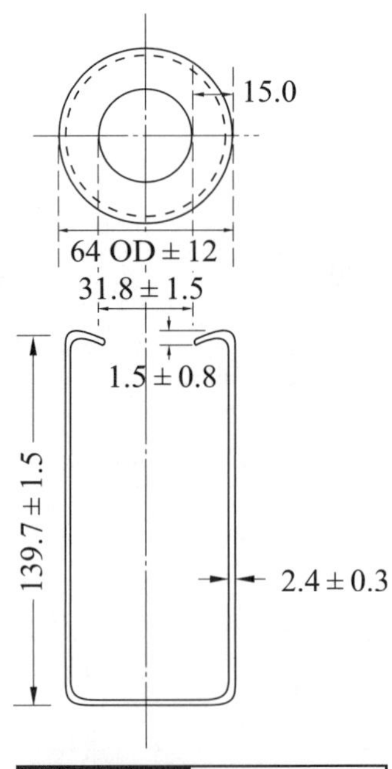

圖 2.21–2 玻璃試樣瓶

2.21–3 試樣準備

1. 用洗滌溶劑將試樣瓶洗淨，置入 105 ± 5°C 的烘箱內烘乾後，放入乾燥器中冷卻。
2. 將滾動薄膜烘箱調整水平，調整空氣噴口與試樣瓶開口距離為 6.35 mm，調節空氣流量為 4000 ± 200 mL/min，並使噴出的氣流平行於瓶身的中心。
3. 調整溫度計使水銀球底端的高度在金屬環形架軸心水平線上下 25.4 mm 以內。
4. 將烘箱控溫器設定在操作溫度予以預熱，預熱時間不少於 16 小時，使箱內熱空氣均勻，以便在環形金屬架裝滿試樣瓶後，略為調節控溫器並在熱空氣吹入時能在 10 分鐘內達到 163 ± 0.5°C。
5. 依「2.1 瀝青材料取樣法，2.1–6　二、試樣準備法」所採用之盛有試樣的容器鬆蓋，置於溫度不超過 150°C 的烘箱內加熱，使瀝青試樣均勻融化成流體。
6. 取出乾燥器內冷卻的試樣瓶稱其質量準確至 0.1 g；如係供測定熱損者，則取兩支試樣瓶分別稱其質量，準確至 1 mg。
7. 將加熱均勻的瀝青試樣注入每支試樣瓶內，其質量為 35 ± 0.5 g，注入的瓶數應能滿足試樣老化後有足夠的殘留量供所需試驗之用，通常不少於 8 支。如係量測質量熱損則取兩支試樣瓶，灌注瀝青試樣後放入乾燥器內冷卻至室溫，稱取其質量，準確至 1 mg。

2.21–4 試驗方法

1. 當烘箱預熱維持在操作溫度時，將已注入熱瀝青的試樣瓶隨即置入環形架各瓶座中，同時亦將欲測熱損的兩個已稱質量的試樣瓶放入瓶座中，環形架上若尚有空座，需以空試樣瓶補滿以保持平衡。裝妥後，關上烘箱門，開動環形架，以 15 ± 0.2 rpm 轉速旋轉，並以流量 4000 ± 200 mL/min 的熱空氣噴入轉動中的試樣瓶中的試樣。初期轉動的 10 分鐘，烘箱溫度應達到 163 ± 0.5°C，其次持續在此溫度受熱 75 分鐘。若在 10 分鐘內不能達到此試驗溫度，即停止試驗。
2. 當到達試驗時段，關閉環形架旋轉及熱空氣噴射，立即取出試樣瓶，並將瓶內殘留物倒入一潔淨適當容量的容器內混合均勻，以供進行滾動薄膜烘箱熱損後之殘留物特性試驗，但所有試驗應在 75 小時內完成。

3. 若試驗瓶內試樣係供量測試樣加熱後之熱損量，則將取出的試樣瓶放入真空乾燥器內冷卻至室溫，再衡量質量準確至 1 mg，計算瀝青熱損率。瓶內熱損殘留物應予廢棄，不可再作其他性質試驗用。

2.21–5 注意事項

除上述外：

1. 瀝青試樣不可混有氣泡。
2. 熱損後，僅能傾出試樣瓶內殘留物於容器中，不可刮取沾附瓶壁的殘留物，也不可藉加熱再傾出。
3. 盛熱損殘留物容器的容量，約有所盛殘留物總量的三分之一。

2.21–6 記錄報告

一、計算式

經滾動薄膜烘箱熱損試驗的質量熱損率及其他特性變化的結果計算式，與「2.20 瀝青材料之熱及空氣效應試驗（薄膜烘箱法），2.20–6」節相同。

二、精確度

與「2.20 瀝青材料之熱及空氣效應試驗（薄膜烘箱法），2.20–6」節精確度的要求相同。

三、記錄表格

瀝青材料之滾動薄膜烘箱加熱試驗報告

工程名稱：________　取樣者：________　送樣單位：________

瀝青種類：________　瀝青來源：________　取樣日期：________

試驗編號：________　試驗日期：________

1. 熱損量

盛樣皿		1	2	3	4	本試驗法依據
（試驗瓶＋原試樣）質量 (g)	m_2					
（試驗瓶＋殘留物）質量 (g)	m_r					
試驗瓶質量 (g)	m_1					
原試樣質量 (g)	$m_2 - m_1$					
熱損量 (g)	$m_2 - m_r$					
熱損率 (%)	$\frac{m_2 - m_r}{m_2 - m_1} \times 100$					
平均熱損率 (%)	P_ℓ					

2. 殘留物針入度比

試驗次數		1	2	3	4	本試驗法依據
殘留物針入度（25°C, 100 g，5 秒）	P_2					
原試樣針入度（25°C, 100 g，5 秒）	P_1					
殘留物與原試樣之針入度比 (%)	$\frac{P_2}{P_1} \times 100$					
平均殘留物與原試樣針入度比 (%)	P_P					

3. 殘留物黏度比

試驗次數		1	2	3	4	本試驗法依據
原試樣 60°C 黏度 (poise)	V_1					
殘留物 60°C 黏度 (poise)	V_2					
黏度比 (%)	$\frac{V_2}{V_1} \times 100$					
平均黏度比 (%)	K					

複核者：________　試驗者：________

2.22 瀝青材料在特定針入度下之熱損殘留物試驗

Method of Test for Residue of Specified Penetration of Bituminous Materials，參考 ASTM D244–04

2.22–1 目 的

用以檢定在 240～260°C 時，具有針入度為 100 之道路油 (Road Oil)，或半固體瀝青 (Semi-Solid Asphalt) 等瀝青材料，在經加熱後，當其達特定之針入度時（100 g、25°C、5 秒鐘之針入度）之殘留物質量百分率。若殘留物之針入度未經指明者，皆表示 100 之針入度。

此項試驗，可用來指明瀝青的成分數量，用於鋪面耐久性估量的參考。

2.22–2 儀 器

如圖 2.22–1 所示，包括有：

1. 容器

此容器 (Container) 用以盛試樣以備試驗之用。通常此類容器係平底，圓柱或無接縫之鐵盒，其直徑為 70 mm，深為 45 mm。

2. 加熱槽

加熱槽 (Heating Bath) 係鑄鐵加熱氣槽 (Cast-iron Air Bath)，內緣直徑較容器大 1.5 mm，而使容器支於槽內深 32 mm，且高於加熱鈑 6 mm，容器四周與加熱槽之間隔至少 6 mm，如圖 2.22–2 所示。

3. 加熱鈑

加熱槽若用電氣或瓦斯火焰加熱時，此槽須置於一適當加熱鈑 (Hot Plate) 上，此鈑能使試樣繼續保持所規定的溫度 。欲使儀器達成此項要求 ，可設一可變電阻器 (Rheostat) 或瓦斯壓力調整器 (Gas Pressure Regulator)。

4. 加熱器

任何適宜之電氣、瓦斯等之加熱設備皆可使用。

5. 溫度計

溫度計之刻劃，限由 −6～400°C 者。

6. 天秤

精確度達 0.01 g 之任何天秤皆可。

7. 針入度試驗儀

見前所述「2.2 瀝青材料之針入度試驗法」。

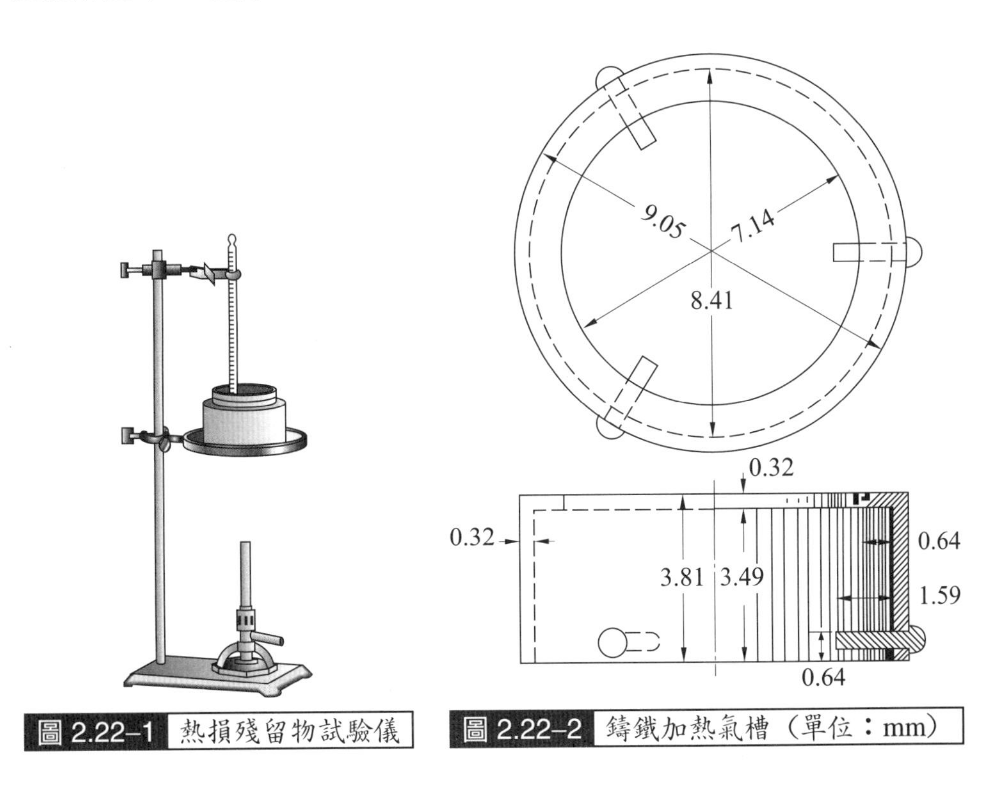

圖 2.22–1 熱損殘留物試驗儀

圖 2.22–2 鑄鐵加熱氣槽（單位：mm）

2.22–3 試樣準備

依「2.1 瀝青材料取樣法，2.1–6　二、試樣準備法」取具代表性的瀝青材料試樣：

1. 在由試樣內取試樣前，須先充分攪拌及振動，若須加熱則以低溫加熱之。

2. 先稱容器的質量，再稱容器與試樣的總質量，使試樣的質量為 100 ± 0.10 g。

3. 將容器及其內之試樣，置入加熱槽內適當位置。

2.22–4 試驗方法

1. 上述裝妥後，即將溫度計垂直置於容器中央試樣內，其球體底部，不能觸及容器底，也不能高於器底 6 mm。
2. 將試樣盡快加熱至 249°C，但須避免起泡。
3. 保持溫度在 249～260°C 之間，令試樣蒸發。
4. 時時用玻璃棒攪拌試樣，以防局部過熱且保持試樣均勻。
5. 試樣繼續蒸發，直至估計試樣將達所規定之針入度時，迅速將附著於溫度計上之試樣刮回容器內。然後將容器自加熱槽內取出，冷卻後稱其質量。
6. 按前述「2.2 瀝青材料之針入度試驗法」，測定此殘留物之針入度，惟以此容器 178 cm^3 代替 89 cm^3 之容器而測定之。
7. 若所測定之針入度與規定者（通常為針入度 100）相同，或相差在 ±15 之間者，皆可認為滿意。
8. 若所測定之針入度較規定者為大時，則須將容器及試樣表上之水分除去，重複上述步驟，再求其殘留物之針入度。一般須試驗多次，才能達所規定的針入度。

2.22–5 注意事項

除上述外：

1. 在加熱時，溫度計之球體，須始終浸沒於試樣中。
2. 在加熱及蒸發過程中，若有瀝青固塊凝結在容器周圍時，須使之溶入試樣中。
3. 若在測定針入度前，發現有瀝青固塊凝結於容器四周時，應注意將此種固塊溶入試樣中。

2.22–6 記錄報告

一、計算式

針入度 100(100 g, 25°C, 5 s)，殘留物含量 (%) 依式 (2.22–1) 計算之：

$$P = \frac{m_r - m_1}{m_2 - m_1} \times 100 \qquad (2.22\text{–}1)$$

式中：P = 針入度 100(100 g, 25°C, 5 s) 殘留物含量 (%)，所計之 P 值須先記錄規定之針入度，次記錄該針入度係精確測定者，或以插入法 (Interpolation) 在二殘留物之含量百分率中計算所得，此二殘留物之針入度，一高於所規定者，另一低於所規定者。

m_1 = 容器質量 (g)，

m_2 = 容器與試樣總質量 (g)，

m_r = 容器與殘留物總質量 (g)。

二、精確度

1. 同一試樣至少平行試驗兩次，其差值在重複試驗的精確度範圍內時，取其平均值作為試驗結果的報告。
2. 同一試驗者及儀器，每次試驗結果的重複性試驗精確度允許偏差為 ±1.0%。
3. 不同試驗者及儀器，每次試驗結果的再現性試驗精確度允許偏差為 ±2.5%。

三、記錄表格

瀝青材料在特定針入度下之熱損殘留物試驗報告

工程名稱：________ 取樣者：________ 送樣單位：________

瀝青種類：________ 瀝青來源：________ 取樣日期：________

試驗編號：________ 試驗日期：________

試驗次數	1	2	3	本試驗法依據
（容器＋試樣）質量 (g) m_2				
（容器＋殘留物）質量 (g) m_r				
容器質量 (g) m_1				
試樣質量 (g) $m_2 - m_1$				
殘留物質量 (g) $m_r - m_1$				
針入度 (100 g, 25°C, 5 s)				
殘留物含量 (%)（測定、插入法計算）				
平均殘留物含量 (%)（測定、插入法計算）				

複核者：________ 試驗者：________

2.23 油溶瀝青材料之分餾試驗

Method of Test for Distillation of Cut-Back Asphaltic Products，參考 AASHTO T78–05

2.23–1 目　的

用以檢定油溶瀝青揮發性物料及殘留物兩者之種類與分量。

此試驗方法以 200 mL 的試樣放入 500 mL 的蒸餾瓶中，在規定的溫度範圍內及蒸餾速度下，可得分餾物的含量。若有需要，其殘留物尚可作其他多種目的之試驗，如黏度、延性、漂浮等各種試驗。

2.23–2 儀　器

如圖 2.23–1 所示，包括有：

1. 蒸餾瓶

使用 500 mL 翻口蒸餾瓶，其各部分尺寸規定，如圖 2.23–2 所示者。

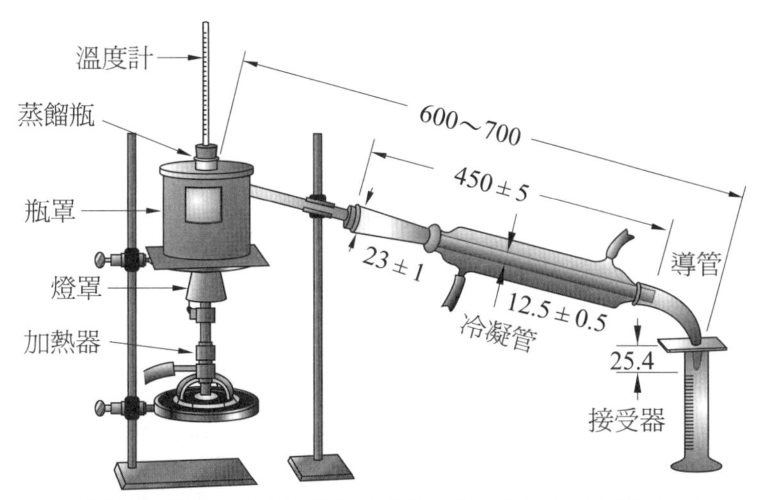

圖 2.23–1 油溶瀝青分餾儀器裝置（單位：mm）

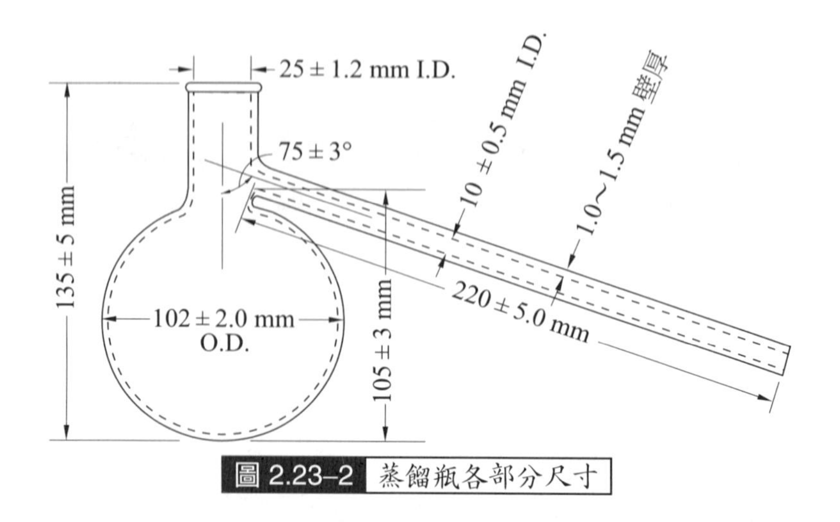

圖 2.23–2 蒸餾瓶各部分尺寸

2.冷凝管

水冷式玻璃製之冷凝管其各部尺寸如圖 2.23–1 所示。

3.導管

導管 (Adapter) 須具弧形，兩端點中心線約成 105°，一端之內徑約 18 mm，另端內徑不得小於 5 mm，壁厚約 1 mm。出口端內緣線須垂直，其出口割成與內緣線成 45 ± 5° 角。

4.瓶罩

係一種金屬製的保溫罩 (Shield)，內襯以 3.2 mm 的石棉，用以防止蒸餾瓶受到氣流的影響及防止輻射作用，並有兩個對稱的雲母小窗，罩底及兩個半圓形拼成的頂蓋內襯 6.4 mm 厚的石棉層，其各部尺寸示如圖 2.23–3。

5.接受器

接受器 (Receiver) 係圓柱形的量筒，其各部直徑大小須相同。刻劃部分高不得小於 177.8 mm，而不得超過 203.2 mm，每一 mL 刻一短分，每五短分刻劃一較長之分劃，每 10 短分刻劃須有一長分劃並標出數字。最大數字 (100 mL) 至量筒頂端的高度約 248～260 mm。

6.加熱器

適宜者。

7.支架

用以支承瓶罩、蒸餾瓶等。

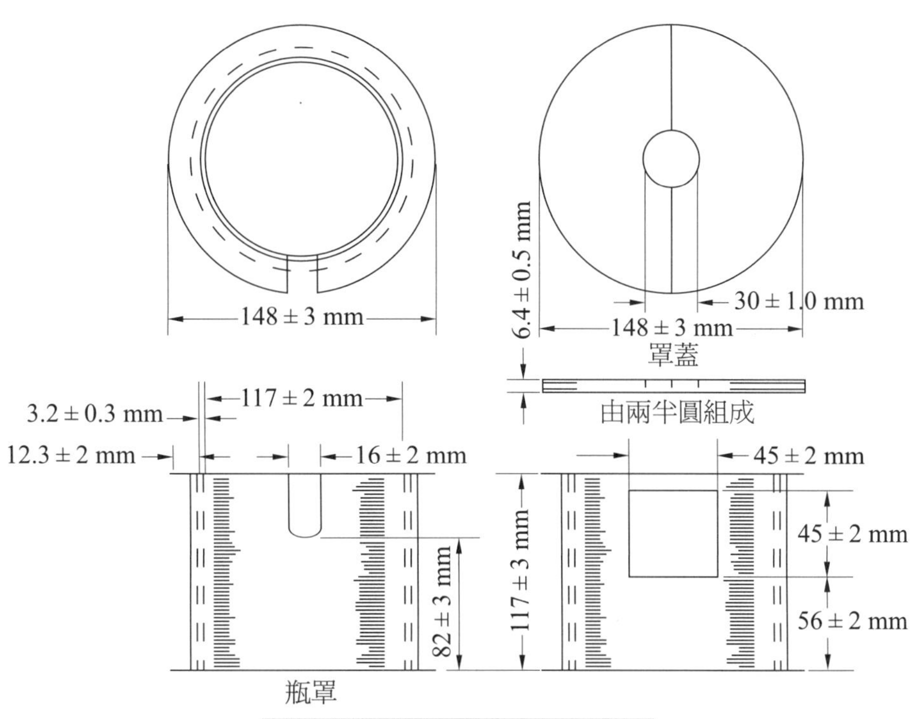

圖 2.23–3 瓶罩之各部分尺寸

8. 溫度計

溫度計使用刻劃限度由 0～400°C，最小刻度 1°C 者。

9. 容器

直徑 75 ± 5 mm，深 55 ± 5 mm，容量約 240 cm^3 的無縫金屬容器，用以承受殘留物。

10. 天秤

靈敏度在 0.1 g 以內者。

11. 石棉網

二片 0.8CNS386 篩孔的石棉網。

2.23–3 試樣準備

依「2.1 瀝青材料取樣法，2.1–6　二、試樣準備法」準備試樣。

1. 將蒸餾瓶、冷凝管、導管、接受器量管等組件擦拭乾淨，烘乾。量測蒸餾瓶質量，準確至 0.1 g。
2. 將油溶瀝青試樣充分攪拌均勻，若須加熱則以低溫加熱。

3. 若試樣的含水量超過 2% 時，須先經脫水後，再施行本試驗。

4. 注入相當於容積 200 mL 的試樣於已稱質量的蒸餾瓶內（試樣容積 200 mL 的質量，可按試樣 15.6/15.6°C 比重換算之），稱其總質量，準確至 ±0.5 g。

5. 將試驗儀器各部分，照圖 2.23–1 所示裝置：

(1)用兩片石棉網置於支架的鐵環上，並在其上放置保溫罩。

(2)取溫度計插入帶孔的瓶塞中，瓶塞塞緊瓶口。溫度計水銀球體底面至蒸餾瓶底約 6.5 mm。

(3)將裝妥溫度計之蒸餾瓶垂直置於保溫罩內，頂蓋蓋妥。

(4)藉管塞將蒸餾瓶支管與冷凝管連接，支管插入長度約 25～50 mm，兩管壁不可碰觸，且兩管軸線平行。

(5)冷凝管下端用管塞與導管連接，其出口端伸入接受器量筒中至少 25 mm，但不低於 100 mL 的刻劃標記。為避免蒸餾物損失，量筒上可蓋一厚紙板或木片，板上穿一洞以備導管出口下端通過。

(6)在冷凝管外套筒接通水源，使水由管下端進入，由上端流出。

2.23–4 試驗方法

1. 上述各項準備妥當後，隨即直接加熱，使於 5～15 分鐘內第一滴蒸餾物由瓶管滴出。

2. 分餾速度在溫度 260°C 以下者，每分鐘由 50～70 滴；溫度在 260～316°C 時，每分鐘由 20～70 滴；溫度自 316～360°C 完成蒸餾的時間不超過 10 分鐘。

3. 於蒸餾過程中，若有分餾物積於冷凝管壁上時，須使其流入接受器中。

4. 每當達到規定要求溫度如 225°C、260°C、316°C 及 360°C 時，立即記錄接受器量筒內分餾物的容積，準確至 0.5 mL。如蒸餾出之分餾物達到量筒 100 mL，而溫度尚未達到規定要求溫度時，應立即調換另一量筒。

5. 除上述溫度外，有時在溫度為 160°C、175°C 及 190°C 時，也須記錄分餾物的容積。

6. 若蒸餾後的殘留物須繼續作其他試驗時，則當達到最高規定溫度 (360°C) 時，關閉火源，停止加熱，待蒸餾瓶及冷凝管中分餾物流入量筒後，取出蒸餾瓶，移除溫度計，立即將蒸餾器內殘留物搖晃均勻，傾入容器內，加蓋以防過速冷卻。由關閉火源至完成傾入容器的時間以不超過 30 秒為佳。

2.23–5 注意事項

除上述外：

1. 在蒸餾過程中，若試樣起泡，此時須降低蒸餾速度，然後再回復原有的蒸餾速度。
2. 上述方法尚未能制止試樣起泡時，可將火源由蒸餾瓶下中心移於靠近邊緣。
3. 若有水被蒸餾出來時，此水的容積也須記錄。
4. 記錄蒸餾後殘留物的容積，此容積可由原試樣容積與分餾物總容積之差得之。
5. 若蒸餾至 316°C 時，蒸餾出之分餾物數量很少，可提升保持蒸餾溫度每分鐘 5°C 以上。

2.23–6 記錄報告

一、計算式

1. 在規定蒸餾溫度下的分餾物含量依式 (2.23–1) 計算之：

$$P_i = \frac{V_i}{(m_2 - m_1)/\rho} \times 100 \qquad (2.23\text{–}1)$$

式中：P_i = 各分餾物含量（容積 %）；V_i = 各分餾物容積 (mL)；

m_1 = 蒸餾瓶質量 (g)；m_2 = 蒸餾瓶與試樣總質量 (g)；

ρ = 試樣密度 (g/cm^3)。

2. 在蒸餾溫度 360°C 蒸餾後，殘留物含量依式 (2.23–2) 計算之：

$$P_r = \frac{m_r - m_1}{m_2 - m_1} \times 100 \qquad (2.23\text{–}2)$$

式中：P_r = 蒸餾後，殘留物含量 (%)；m_r = 蒸餾瓶與殘留物總質量 (g)。

二、精確度

1. 同一試樣至少平行試驗兩次，其差值在重複試驗的精確度範圍內時，取其平均值準確至 0.1% 作為試樣、分餾試驗結果的報告。

2. 同一試驗者及儀器，每次分餾試驗結果的重複性試驗精確度允許偏差為平均值的 1.0%。

3. 不同試驗者及儀器，每次分餾試驗結果的再現性試驗精確度允許偏差在 175°C 以下分餾者為平均值的 3.5%；在 175°C 以上分餾者為平均值的 2.0%。

三、記錄表格

油溶瀝青分餾試驗報告

工程名稱：________ 取樣者：________ 送樣單位：________

瀝青種類：________ 瀝青來源：________ 取樣日期：________

試樣密度 $\rho =$ ____ g/cm^3 試驗編號：________ 試驗日期：________

試驗次數			1	2	3	平均	本試驗法依據
（蒸餾瓶＋試樣）質量 (g)		m_2					
（蒸餾瓶＋殘留物）質量 (g)		m_r					
蒸餾瓶質量 (g)		m_1					
試樣質量 (g)		$m_2 - m_1$					
殘留物質量 (g)		$m_r - m_1$					
分餾物含量 (%) $P_i = \frac{V_i}{(m_2 - m_1)/\rho} \times 100$	160°C	V_i (mL)					
		P_i (%)					
	175°C	V_i (mL)					
		P_i (%)					
	190°C	V_i (mL)					
		P_i (%)					
	225°C	V_i (mL)					
		P_i (%)					
	260°C	V_i (mL)					
		P_i (%)					
	316°C	V_i (mL)					
		P_i (%)					
殘留物含量 (%) $P_r = \frac{m_r - m_1}{m_2 - m_1} \times 100$	360°C	P_r (%)					

複核者：________ 試驗者：________

2.24 柏油材料之分餾試驗

Method of Test for Distillation of Tar Products，參考 ASTM D20–05

2.24–1 目　的

本試驗方法適用於測定柏油材料的分餾物含量。

本試驗方法係以 100 g 的試樣放入 300 mL 的蒸餾瓶中，在規定溫度及蒸餾速度下，可得在不同規定溫度下分餾物的質量百分率，及在最高規定溫度之殘留物質量百分率。若有需要，其分餾物及殘留物，尚可作其他多種目的之試驗。

2.24–2 儀　器

如圖 2.24–1 所示，包括有：

1. 空氣冷凝管

玻璃製之冷凝管及各部分尺寸如圖 2.24–1 所示。

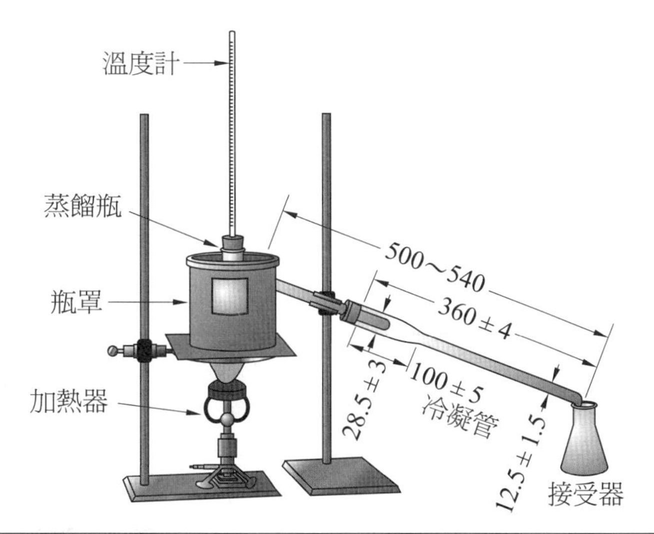

圖 2.24–1　柏油材料分餾試驗裝置圖（單位：mm）

2.蒸餾瓶

使用 300 mL 的蒸餾瓶，其各部分尺寸如圖 2.24–2 所示者。

3.瓶罩

係一種金屬製的保溫罩，內襯以 3.2 mm 之石棉，其蓋由兩半圓組成，中留一 27 ± 1.0 mm 之圓孔，並襯以石棉，用以防止蒸餾瓶受到氣流的影響及防止輻射作用，其各部分尺寸如圖 2.24–3 所示。

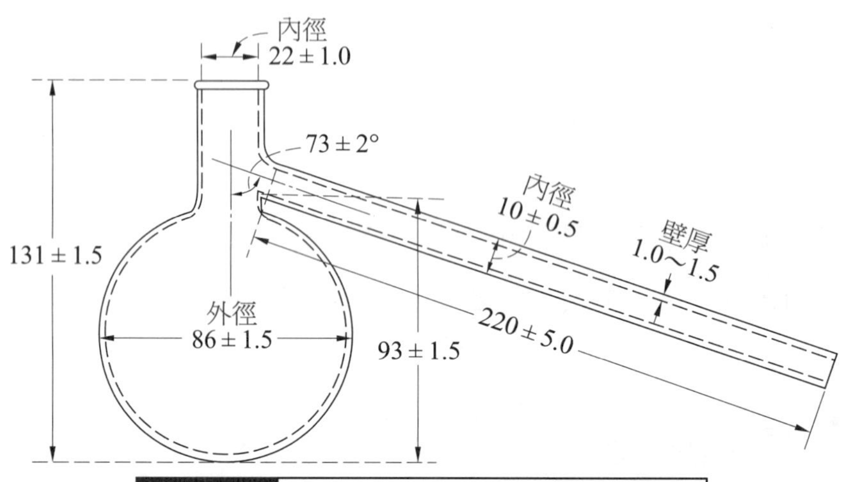

圖 2.24–2 蒸餾瓶各部分尺寸（單位：mm）

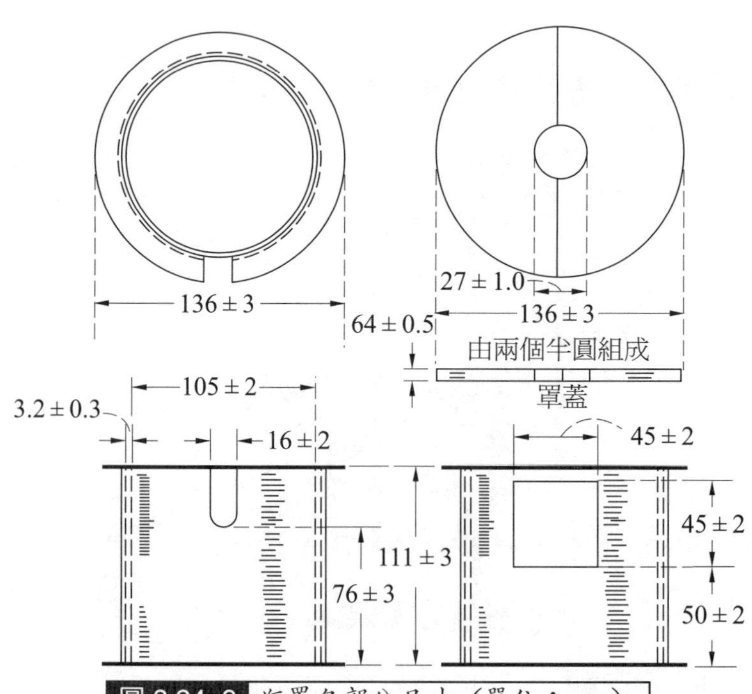

圖 2.24–3 瓶罩各部分尺寸（單位：mm）

4. 石棉網

二片 0.8CNS386 篩孔的石棉網。

5. 燈罩

採用圓柱形金屬製之燈罩 (Burner Shield)，高約 100 mm，直徑約 95～105 mm，約於燈罩高 1/3 處開一直徑 25 mm 的圓孔 (Peep-hole)。

6. 接受器

分餾物之接受器須為容量 50～100 mL 之錐形瓶。

7. 天秤

天秤之精確度須達 0.05 g。

8. 溫度計

溫度計使用刻劃限度由 0～400°C 者。

9. 加熱器

適宜者如本生燈 (Bunsen Burner)。

10. 支架

用以支承瓶罩，蒸餾瓶，冷凝管等。

2.24–3 試樣準備

依「2.1 瀝青材料取樣法，2.1–6　二、試樣準備法」準備試樣。

1. 將蒸餾瓶、空氣冷凝管、接受器錐形瓶等組件擦拭乾淨，烘乾。量測蒸餾瓶及錐形瓶質量準確至 0.1 g。所用多個錐形瓶須予編號。
2. 將柏油試樣充分攪拌均勻，若須加熱則以低溫加熱。
3. 若有需要，可依「2.33 瀝青材料之水分測定」測定試樣中水分含量，準確至 0.1 g。
4. 注入 100 ± 0.1 g 試樣於已稱質量的蒸餾瓶內，稱其總質量準確至 ±0.5 g。
5. 將試驗儀器各部分，照圖 2.24–1 所示裝置：

(1)用兩片石棉網置於支架的鐵環上，並在其上放置保溫罩。

(2)取溫度計插入帶孔的瓶塞中，瓶塞塞緊瓶口。溫度計水銀球體之上端與蒸餾瓶支管口下端面齊平。

⑶將裝妥溫度計的蒸餾瓶垂直置於保溫罩內，頂蓋蓋妥。

⑷藉管塞將蒸餾瓶支管與空氣冷凝管連接，支管插入長度約 30～50 mm，兩管壁不可碰觸，且兩管軸線平行。

⑸如用本生燈加熱器，則火焰與蒸餾瓶底面約相距 5～7 mm。

⑹在空氣冷凝管下端放置一已稱質量的錐形瓶，以接受流出的分餾物。

2.24–4 試驗方法

1. 上述各項準備妥當後，隨即直接加熱，使於 5～15 分鐘內第一滴分餾物（油類或水），由冷凝管滴下。
2. 當第一滴分餾物由冷凝管滴下後，兩分鐘內調整分餾速度，使維持每分鐘 50～70 滴由冷凝管滴下。
3. 如有萘、蒽結晶物積於空氣冷凝管壁時，須稍加熱，使其流入接受器錐形瓶內。
4. 在加熱過程中，如試樣有泡沫呈現，可略降低加熱溫度，但應盡速恢復正常。
5. 在下列各規定之最高溫度範圍內換取已稱質量的接受器，此規定溫度範圍如下：

⑴至 170°C

⑵ 170～235°C

⑶ 235～270°C

⑷ 270～300°C

⑸在 300°C 之殘留物

6. 除上述溫度外，有時要求在下列各溫度範圍內換取已稱質量的接受器：

⑴ 170～200°C

⑵ 200～235°C

⑶ 235～355°C

⑷在 355°C 之殘留物

7. 當達到最高溫度時，關閉火源，移去瓶罩，令其於原位冷卻 5 分鐘以上，或直至無蒸氣出現為止，並使停留於冷凝管上之任何油類排入接受器中。

8. 稱在各溫度下之錐形瓶與分餾物質量，其精確度達 1 mg。
9. 在蒸餾瓶內殘留物冷卻至室溫後，取去木塞及溫度計，稱蒸餾瓶及其中殘留物之質量，其精確度達 1 mg。
10. 若蒸餾後之殘留物，須繼續作其他試驗時，再次將軟木塞及溫度計裝上，並使溫度計之水銀球插入殘留物內。倘殘留物稠度過大不易流動時，可將蒸餾瓶提離石棉網，於網下直接加熱，其溫度不超過 150°C，或將蒸餾瓶浸入適當的溫槽內，其溫度不超過 150°C。然後傾斜蒸餾瓶並轉動之，則殘留物將隨著流動而收集所有凝結在瓶頂之油類。然後攪拌殘留物使之均勻，再傾入容器中，以備進一步作其他目的之試驗。

2.24–5 注意事項

除上述外：

1. 須嚴格控制加熱速度，倘發生溫度中途下降，則本試驗須重作。
2. 若有水被蒸餾出來時，此水之容積或質量須先決定，然後由各分餾物中扣除。欲區別水與分餾物時，可於刻劃為 0.1 mL 之量筒內，加入約 15～20 mL 之乙苯 (Ethylbenzene)，則分餾物與水將很清楚地分開。此法僅適用於分餾物不再作其他試驗時施行之。
3. 殘留物傾入容器中作其他試驗時，須小心從事，勿使揮發物飛散，容器須蓋緊。

2.24–6 記錄報告

一、計算式

1. 無水試樣質量之計算式依式 (2.24–1) 計算之：

$$m = m_2 - m_1 - m_w \qquad (2.24\text{–}1)$$

式中：m = 無水試樣質量 (g)；

m_1 = 蒸餾瓶質量 (g)；

m_2 = 蒸餾瓶與試樣總質量 (g)；

m_w = 試樣中水分含量 (g)。

2. 在規定蒸餾溫度下的分餾物含量依式 (2.24–2) 計算之：

$$P_i = \frac{(m_i' - m_i)}{m} \tag{2.24–2}$$

式中：P_i = 各分餾物含量 (%)；

m_i = 錐形瓶質量 (g)；

m_i' = 錐形瓶與分餾物總質量 (g)。

3. 蒸餾溫度 300°C（或 355°C）蒸餾後，殘留物含量依式 (2.24–3) 計算之：

$$P_r = \frac{m_r - m_1}{m} \times 100 \tag{2.24–3}$$

式中：P_r = 蒸餾後，殘留物含量 (%)；

m_r = 蒸餾瓶與殘留物總質量 (g)。

二、精確度

1. 同一試樣至少平行試驗兩次，其差值在重複試驗的精確度範圍內時，取其平均值準確至 0.1% 作試樣分餾試驗結果的報告。
2. 同一試驗者及儀器，每次分餾試驗結果的重複性試驗精確度允許偏差在 170°C 前分餾者為 0.5%；在 270°C 前分餾者為 1.0%；在 300°C 前分餾者為 1.5%。

三、記錄表格

柏油材料分餾試驗報告

工程名稱：________　取樣者：________　送樣單位：________

瀝青種類：________　瀝青來源：________　取樣日期：________

試驗編號：________　試驗日期：________

<table>
<tr><th colspan="2">試驗次數</th><th>1</th><th>2</th><th>3</th><th>平均</th><th>本試驗法依據</th></tr>
<tr><td colspan="2">（蒸餾瓶＋試樣）質量 (g)　m_2</td><td></td><td></td><td></td><td rowspan="9"></td><td rowspan="19"></td></tr>
<tr><td colspan="2">（蒸餾瓶＋殘留物）質量 (g)　m_r</td><td></td><td></td><td></td></tr>
<tr><td colspan="2">蒸餾瓶質量 (g)　m_1</td><td></td><td></td><td></td></tr>
<tr><td colspan="2">試樣質量 (g)　$m_2 - m_1$</td><td></td><td></td><td></td></tr>
<tr><td colspan="2">試樣水質量 (g)　m_w</td><td></td><td></td><td></td></tr>
<tr><td colspan="2">無水試樣質量 (g)　$m = m_2 - m_1 - m_w$</td><td></td><td></td><td></td></tr>
<tr><td colspan="2">殘留物質量 (g)　$m_r - m_1$</td><td></td><td></td><td></td></tr>
<tr><td colspan="2">（錐形瓶＋分餾物）質量 (g)　m_i'</td><td></td><td></td><td></td></tr>
<tr><td colspan="2">錐形瓶質量 (g)　m_i</td><td></td><td></td><td></td></tr>
<tr><td colspan="2">分餾物質量 (g)　$m_i' - m_i$</td><td></td><td></td><td></td><td></td></tr>
<tr><td rowspan="7">分餾物含量 (%)
$P_i = \frac{m_i' - m_i}{m} \times 100$</td><td>170°C</td><td></td><td></td><td></td><td></td></tr>
<tr><td>235°C</td><td></td><td></td><td></td><td></td></tr>
<tr><td>270°C</td><td></td><td></td><td></td><td></td></tr>
<tr><td>300°C</td><td></td><td></td><td></td><td></td></tr>
<tr><td>200°C</td><td></td><td></td><td></td><td></td></tr>
<tr><td>235°C</td><td></td><td></td><td></td><td></td></tr>
<tr><td>355°C</td><td></td><td></td><td></td><td></td></tr>
<tr><td rowspan="2">蒸餾後，殘留物含量 (%)
$P_r = \frac{m_r - m_1}{m} \times 100$</td><td>300°C</td><td></td><td></td><td></td><td></td></tr>
<tr><td>355°C</td><td></td><td></td><td></td><td></td></tr>
</table>

複核者：________　試驗者：________

2.25 乳化瀝青之蒸餾試驗

Method of Test for Distillation of Emulsified Asphalt，參考 CNS10454（94 年印行）、ASTM D244

2.25–1 目　的

用以測定乳化瀝青試樣中，瀝青與水的組成比例，同時蒸餾後之殘留物瀝青，尚可供給其他目的的試驗。

2.25–2 儀　器

如圖 2.25–1 所示，包括有：

1. 蒸餾器

蒸餾器係一種鋁合金蒸餾器 (Aluminum-Alloy Still)，其高度約 241.3 mm，內徑 95.3 mm，其各部分尺寸示於圖 2.25–2。

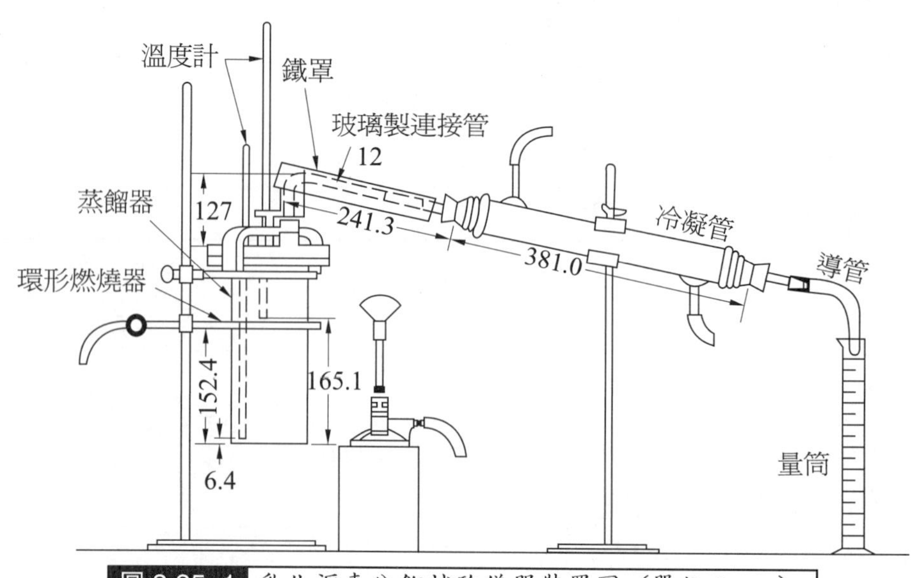

圖 2.25–1　乳化瀝青分餾試驗儀器裝置圖（單位：mm）

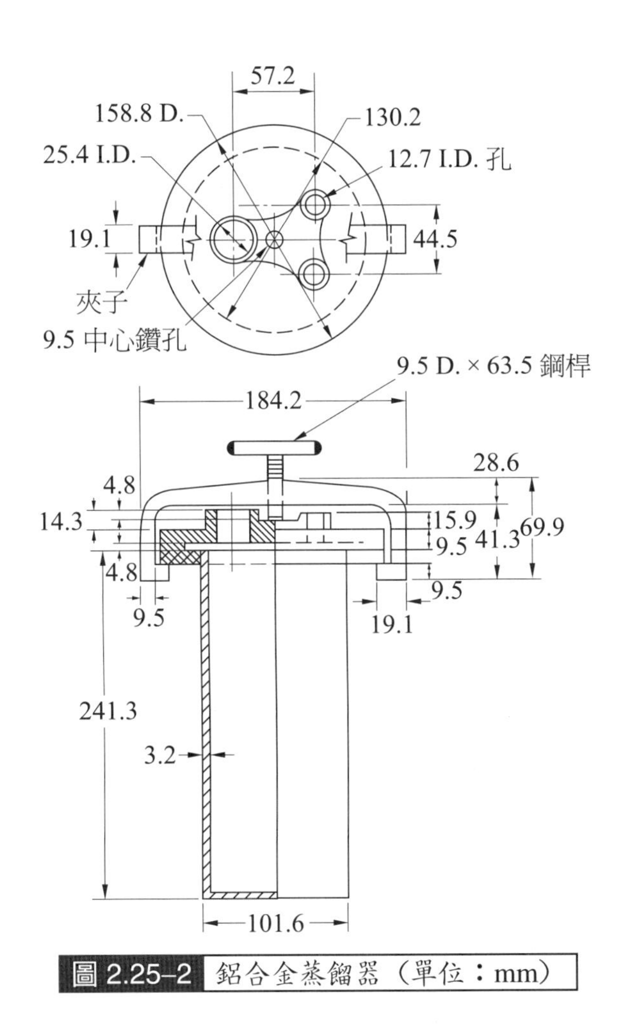

圖 2.25-2 鋁合金蒸餾器（單位：mm）

2. 環形燃燒器

用以直接加熱於蒸餾器，其形狀為一內徑 127 mm 的圓環，一端可接燃料來源。環上有許多向內小孔。

3. 冷凝管

水冷式冷凝管，套以金屬套。

4. 連接管

口徑 12 mm 玻璃製連接管 (Connecting Tube)，其上覆一鍍錫鐵皮罩 (Tin Shield) 以保溫。

5. 量筒

容量 100 mL，最小刻劃 0.1 mL 者。

6. 溫度計

溫度計使用刻劃限度，由 −2～300°C 者二支。

7. 天秤

稱量 2500 g，精確度在 ±0.1 g 以內。

8. 導管

具弧形，兩端點中心線約成 105°，一端之內徑為 18 mm，另端之內徑不得小於 5 mm，壁厚約 1 mm。

9. 支架

用以支持儀器各部分。

10. 篩

0.315CNS386 篩。

11. 容器

適宜者。

2.25–3 試樣準備

依「2.1 瀝青材料取樣法，2.1–6　二、試樣準備法」準備乳化瀝青試樣：

1. 將蒸餾器、連接管、冷凝管、量筒等組件擦拭乾淨，烘乾。量測蒸餾器包括蒸餾器蓋、夾具、溫度計及油紙填塞環 (Gasket of Oiled Paper) 或墊圈之總質量，準確至 0.1 g。
2. 將乳化瀝青試樣攪拌均勻，稱取 200 ± 0.1 g 具代表性之試樣於蒸餾器內。
3. 將試驗儀器各部分，照圖 2.25–1 所示裝置之：
   (1)在蒸餾器與頂蓋間用油紙填塞環或墊圈，藉夾具使其緊密接合。
   (2)取溫度計兩支各插入頂蓋所設二孔洞木塞孔中，其中一支溫度計之水銀球體底面至蒸餾器底約 6.4 mm，另一溫度計則調整為 165 mm。
   (3)將裝妥溫度計之蒸餾器垂直套入支架圓環及環形燃燒器，環形燃燒器距蒸餾器底部約 152.4 mm。
   (4)將連接管藉木塞連接蒸餾器與冷凝管，連接管上覆一鍍錫鐵皮罩以保溫。

(5)冷凝管下端用管塞與導管連接，其出口伸入量筒中至少 25 mm，但不低於 100 mL 的刻劃標記。

(6)在冷凝管外套筒接通水源，使水由管下端進入，由上端流出。

2.25–4 試驗方法

1. 上述各項準備妥當後，隨即點燃環形燃燒器，並調節火焰不可過大。同時點燃連接管下的本生燈，調整火焰至能避免水分冷凝於此管中。
2. 當固定於較低位置的溫度計恰讀得上升的溫度達 215°C 時，即將環形燃燒器下移至約與蒸餾器底面等齊的位置後固定之。使溫度繼續上升至 260 ± 5°C 時，保持此溫度 15 分鐘。由點燃環形燃燒器起至分餾完成約需 60 ± 15 分鐘。
3. 分餾停止後，立即稱蒸餾器包括其內之殘留物、蒸餾器蓋、夾具、溫度計及油紙填塞環或墊圈之總質量，準確至 0.1 g。
4. 打開蒸餾器蓋，充分攪拌後，立刻濾過 0.315CNS386 篩，而儲於適當容器內冷卻至室溫，以供殘留物之針入度、延性、三氯乙烯溶解度等之試驗。
5. 記錄量筒內分餾物容積，精確度達 0.5 mL。

2.25–5 注意事項

1. 油紙填塞環置於蒸餾器與蒸餾器蓋之間，以增加緊閉性。
2. 在點燃環形燃燒器初期，若有泡沫溢出，則須將環形燃燒器的位置上移。若乳劑不分解時，則須將環形燃燒器下移至蒸餾器中段位置。當位於較高位置的溫度計所指示的溫度發生突變者，則顯示泡沫在溫度計球體處，此時可移開火焰直至泡沫停止。
3. 因鋁合金蒸餾器在室溫下所稱的質量，較溫度 260°C 時的質量約增加 1.5 g，故計算殘留物百分率時，此 1.5 g 須加入一併計算。

2.25–6 記錄報告

一、計算式

1. 乳化瀝青蒸餾後，殘留物含量 (%) 依式 (2.25–1) 計算之：

$$P_r = \frac{m_r - m_1}{m_2 - m_1} \times 100 \qquad (2.25\text{–}1)$$

式中：P_r = 蒸餾後，殘留物含量 (%)；

m_1 = 蒸餾器包含組件總質量 (g)；

m_2 = 蒸餾器包含組件與試樣總質量 (g)；

m_r = 蒸餾器包含組件與殘留物總質量 (g)。

2. 乳化瀝青分餾物含量依式 (2.25–2) 計算之：

$$P_i = \frac{V_i}{(m_2 - m_1)/\rho} \times 100 \qquad (2.25\text{–}2)$$

式中：P_i = 蒸餾溫度 260°C 時，分餾物含量 (%)，

V_i = 分餾物容積 (mL)，

ρ = 試樣密度 (g/cm^3)。

二、精確度

1. 同一試樣至少平行試驗兩次，其差值在重複試驗的精確度範圍內時，取其平均值作為試驗結果的報告。
2. 同一試驗者及儀器，每次試驗結果的重複性試驗精確度允許偏差，在殘留物質量 50～70% 者，不得超過 ±1.0%。
3. 不同試驗者及儀器，每次試驗結果的再現性試驗精確度允許偏差，在殘留物質量 50～70% 者，不得超過 ±2.0%。

三、記錄表格

乳化瀝青蒸餾試驗報告

工程名稱：________　取樣者：________　送樣單位：________

瀝青種類：________　瀝青來源：________　取樣日期：________

試樣密度 ρ：_____g/cm^3　試驗編號：________　試驗日期：________

試驗次數	1	2	3	本試驗法依據
（蒸餾器及附件＋試樣）質量(g)　m_2				
（蒸餾器及附件＋殘留物）質量(g) m_r				
蒸餾器及附件質量(g)　m_1				
試樣質量(g)　$m_2 - m_1$				
殘留物質量(g)　$m_r - m_1$				
分餾物容積(mL)　V_i				
殘留物含量(%)　$P_r = \frac{m_r - m_1}{m_2 - m_1} \times 100$				
分餾物含量(%)　$P_i = \frac{V_i}{(m_2 - m_1)/\rho} \times 100$				
平均分餾物含量(%)				

複核者：________　試驗者：________

2.26 瀝青材料之漂浮試驗

Method of Test for Float of Bituminous Materials，參考 CNS10459、AASHTO T50–99 (2003)

2.26–1 目的

1. 瀝青材料的漂浮試驗係指浮杯中的試樣，自放入規定溫度的試驗槽內起，逐漸軟化至被水沖破所需要的時間，以秒鐘表示之。
2. 慢凝油溶瀝青蒸餾殘留物以及柏油等材料，由於過軟不適作針入度試驗或太硬不能作賽勃爾特黏度試驗 (Saybolt Furol Viscosity Test) 時，可用漂浮試驗來測量其稠性。

2.26–2 儀器

如圖 2.26–1 所示，包括有：

1. 浮杯 (Float)

　　鋁或鋁合金製成，須符合表 2.26–1 的規範：

2. 銅管 (Collar)

　　由黃銅製成，其頂端須製螺紋，以便與浮杯肩底旋緊，須符合表 2.26–2 的規範。

　　試樣填充於銅管，而旋入浮杯後之總質量為 53.2 g，放於水面上後，浮杯頂緣至水面的距離，須保持 8.5 ± 1.5 mm。

表 2.26–1 浮杯尺寸之規範

浮杯各部分	尺寸
浮杯質量 (g)	37.90 ± 0.20
浮杯總高 (mm)	35.00 ± 1.00
浮杯肩底邊至頂緣之高 (mm)	27.00 ± 0.50
浮杯肩之厚度 (mm)	1.40 ± 0.10
開口直徑 (mm)	11.10 ± 0.10

表 2.26–2 銅管尺寸之規範

銅管各部分	尺寸
銅管質量 (g)	9.80 ± 0.20
銅管總高 (mm)	22.50 ± 0.20
銅管底端內徑 (mm)	12.82 ± 0.10
銅管頂端內徑 (mm)	9.70 ± 0.05

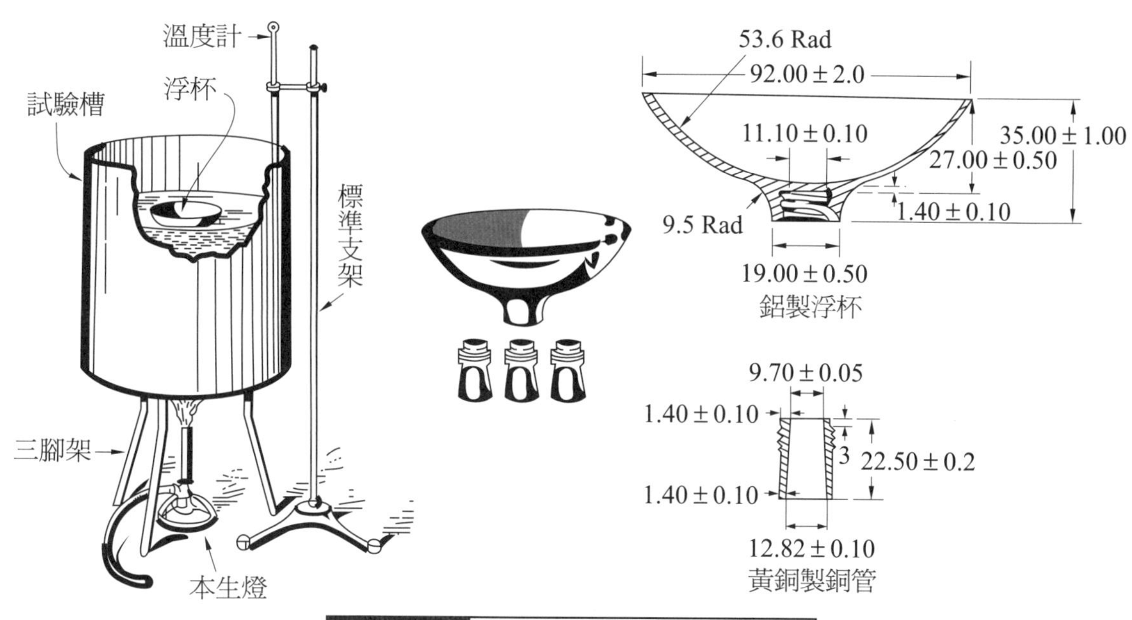

圖 2.26-1 漂浮試驗儀（單位：mm）

3. 溫度計

使用 −2～80°C 範圍的溫度計。

4. 試驗槽 (Testing Bath)

內徑 185 mm，盛水深至少須有 185 mm，而容器頂緣至水面之高度，至少能保持 100 mm。

5. 5°C 之水槽

任何適當尺寸之水槽，但須能保持 5 ± 1.0°C 之溫度者，若有需要，可藉融冰以降低溫度。

6. 藥刀

7. 銅鈑或玻璃板

8. 停錶

最小刻劃 0.1 s。

2.26–3 試樣準備

依「2.1 瀝青材料取樣法，2.1–6　二、試樣準備法」準備瀝青試樣。

1. 將銅鈑上塗抹一薄層甘油滑石粉隔離劑。
2. 試樣用之瀝青材料，在可能熔解之最低溫度下，令其完全熔化至有足夠的流動狀態，使能毫無困難地傾倒入管內。
3. 將銅管有螺紋的一端（內徑較小的一端）放置在塗抹有隔離劑的銅鈑或玻璃板上。
4. 熔融後之瀝青材料，必須徹底的攪拌，避免有任何氣泡存在。除雜酚油之殘渣物外，在熔融之瀝青材料溫度為 100～125°C 時，以適當的方法將之傾入銅管內，並使略微高出銅管頂。
5. 石油瀝青，或石油瀝青之產物者，則將之在室溫下冷卻 15～60 分鐘，再放入 5°C 之水槽內 5 分鐘後取出，用略有加熱之藥刀，將多餘的瀝青材料，由銅管頂端將之修整平齊。然後再將之放入 5°C 之水槽內 15～30 分鐘。

   試驗用之試樣，若為柏油產物者，則無須在室溫下冷卻，而立刻將之放入 5°C 之水槽內 5 分鐘，之後取出，用略有加熱之藥刀，將多餘的瀝青材料由銅管頂端將之修整平齊。然後再將之放入 5°C 之水槽內 15～30 分鐘。

2.26–4 試驗方法

1. 試驗槽內盛入水，水深至少 185 mm，並將之架設如圖 2.26–1 所示者，溫度計底端之球體，須浸沒於水面下 40 ± 2 mm。加熱使槽內水溫度保持規定度數（慢凝油溶瀝青之殘渣物者為 50°C），其溫度誤差不得大於 0.5°C。
2. 浸沒在 5°C 之水槽內 15～30 分鐘之試體取出後，立即將銅管與其內之試樣旋入浮杯內，再將之完全浸沒於 5°C 之水槽內 1 分鐘後取出，倒掉浮杯內的水，而立即將之浮置於試驗槽之水面上，同時按下停錶。
3. 當銅管內之試體溫度逐漸增高，稠性漸減，致使試體突出銅管，水分進入浮杯內時，再按下停錶，前後兩次之時間差，以秒數表示之，即為試體在該試驗狀態時之稠度。

2.26–5 注意事項

除上述外：

1. 使用氯化汞或水銀為隔離劑時，對人身健康有影響，須特別注意，請參閱「2.3 瀝青材料之軟化點試驗——環球法」中 2.3–5 節之有關注意事項。
2. 特別注意銅管必須旋緊於浮杯內，以免水分在銅管與浮杯間滲透。
3. 瀝青材料熔融後，必須小心攪拌，使質地均勻不產生任何氣泡。當傾入銅管內時，也不能有氣泡存在。
4. 試驗槽內的水溫，須嚴格控制，其誤差不得超過 5°C。
5. 試驗時浮杯及試體，不得在水面上旋轉，但可允許略微往側向浮動。

2.26–6 記錄報告

一、精確度

1. 同一試樣至少平行試驗兩次，取其平均值作為試驗結果的報告。
2. 本法試驗結果數值之允許偏差如表 2.26–3 所列：

表 2.26–3 漂浮試驗精確度

物質與類型	平均變異係數 (%)	允許偏差 (%)
同一試驗者		
1. 煤柏油於 32°C 及 50°C	2.3	6.5
2. 瀝青膠泥及乳化瀝青殘留物（針入度 120 或以上）於 60°C	1.7	4.8
不同試驗者		
1. 煤柏油於 32°C 及 50°C	4.2	11.9
2. 瀝青膠泥及乳化瀝青殘留物（針入度 120 或以上）於 60°C	10.7	30.2

註：允許偏差係指將兩試驗結果數值之差除以其平均值，以 % 表示之。

二、記錄表格

瀝青材料之漂浮試驗報告

工程名稱：________　取樣者：________　送樣單位：________

瀝青種類：________　瀝青來源：________　取樣日期：________

試驗溫度：________°C　試驗編號：________　試驗日期：________

試驗次數		1	2	3
水突破試體之時間 (s)	A			
浮杯浮於槽內水面初始時間 (s)	B			
稠度 (s–°C)	A – B			
平均稠度 (s–°C)				
本試驗法依據：				

複核者：________　試驗者：________

2.27 乳化瀝青之沉澱試驗

Method of Test for Settlement of Emulsified Asphalt，參考 CNS10365（94 年印行）、AASHTO T59–01, JIS K2208

2.27–1 目　的

1. 用以檢定乳化瀝青貯藏期間，瀝青微粒沉澱集聚的趨勢，以判斷乳液儲存後的穩定性能。
2. 直立量筒內的乳化瀝青，在室溫下及規定靜置的時間後，取上、下兩部分乳液濃度變化點，進行測定其蒸發殘留物質量的差值，用以表示乳化瀝青的儲存穩定性。
3. 本試驗法適用於測定各類乳化瀝青的儲存穩定性。

2.27–2 儀　器

1. 量筒

　　附有軟木塞或玻璃塞，容量 500 mL 的玻璃筒，其外徑 50 ± 5 mm，最小刻劃 5 mL。日本 JIS K2208 則採用容量 300 mL 單一量筒，量筒分別在 50 mL 及 200 mL 位置分設附有橡膠塞的試樣出口管，如圖 2.27–1 所示者。

2. 玻璃吸管

　　60 mL 的玻璃吸管 (Glass Pipet)。

3. 燒杯

　　600 mL 的低式燒杯。

4. 玻璃棒

　　直徑 6.4 mm，長 1.78 mm 的玻璃棒。

5. 天秤

　　稱量 500 g，精確度達 ±0.1 g 之天秤。

6. 烘箱

能自動控制箱內溫度者。

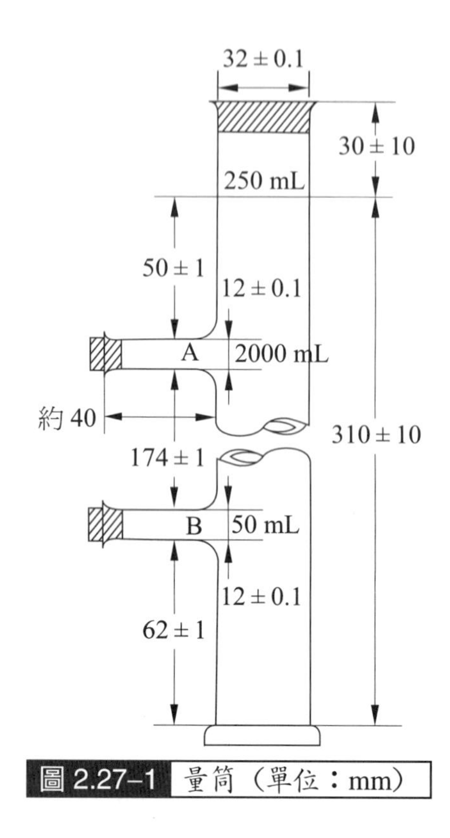

圖 2.27–1 量筒（單位：mm）

2.27–3 試樣準備

依「2.1 瀝青材料取樣法，2.1–6　二、試樣準備法」準備具有代表性的乳化瀝青材料試樣：

一、CNS10365、ASTM D244

1. 準備兩個 500 mL 的量筒，量筒內擦拭乾淨，若用潔淨水洗淨時，應置入溫度 105 ± 5°C 的烘箱中烘乾冷卻。
2. 取具代表性的乳化瀝青於燒杯內。

二、JIS K2208

1. 將具有試樣出口管的量筒內擦拭乾淨，若用潔淨水洗淨時，應置入溫度 105±5°C 的烘箱中烘乾冷卻後，將試樣出口管用橡膠塞塞緊。
2. 取具代表性的乳化瀝青試樣約 300 mL，以 1.18CNS386 篩過濾至燒杯內。

2.27–4 試驗方法

1. 將燒杯內具有代表性的試樣用玻璃棒攪拌均勻，各取 500 mL 分別傾入二個量筒內，塞上橡膠塞，於室溫下靜置 5 天。如使用圖 2.27–1 所示量筒者，則先將過濾的乳化瀝青試樣用玻璃棒充分拌勻，緩緩傾入量筒內，使液面達到刻劃 250 mL 標記處，然後塞上橡膠塞於室溫下靜置 5 天。
2. 用吸管在不擾動試樣的情況下吸取靜置 5 天的試樣上層乳液約 55 mL。將吸取的兩份乳液分別充分混合攪拌後，各量取 50±0.1 g 分別放入已稱質量的兩個低式燒杯內。
   如用圖 2.27–1 所示量筒者，則拔除量筒管 A 橡膠塞或木塞，將流出之上層乳液盛於燒杯內。
   依「2.25 乳化瀝青之蒸餾試驗」測定蒸餾殘留物含量。
3. 量筒內上層乳液移出後，再用吸管由每一量筒內，吸去中層 390 mL 的乳液。將留在兩個量筒內之底層乳液分別充分搖盪，徹底攪拌後，各稱取 50±0.1 g 的乳液，放入已稱質量的兩個低式燒杯內。
   如用圖 2.27–1 所示量筒者，則拔除量筒管 B 橡膠塞或木塞，將流出之中層乳液盛於容器內。將留在量筒內的乳液充分搖勻，徹底攪拌後，傾斜量筒，由 B 試樣出口管流出約 50±0.1 g 的乳液，放入已稱質量的低式燒杯內。
   依「試驗 2.25 乳化瀝青之蒸餾試驗」測定蒸餾殘留物含量。

2.27–5 注意事項

1. 試驗量筒必須放置在不受震動而穩固的位置。
2. 試驗量筒須避免陽光照射。
3. 燒杯內乳液攪拌所用的玻璃棒應潔淨，不得附有其他瀝青材料。
4. 量筒內乳液、燒杯內乳液不得含有氣泡。
5. 注入試樣時，應注意試驗出口管內不得附有氣泡。
6. 若乳化瀝青於 5 天以內使用者，可採用靜置 1 天的沉澱試驗。

2.27–6 記錄表格

一、計算式

乳化瀝青 5 天沉澱率計算依式 (2.27–1) 計算之：

$$S = P_a - P_b \tag{2.27–1}$$

式中：S = 試樣 5 天沉澱率 (%)；

P_a = 量筒下層乳液之蒸餾後平均殘留物含量 (%)；

P_b = 量筒上層乳液之蒸餾後平均殘留物含量 (%)。

二、精確度

1. 同一試樣至少平行試驗兩次，其差值在重複試驗的精確度範圍內時，取其平均值之整數作試樣沉澱試驗結果的報告，並註明乳液靜置期間的溫度變化。
2. 同一試驗者及儀器，每次沉澱試驗結果的重複性試驗精確度允許偏差在 5 天靜置沉澱率 0～1.0% 者為 0.4%，1.0 以上者為平均值之 5%。
3. 不同試驗者及儀器，每次沉澱試驗結果的再現性試驗精確度允許偏差在 5 天靜置沉澱率 0～1.0% 者為 0.8%，1.0 以上者為平均值之 10%。

三、記錄表格

乳化瀝青沉澱試驗報告

工程名稱：________　取樣者：________　送樣單位：________

瀝青種類：________　瀝青來源：________　取樣日期：________

室溫：________　沉澱天數：1.5 天　試驗編號：________

試驗日期：________

燒杯編號		1	2	3	本試驗法依據
試樣靜置天數					
依蒸餾試驗法所得殘留物含量 (%)	下層乳液 P_a				
	上層乳液 P_b				
沉澱率 (%)	$P_a - P_b$				
平均沉澱率 (%)	S				

複核者：________　試驗者：________

2.28 乳化瀝青之脫乳性試驗

Method of Test for Demulsibility of Emulsified Asphalt，參考 CNS10363、AASHTO T59–01

2.28–1 目 的

1. 用以指示快乾及中乾乳化瀝青與粒料面接觸後，乳劑分離的遲速，即分解速度 (Rate of Breaking) 的判定。也即乳化瀝青之瀝青微粒，在分解中以薄膜包裹粒料面的速度。
2. 本試驗法適用於陽離子乳化瀝青及陰離子乳化瀝青之脫性測定。

2.28–2 儀 器

1. 網片

   三片 130 mm 見方的 1.4 mm 孔徑（線徑 0.725 mm）金屬網片。

2. 燒杯

   三個容量 600 mL 的玻璃或金屬燒杯。

3. 金屬棒

   三支圓頭，直徑 8 mm 的金屬棒。

4. 滴管

   容量 50 mL 刻劃 0.1 mL 的玻璃滴管 (Buret)。

5. 氯化鈣溶液

   (1) 0.02 N，$CaCl_2$ 溶液：氯化鈣 ($CaCl_2$) 1.11 g 加水稀釋至 1 L。

   (2) 0.01 N，$CaCl_2$ 溶液：氯化鈣 ($CaCl_2$) 5.55 g 加水稀釋至 1 L。

6. 二辛基磺琥珀酸鈉溶液

   8 g 二辛基磺琥珀酸鈉溶解於 992 g 蒸餾水中。

7. 天秤

   稱量 500 g，精確度達 ±0.1 g 者。

8. 烘箱

能自動控制箱內溫度者。

2.28–3 試樣準備

1. 依「2.1 瀝青材料取樣法，2.1–6　二、試樣準備法」採取具有代表性的乳化瀝青試樣約 1000 g，以 200 g 按「2.25 乳化瀝青之蒸餾試驗」測定蒸餾殘留物含量。所餘乳化瀝青試樣，可供脫乳性試驗。
2. 將燒杯、金屬棒及網片擦拭乾淨後，分別編號並稱其總質量 (g)。

2.28–4 試驗方法

1. 各稱 100 ± 0.1 g 乳化瀝青試樣於每一編號的燒杯內。
2. 將燒杯及其內試樣以及採用之試藥置於恆溫烘箱內使其保持 25 ± 5°C 溫度至少 2 分鐘。

   所用試藥通常為：

   (1)快乾乳化瀝青用 0.02 N，$CaCl_2$ 溶液，

   (2)中乾乳化瀝青用 0.10 N，$CaCl_2$ 溶液，

   (3)陽離子乳化瀝青用二辛基磺琥珀酸鈉溶液。
3. 由恆溫烘箱中取出燒杯及其內試樣，如為快乾型乳化瀝青陽離子乳化瀝青則用滴管吸取選用之試藥溶液 35 mL 加入每一燒杯內之乳化瀝青試樣中，如係混合型乳化瀝青則改加 50 mL 所用試藥。用金屬棒連續而有力的攪拌，同時用金屬棒揉擠所生的顆粒狀物。
4. 攪拌揉擠 2 分鐘後，將溶液慢慢倒在網片上，俾使沉澱物能留於燒杯內。
5. 用蒸餾水清洗燒杯及其內顆粒沉澱物，以及金屬棒，同時按上法用金屬棒揉擠顆粒後，用網片過濾。重複此步驟，直至沖洗之蒸餾水潔淨為止。
6. 將留有顆粒物之網片、金屬棒等放入燒杯內，移入溫度 163 ± 2.8°C 的烘箱內烘乾至恆重為止。

7. 由烘箱內取出網片、金屬棒及燒杯，俟冷卻至室溫時，稱其總質量 (g)。此總質量 (g) 與網片、金屬棒及燒杯總質量 (g) 的差，即為脫乳殘留物質量 (g)。

2.28–5 注意事項

1. 乳化瀝青加入氯化鈣溶液後，所施行之攪拌及揉擠，須均勻而徹底。
2. 每次攪拌揉擠後，應小心而緩慢地，使沉澱物留於杯底，而將其上之溶液濾過網片。在實施過程中，不得使顆粒沉澱物洩溢網外。

2.28–6 記錄報告

一、計算式

乳化瀝青脫乳殘留物含量 (%) 依式 (2.28–1) 計算之：

$$P_d = \frac{m_1 - m_2}{m_r} \times 100 \tag{2.28–1}$$

式中：P_d = 乳化瀝青試樣脫乳殘留物含量 (%)；

m_1 = 燒杯、金屬棒、網片與脫乳殘留物總質量 (g)；

m_2 = 燒杯、金屬棒與網片總質量 (g)；

m_r = 乳化瀝青試樣 100 g 蒸餾後殘留物質量 (g)。

二、精確度

下列準據不適用於以二辛基磺琥珀酸鈉作試劑之試驗數值之研判。

1. 同一試驗者及儀器，每次脫乳性試驗結果的重複性試驗精確度允許偏差在脫乳性質量 30～100% 時，為平均值 5%。
2. 不同試驗者及儀器，每次脫乳性試驗結果的再現性試驗精確度允許偏差在脫乳性質量 30～100% 時，為平均值 30%。

三、記錄表格

乳化瀝青脫乳性試驗報告

工程名稱：________　取樣者：________　送樣單位：________

瀝青種類：________　瀝青來源：________　取樣日期：________

瀝青等級：________　試驗編號：________　試驗日期：________

試藥：________

燒杯編號	1	2	3	本試驗法依據
（燒杯 + 金屬棒 + 網片 + 脫乳殘留物）總質量 (g)　m_1				
（燒杯 + 金屬棒 + 網片）總質量 (g)　m_2				
脫乳殘留物質量 (g)　$m_1 - m_2$				
100 g 試樣蒸餾殘留物質量 (g)　m_r				
脫乳殘留物含量 (%)　$\frac{m_1 - m_2}{m_r} \times 100$				
平均脫乳殘留物含量 (%)				

複核者：________　試驗者：________

2.29 乳化瀝青之篩析試驗

Method of Test for the Sieve Test of Emulsified Asphalt，參考 CNS10367、AASHTO T59–01

2.29–1 目　的

1. 乳化瀝青之篩析試驗，可補充沉澱試驗檢定的不足，用以決定乳劑內較大瀝青顆粒的百分率數量。此等較大的瀝青顆粒與粒料表面接觸後，不能呈現均勻而薄的包裹。
2. 本試驗法用以測定乳化瀝青試樣在規定的 0.8 mm 篩孔篩析，檢定存留在篩上的瀝青顆粒含量 (%) 的方法，有助於研判乳液中瀝青粗顆粒的成分及是否產生結塊現象。
3. 本試驗法適用於陽離子乳化瀝青及陰離子乳化瀝青之篩析試驗。

2.29–2 儀　器

1. 篩

　篩內徑 75 mm、高 25 mm 之 0.8CNS386 篩。

2. 盆

　能涵蓋篩的淺金屬盆。

3. 油酸鈉溶液

　2 g 純油酸鈉 (Pure Sodium Oleate)，加蒸餾水稀釋至 100 mL。

4. 烘箱

　能自動控制箱內溫度者。

5. 天秤

　稱量 2000 g 且準確至 ±1 g 及 500 g 稱量，準確至 ±0.1 g。

6. 容器

　可盛 1500 g 乳化瀝青之適宜容器。

7. 乾燥器

2.29–3 試樣準備

1. 依「2.1 瀝青材料取樣法，2.1–6　二、試樣準備法」採取具有代表性的乳化瀝青試樣 1000 g 於容器內。
2. 將濾篩及金屬盆用油酸鈉溶液擦洗乾淨，再用水或蒸餾水洗滌後，在烘箱內 105 ± 5°C 溫度烘乾。冷卻後，分別稱其質量，準確至 0.1 g。

2.29–4 試驗方法

1. 將濾篩及金屬盆用油酸鈉溶液（陰離子乳化瀝青）或蒸餾水（陽離子乳化瀝青）潤濕。
2. 將濾篩置於金屬盆上，再將容器內的乳液試樣邊攪拌邊緩緩傾入篩內過濾。
3. 試樣全部過濾後，再用原溶液多次洗滌，容器及篩上之殘留物，直至洗滌之溶液清淨為止。
4. 將洗滌後的篩放在已稱質量的淺金屬盆上，移入 105 ± 5°C 之烘箱內烘乾 2 小時。
5. 由烘箱內移出淺金屬盆、篩及其內之殘留物，放在乾燥器內冷卻後，稱其質量準確至 0.1 g。

2.29–5 注意事項

1. 注意篩上殘留物須沖洗至清淨為止。
2. 沖洗過程，不得使篩上殘留物濺出。
3. 在過濾過程中，如發現篩孔有堵塞或過濾不順暢情況時，可用手輕拍篩框。
4. 如乳化瀝青乳液稠度較大，有過濾不順暢情況時，可將之置於恆溫水槽加溫至 50°C 左右再予過濾。

2.29–6 記錄報告

一、計算式

乳化瀝青篩析殘留物含量依式 (3.29–1) 計算之：

$$P_S = \frac{m_1 - m_2}{m} \times 100 \qquad (2.29\text{–}1)$$

式中：P_S = 乳化瀝青篩析殘留物含量 (%)；

m_1 = 淺金屬盆、篩及其內殘留物質量 (g)；

m_2 = 淺金屬盆及篩質量 (g)；

m = 乳化瀝青試樣總質量 (g)，通常為 1000 g。

二、精確度

1. 同一試樣至少平行試驗兩次，其差值在重複試驗的精確度範圍內時，取其平均值作為乳化瀝青篩析試驗結果的報告。
2. 同一試驗者及儀器，每次篩析試驗結果的重複性試驗精確度允許偏差在篩析試驗值質量比 0～0.1% 時，為質量比 0.03%。
3. 不同試驗者及儀器，每次篩析試驗結果的再現性試驗精確度允許偏差在篩析試驗值質量比 0～0.1% 時，為質量比 0.08%。

三、記錄表格

乳化瀝青篩析試驗報告

工程名稱：________　取樣者：________　送樣單位：________

瀝青種類：________　瀝青來源：________　取樣日期：________

瀝青等級：________　試驗編號：________　試驗日期：________

試驗次數		1	2	3	本試驗法依據
（篩＋盆＋殘留物）質量 (g)	m_1				
（篩＋盆）質量 (g)	m_2				
殘留物質量 (g)	$m_1 - m_2$				
乳化瀝青試樣質量 (g)	m				
停留在篩上殘留物質量比 (%)	$\frac{m_1 - m_2}{m} \times 100$				
平均停留在篩上殘留物質量比 (%)					

複核者：________　試驗者：________

2.30 乳化瀝青之水泥拌合試驗

Method of Test for the Cement Mixing Test of Emulsified Asphalt，CNS10366、AASHTO 59–01

2.30–1 目的

1. 慢乾乳化瀝青的水泥拌合試驗與快乾或中乾乳化瀝青之脫乳性試驗，具有同一目的。慢乾乳化瀝青，一般多用於與細料及塵埃粒料混合，而脫乳性試驗，所用之氯化鈣溶液對之不影響。
2. 依據本試驗結果可研判該乳化瀝青與水泥和水在規定條件下拌合。所得混合料的均勻程度，用以研判水泥及乳液綜合穩定砂石土時的施工性能。也適用於鑑別是否為慢乾乳化瀝青類型。

2.30–2 儀器

1. 篩

   0.18CNS386 篩，直徑 76.2 mm 及 1.40CNS386 篩各一個。

2. 皿器

   容量 500 mL 之圓底鐵皿或廚房用之長柄有蓋的煮鍋。

3. 攪拌棒

   直徑 13 mm 之圓頭鋼棒。

4. 量筒

   100 mL 刻劃的量筒。

5. 天秤

   稱量 500 g，精確度 ±0.1 g 以內者。

6. 盆

能涵蓋篩的淺金屬盆。

7. 烘箱

能自動控制箱內溫度者。

8. 恆溫槽

能自動控制溫度者。

2.30–3 試樣準備

依「2.1 瀝青材料取樣法，2.1–6　二、試樣準備法」準備乳化瀝青試樣。

1. 將比表面積 (Specific Surface Area) 最少為 1900 cm^2/g 的高早強波特蘭水泥 (High-Early-Strength Portland Cement 須符合 CNS61 波特蘭水泥第三種特性)。用 0.18 CNS386 篩篩過，停留在篩上者棄之不用。
2. 加蒸餾水稀釋乳化瀝青試樣，使其殘留物成分具有 55%。其試驗法，可利用蒸餾法或將乳化瀝青試樣置於 163°C (325°F) 之烘箱內蒸發 3 小時後，求得殘留物含量，進而可求得應加蒸餾水稀釋的數量。
3. 將拌合用具、0.18CNS386 篩、淺金屬盆等用蒸餾水洗滌乾淨，烘乾冷卻後，分別稱其質量 (g)，準確至 0.1 g。

2.30–4 試驗方法

1. 稱通過 0.18CNS386 篩的高早強波特蘭水泥 50 ± 0.1 g 於皿器內。
2. 將稀釋後的乳化瀝青材料，高早強波特蘭水泥及其他器具置於恆溫槽內，使保有 25°C 的溫度。
3. 加 100 mL 的稀釋乳化瀝青試樣於盛有高早強波特蘭水泥的皿器內，並立即用攪拌棒，按每分鐘 60 轉的速率，作圓周運動方式的攪拌。
4. 攪拌一分鐘後，再加入 150 mL 的蒸餾水，繼續攪拌 3 分鐘。

5. 將攪拌後的混合液，傾入已稱過質量的 1.40CNS386 篩篩上，並用蒸餾水重複沖洗附於攪拌皿器內及攪拌棒上黏附的試樣於篩上。
6. 用蒸餾水清洗篩內的試樣，直至沖洗的水顏色不變為止。
7. 將清洗後的篩及其內之殘留物，放於已稱過質量的淺金屬盆內，同置入 163 ± 2.8°C 的烘箱內，烘乾至恆量為止。
8. 篩及淺金屬盆移出烘箱，並冷卻後稱其質量，準確至 0.1 g。其與篩及淺金屬盆總質量的差，即為水泥拌合試驗殘留物百分率。

2.30–5 注意事項

1. 所有攪拌工作，必須均勻徹底。
2. 防止篩內殘留物濺出篩外。
3. 清洗篩內殘留物可從篩上約 152.4 mm 高度處以蒸餾水沖洗篩上殘留物，直至洗滌水澄清為止。

2.30–6 記錄報告

一、計算式

乳化瀝青水泥拌合試驗殘留物含量 (%) 依式 (2.30–1) 計算之：

$$P_r = \frac{m - m_1}{m_2 + m_3} \times 100\% \qquad (2.30\text{–}1)$$

式中：P_r = 乳化瀝青水泥拌合試驗殘留物含量 (%)；

m = 淺金屬盆、篩與殘留物總質量 (g)；

m_1 = 淺金屬盆與篩總質量 (g)；

m_2 = 水泥用量 (g)；

m_3 = 殘留物 55% 之稀釋乳化瀝青 100 mL 中之殘留物質量 (g)。

二、精確度

1. 同一試樣至少平行試驗兩次，其差值在重複試驗的精確範圍內時，取其平均值作為試樣水泥拌合試驗結果的報告。
2. 同一試驗者及儀器，每次水泥拌合試驗結果的重複性試驗精確度允許偏差在水泥拌合試驗值質量比 0～2% 時，為質量比 0.2%。
3. 不同試驗者及儀器，每次水泥拌合試驗結果的再現性試驗精確度允許偏差在水泥拌合試驗值質量比 0～2% 時，為質量比 0.4%。

三、記錄表格

乳化瀝青水泥拌合試驗報告

工程名稱：________　取樣者：________　送樣單位：________

瀝青種類：________　瀝青來源：________　取樣日期：________

試驗編號：________　試驗日期：________

試驗次數	1	2	3	本試驗法依據
（淺金屬盆＋篩＋殘留物）總質量 (g) m				
（淺金屬盆＋篩）總質量 (g) m_1				
水泥用量 (g) m_2				
100 mL 稀釋乳液殘留物質量 (g) m_3				
殘留物質量 (g) $m - m_1$				
水泥與乳液殘留物總質量 (g) $m_2 + m_3$				
水泥拌合殘留物含量 (%) $\frac{m - m_1}{m_2 + m_3}$				
平均水泥拌合殘留物含量 (%) P_r				

複核者：________　試驗者：________

2.31 乳化瀝青微粒荷電試驗

Method of Test for Particle Charge of Emulsified Asphalts，參考 CNS10364、AASHTO T59–01

2.31–1 目　的

乳化瀝青乳液中分散的瀝青微粒係藉乳化劑包膜作用才能均勻而穩定地分布在水中，不同類型的乳化劑使瀝青微粒外圍帶有不同性質的電荷。本試驗法可用以測定瀝青乳液所用乳化劑的類型，帶正電荷者為陽離子乳化瀝青，帶負電荷者為陰離子乳化瀝青。

2.31–2 儀　器

1. 電源裝置

由一 12 V（伏特）直流電源，一毫安培及一可變電阻所組成，如圖 2.31–1 所示。

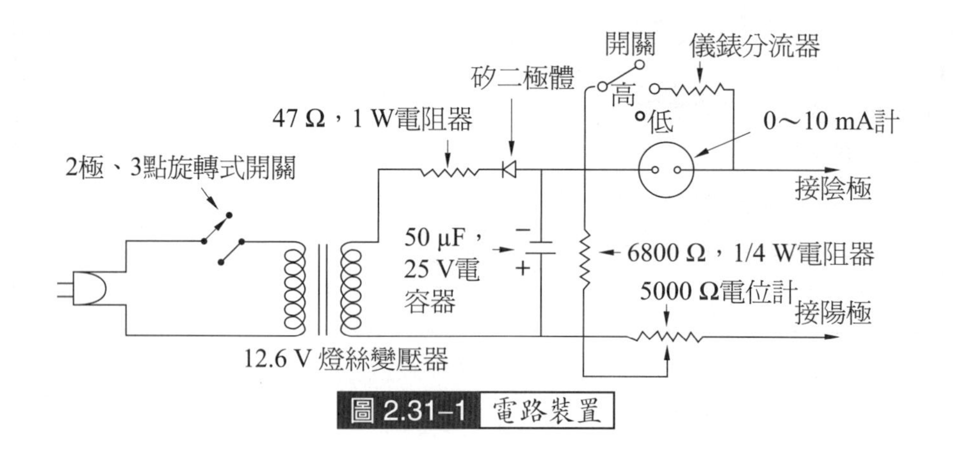

圖 2.31–1 電路裝置

2. 電極鈑

兩塊長度 101.6 mm，寬 25.4 mm，厚 1 mm 之銅鈑，彼此絕緣，且兩鈑平行間隔 12.7 mm，並固定在一框架上。

3. 燒杯

容量 250 mL 者。

4. 停錶

2.31–3 試樣準備

依「2.1 瀝青材料取樣法，2.1–6　二、試樣準備法」準備待試乳化瀝青試樣。

1. 將電極鈑、燒杯清洗乾淨。
2. 將兩塊電極鈑平行固定在一框架上，其間距約 12.7 mm。
3. 將乳化瀝青試樣徹底攪拌均勻後，傾入 250 mL 的燒杯容器內，其深度約可使電極鈑浸入 25.4 mm 深為止。

2.31–4 試驗方法

1. 將固定架平行之兩電極鈑與電流電源正負極相連接，再將之浸入盛有試樣的燒杯中。浸入乳液中的長度約 25.4 mm，如圖 2.31–2 所示。

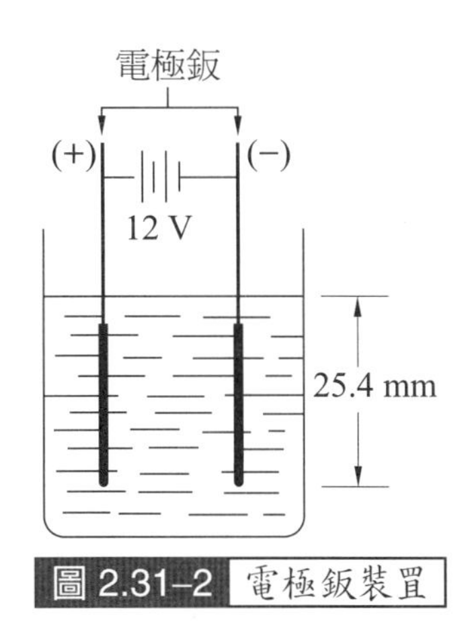

圖 2.31–2 電極鈑裝置

2. 調整可變電阻器使電流至少為 8 mA（毫安培），隨即按動停錶開始計秒。
3. 當電流降至 2 mA 或通電已達 30 分鐘，立即關閉電源，取出框架以自來水緩緩沖洗電極鈑。

4. 仔細觀察附著於電極鈑上的瀝青微粒。如為陽離子乳化瀝青則在陰極鈑（負電極）上吸附有大量明顯的瀝青微粒，而陽極鈑（正電極）上則相當乾淨。反之，則為陰離子乳化瀝青。

2.31–5 注意事項

1. 電極鈑可重複使用，但每次使用前均須以蒸餾水、酒精等溶劑清洗乾淨。
2. 調整可變電阻電流亦可使用較 8 mA 高之電流，但試驗所用電流值應予註明。
3. 乳化瀝青極性測定前，可先將之用 1.18CNS386 篩過濾後使用。
4. 乳化瀝青若稠度過高，可先置於恆溫水槽保持溫度 50°C 左右再予測試。

2.31–6 記錄報告

以試驗結果的極性作為試驗報告，但須註明試驗所用電流值。

乳化瀝青微粒電荷試驗報告

工程名稱：________　　取樣者：________　　送樣單位：________

乳化瀝青來源：________　　取樣日期：________

試驗編號：________　　試驗日期：________

試驗次數	1	2	3
電流值			
瀝青微粒電荷	陽電荷　陰電荷		
本試驗法依據：			

複核者：________　　試驗者：________

2.32 乳化瀝青黏附性及塗敷性試驗

Method of Test for Adhesiveness and Aggregate Coating of Emulsified Asphalt，參考 CNS10370、JIS K2208

2.32-1 目　的

1. 本試驗係檢驗在規定試驗條件下，受水浸蝕作用後，瀝青乳液呈薄膜狀態黏附於石料表面的穩定程度，作為評定瀝青乳液與表面潮濕石料的黏附能力及抗水剝脫的性能。
2. 本試驗法適用於評定各類乳化瀝青與礦物粒料。
3. 乳化瀝青黏附性能力係以瀝青在粒料顆粒表面塗敷的瀝青薄膜面積表示之。

2.32-2 儀　器

1. 篩網

    方孔篩 31.5 mm、19.0 mm、13.2 mm CNS386 篩。

2. 燒杯

    800～1000 mL。

3. 烘箱

    能自動控溫之恆溫烘箱。

4. 天秤

    精確度為 0.1 g。

5. 細線或細金屬絲線、鐵支架等
6. 蒸餾水
7. 道路工程實際使用之碎石

2.32–3 陽離子乳化瀝青黏附性及塗敷性試驗

一、試樣準備

依「2.1 瀝青材料取樣法，2.1–6　二、試樣準備法」準備陽離子乳化瀝青試樣。

1. 將道路工程實際使用之碎石篩取粒徑 19.0～31.5 mm 之間的碎石顆粒洗淨，將之置於 105 ± 5°C 恆溫烘箱內烘乾 3 小時。
2. 從烘箱中取出數顆碎石，於室溫下冷卻 1 小時。
3. 將冷卻的碎石顆粒用細線或細金屬絲線頭繫緊，尾線用作懸掛用。

二、試驗方法

1. 取兩個乾淨的燒杯，分別盛入 400 mL 蒸餾水及 300 mL 乳化瀝青試樣。
2. 將繫好的碎石顆粒浸入盛有蒸餾水的燒杯中浸泡 1 分鐘，提出後再浸入盛有乳化瀝青試樣的燒杯中 1 分鐘。然後將繫有碎石顆粒的細線提出，在室溫下懸掛 20 分鐘。
3. 將晾後的碎石顆粒，用手拉住尾線浸入已盛水 1000 mL 的燒杯中，以每分鐘約 30 次，上下拉動間距約 50 mm 作上下水洗 3 分鐘。
4. 水洗後，在碎石顆粒浸入水中時，用紙片將浮在水面上的瀝青薄膜黏出或撥開，再將碎石顆粒提出水面，觀測顆粒表面塗敷瀝青薄膜的面積。

2.32–4 陰離子乳化瀝青黏附性及塗敷性試驗

一、試樣準備

依「2.1 瀝青材料取樣法，2.1–6　二、試樣準備法」準備陰離子乳化瀝青試樣。

1. 將道路工程實際使用之碎石篩取粒徑 13.2～19.0 mm 之間的碎石顆粒洗淨，將之置於 105 ± 5°C 恆溫烘箱內烘乾 3 小時。
2. 取出 50 g 碎石顆粒以間距大於 30 mm 排列於室溫下冷卻 1 小時。
3. 將冷卻的碎石顆粒排列在孔徑 0.6 mm 的濾篩上。

二、試驗方法

1. 取一乾淨的燒杯，盛入 300 mL 陰離子乳化瀝青試樣。
2. 將排列有碎石顆粒的濾篩浸入盛有陰離子乳化瀝青乳液中 1 分鐘，然後將之取出架在支架上，在室溫下靜置 24 小時。
3. 將靜置之濾篩及其內碎石顆粒浸入已盛有 1000 mL、40 ± 1°C 潔淨水的燒杯中 5 分鐘後提出，仔細觀測顆粒表面塗敷瀝青薄膜的面積。

2.32–5 注意事項

除上述外：

1. 以目視觀測瀝青薄膜塗敷碎石顆粒表面積較具主觀，故應十分注意確認之。
2. 乳化瀝青黏附性及塗敷性受碎石本身之岩性如酸性岩、鹽基性岩等的影響有關。

2.32–6 記錄報告

一、精確度

同一試樣至少平行試驗兩次，依多數個碎石顆粒的黏附或塗敷面積在 2/3 以上、2/3 以下之情況評定之。

二、記錄表格

乳化瀝青黏附性及塗敷性試驗報告

工程名稱：________　取樣者：________　送樣單位：________

瀝青種類：________　瀝青來源：________　取樣日期：________

試驗編號：________　試驗日期：________

試驗次數	1	2	3	本試驗法依據
塗敷面積比				
平均塗敷面積比				

複核者：________　試驗者：________

2.33 瀝青材料之水分測定

Method of Test for Water in Bituminous Materials，參考 CNS2490（94 年印行）、AASHTO T55–02

2.33–1 目　的

測定瀝青材料所含之水分，以定其品質之純度及加熱發生泡沫的情形，同時用以在自路面採取瀝青試樣中測定其含水量，以精確決定其瀝青含量。本試驗方法，乃使用揮發性溶劑 (Volatile Solvent) 蒸餾試樣以測定瀝青材料內之水分。對於瀝青材料、柏油、雜酚油，石油產品等皆可適用本方法。

2.33–2 儀　器

如圖 2.33–1 所示，包括有：

1. 金屬或玻璃製蒸餾器

金屬蒸餾器 (Metal Still) 須用銅製圓柱形筒，筒頂成凸緣。有一與凸緣同大小之平底蓋藉夾子固定於凸緣上。凸緣之上，平底蓋之下，須襯一層石棉環。平底蓋上須留一內徑為 25.4 mm 之圓管，以便連結水分接受器。金屬蒸餾器示於圖 2.33–1 (a)。玻璃蒸餾器係容量至少為 500 mL 之短頸玻璃製燒瓶 (Short-Neck Glass Flask)，頸頂須有翻口，藉軟木塞或橡膠塞連結水分接受器，如圖 2.33–1 (b)所示者。

2. 水分接受器

水分接受器各部尺寸示於圖 2.33–1 (c)，係玻璃製蒸餾用接受器。尖端部分，刻劃由 0～2 mL 時，其最小刻度為 0.1 mL；柱形部分，刻劃由 2～10 mL 時，其最小刻度為 0.2 mL。前者最小刻度之誤差，不得大於 0.05 mL，後者不得大於 ±0.10 mL。

3. 冷凝管

冷凝管係採用水冷反流式玻璃製品 。 外管長不得短於 400 mm ， 內管之外徑為 9.5～12.7 mm。與水分接受器連結部分之管端，須磨成與管中心線成 30° ± 5°。

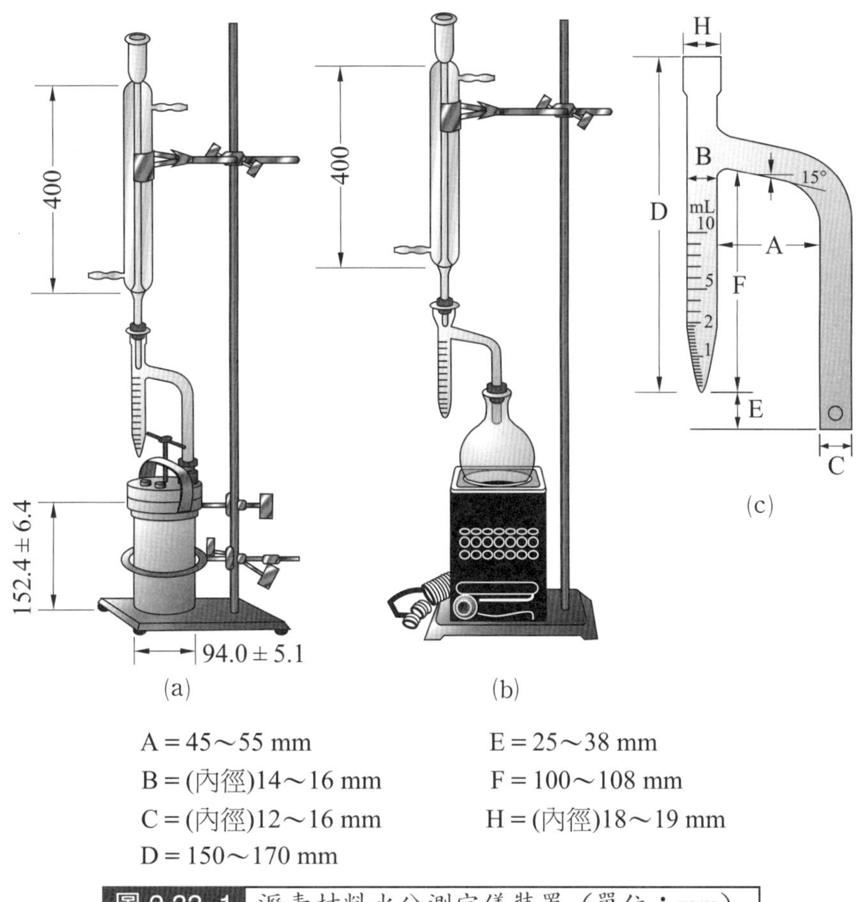

圖 2.33–1　瀝青材料水分測定儀裝置（單位：mm）

4. 加熱器

若使用金屬蒸餾器時，須採用內徑 10 cm 環形煤氣燈。使用玻璃蒸餾器時，可採用普通煤氣燈，電熱器。

5. 支架

用以支承蒸餾器，冷凝管等。

6. 量筒

100 mL 量筒，最小刻劃 0.1 mL。

7. 天秤

靈敏度小於 0.1 g。

8. 溶劑

三甲苯或容積比 20 : 80 之甲苯與二甲苯之混合物。

2.33–3 試樣準備

依「2.1 瀝青材料取樣法，2.1–6　二、試樣準備法」準備瀝青材料試樣。

1. 對於公路材料及柏油，通常採用金屬蒸餾器，石油產品者，一般採用玻璃蒸餾器，或含水量較多者，可採用金屬蒸餾器。
2. 將蒸餾器洗淨烘乾，稱量質量準確至 0.1 g。
3. 若為液體瀝青試樣則將之充分搖晃均勻；若為黏稠性或固體石油瀝青試樣則先預熱至 50～80°C 使成流體。
4. 若試樣之含水量少於 10%，則取約 100 mL（或 100 g）之試樣於金屬或玻璃蒸餾器中，稱量總質量，準確至 0.1 g。再加入同體積之溶劑 (Solvent) 加以攪拌，使均勻混合，最後用溶劑沖洗攪拌棒所沾附試樣，再予仔細搖晃均勻，須特別注意不使試樣損失。
5. 若試樣之含水量大於 10%，則試樣之體積（或質量），須酌量減少，使蒸餾出的水分不超過 10 mL，或者改用 25 mL 之水分接受器，此器之刻劃如下：由 0～2 mL 處，最小刻劃為 0.1 mL；由 2～5 mL 處，最小刻劃為 0.2 mL；由 5～25 mL 處，最小刻劃為 0.5 mL。
6. 將各部分按圖 2.33–1 所示裝置之：
   (1)先將洗淨烘乾的水分接受器支管緊密裝置在蒸餾器上， 支管的斜口進入蒸餾器約 15～20 mm。
   (2)其次將冷凝管的內壁擦拭乾淨，再安裝在水分接受器上。安裝時應使兩者之軸心線互相重合及冷凝管下端的斜口切面與水分接受器的支管管口相對。再者，冷凝管下端的斜口部分嵌入水分接受器中，其尖端不得浸沒於蒸餾後之液面下 1 mm。

2.33–4 試驗方法

1. 上述各項準備妥善後，即於蒸餾器下直接加熱，同時調整蒸餾速度，使每秒鐘由冷凝管滴下 2～5 滴。
2. 若使用金屬蒸餾器，在開始蒸餾時，環煤燈須放置於蒸餾器底面上約 76 mm，然後於蒸餾過程中逐漸降低。

3. 蒸餾須在此規定之速度下繼續進行，直至無水分出現為止。此項試驗，通常不超出一小時。
4. 在蒸餾過程中，若水分接受器中的水將達到最大容積刻劃前，應立即停止加熱，俟無溶劑滴出時，迅速取下水分接受器，將其內的水及溶劑倒入一量筒內，再將之裝置好繼續加熱蒸餾。
5. 蒸餾將近完畢時，如果冷凝管內壁沾有水滴，不易移入水分接受器時，可藉加速沸騰蒸餾數分鐘，利用冷凝的溶劑將水滴洗入水分接受器中。
6. 若無水分繼續出現，且上層的溶劑完全透明時，即停止加熱。
7. 蒸餾器冷卻後，在室溫下記讀水分接受器內或量筒中水分容積 mL 數。

2.33–5 注意事項

除上述外：

1. 使用石棉環時，須先將之於溶劑中浸沒。
2. 在冷凝管之上端，須用鬆棉塞 (Loose Cotton Plug) 塞住，以防冷凝管內空氣溫度之冷凝。
3. 試樣以容積量時，須用一精確的 100 mL 量筒為之，然後每次用 25 mL 之溶劑，連續洗濯二次，傾入蒸餾器內。
4. 當停止加熱後，冷凝管內壁仍有水滴存在時，可從冷凝管上端倒入溶劑，把水滴沖進水分接受器內。
5. 當水分接受器的溶劑呈現渾濁，且收集的水分不超過 0.2 mL 時，可將水分接受器置於熱水中浸 20～30 分鐘，使溶劑澄清，俟水分接受器冷卻至室溫後，才讀記水分容積。
6. 蒸餾器內之瀝青試樣與溶劑之混合物在充分搖晃均勻過程中，勿使濺出器外。

2.33–6 記錄報告

一、計算式

1. 瀝青試樣含水量的質量百分率依式 (2.33–1) 計算之：

$$P_w = \frac{V_w}{(m_2 - m_1)\cdot \rho_w} \times 100 \qquad (2.33\text{–}1)$$

式中：P_w = 瀝青試樣含水量 (%)；

V_w = 水分接受器中水分的容積 (mL)；

m_1 = 蒸餾器質量 (g)；

m_2 = 蒸餾器與瀝青試樣總質量 (g)；

ρ_w = 水的密度 (≈ 1 g/mL)。

2. 瀝青試樣含水量的容積百分率依式 (2.33–2) 計算之：

$$P_w = \frac{V_w}{V_s} \times 100 \qquad (2.33\text{–}2)$$

式中：V_s = 瀝青試樣容積 (mL)。

二、精確度

1. 同一試樣至少平行試驗兩次，其差值在重複試驗的精確度範圍內時，取其平均值作為瀝青試樣含水量試驗結果的報告。
2. 同一試驗者及儀器，每次試驗結果的重複性試驗精確度允許偏差對黏稠性石油瀝青，若水分接受器中的水分在 0～1.0 mL 時為 0.1 mL；若水分接受器中的水分為 1.1～2.5 mL 時，則為 0.1 mL 或平均值的 2%。
3. 不同試驗者及儀器，每次試驗結果的再現性試驗精確度允許偏差對黏稠性石油瀝青，若水分接受器中的水分在 0～1.0 mL 時，為 0.2 mL；若水分接受器中的水分為 1.1～2.5 mL 時，則為 0.2 mL 或平均值的 10%。

三、記錄表格

瀝青材料水分測定報告

工程名稱：________　取樣者：________　送樣單位：________

瀝青種類：________　瀝青來源：________　取樣日期：________

水密度 ρ_w：________　試驗編號：________　試驗日期：________

試驗次數		1	2	3	本試驗法依據
水分容積 (mL)	V_w				
（蒸餾器 + 試樣）質量 (g)	m_2				
蒸餾器質量 (g)	m_1				
試樣質量或容積 (g, mL)	$m_2 - m_1$ V_s				
含水量 (%) $\frac{V}{(m_2 - m_1)\rho_w} \times 100$，或 $\frac{V_w}{V_s} \times 100$					
平均含水量 (%)					

複核者：________　試驗者：________

2.34 乳化瀝青之水分測定

Method of Test for Water in Emulsified Asphalts，參考 ASTM D244–00

2.34–1 目 的

測定乳化瀝青所含之水分容積，以定其品質及適應性。

2.34–2 儀 器

如圖 2.34–1 所示者，包括有：

1. 蒸餾器

(1)銅製圓柱形蒸餾器，器頂成凸緣。有一與凸緣同大小的平底蓋，藉夾子固定於凸緣上。凸緣與平底蓋之間，須襯一層石棉環。平底蓋上須留一內徑為 25.4 mm 之圓管，以使連接水分接受器，如圖 2.34–1 (a)所示者。

(2)玻璃製蒸餾器，係容量 500 mL 之短頸翻口圓底燒瓶，可藉軟木塞或橡膠塞與水分接受器連接，如圖 2.34–1 (b)所示者。

2. 水分接受器

水分接受器各部分尺寸示如圖 2.34–1 (c)，係玻璃製蒸餾用接受器。尖端部分刻劃由 0～2 mL 時，其最小刻度為 0.05 mL；柱形部分刻劃由 2～25 mL 時，其最小刻度為 0.10 mL。

3. 冷凝管

冷凝管係採用水冷反流式之玻璃製品。外管長不得短於 400 mm，內管之外徑為 9.5～12.7 mm。與水分接受器連接部分之管端，須磨成與管中心線成 30 ± 5°。

4. 加熱器

若使用金屬蒸餾器者，須採用內徑 100 mm 之環煤燈。使用玻璃蒸餾器者，可採用普通煤氣燈或電熱器。

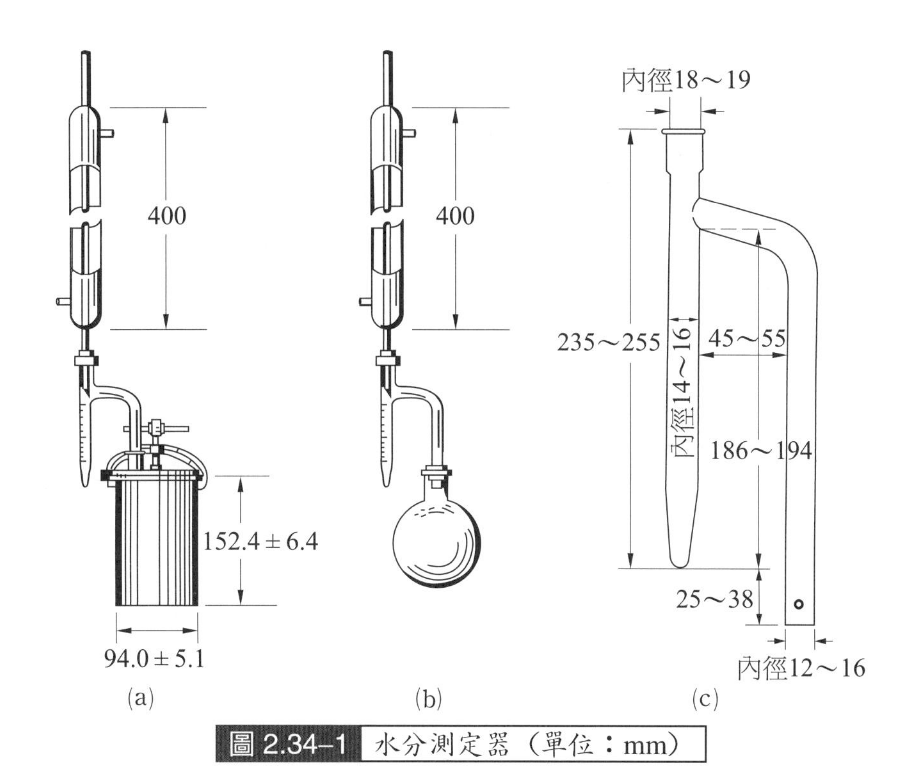

圖 2.34–1 水分測定器（單位：mm）

5. 支架

用以支持蒸餾器，冷凝管等。

6. 天秤

稱量 500 g，精確度 0.1 g 以內者。

7. 溶劑

二甲苯或容積比 20：80 之甲苯與二甲苯之混合物。

2.34–3 試樣準備

依「2.1 瀝青材料取樣法，2.1–6　二、試樣準備法」採取具代表性之試樣。

1. 將蒸餾器洗淨烘乾，稱量質量準確至 0.1 g。
2. 將試樣充分搖晃均勻。若試樣的含水量低於 25% 者，稱取 100 ± 0.1 g（或 100 mL）於蒸餾器內。若含水量高於 25% 者，則取 50 ± 0.1 g（或 50 mL）於蒸餾器內。再加入同容積的溶劑，加以攪拌使均勻混合，須特別注意不可使試樣有所損失。
3. 將水分測定器按圖 2.34–1 所示，依圖 2.33–1 裝置之。

2.34–4 試驗方法

1. 若使用玻璃蒸餾器者，在上述各項準備妥當後，即於蒸餾器下直接加熱，同時調整蒸餾速度，使每秒鐘由冷凝管滴下 2～5 滴。
2. 若使用金屬蒸餾器者，在上述各項準備妥當而欲開始蒸餾時，將環煤燈安置於蒸餾器底面上 76 mm，然後於蒸餾過程中逐漸降低，使每秒鐘由冷凝管滴下 2～5 滴。
3. 蒸餾須在此規定的速度下繼續進行，直至無水分出現而水分接受器內的水分容積保持不變為止。
4. 冷凝管中之冷卻水，若不易移入水分接受器時，可藉加速蒸餾數分鐘以移除之。
5. 無水分繼續出現時，即停止加熱。在室溫下記讀水分接受器之水分容積數。

2.34–5 注意事項

1. 使用石棉環時，須先將之於溶劑中浸濕。
2. 在冷凝管之上端，須用鬆棉塞塞住，以防冷凝管內空氣溫度之冷凝。

2.34–6 記錄報告

一、計算式

1. 瀝青試樣含水量的質量百分率依式 (2.34–1) 計算之：

$$P_w = \frac{V_w}{(m_2 - m_1)\cdot \rho_w} \times 100 \qquad (2.34\text{–}1)$$

式中：P_w = 瀝青試樣含水量 (%)；

V_w = 水分接受器中水分容積 (mL)；

m_1 = 蒸餾器質量 (g)；

m_2 = 蒸餾器與瀝青試樣總質量 (g)；

ρ_w = 水的密度 (≈ 1 g/mL)。

2. 瀝青試樣含水量的容積百分率依式 (2.34–2) 計算之：

$$P_w = \frac{V_w}{V_s} \times 100 \tag{2.34–2}$$

式中：V_s = 瀝青試樣容積 (mL)。

二、精確度

1. 同一試樣至少平行試驗兩次，其差值在重複試驗的精確度範圍內時，取其平均值作為乳化瀝青試樣含水量試驗結果的報告。
2. 同一試驗者及儀器，每次試驗結果的重複性試驗精確度允許偏差在含水率 30～50% 時，為 ±0.8%。
3. 不同試驗者及儀器，每次試驗結果的再現性試驗精確度允許偏差在含水率 30～50% 時，為 ±2.0%。

三、記錄表格

乳化瀝青水分測定報告

工程名稱：________　取樣者：________　送樣單位：________

瀝青種類：________　瀝青來源：________　取樣日期：________

水密度 ρ_w：________　試驗編號：________　試驗日期：________

試驗次數		1	2	3	本試驗法依據
水分容積 (mL)	V_w				
（蒸餾器 + 試樣）質量 (g)	m_2				
蒸餾器質量 (g)	m_1				
試樣質量或容積 (g, mL)	$m_2 - m_1$ V_s				
含水量 (%) $\frac{V}{(m_2 - m_1)\rho_w} \times 100$ 或 $\frac{V_w}{V_s} \times 100$					
平均含水量 (%)					

複核者：________　試驗者：________

第 3 篇

級配粒料試驗

3.1 粒料取樣法

Method of Sampling Aggregates，參考 CNS485（83 年印行）、CNS10989（73 年印行）、AASHTO T2–91 (00)

3.1–1 目　的

本取樣法用於自粒料堆、運料車、輸送帶採取具有充分代表性的粗、細粒料，粗細混合料作為品質檢驗及試驗室滿足粒料各項性質的取樣法。

3.1–2 儀　器

1. 方形鏟

用於採取樣品及用於四分法分料。

2. 盛樣器

用於盛裝所採取之試樣運送到試驗室。若試樣擬作為測試含水量或為防微粒流失者，應選取不透水而能密封的容器。

3. 平底金屬方盤

用於四分法分料。

4. 隔板

木製或金屬製隔板。

5. 取樣管

直徑約 30 cm，長大於 2 m 之取樣管，用於細粒料堆中取樣。

6. 分樣器

分樣器具有雙向等寬的斜向流槽，用於粗粒料者，流槽總數宜大於 8 道流槽，細粒料者不少於 12 道流槽。流槽之最小寬度須略大於擬分開試樣中最大粒徑 1.5 倍。分樣器皆需設有一寬度等於流槽組合後全寬之料斗，俾可按控制速率送料入槽。分樣器尚須附有兩個容器，分別承接自兩側流槽瀉出之試樣，如圖 3.1–1 所示者。

圖 3.1–1 分樣器

3.1–3 取樣數量

工地取樣數量必須具有充分代表性，其質量應依材料試驗次數、項目與類型加以預估，滿足試驗之用。表 3.1–1 所列可供選用。

表 3.1–1 粒料試樣數量

粒料最大標稱尺寸 A (mm)	工地試樣之最小數量 B (kg)
細粒料	
2.36	10
4.75	10
粗粒料	
9.5	10
12.5	15
19.0	25
25.0	50
37.5	75
50.0	100
63.0	125
75.0	150
90.0	175

註：A：粒料最大標稱尺寸係指在表中所列之可容許少量顆粒停留之最大篩孔尺寸。
　　B：係當粗、細粒料之混合料時（例如基層、底層），最小質量為粗粒料最小質量加上 10 kg。

3.1–4 取樣方法

取樣前應將盛樣器清潔乾淨，不得含有或黏附任何足以影響所盛粒料級配者。若試樣兼測含水量或防微粒流失者，檢查盛樣器蓋子是否具有嚴密密封性。

一、從料堆中取樣

1. 由料堆靠近頂部、中間部位及靠近底部等三處位置取樣。取樣時，在預定位置上方以一隔板插入料堆中，以防取樣時，產生進一步的粒料析離。
2. 取樣前，先將料堆外層粒料移除約 8～15 cm。
3. 用方形鏟由料堆外層清除之部位取足夠數量試樣。
4. 在細粒料堆，例如砂取樣時，可用取樣管以隨機方法決定取樣位置，插入料堆中，抽取至少 5 個以上細粒料混合以組成試樣。

二、從輸送帶上取樣

1. 先以隨機取樣法決定取樣三次的時間。在各次取樣量約略相等，三次取得之試樣合併成工地試樣，其質量不可少於表 3.1–1 所列之最小量。
2. 以目視法覺得輸送帶上被傳送的粒料已達相當均勻的程度時，一到取樣的時間，即停止輸送帶的轉動，插入兩塊符合履帶形狀的隔板。隔板須完全插入至粒料底部，兩隔板間距（約 1.0～1.5 m）內之粒料，應足夠取出一個分量的重量。小心鏟出兩隔板間所有粒料，裝入適當容器內，並用刷子刷取履帶上所有細粒料，也一併裝入容器內。
3. 俟下次取樣時間一到，依上述方法再予取足夠數量的試樣。
4. 若樣品擬作為測試含水量或防微粒流失者，取樣後應盡速密封於盛樣器內。

三、從儲存料、運料車上取樣

在粒料表面下挖數條寬約 30 cm、深約 30 cm 之槽溝，每隔相等之間距，用方形鏟沿溝底壓入粒料中，挖取等量試樣。多次試樣合併成工地試樣。

3.1–5 試樣保存與分樣

一、試樣保存

1. 試樣須以潔淨，不含有或黏附任何足以污染試樣或發生漏失的袋或其他容器盛裝。若試樣須兼測含水量或防微粒流失者，則須使用密封蓋密封保存或裝運。
2. 裝有試樣的盛樣器應將書有工程名稱、試樣編號、取樣地點、取樣日期、取樣者、送樣者、試樣名稱、試驗項目等之標籤黏貼於盛樣器筒面或置入容器內。

二、工地粒料樣品之分樣

工地粒料樣品之分樣係將工地粒料試樣縮減為每項試驗需要的合適質量，使與工地粒料試樣之間，在測定其性質時，所發生的差異減至最少。

(一) 分樣方法選擇

1. 分樣器法適用於：

⑴較面乾內飽和狀態（依 3.6 細粒料之比重及吸水率試驗法，或手緊握細粒料在放開手時仍能維持其形狀時，則此試樣可能比面乾內飽和狀態略濕）為乾的細粒料工地試樣。

⑵潮濕試樣數量過大者，先以大於 38 mm 寬開口流槽之分樣器縮小至不小於 5 kg 之試樣，再將之烘乾，並用分樣器法縮減至試驗用分量。

⑶潮濕試樣數量不致過大時，可依試驗法所規定的溫度下乾燥至面乾狀態者，可進行分樣器取樣。

⑷粗粒料之分樣。

2. 四分法適用於：

⑴細粒料顆粒表面具有自由水之工地試樣。

⑵粗粒料之分樣。

(二) 分樣方法

1.分樣器法

⑴將工地粒料試樣充分拌合均勻。

⑵將粒料試樣自一端至另一端均勻分布於料斗中，使得粒料流入各流槽內時，具有略相等分量。粒料流入速率須能使得粒料經由流槽自由流瀉至下方容器。

⑶保留其中一容器之試樣，將另一容器內試樣再次倒入通過分樣器中，如此重複進行若干次，直至將原試樣縮減到擬試驗用之規定質量為止。

⑷另一容器中收集之部分試樣，可保存供再次縮減為其他試驗項目用。

2.四分法

⑴在一堅硬、潔淨、平整的平面上將工地粒料試樣堆成圓錐體。

⑵用鏟翻動此圓錐體，並形成另一個新圓錐體，以此重複徹底拌合三次以上。在形成每一個圓錐體時，應將滿鏟粒料倒在圓錐體頂面，使滑到邊部的粒料分布均勻。

⑶用方形鏟反複交錯、垂直插入圓錐體頂部，每次插入後提起方形鏟時，不可帶有粒料，將圓錐體堆料略弄成圓形體，圓形體直徑約為厚度的 4～8 倍。

⑷將圓形體以鏟或鏝刀分成質量約相等的四等分。

⑸移去其中對角之二等分，用刷子刷淨此二部位。將剩餘的另一對角之粒料混在一起繼續拌合，再予四分，直至試樣縮減至試驗所需規定數量。

⑹當地表面不平整者，可將工地粒料試樣置於帆布毯上，按上述用鏟拌合，或將帆布毯各角端交互提起，按對角線方向，越過試樣拉向相對之另一角端，使粒料產生滾動拌合，再依上述攤平四分取樣。

3.2 粗、細粒料之篩分析法

Method of Test for Sieve Analysis of Fine and Coarse Aggregates, CNS486（90 年印行）、AASHTO T27–99

3.2–1 目　的

1. 本試驗法乃利用各號篩測定粒料之顆料大小分布情形。但此種試驗法不適合分析礦物填充料 (Mineral Fillers)。
2. 本試驗法測定之粒料級配可用於推導孔隙率與緊密度間之關係。

3.2–2 儀　器

1. 天秤

 ⑴僅磅秤細粒料者，磅秤最小刻劃為 0.1 g 或試樣質量之 0.1%。

 ⑵磅秤粗粒料或粗細粒料之混合料者，磅秤最小刻劃為 0.5 g 或試樣質量之 0.1%。

2. 試驗篩

　　所用之各級篩號，視所需要之粒料級配規篩而定，但每一篩須符合 CNS386 篩之規定，一組篩如圖 3.2–1 所示。

3. 機械式篩搖機

　　如圖 3.2–1、圖 3.2–2 所示，須使篩能產生搖動、使粒料跳彈、滾跌或在篩網面上產生不同方向之滾動者。

4. 烘箱

　　須能維持恆溫 110 ± 5°C 之烘箱，且具適當大小的容量。

5. 分樣器
6. 皿盆

圖 3.2–1 粗粒料篩搖機

圖 3.2–2 細粒料篩搖機

3.2–3 試樣準備

1. 依「3.1 粒料取樣法」採取現場粒料試樣。現場粒料試樣的數量至少應為粗、細粒料篩析之需求量的四倍：

(1)細粒料之需求量

所選取之細粒料，按烘乾後之質量，規定如下：

a.通過 2.36CNS386 篩者在 95% 以上時，選取 100 g。

b.通過 4.75CNS386 篩者在 90% 以上，而停留在 2.36 CNS386 篩超過 5% 時，選取 500 g。

細粒料完成篩分析後，其停留於各號篩之質量不得超過篩面每平方厘米 (cm^2)

0.6 g。通常直徑為 20.3 厘米之圓篩，其停留於各號篩之質量不得超過 200 g。否則需於其間加插較大孔徑之號篩，重新篩過；或者分數次篩析之。

⑵粗粒料之需求量

粗粒料與粗、細粒料混合料，按烘乾後之質量，規定如表 3.2–1：

表 3.2–1　粗粒料或粗、細粒料之混合料試樣最小數量

粗粒料最大標稱尺寸 (mm)	試樣最小數量 (kg)	粗粒料最大標稱尺寸 (mm)	試樣最小數量 (kg)
9.5	1	75.0	60
12.5	2	90.0	100
19.0	5	100.0	150
25.0	10	112.0	200
37.5	15	125.0	300
50.0	20	150.0	500
63.0	35		

倘若粗粒料之試樣質量超過 5.0 kg 時，即需用篩框直徑大於 40.6 cm 之篩篩之。

2. 若試樣係粗細混合料時，首先以 4.75CNS386 篩篩分粗、細粒料。然後細粒料按本節 1.⑴選取；粗粒料按本節 1.⑵選取之。

3. 將上述所選取之試樣，放於皿盆內，移入 110 ± 5°C 之烘箱內烘乾至恆重。

3.2–4 試驗方法

1. 將烘箱內烘乾至恆重之試樣，移入乾燥器內，使冷卻至室溫。

2. 細粒料篩分析所用之標準篩，普通有 4.75、2.36、2.0、1.18、0.6、0.3、0.15、0.075CNS386 篩等，篩析時需加頂蓋及底盤。粗粒料篩分析所用之篩，通常有 75、50、37.5、25.0、19.0、12.5、9.5、0.075CNS386 篩等，按粗粒料之最大顆粒料直徑而選取一組篩。

3. 用規範規定的一組篩，按孔徑大小（孔徑大者置於上層）累疊，上加蓋，下加底盤。次將已冷卻之試樣，倒進最上層之篩內，然後蓋緊頂蓋。篩析時，應將篩左右水平搖動，並輔以衝震，使試樣在篩面上不停地滾動。但切不可用手幫助粒料過篩。篩析必需連續不斷地，直至一分鐘內通過任一號篩之數量僅及停留於該號篩數量之 1% 時，始停止篩搖。若使用篩搖機時，至少需篩搖 5 分鐘，至於篩析是否完善，需按上述之

手篩析處理。至於停留在 4.75CNS386 篩以上部分之試樣篩析時，需直至粒料在篩面下成一單層 (Single Layer) 時為止，然後按照上述方法，檢定是否篩析完善。

4. 將停留於每一號篩上之粒料稱其質量，並記錄之。若停留在底盤上之粒料亦稱其質量時，則篩析前試樣之總質量可免稱其質量。但若兩者都稱其質量時，亦可求得篩析時之損失百分率。

3.2–5 注意事項

除上述外：

1. 通過 0.075CNS386 篩之數量，應另行試驗。篩分析僅適用於粒料大於 0.075CNS386 篩者。
2. 篩析時，停留於各篩之質量應予限制，以期粒料顆粒在篩析操作過程中能經常移位於篩孔上。對於篩孔小於 4.75 mm 之各試驗篩在篩析完成後停留於任一篩之篩面上之質量不得超過 6 kg/m^2，亦即直徑 203 mm 之試驗篩停留在篩上的質量約為 194 g；若篩孔大於 4.75 mm 者，則停留於篩上材料的質量為 2.5 × 試驗篩孔寬 (mm) × 有效之篩網面積 (m^2)。但無論在任何情況下，其質量均不得大到足使篩網產生永久性變形。
3. 為避免個別篩號上材料超載，可按：
⑴在可能超載之篩號上緊接著增加一較大孔徑的篩號。
⑵將試樣分成多份個別篩析之，再將停留同一號篩上的質量累積之。
⑶改用較大尺度的試驗篩。
4. 期能快速求得結果，通常粗粒料可不需烘乾以供篩析試驗，因粗粒料之含水量對試驗結果的影響不大，除非
⑴標稱最大粒徑小於 12.5 mm，
⑵粗粒料中含有相當數量粒徑小於 4.75 mm 之材料，
⑶粗粒料具高度吸水性者（如輕質粒料）。
5. 若規範要求以水洗法測定粒料中小於 75 μm CNS386 篩之物質含量時，應先依 3.3 規定之方法測試試樣，直至最後之烘乾試步驟才按本試驗法加以乾篩。
6. 各篩號停留之試樣質量需準確至原烘乾試樣總質量之 0.1%。

3.2–6 記錄報告

一、計算式

1. 各篩試樣停留百分率 b 依式 (3.2–1) 計算之：

$$b = \frac{a}{S} \times 100 \qquad (3.2\text{–}1)$$

式中：a = 停留於各篩上粒料之質量 (g)，

S = 乾粒料之總質量 (g)。

2. 各篩試樣累積通過百分率 d 依式 (3.2–2) 計算之：

$$d = 100 - \sum b \qquad (3.2\text{–}2)$$

二、記錄表格

粗細粒料篩分析報告

1. 粗粒料篩分析

工程名稱：________　　取樣者：________　　送樣單位：________

乾粒料總質量：S = ______ kg　　粒料來源：________　　取樣日期：________

本試驗法依據：________　　試驗編號：________　　試驗日期：________

篩 號 (mm)	停留於篩上之試樣質量 (kg)	停留於篩上試樣百分率 (%)	停留於篩上試樣累積百分率 (%)	通過各篩之累積百分率 (%)
	a	b	c	d
		$\frac{a}{S} \times 100$	$\sum b$	$100 - \sum b$
75.0				
50.0				
37.5				
25.0				
19.0				
12.5				
9.5				
4.75				
底 盤				

複核者：________ 試驗者：________

2. 細粒料篩分析

工程名稱：________ 取樣者：________ 送樣單位：________

乾粒料總質量：S = ______g 粒料來源：________ 取樣日期：________

本試驗法依據：________ 試驗編號：________ 試驗日期：________

篩號 CNS386	停留於篩上之（試樣 + 皿）質量 (g)	皿質量 (g)	停留於篩上之試樣質量 (g)	停留於篩上之試樣百分率 (%)	停留於篩上試樣累積百分率 (%)	通過各篩之累積百分率 (%)
	a	b	c	d	e	f
			a – b	$c/S \times 100$	$\sum d$	$100 - \sum d$
4.75						
2.36						
2.0						
1.18						
0.60						
0.30						
0.150						
0.075						
底 盤						

複核者：________ 試驗者：________

3. 顆粒大小分布曲線

使用半對數紙，以過篩百分率為縱坐標，篩號為橫坐標（對數分劃）。將篩分析的結果，一一於此半對數紙上點出，連結各點，即得顆粒大小分布曲線。按此曲線的形狀，可判別粒料級配之優劣。

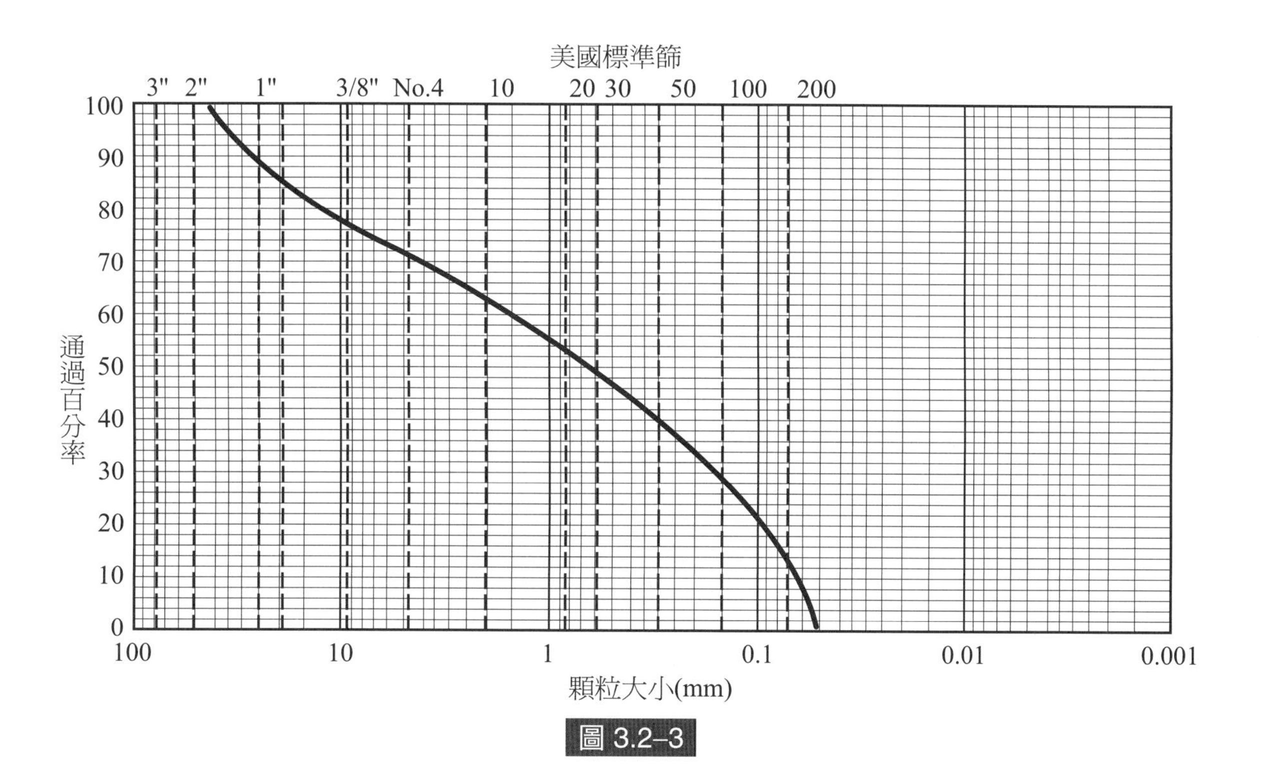

圖 3.2–3

3.3 粒料中小於 75 μm CNS386 篩之物質含量試驗

Method of Test for Amount of Material Finer Than 75 μm CNS386 Sieve in Aggregate，參考 CNS491、AASHTO T11–05

3.3–1 目　的

1. 本試驗法乃用以測定粒料中通過 75 μm CNS386 篩材料所占百分率。
2. 如天然砂礫石、碎石土等，黏性土顆粒包裹在礫石、碎石和砂顆粒上，或粒料中含有水溶性材料可經水洗後分散者，皆可在試驗過程中自粒料內移除。
3. 當需要精確測定粗細粒料中小於 75 μm CNS386 篩材料的含量時，以水洗法篩析較之乾篩法更有效且完全的將之從較大顆粒材料中予以分離。

3.3–2 儀　器

1. 1.18CNS386 篩及 0.075CNS386 篩

　　各一個。

2. 容器

　　可使用面盆之類的容器，惟其大小需足夠將試樣浸沒於所盛之水中，且用力攪拌時，不致散失任何試樣及所盛之水。

3. 天秤

　　精確度在所試之試樣質量之 0.1% 以內。

4. 烘箱

　　具有足夠容量及維持 110 ± 5°C 之均勻溫度者。

5. 乾燥器
6. 容器

　　能容納全部試樣的盤、盆、桶等容器，其容量須足以容納試樣浸沒於水中作劇烈攪動而不致使試樣或水損失者。

7. 分散劑

促進微粒材料分散者。

3.3–3 試樣準備

1. 依「3.1 粒料取樣法」採取粒料試樣。若所取試樣供 3.2 進行粗細粒料篩分析者，則取樣須符合該方法所適用之規定。
2. 將欲試驗之試樣充分拌合均勻，依 3.1，3.1–5 節第二項所述適合之方法將其數量縮減至試驗用量。若同一試樣尚須供 3.2 進行篩析試驗者，則最小數量依該試驗法規定，否則所選取之試樣，其烘乾質量大約如表 3.3–1 所列數值。

表 3.3–1 試樣選取之質量

標稱最大粒徑 (mm)	最小質量 (g)
2.36	100
4.75	500
9.5	1000
19.0	2500
> 37.5	5000

3.3–4 試驗方法

1. 將所選取之試樣，移入 110 ± 5°C 之烘箱內，烘乾至恆量。
2. 由烘箱內移出烘乾之試樣，放入乾燥器內冷卻至室溫。然後稱其質量至總質量之 0.1%，並記錄之。
3. 稱過質量之乾試樣放入容器內，加入足夠的水，使之淹沒試樣。然後用力地攪拌此溶液，使通過 0.075CNS386 篩之物質，能與粗粒料完全分離。
4. 將 1.18CNS386 篩疊於 0.075CNS386 篩上，攪拌後夾有細粒料的水倒入此重疊的篩中。傾倒時需注意防止粒料隨水流出。

5. 倒完夾有細粒料的水後，再於容器內加入足量的水，重複上述步驟，直至水清為止。
6. 將 1.18CNS386 篩及 0.075CNS386 篩上所停留的粒料，用水洗回容器內。倒掉多餘的水，然後放入 110±5°C 之烘箱內烘乾至恆量，稱其質量至總質量的 0.1%。
7. 倘欲檢核通過 0.075CNS386 篩物質之數量時，則濾過 0.075CNS386 篩的水以盆盛之，並將之蒸發乾燥至恆量；或以濾紙過濾，然後烘乾稱其質量，減去濾紙質量，亦可得通過 0.075CNS386 篩之細粒料質量。

3.3–5 注意事項

除上述外：

1. 攪拌需徹底，務使通過 0.075CNS386 篩之物質完全脫離粗粒料。
2. 攪拌時，需注意防止試樣及水的洩出。
3. 為能確保黏性土粒能與粒料較大顆粒徹底分離，可添加適量的分散劑或其他潤濕劑於水中作第一次水洗，其後可不須再添加分散劑僅用清水即可。
4. 清洗水添加分散劑或潤濕劑可能在攪動試樣時產生泡沫，過多的泡沫可能造成篩上的溢流而由泡沫帶出試樣。

3.3–6 記錄報告

一、計算式

下兩式可用以計算通過 0.075CNS386 篩物質之含量百分率：

$$d = \frac{a-b}{a} \times 100 \qquad (3.3\text{–}1)$$

或 $$d = \frac{c}{a} \times 100 \qquad (3.3\text{–}2)$$

式中：d = 通過 0.075CNS386 篩物質之含量 (%)；

a = 試樣水洗前之烘乾質量 (g)；

b = 試樣水洗後之烘乾質量 (g)；

c = 水洗之水蒸發後，所剩物質質量 (g)。

二、精確度

1. 試驗報告中所列水洗法之粒料內小於 75 μm CNS386 篩材料含量之百分率，須準確至 0.1%。
2. 若試驗結果為 10% 以上時，則試驗報告列出最接近之整數值。

三、記錄表格

通過 0.075CNS386 篩之物質含量報告

工程名稱：________　取樣者：________　送樣單位：________

粒料種類：________　粒料來源：________　取樣日期：________

試驗編號：________　試驗日期：________

試驗次數		1	2	3
水洗前試樣乾質量 (g)	a			
水洗後試樣乾質量 (g)	b			
通過 0.075CNS386 篩之物質質量 (g)	a − b			
水洗之水蒸發後，所剩物質質量 (g)	c			
通過 0.075CNS386 篩之物質含量 (g)	$d = \frac{a-b}{b} \times 100$			
	$= \frac{c}{a} \times 100$			
通過 0.075CNS386 篩之平均物質含量				
本試驗法依據：				

複核者：________　試驗者：________

3.4 瀝青鋪面材料用之礦物填充料篩分析法

Method of Test for Sieve Analysis of Mineral Filler for Bituminous Paving Materials，參考 CNS5265、AASHTO T37–01

3.4–1 目　的

本試驗法用於道路與瀝青鋪面材料中之礦物質填充料之篩分析法。

3.4–2 儀　器

1. 磅秤

容量 200 g 以上，靈敏度 0.05 g，精確度至 ±0.05 g 者。

2. 篩

所用之篩號一般有 0.60、0.30、及 0.075CNS386 篩。

3. 烘箱

能維持 110 ± 5°C 之恆溫烘箱或類似設備。

4. 皿盆
5. 分樣器
6. 篩搖機

3.4–3 試樣準備

1. 充分均勻攪拌送試樣，以四分法、或取樣器，由送試材料中選取具有代表性之試樣，其數量約為烘乾後之質量 100 克。
2. 試樣選取後，即置入皿盆內，移入 110 ± 5°C 之烘箱內烘乾至恆量。

3.4–4 試驗方法

1. 烘乾冷卻之礦物填充料稱其質量約 100 g，精確至 0.05 g。
2. 將一組篩由大至小疊置，把烘乾稱過質量的試樣置入最上層的篩號內，並以接至水龍頭的水流加以沖洗，直至流過篩之水潔淨為止。
3. 將停留在各篩上試樣置入 110 ± 5°C 的烘箱內烘乾至恆量，俟冷卻後，稱其質量準確至 0.05 g。

3.4–5 注意事項

除上述外：

1. 沖洗時水龍頭可接一噴嘴或接一段橡皮管來沖洗，但沖洗時不可使試樣沖出篩外。
2. 須小心操作，勿使水於底層篩孔（0.075CNS386 篩）上積聚，阻塞粒料通過。

3.4–6 記錄報告

一、計算式

1. 停留於各篩試樣百分率 (b) 依式 (3.4–1) 計算之：

$$b = \frac{a}{S} \times 100 \qquad (3.4\text{–}1)$$

式中：a = 停留於各篩試樣之質量 (g)；

S = 試樣總質量 (g)。

2. 通過各篩試樣累積百分率 (d) 依式 (3.4–2) 計算之：

$$d = 100 - \sum b \qquad (3.4\text{–}2)$$

二、精確度

1. 同一試樣至少平行試驗兩次，其差值在重複試驗的精確度範圍內時，取其平均值準確至 0.5%，作試樣停留各篩號百分率試驗結果的報告。
2. 同一試驗者及儀器，每次篩析試驗結果的重複性試驗精確度允許偏差通過同一篩號之百分率不得大於 1。
3. 不同試驗者及儀器，每次篩析試驗結果的再現性試驗精確度允許偏差，通過同一篩號之百分率不得大於 2。

三、記錄表格

礦物填充料之篩析報告

工程名稱：________　取樣者：________　送樣單位：________

填縫料種類：________　填充料來源：________　取樣日期：________

乾試樣總質量：S = ______g　試驗編號：________　試驗日期：________

<table>
<tr><td colspan="3">試驗次數</td><td>1</td><td>2</td><td>3</td><td>平　均</td></tr>
<tr><td rowspan="6">篩孔尺寸(mm)</td><td rowspan="2">0.60</td><td>停留篩上試樣質量 (g)　a</td><td></td><td></td><td></td><td rowspan="2"></td></tr>
<tr><td>停留百分率 (%) $b = \frac{a}{S} \times 100$</td><td></td><td></td><td></td></tr>
<tr><td rowspan="2">0.30</td><td>停留篩上試樣質量 (g)　a</td><td></td><td></td><td></td><td rowspan="2"></td></tr>
<tr><td>停留百分率 (%) $b = \frac{a}{S} \times 100$</td><td></td><td></td><td></td></tr>
<tr><td rowspan="2">0.075</td><td>停留篩上試樣質量 (g)　a</td><td></td><td></td><td></td><td rowspan="2"></td></tr>
<tr><td>停留百分率 (%) $b = \frac{a}{S} \times 100$</td><td></td><td></td><td></td></tr>
<tr><td colspan="7">本試驗法依據：</td></tr>
</table>

複核者：________　試驗者：________

3.5 抽取瀝青混合料中粒料之篩分析法

Method of Test for Mechanical Analysis of Extracted Aggregate，參考 AASHTO T30–93 (2003)

3.5–1 目　的

本試驗法係測定由瀝青混合料中，復原之粗細粒料的顆粒大小分布情形。

3.5–2 儀　器

1. 天秤

天秤之精確度，需在所試質量之 0.1% 以內。

2. 篩

所用之各篩號，需按照規範所規定者。

3. 烘箱

能維持 110 ± 5°C 之恆溫烘箱。

4. 盆

3.5–3 試樣準備

所用之試樣，應為瀝青混合料中，瀝青材料被抽取後，所剩之全部粗細粒料。

3.5–4 試驗方法

1. 將抽取瀝青材料後所餘之粗細粒料，全部放入 110 ± 5°C 之烘箱內，烘乾至其質量之改變不超過總質量之 0.1%。
2. 烘乾後之試樣冷卻並稱其質量，同時決定所抽取之瀝青材料中所含細粒料之質量，將細粒料之質量加入烘乾後之試樣內，其總和即為所試驗之瀝青混合料內所含粒料總質量。

3. 烘乾稱過質量後之試樣放在盆內，加入足夠的水（如有需要，水中可添加適量的分散劑），使之淹沒所有的試樣，然後用力將試樣在水中攪動，務使小於 0.075CNS386 篩之粒料與粗粒料分離。
4. 將 2.0CNS386 篩或 1.18CNS386 篩加在 0.075CNS386 篩上，然後將充分攪動後之試樣水溶液，倒入所組成之篩上。此項步驟，應重複操作，直至水溶液清晰為止。
5. 將沖洗後而留於 0.075CNS386 篩以上之試樣，移入 110±5°C 之烘箱內烘乾至恆量。冷卻後，稱其質量至總質量 0.1% 以內。
6. 按規範規定的一組篩，包括 0.075CNS386 篩，以孔徑大的置於孔徑小的之上，下加底盤。次將冷卻並已稱質量之試樣，倒進最上層之篩，然後蓋緊頂蓋。按本篇「3.2 粗、細粒料之篩分析法」篩析之。將停留於各篩上之試樣稱其質量至總質量 0.1% 以內，並記錄之。
7. 倘欲檢核通過 0.075CNS386 篩之質量時，則濾過 0.075CNS386 篩的水以盆盛之，並將之蒸發乾燥至恆量；或以濾紙過濾，然後烘乾稱其質量，減去濾紙質量，亦可得通過 0.075CNS386 篩之質量。

3.5–5 注意事項

除上述外：

1. 試樣在烘箱內烘乾的溫度，不可超過攝氏 115 度。
2. 攪拌需徹底，務使通過 0.075CNS386 篩之物質，完全脫離粗粒料。
3. 攪拌時，需注意防止試樣及水的洩出。
4. 避免篩析時，試樣有所損失。停留在各篩上粒料之總質量，應與沖洗後烘乾之試樣質量，互相核對之，其差值須在總質量 0.2% 以內。
5. 通過 0.075CNS386 篩之總質量，包括篩析時留於底盤上之質量，沖洗時通過 0.075CNS386 篩之質量，以及瀝青材料內所含通過 0.075CNS386 篩之質量和。
6. 倘若試樣係以汽油沖洗時，在烘乾時，需防患著火的危險。

3.5–6 記錄報告

參閱 3.2–6。

3.6 細粒料之比重及吸水率試驗法

Method of Test for Specific Gravity and Absorption of Fine Aggregate，參考 CNS487、AASHTO T84–00 (2004)

3.6–1 目　的

本試驗法用以測定細粒料之容積比重、視比重及吸水率，以決定壓實後，瀝青混合料孔隙之含量。

3.6–2 儀　器

如圖 3.6–1 所示，包括：

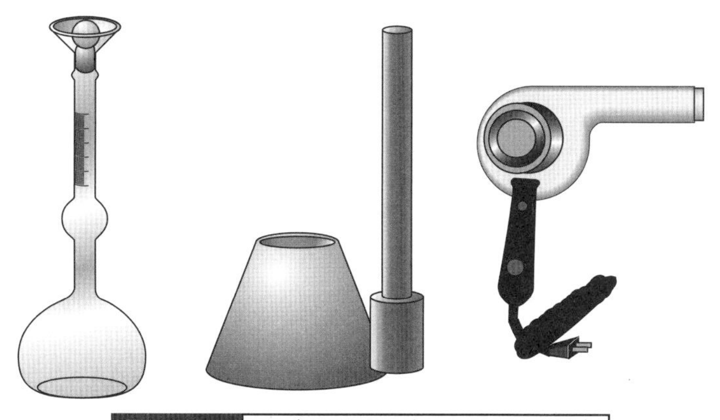

圖 3.6–1 比重瓶、圓錐銅模及吹風機

1. 天秤

稱量 1000 g 以上，精確度 0.1 g 以下。

2. 長頸比重瓶

易於裝入細粒料試樣之長頸比重瓶或其他適當之量瓶，其容積誤差在 ±0.1 mL 以內者。在容積刻劃標記所表示之容積至少須大於容納試樣所需容積之 50% 以上。500

mL 比重瓶可適用於 500 g 細粒料試樣，李氏比重瓶 (Le Chatelier Flask) 可適用 55 g 之試樣。

3. 圓錐銅模

金屬製之圓錐銅模 (Conical Mold)，頂端內徑 40 ± 3 mm，底端內徑 90 ± 3 mm，高度 75 ± 3 mm，壁厚至少 0.8 mm。

4. 搗桿

金屬製之搗桿 (Tamping Rod)，重 340 ± 15 g，底面為圓平面，直徑 25 ± 3 mm。

5. 金屬盆

金屬製淺盆。

6. 烘箱

能維持 110 ± 5°C 之恆溫烘箱。

7. 吹風機

能吹送微溫空氣者，用以吹乾粒料表面。

8. 橡皮墊

9. 分樣器

10. 乾燥器

3.6–3 試樣準備

1. 依「3.1 粒料取樣法」採取試樣。
2. 利用四分法 (the Method of Quartering) 或分樣器，取出具有代表性之試樣 1000 g。將之散鋪於金屬平淺之盆內，移入 110 ± 5°C 之烘箱內烘乾至恆重。
3. 烘乾後之試樣，散鋪於淺盆內，加水使之泡浸 24 ± 4 小時。
4. 泡浸完畢後，將其上之游離水倒掉，再將之均勻散鋪於一不吸水之平面上。以吹風機吹送溫暖的空氣，將散鋪的試樣吹乾。在吹乾過程中，需時時攪動試樣，以使乾燥均勻。此項吹乾工作需持續不停地進行，直至細粒料接近自由流動狀態 (Free-Flowing Condition)。
5. 將圓錐銅模平置於平面上 (小直徑之頂面向上)，然後將一部分吹乾之試樣，鬆鬆地放入模內，直至滿溢為止。用搗桿在其表面上利用其自重輕擊 25 次，每次夯擊高度應距細粒料頂面 5 mm 處自由落下。每輕擊一次之後，在新表面位置仍保持原落距搗擊，各次搗擊應均勻分布其表面上。在夯擊時及夯擊後，均不得再加入試樣。輕擊之後，清除底部周圍鬆散砂粒，垂直地將圓錐銅模往上輕輕提起，若試樣仍保有其原來之圓錐形狀時，則試樣內仍含有游離水分 (Free Moisture)，直至提起銅模後，細粒料即行坍崩為止。此即表示粒料表面已達乾燥狀態。

6. 倘若第一次試驗提起圓錐銅模時，試樣即時坍散者，此仍表示細粒料可能在此次試驗之前已達內飽和面乾燥狀態。此時，應加入少許水，充分拌合均勻後，放入容器內蓋緊，經過 30 分鐘後，再行乾燥及試驗步驟。

3.6–4 試驗方法

用四分法取自上節所得之面乾內飽和之細粒料備用。

一、採用比重瓶法

1. 稱比重瓶質量精確至 0.1 g，比重瓶先裝一部分蒸餾水，隨即裝入所取備用之面乾內飽和之細粒料試樣 500 ± 10 g，再加蒸餾水至約達比重瓶容量之 90%。
2. 將裝有試樣及蒸餾水之比重瓶放在橡膠墊上使之傾斜，並緩慢地轉動約 15～20 分鐘，以使粒料內氣泡逸出，再除去 500 mL 刻劃線附近之不潔氣泡，然後將之放入 23 ± 1.7°C 之恆溫水槽內至少一小時。
3. 由恆溫水槽內取出比重瓶，加水至 500 mL 之刻劃線。用布擦乾比重瓶外之水分，然後稱量其質量。
4. 將比重瓶內之細粒料傾出，並移入 110 ± 5°C 之烘箱內烘乾至恆重，然後取出，在乾燥器內冷卻至室溫，再衡其質量，準確至 0.1 g。

二、採用李氏比重瓶法

1. 稱比重瓶質量精確至 0.1 g，比重瓶裝蒸餾水至其頸部 0～1 mL 間之某刻劃。
2. 裝有蒸餾水的比重瓶放入 23 ± 1.7°C 之恆溫水槽內，讀取 23 ± 1.7°C 範圍內之最初讀數。

3. 加入面乾內飽和狀態之細粒料 55 ± 5 g(或使瓶中水位上升至比重瓶上方刻劃範圍內之某一刻劃所需之質量)。
4. 細粒料試樣加入比重瓶內後,塞緊瓶塞,將比重瓶傾斜在橡膠墊上緩慢地轉動約 15～20 分鐘,以使粒料內氣泡逸出,再除去刻劃線附近之不潔氣泡。
5. 在比重瓶內溫度與最初溫度相差 ±1°C 範圍內,讀取比重瓶內水位之最終讀數。
6. 將比重瓶內之細粒料傾出,並移入 110 ± 5°C 之烘箱內烘乾至恆重,在乾燥器內冷卻至室溫,再衡其質量,準確至 0.1 g。

3.6–5 注意事項

除上述外:

1. 當潮濕試樣經吹風機吹乾,而呈自由流動狀態時,需立刻稱重作試驗,以免水分過於蒸發。
2. 加有試樣及水之比重瓶在稱重前,需確實將內含之氣泡完全除去,以免影響結果。
3. 由恆溫水槽取出比重瓶而稱重前,需確實擦乾比重瓶外表。
4. 試樣在用吹風機吹乾過程中,需隨時翻動試樣,務使試樣乾濕均勻。

3.6–6 記錄報告

一、計算式

1. 容積比重(以乾粒料為準,23/23°C)G_B

乾粒料在空氣中之質量與同體積之蒸餾水質量之比,可按式 (3.6–1) 或式 (3.6–2) 求得之:

(1)比重瓶法

$$G_B = \frac{A}{B + S - C} \qquad (3.6\text{–}1)$$

式中：A = 細粒料在空氣中之乾質量 (g)；

B = 裝水至比重瓶刻劃之質量 (g)；

S = 面乾內飽和之試樣質量 (g)；

C = 比重瓶加試樣及裝至比重瓶刻劃之水總質量 (g)。

⑵李氏比重瓶法

$$G_B = \frac{S_1(A/S)}{0.9975(R_2 - R_1)} \tag{3.6–2}$$

式中：S_1 = 李氏比重瓶中面乾內飽和試樣之質量 (g)；

R_1 = 李氏比重瓶中水位之最初讀數；

R_2 = 李氏比重瓶中水位之最終讀數。

2.容積比重（以面乾內飽和為準，23/23°C）G_{SSD}

粒料之顆粒內部飽和，而表面乾燥時之容積比重，可按式 (3.6–3) 或式 (3.6–4) 求得之：

⑴比重瓶法

$$G_{SSD} = \frac{S}{B + S - C} \tag{3.6–3}$$

⑵李氏比重瓶法

$$G_{SSD} = \frac{S_1}{0.9975(R_2 - R_1)} \tag{3.6–4}$$

3.視比重 (23/23°C)G_A

細粒料之視比重，可按式 (3.6–5) 計算之：

$$G_A = \frac{A}{B + A - C} \tag{3.6–5}$$

4.吸水率 w (%)

細粒料之吸水百分率，可按式 (3.6–6) 求得之：

$$w = \frac{S - A}{A} \times 100 \tag{3.6–6}$$

二、精確度

同一試樣至少平行試驗兩次，比重值不得相差 0.02，吸水率不得相差 0.05% 以上。取其平均值，比重值準確至 0.01，吸水率準確至 0.1% 作試樣試驗結果的報告。

三、記錄表格

細粒料之比重及吸水率試驗報告

工程名稱：________ 取樣者：________ 送樣單位：________

細粒料種類：________ 細粒料來源：________ 取樣日期：________

試驗溫度：23°C 試驗編號：________ 試驗日期：________

1. 比重瓶法

試驗次數			1	2	3	平均
乾粒料質量 (g)		A				
面乾內飽和粒料質量 (g)		S				
（比重瓶＋水）質量 (g)		B				
（比重瓶＋水＋試樣）質量 (g)		C				
容積比重	（以乾粒料為準）	$G_B = \frac{A}{B+S-C}$				
	（以面乾內飽和為準）	$G_{SSD} = \frac{S}{B+S-C}$				
視比重		$G_A = \frac{A}{B+A-C}$				
吸水率		$w = \frac{S-A}{A} \times 100$				
本試驗法依據：						

2.李氏比重瓶法

試驗次數			1	2	3	平　均
乾粒料質量(g)		A				
面乾內飽和試樣質量(g)	比重瓶	S				
	李氏比重瓶	S_1				
李氏比重瓶中	最初讀數	R_1				
	最終讀數	R_2				
容積比重	（以乾粒料為準）	$G_B = \dfrac{S_1(A/S)}{0.9975(R_2 - R_1)}$				
	（以面乾內飽和為準）	$G_{SSD} = \dfrac{S_1}{0.9975(R_2 - R_1)}$				
本試驗法依據：						

複核者：________　試驗者：________

3.7 粗粒料之比重及吸水率試驗法

Method of Test for Specific Gravity and Absorption of Coarse Aggregate，參考 CNS488、AASHTO T85–91 (2000)

3.7–1 目　的

1. 本試驗法用以測定粗粒料之容積比重、視比重及吸水率，以決定壓實後，瀝青混合料之孔隙含量。
2. 容積比重可用於計算各種混合料（水泥混凝土、瀝青混凝土等）中粒料所占之體積及粒料中之孔隙率。
3. 烘乾容積比重適用於乾燥粒料之計算，面乾內飽和容積比重適用於粒料已充分吸水的潮濕粒料之計算。
4. 視比重與構成顆粒之固體材料的相對密度有關，而不包括粒料中水分能進入的孔隙。
5. 吸水率係用於計算粒料中孔隙因吸收水分後，所導致與乾燥狀態粒料之質量改變值。吸水率值表示乾燥粒料孔隙經長期吸收水後，並已大部分達到粒料吸水潛能(Absorption Potential)。
6. 對已與水相接觸，且顆粒表面上具有游離水之含量，其含量可以其總含水量減去吸水量而得。
7. 本試驗不適用於輕質粒料。

3.7–2 儀　器

如圖 3.7–1 所示，包括：

1. 磅秤

稱量 5 kg 以上，最小可讀刻劃為 0.5 g。在本試驗稱量之範圍內，任一試驗質量之準確度為 ±0.05%；在任何 100 g 範圍內之各次讀數之差異應準確至 ±0.5 g。磅秤之一

圖 3.7–1 試驗儀器裝置

秤盤中央，須有掛鉤設備，以備懸掛鋼線網籃，予以稱量粒料在水中的質量。

2.試樣容器

視粒料之粒徑大小而異。粒料最大標稱尺寸為 37.5 mm 或以下者可選用容量 4～7 L，以網孔不大於 3.35CNS386 篩孔編織之鋼線網籃，籃之寬、高均約略相等。粒料最大標稱尺寸大於 37.5 mm 者則需用更大容量之容器。製成之容器當浸入水中時，應能防止空氣之陷入。

3.水桶

裝水後可將懸掛於磅秤下方之鋼線網籃及其內試樣整個浸沒於水中，並設有一個溢流用之出口，以維持不變的水面高度。

4.試驗篩

試驗篩 4.75CNS386 篩，或按需要之其他尺寸之篩。

5.吸水布

6.金屬盆

7.烘箱

能維持 110 ± 5°C 之恆溫烘箱。

8.乾燥器

3.7–3 試樣準備

依「3.1 粒料取樣法」準備粒料試樣。

1. 將準備的粒料試樣充分而均勻地攪拌後，用分樣器或四分法將粒料試樣縮至大約需要之數量。以乾篩法除去通過 4.75CNS386 篩之所有材料；若粗粒料中含有多量小於 4.75CNS386 篩之材料者，則以 2.36CNS386 篩取代 4.75CNS386 篩乾篩之。
2. 篩得之粒料用水沖洗乾淨，以除去塵土及黏附顆粒表面之不潔物。
3. 試驗所需試樣之最小數量如表 3.7–1 所列。

表 3.7–1 試驗所需粒料之最小數量

標稱最大粒徑 (mm)	試樣最小數量 (kg)	標稱最大粒徑 (mm)	試樣最小數量 (kg)
< 12.5	2	75.0	18
19.0	3	90.0	25
25.0	4	100.0	40
37.5	5	112.0	50
50.0	8	125.0	75
63.0	12	150.0	125

3.7–4 試驗方法

1. 將洗淨之試樣放於金屬盆內，移入 110 ± 5°C 之烘箱內烘乾至定量。若試樣標稱最大尺寸為 37.5 mm 者，則在室溫下冷卻 1～3 小時；較大粒徑之粒料則需更長的時間冷卻至便於操作之溫度約 50°C。隨之將烘乾的試樣，散鋪於金屬盆內，加入室溫之水，使之浸泡 24 ± 4 小時。
2. 泡浸完畢後，將其間之游離水倒掉，同時將試樣倒在吸水布上，讓試樣在吸水布上滾動，以除去可見的水膜（此時顆粒表面仍呈濕潤）。粒料之顆粒較大者需個別用吸水布擦拭，使表面無水膜存在。
3. 為免所吸收之水分過分蒸發起見，此項顆粒表面擦拭工作應迅速而準確。然後將之倒入鋼線網籃內，掛於磅秤之中央秤盤掛鉤上，衡其質量，精確至 0.5 g 或試樣質量之 0.05% 而取兩者之較精確者（鋼線網籃在空氣中之質量需先行稱出）。

4. 將盛有面乾內飽和試樣之鋼線網籃，整個浸沒於盛有水溫 23 ± 1.7°C 之水桶中，再稱其質量（鋼線網籃在水中的質量需先行稱出）。

5. 由鋼線網籃內將試樣傾入金屬盆，移入 110 ± 5°C 之烘箱烘乾至定量。然後取出在乾燥器內冷卻至室溫，再稱其質量。

3.7–5 注意事項

除上述外：

1. 若試樣停留於 37.5CNS386 篩上之含量超過 15% 時，可將之篩出，以單一或分成數份測試之。
2. 網籃及其內試樣浸入水桶之水中稱質量時，應保持桶內水面高度。
3. 不論使粒料顆粒在吸水布下滾動，或用吸水布擦拭，都需除去看得見的水膜。
4. 粒料在作表面乾燥處理時，應避免粒料孔隙內之水分蒸發。
5. 在水中稱質量時，應小心搖晃網籃除去附著之氣泡。
6. 試樣於水中稱質量時，水面須淹沒網籃。
7. 懸掛網籃之金屬線應不隨浸入水中深度之不同而影響所稱質量，盡可能選用較小篩號之金屬線。

3.7–6 記錄報告

一、計算式

1. 容積比重（以乾粒料為準，23/23°C）G_D

粒料烘乾後之容積比重，可按式 (3.7–1) 計算之：

$$G_B = \frac{A}{B - C} \qquad (3.7\text{–}1)$$

式中：A = 烘乾試樣在空氣中之乾質量 (g)；

B = 面乾內飽和試樣在空氣中之質量 (g)；

C = 飽和試樣在水中之質量。

2. 容積比重（以面乾內飽和為準，23/23°C）G_{SSD}

粒料之顆粒面乾內飽和時之容積比重，可按式 (3.7–2) 計算之：

$$G_{SSD} = \frac{B}{B - C} \tag{3.7–2}$$

3. 視比重 (23/23°C)G_A

粒料之視比重，可按式 (3.7–3) 計算之：

$$G_A = \frac{A}{A - C} \tag{3.7–3}$$

4. 平均比重 G

當粒料試樣按大小篩號分篩數份，個別予以試驗時，則比重 G_D、G_{SSD} 及 G_A 之平均值，可按式 (3.7–4) 計算之：

$$G = \frac{1}{\frac{P_1}{100G_1} + \frac{P_2}{100G_2} + \cdots + \frac{P_n}{100P_n}} \tag{3.7–4}$$

式中：G = 平均比重（各項比重均可按此法平均之）；

$G_1, G_2, \cdots, G_n$ = 每一篩分尺寸之比重值；

$P_1, P_2, \cdots, P_n$ = 每一篩分尺寸之質量與總質量之百分率。

5. 吸水率 w (%)

粒料之吸水百分率，可按式 (3.7–5) 計算之：

$$w = \frac{B - A}{A} \times 100 \tag{3.7–5}$$

6. 平均吸水率 w_a

當粒料試樣按大小篩號分篩數份，個別予以試驗時，則各吸水率之平均值，可按式 (3.7–6) 計算之：

$$w_a = \frac{P_1w_1}{100} + \frac{P_2w_2}{100} + \cdots + (\frac{P_nw_n}{100}) \tag{3.7–6}$$

式中：$w_1, w_2 \cdots w_n$ = 每一篩分尺寸之吸水率。

二、精確度

1. 同一試樣至少平行試驗兩次，取其平均值比重準確至 ±0.01，吸水率準確至 ±1.0%。
2. 同一試驗者及儀器，每次試驗結果的重複性試驗精確度允許偏差 $G_B = 0.025$、$G_{SSD} = 0.020$、$G_A = 0.020$、$w = 0.25\%$。
3. 不同試驗者及儀器，每次試驗結果的再現性試驗精確度允許偏差 $G_B = 0.038$、$G_{SSD} = 0.032$、$G_A = 0.032$、$w = 0.41\%$。

三、記錄表格

粗粒料之比重及吸水率試驗報告

工程名稱：________　取樣者：________　送樣單位：________

粗粒料種類：________　粗粒料來源：________　取樣日期：________

試驗溫度：23 ± 1.7°C　試驗編號：________　試驗日期：________

試驗次數		1	2	3	平均值
（試樣 + 網籃）在空氣中質量 (g)	a				
網籃在空氣中質量 (g)	b				
飽和面乾之試樣質量 (g)	B = a − b				
烘乾之試樣在空氣中質量 (g)	A				
（試樣 + 網籃）在水中質量 (g)	c				
網籃在水中質量 (g)	d				
試樣在水中質量 (g)	C = c − d				
容積比重（以乾粒料為準）	$G_B = \frac{A}{B-C}$				
容積比重（以飽和面乾之粒料為準）	$G_{SSD} = \frac{B}{B-C}$				
視比重	$G_A = \frac{A}{A-C}$				
吸水率 (%)	$w = (\frac{B-A}{A}) \times 100$				
本試驗法依據：					

複核者：________　試驗者：________

3.8 粒料之有效比重試驗法

Method of Test for Determining Effective Specific Gravity of Mineral Aggregate

3.8–1 目　的

1. 粒料之有效比重係指在某一溫度下之體積（包括實體體積及不能被瀝青膠泥滲透的體積）在空氣中的質量與同一溫度水單位質量之比。
2. 本試驗法用以測定熱拌瀝青混凝土所用粒料之有效比重。此項試驗，仍假定瀝青與粒料在拌合時，粒料對瀝青材料之吸收率與在該拌合溫度下，瀝青材料之黏度有直接關係。SAE30 號機油在室溫下之黏度，與瀝青膠泥在拌合溫度下之黏度相當，故試驗時可以之代替。本試驗法不適用於單獨填充料之試驗，因填充料內所含之空氣不易排除。

3.8–2 儀　器

1. 磅秤

　　稱量 1000 g 以上，精確度在 0.1 g 以內者。

2. 長頸燒瓶

　　容量 500 mL 以上，瓶口需磨平，而能用塑膠蓋密閉者。

3. 塑膠蓋

　　塑膠或平板玻璃皆可，其尺寸約 50.8 mm × 50.8 mm × 6.4 mm 板。

4. 篩分

　　9.5CNS386 篩及 4.75CNS386 篩用以篩分大於及小於 4.75CNS386 篩之粒料。

5. 烘箱

　　能維持恆溫的烘箱。

6. 乾燥器
7. 玻璃棒

3.8–3 試樣準備

依「3.1 粒料取樣法」準備粒料試樣：

1. 將試樣篩分成二種：
 (1)通過 9.5CNS386 篩停留於 4.75CNS386 篩之粒料約選取具有代表性者 200 g。
 (2)通過 4.75CNS386 篩之粒料約選取具有代表性者 200 g。
2. 將上述篩分之二種粒料各移入 110 ± 5°C 之烘箱內烘乾至恆重。
3. 由烘箱內移出之粒料，置於乾燥器內冷卻至室溫。
4. 決定混合級配粒料中通過 4.75CNS386 篩之配合比例。
5. 由冷卻後之粒料中，按配合比例，將之配合成 100 g 之試樣備用。

3.8–4 試驗方法

1. 將長頸燒瓶內，傾滿 25°C 之 SAE30 號機油，其液面需略洩出瓶口。然後用塑膠蓋緊緊壓住瓶口，使多餘的機油洩出。次以布拭去洩出之機油，稱其質量並記錄之。
2. 長頸燒瓶內的機油倒出，放入稱妥之試樣 100 g，然後加 SAE30 號機油入瓶約至容量之半，再以玻璃棒攪動試樣，使內含之空氣洩出。
3. 試樣內之空氣全部排出後，再加滿同樣之機油，並略滿出瓶口，然後用塑膠蓋緊緊壓住瓶口，使多餘的機油洩出。次以布拭去洩出的機油，稱其質量並記錄之。

3.8–5 注意事項

除上述外：

1. 若能採用容量較大之比重瓶，同時將試樣提高至 1000 g，則能增加其精確度。
2. 加滿機油後，若液面有氣泡存在時，應將之排除。
3. 機油內之粒料，應以玻璃棒充分攪動，不可存有氣泡，以免影響精確度。

3.8–6 記錄報告

一、計算式

礦物粒料之有效比重，可按式 (3.8–1) 求得之：

$$G_E = \frac{c}{[c-(a-b)]/e} \tag{3.8–1}$$

式中：G_E = 礦物粒料之有效比重；

e = SAE30 號機油於試驗溫度時之比重；

c = 試樣乾質量 (g)；

b =（長頸燒瓶 + 塑膠蓋 + SAE30 號機油）之質量 (g)；

a =（長頸燒瓶 + 塑膠蓋 + SAE30 號機油 + 試樣）之質量 (g)。

二、記錄表格

礦物粒料之有效比重試驗報告

工程名稱：________ 取樣者：________ 送樣單位：________

粒料種類：________ 粒料來源：________ 取樣日期：________

配合比：大於 4.75 mm ________% 試驗編號：________ 試驗日期：________

小於 4.75 mm ________%

試驗次數		1	2	3
（瓶 + 蓋 + 機油 + 試樣）之質量 (g)	a			
（瓶 + 蓋 + 機油）之質量 (g)	b			
試樣總質量 (g)	c			
所排開機油之質量 (g)	$d = c-(a-b)$			
SAE30 號機油於試驗溫度時之比重	e			
所排開機油之容積 (mL)	$f = d/e$			
粒料之有效比重	$G_E = \frac{c}{f}$			
平均有效比重				
本試驗法依據：				

複核者：________ 試驗者：________

3.9 細粒料或土壤之砂當量試驗法

Method of Test for Sand Equivalent of Fine Aggregate or Soil, AASHTO T176–02

3.9–1 目　的

1. 本試驗法用以測定細級配粒料，或土壤中之黏土相對含量。
2. 一般所採取之細粒料部分，包括砂及黏土，其數量變化甚大，且分布亦不均勻。粒料中如所含之土量過多時，將影響工程之成效，例如粒料中如含黏土過多時，將使混合料發生不穩定現象。由於瀝青料之比重變化甚微，而黏土則由於其土質之不同，變化頗大。含有黏土之粒料中，若被水所浸入，則將使黏土體積大量增加，因之，遂使結構物不穩定，而致整個工程失敗。故混凝土工程、瀝青路面工程、級配卵石底層工程等，其粒料中之含土量，應視粒料中黏土所占之體積而非質量。普通之篩分析、比重計分析等，都是按質量的百分率，以表示黏土之含量。因此，常遭到錯誤的結果。砂當量試驗，係以黏土體積為根據，可補此項缺點，再者試驗所費時間不多，設備簡單，頗適於工地當量之最低極限值。

3.9–2 儀　器

如圖 3.9–1 所示，包括：

1. 透明量筒

此項量筒通常以透明之壓克力 (Acrylic Plastic) 製成，內徑 31.7 mm，外徑 38.1 mm。由量筒底開始往上，以十進位刻劃至 381 mm 高度。每個量筒都需附有橡皮塞。

2. 攪拌管

使用銅質中空攪拌管，外徑 6.35 mm、壁厚 0.89 mm、長 50.8 mm，攪拌管之一端，封閉成楔形，並於兩側近尖端外，各鑽一 0.25 mm (60) 號小孔。

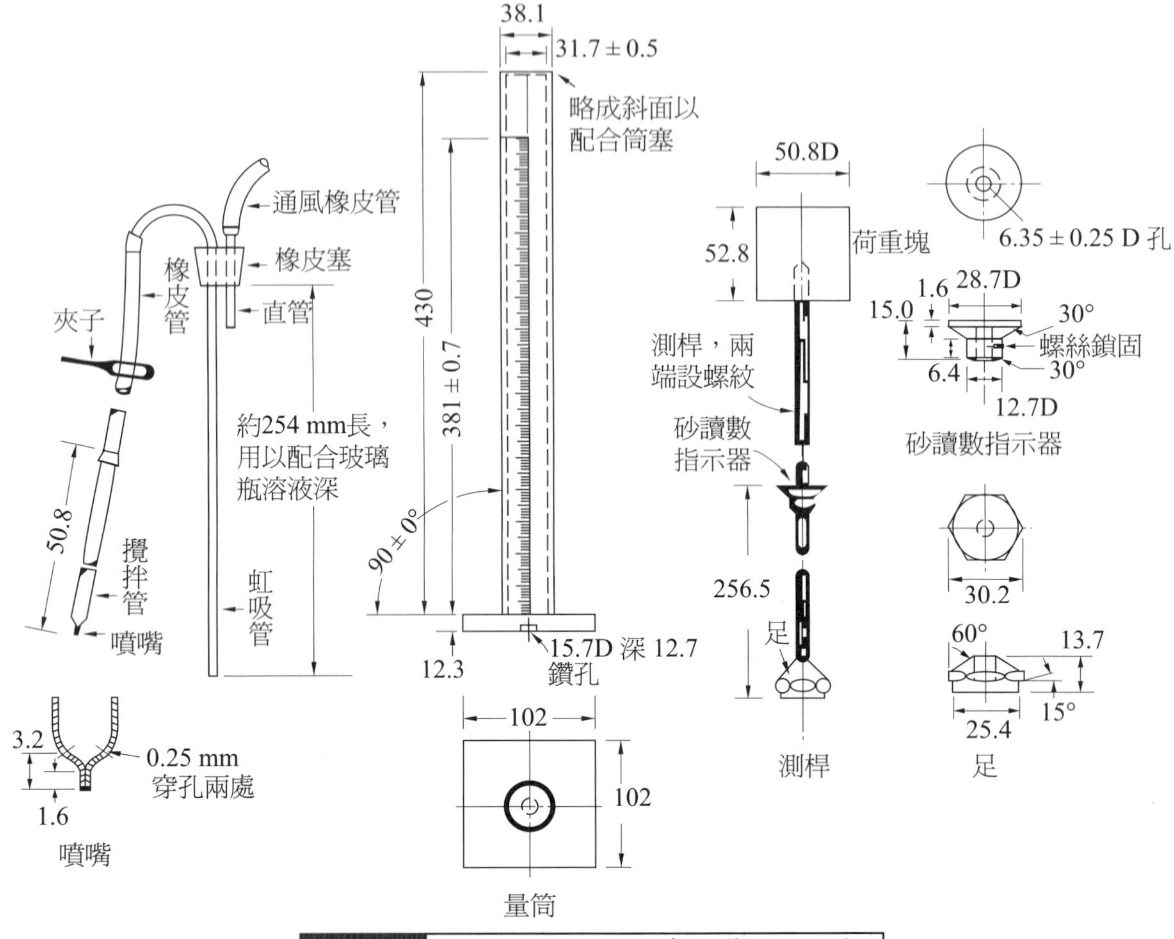

圖 3.9-1 砂當量試驗設備組成（單位：mm）

3. 玻璃瓶

玻璃瓶之容量約一加侖 (3.8 L)，並附有二個孔的橡皮塞。一個孔裝設彎形銅質虹吸管；另一孔裝設直形管。玻璃瓶須裝設距工作檯 915 ± 25 mm 高之架子上。

4. 軟管

一般使用橡皮軟管，內徑 4.8 mm、長 76.0 mm。其一端需附有夾子，以控制溶液之流量，此管直接連接虹吸銅管與攪拌器。

5. 測桿

係以銅質製成之測桿，長 45.7 mm。其下端為一錐形底座，底座底端之直徑為 25 mm，頂端直徑為 7.9 mm。底座平面與桿軸垂直，周側附有等間隔之三個定心小螺絲，以使測桿能鬆滑於量筒中心。桿頂加一圓柱形荷重塊，使整體測桿質量為 1 kg。量筒須附有量筒蓋，蓋之中心須鑽一 7.9 mm 之圓孔，以便量筒蓋蓋於量筒口時，能使測桿上端位於量筒中心。

6. 量罐

容量 85 ± 5 mL、罐徑約 57 mm 之有蓋錫罐。

7. 寬口漏斗

用以使試樣裝入量筒內。口徑約 100 mm。

8. 停錶

能讀至分和秒者。

9. 分樣器

10. 直尺

11. 水平搖動機

每分鐘頻率為 175 ± 2 來回，搖動幅度為 203.2 ± 1.02 mm。使用前，將搖動機固定於一穩固之水平面上。

12. 儲備液

儲備液 (Stock Solution) 是以 454 g 之無水氯化鈣 (Anhydrous Calcium Chloride) 溶於 1/2 加侖之水中。冷卻後，以濾紙過濾，然後於濾過後之溶液中加入 2050 g (1640 mL) 之甘油 (Glycerine) 及 47 g (45 mL) 之甲醛，將此等溶液攪拌均勻後，再加水沖淡至 1 加侖為止。所用之水以蒸餾水為佳。

13. 使用液

在容量為一加侖之玻璃瓶內，首先裝入一錫罐 85 ± 5 mL 之儲備液，然後再加入蒸餾水，沖淡至一加侖。此種溶液稱為使用液 (Working Solution)。

3.9–3 試樣準備

1. 用 4.75CNS386 篩將試樣中大於 4.75CNS386 篩之粒料篩除之。
2. 若細粒料凝結成塊時，需將之揉散，再以 4.75CNS386 篩篩除之。
3. 若試樣過於乾燥，為免細粒料逸散，篩前應略加水潤濕之。
4. 若粗粒料上黏有細料時，則先烘乾，再以手擦除，然後以 4.75CNS386 篩篩除之。

5. 通過 4.75CNS386 篩之試樣，以分樣器或四分法取具代表性之試樣略多於四個 85 mL 之錫罐容量。

6. 依下列方法之一準備所需之試樣數量：

(1)空氣乾燥法

以分樣器或四分法從前述所得足量之通過 4.75CNS386 篩之試樣中分取試樣裝滿 85 mL 錫罐內，將罐底輕敲桌面或其他堅硬之平面；若錫罐內試樣沉實，則再裝滿試樣予以敲實，直至罐內土樣達到密實之試樣最大數量後，再用刮刀或直尺沿罐頂緣將罐頂多餘的試樣刮除之。

(2)預濕法

a. 砂當量試驗之試樣須具有適宜之含水量方可得到準確的試驗結果。此適宜含水量之判斷可將已充分拌合之小量試樣放在手掌中擠壓，如擠壓而成之土團，在小心處置下不破裂，則表示有適宜含水量。如試樣太乾，則土團不成團而會粉碎，應加水拌合均勻再測試之；如試樣太濕，則須晾乾並常拌合以保持均勻而加以測試，直至達適宜含水量。

b. 試樣若經過乾燥或加水後才達到所規定適宜含水量者，應將之放在盤中，用蓋或布蓋之，但不可觸及試樣，靜置 15 分鐘的養治而後取樣之。

3.9–4 試驗方法

1. 將透明量筒兩個立於平穩之工作檯上。將攪拌管插入量筒內，打開夾子，令玻璃瓶內之使用液流入量筒中 101.6±2.5 mm 高。之後，抽出攪拌管。

2. 用寬口漏斗將量罐內之試樣，倒入有使用液之量筒內（每個量筒裝入一個量罐之試樣）。

3. 用一手提起量筒，另一手掌輕擊筒底數次，以加強試樣內之氣泡逸出，及促進試樣之完全濕潤。然後靜置工作檯上 10±1 分鐘。

4. 靜置十分鐘之後，用橡皮塞塞住量筒口，以兩手掌各夾住量筒之兩端（橡皮塞端及底端），水平側置（即兩端同高），然後一方面使此量筒沿筒軸旋轉，一方面上下搖動量筒兩端，直至量筒試樣完全攪動為止（約 3 分鐘）。

5. 將搖動後之量筒，安裝在水平搖動機上。開動搖動機，使試樣徹底攪動 45±1 秒鐘。

6. 然後由水平搖動機上取下量筒，拔去橡皮塞。插入攪拌管後，打開夾子，首先將量筒周圍之粒料洗入溶液內。之後，再將之插至量筒底，並隨時轉動，以使洗出黏土料，使黏土料上升至砂料之上方。當液面升至 381 mm 之高度時，將攪拌管緩緩提出（此時溶液繼續由攪拌管內流出）。當攪拌管提出後，筒內液面恰處於 381 mm 高。然後靜置 20 分鐘 ±15 秒，此時不得有任何擾動或震動，以免影響懸浮黏土之正常沉澱。
7. 20 分鐘終止時，即刻記錄黏土沉澱面之高度，精確至 2.5 mm。
8. 緩慢地將測桿插入量筒內（圓錐形之一端向下），使自然地停止在砂面上，略微扭轉測桿，直至一定心螺絲可見（測桿不可下壓），然後記錄定心螺絲中心之高度，精確至 2.5 mm。

3.9–5 注意事項

除上述外：

1. 攪拌管須垂直插入量筒內。
2. 攪拌管在抽出時，其流量需加以控制，以使完全抽出後，量筒內液面正好處於 381 mm 之高度。
3. 水平搖動機，每 30 秒鐘左右往復 90 次，左右之距離為 203 mm。
4. 透明量筒不可置於易受日光照射的地方。
5. 試驗處所不可有震動，因震動會使黏土沉降變快。
6. 攪拌管頭上若被砂粒堵塞時，可用小針或其他尖銳工具頂出之，但勿將孔口變大。

3.9–6 記錄報告

一、計算式

砂當量可按式 (3.9–1) 計算之：

$$S.E. = \frac{a}{b} \times 100 \tag{3.9–1}$$

式中：S.E. = 砂當量 (%)；

a = 砂面之讀數；

b = 黏土面之讀數。

二、精確度

1. 砂面及黏土面讀數如在上下兩刻劃之間時，應按最高讀數記錄之。
2. 砂當量之計算準確至 0.1，但當砂當量非一整數值時，則進位至較大整數值作為試驗報告值。
3. 若欲取數個砂當量值之平均值時，則其平均值應進位至整數值作為試驗報告值。

三、記錄表格

砂當量試驗報告

工程名稱：________ 取樣者：________ 送樣單位：________

粒料種類：________ 粒料來源：________ 取樣日期：________

取樣：乾燥法、預濕法 試驗編號：________ 試驗日期：________

試驗次數		1	2	3
砂面讀數	a			
黏土面讀數	b			
砂當量 (%)	$c = \frac{a}{b} \times 100$			
平均砂當量 (%)	S.E.			
本試驗法依據：				

複核者：________ 試驗者：________

3.10 粗粒料之洛杉磯磨損試驗法

Method of Test for Resistance to Abrasion of Coarse Aggregate by Use of the Los Angeles Machine，參考 CNS490、CNS3408、AASHTO T96–02

3.10–1 目　的

1. 本試驗法用洛杉磯磨損試驗機測定碎石 (Crushed Rock)、軋碎爐碴 (Crushed Slag)、軋碎卵石 (Crushed Grauel) 等粒料之抗磨損性。
2. 粒料抗磨損性係指粒料抵抗衝擊、摩擦等作用之性質。
3. 粒料在工程上使用須具有抗衝擊作用的堅韌性、抗磨損作用的堅硬性、承載荷重的強度，並須具備有抵抗冰凍及氣象變化作用的能力。
4. 路面粒料須具備上述特性以抵抗交通荷重之磨損及衝擊作用。

3.10–2 儀　器

1. 洛杉磯磨損試驗機

如圖 3.10–1 所示之試驗機，為一兩端封閉之中空鋼製圓筒，內徑 711 ± 5 mm，內長 508 ± 5 mm。圓筒兩端拴在短而粗之軸上，在轉動時，其軸必須保持水平（容許 1% 傾斜）。圓筒面開設試樣入口孔，在孔外配置有蓋鈑，用螺絲拴緊，不得有任何透漏現象，蓋鈑內面須與圓筒內面具同一圓面形，且相齊平。

圓筒內裝設高 89 ± 2 mm 與圓筒等長，沿圓筒軸心平行，並垂直圓筒面之可移動的鋼製擋鈑，其位置離入口孔沿筒周距離 1.27 m。

2. 篩

所用各種篩應符合 CNS386 試驗篩。

3. 磅秤

磅秤或天秤之精確度，須達所稱質量之 1% 以內。

4.磨球

直徑 46.8 mm 之鋼球，每個質量約為 390～445 g。依不同級配選用不同磨球數，惟最多選用 12 個，因此為配合各種不同級配應用，磨球至少須有 12 個以上。

5.烘箱

能維持 110 ± 5°C 均勻溫度之恆溫烘箱。

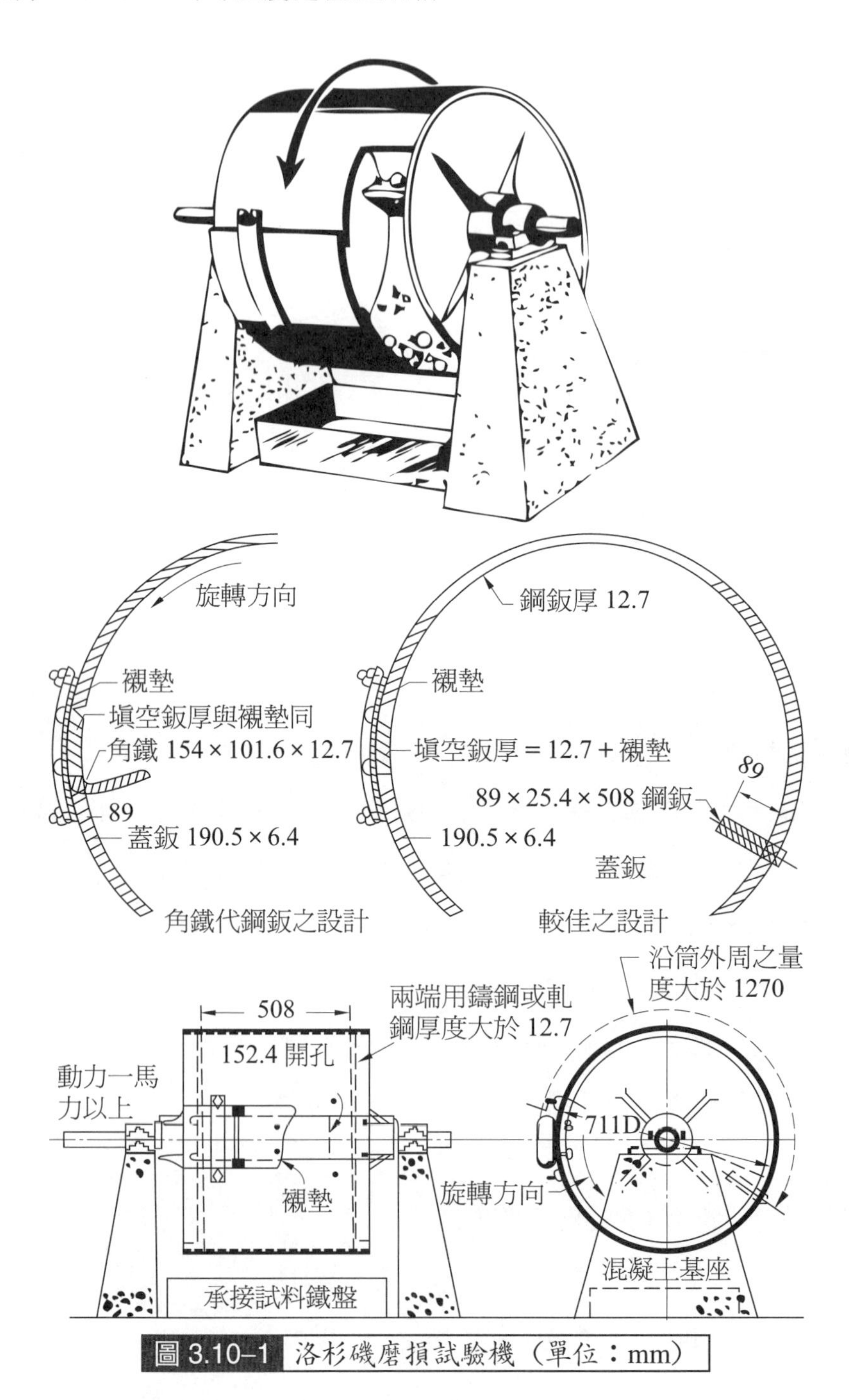

圖 3.10–1 洛杉磯磨損試驗機（單位：mm）

3.10–3 試樣準備

依「3.1 粒料取樣法」之規定取樣，並縮減至試樣數量。

1. 試驗用之試樣，須具代表性，不含雜質而乾淨之粒料，在烘箱中以 110 ± 5°C 烘乾至質量不變為止。
2. 烘乾之粒料，依表 3.10–1 內規定的一種級配範圍選擇混合，所選試樣級配，須能代表實地材料的級配。於試驗前稱其質量準確至 1 g。

表 3.10–1 試樣級配及所用磨球數

CNS386 篩（標稱孔寬 mm）		試樣級配與質量 (g)						
通　過	停　留	A	B	C	D	E	F	G
75	63					2500 ± 50		
63	50					2500 ± 50		
50	37.5					5000 ± 100	5000 ± 100	
37.5	25.0	1250 ± 25					5000 ± 100	5000 ± 100
25.0	19.0	1250 ± 25						5000 ± 100
19.0	12.5	1250 ± 10	2500 ± 10					
12.5	9.5	1250 ± 10	2500 ± 10					
9.5	6.3			2500 ± 10				
6.3	4.75			2500 ± 10				
4.75	2.36				5000 ± 10			
所用磨球數		12	11	8	6	12	12	12
圓筒轉數		500 轉				1000 轉		

3.10–4 試驗方法

1. 在試驗前，先確定圓筒轉速每分鐘 30～33 轉。
2. 將試樣及所需磨球數，放置於洛杉磯磨損試驗機之圓筒內。再用螺絲拴緊入口孔蓋鈑。
3. 按表 3.10–1 所示 A、B、C、D 之級配粒料，圓筒轉數均為 500 轉，E、F、G 之級配粒料，則用 1000 轉，將所用轉數，設定於記數器上，開動開關使之均勻旋轉。

4. 達到所定轉數後，打開入口孔蓋鈑，將圓筒內試樣傾出，用 1.70CNS386 篩，篩分成兩部分。
5. 停留在 1.70CNS386 篩的部分加以洗淨，並在 110 ± 5°C 之烘箱烘乾至質量不變，再準確稱其質量，其精確度至 1 克。

3.10–5 注意事項

1. 如用角鋼擋鈑，則須注意圓筒旋轉方向，務使磨球落在擋鈑外側。擋鈑之原形若發生扭曲應予修復或換新。
2. 圓筒旋轉時，應注意其平衡，俾能保持適當均勻之旋轉速度。
3. 直徑 46.0 mm 及 47.6 mm 之軸承鋼球質量各為 400 g 及 440 g，而直徑 46.8 mm 之鋼球質量為 420 g，亦可當作磨球使用。
4. 若粒料頗潔淨，無雜物附著其上，則於試驗前後可免沖洗。試驗後不沖洗，對磨損率之減少不致超過原始質量之 0.2%。
5. 洛杉磯磨損試驗機轉動時，應注意平衡而有均勻的轉速。
6. 粒徑大於 19 mm 之粗粒料，欲研判其硬度均勻性係以 200 轉與 1000 轉後之磨損率之比值表示之。作此試驗時，必須小心操作，於旋轉 200 轉後，試樣不可沖洗，其任何部分均不可漏失而將全部試樣再放入試驗機內，繼續完成所餘之 800 轉。
7. 粒徑小於 37.5 mm 之粗粒料，欲研判其硬度均勻性質係以 100 轉與 500 轉後之磨損率之比值表示之。作此試驗時，必須小心操作，於旋轉 100 轉後，大於試驗 1.70CNS386 篩者不得沖洗，其任何部分均不可漏失而將全部試樣再放入試驗機內，繼續完成所餘之 400 轉。

3.10–6 記錄報告

一、計算式

1. 粒料磨損率 (Percentage of Wear) R (%) 以式 (3.10–1) 計算之：

$$R = \frac{W_1 - W_2}{W_1} \times 100 \tag{3.10–1}$$

式中：W_1 = 試驗前試樣質量 (g)；

W_2 = 試驗後試樣質量即停留在 1.70CNS386 篩之質量 (g)。

2. 粒料硬度均勻性 U 以式 (3.10–2) 計算之：

$$U = \frac{R_1}{R_2} \tag{3.10–2}$$

式中：R_1 = 粒料轉動 100 轉（或粒徑 19 mm 以上者轉動 200 轉）之磨損率；

R_2 = 粒料轉動 500 轉（或粒徑 19 mm 以上者轉動 1000 轉）之磨損率。

二、精確度

最大標稱粒徑 19 mm 之粗粒料，其磨損率在 10～45% 時，不同試驗間之偏差為 4.5%。因此兩個不同試驗室及儀器，每次試驗結果的偏差不得大於其試驗平均值之 12.7%；單一試驗者之試驗偏差為 2%。因此由同一試驗者，試驗同一粗粒料，測試之偏差，不得大於平均值之 5.7%。

三、記錄表格

粗粒料洛杉磯磨損率試驗報告

工程名稱：________　取樣者：________　送樣單位：________

粒料級配：________　粒料來源：________　取樣日期：________

磨球數：________　試驗編號：________　試驗日期：________

轉數：________

磨球數							
試驗次數		1	2	3	1	2	3
停留在 1.70CNS386 篩之質量 (g)	W_2						
試驗前試樣質量 (g)	W_1						
磨損率 (%)	$R=\frac{W_1-W_2}{W_1}\times 100$						
平均磨損率	R						
粒料硬度均勻性	$U=R_1/R_2$						
本試驗法依據：							

複核者：________　試驗者：________

3.11 粒料之硫酸鈉或硫酸鎂健性試驗法

Method of Test for Soundness of Aggregate by Use of Sodium Sulfate or Magnesium Sulfate，參考 CNS1167、AASHTO T104–99 (2003)

3.11–1 目　的

1. 本試驗法測定粒料對於飽和硫酸鈉或硫酸鎂溶液之分解抵抗力，用以研判粒料之抗風化作用能力。
2. 本試驗法係將一定量的粒料重複浸置於飽和硫酸鈉或硫酸鎂溶液內，經一定時間後，測定其質量之損耗率。採用此兩種溶液測試的結果頗有不同，使用硫酸鎂飽和溶液之損耗率通常較使用硫酸鈉者高。
3. 粒料具軟質者，或含水易產生脹縮、龜裂者，對抵抗風化作用之能力較差。

3.11–2 儀　器

1. 篩

所用各號篩，依據 CNS386 試驗篩之規定，並需具備表 3.11–1 所列各篩號。

2. 容器

用鐵絲網或篩網作成之筐籃，或用穿有孔眼之容器，孔眼須使溶液能充分浸入容器，並能自由流進流出，同時不致使粒料流失。溶液體積須多於試樣體積五倍以上。

3. 恆溫設備

具能調整溫度的恆溫設備，以調節試樣粒料浸於硫酸鈉或硫酸鎂溶液內時的溫度。

4. 磅秤

稱量細粒料用之磅秤，最小稱量為 500 g 以上，靈敏度為 0.1 g；稱量粗粒料者之最小稱量為 5 kg 以上，靈敏度為 1 g。

表 3.11–1 粗、細粒料所用各篩號

細粒料 CNS386 篩（標稱孔寬 mm）	粗粒料 CNS386 篩（標稱孔寬 mm）
0.150	8.0
0.300	9.5
0.600	12.5
1.18	16.0
2.36	19.0
4.00	25.0
4.75	31.5
	37.5
	50
	63
	更大之篩網以標稱孔寬 12.5 mm 之間距遞增

5. 烘箱

空氣循環式且流通自如，其溫度可達 110 ± 5°C 之間，能保持恆溫。在將烘箱門關閉後，能維持在此溫度範圍內的蒸發率至少為 25 g/h 達 4 小時之久。

6. 比重計

比重計依 CNS4894（液體比重計）之規定，比重計之許可差為 ±0.001。

3.11–3 試驗溶液之製備

1. 飽和硫酸鈉溶液

將化學用純淨 (CP)、藥劑標準 (U.S.P.) 或相等品級之無水硫酸鈉 (Na_2SO_4) 粉末或硫酸鈉結晶 ($Na_2SO_4 \cdot 10H_2O$) 之鹽類，溶解於 25～30°C 之水中，加入之量必須足夠，不僅足以達到飽和且有多餘之結晶出現。在添加過程中，須徹底攪拌，並需時時攪動直至使用時為止。在使用之前，該溶液宜冷卻至 21 ± 1°C，且至少需保持在此溫度 48 小時以上。在使用時，需再予攪拌，若容器內有結塊之鹽類，更應徹底攪拌溶解，務使其比重在 1.151～1.174 之間。

通常在 22°C 之溫度時，每升水加 215 克之無水硫酸鈉粉末或 700 克之硫酸鈉結晶，即可達飽和，但因該鹽類不太穩定，且須使溶液留存多餘之結晶，每升水至少加 350 克無水硫酸鈉粉末或 750 克之硫酸鈉結晶為宜。

2. 飽和硫酸鎂溶液

將化學用純淨 (CP)、藥劑標準 (U.S.P.) 或相等品級之無水硫酸鎂 ($MgSO_4$) 粉末或硫酸鎂結晶 ($MgSO_4 \cdot 7H_2O$)，即瀉鹽 (Epson Salt) 之鹽類，溶解於 25～30°C 之水中，加入之量必須足夠，不僅足以達到飽和，且有多餘之結晶出現。在添加過程中，須徹底攪拌，並需時時攪動直至使用時為止。在使用之前，該溶液宜冷卻至 21±1°C，且至少需保持在此溫度 48 小時以上。在使用時，需再予以攪拌，若容器內有結塊之鹽類，更應徹底攪拌溶解，務使其比重在 1.295～1.308 之間。

通常在 23°C 之溫度時，每升水加 350 克之無水硫酸鎂粉末或 1230 克之硫酸鎂結晶，即可達飽和，但兩者以結晶鹽較為穩定，且須使溶液留存多餘之結晶，故每升水至少加 1400 克之硫酸鎂結晶為宜。

3.11–4 試樣準備

依「3.1 粒料取樣法」採取粒料試樣。

一、細粒料

1. 細粒料試樣應通過 9.5CNS386 篩，取樣之顆粒大小及在兩篩號間之留存量，應符合表 3.11–2 之規定，並應有 5% 以上之寬裕量。
2. 將細粒料用 0.3CNS386 徹底洗淨，再予 110±5°C 之烘箱內烘乾至一定質量。用表 3.11–2 之試驗標準篩，將試樣予以篩分，再從各篩分中，各取不少於 100±0.1 克（通常 110 克之試樣已夠），其餘則可捨棄之，所取之 100±0.1 克試樣，分別置入容器內，以備試驗。

表 3.11–2 細粒料在兩篩號間之留存量

篩號 CNS386		留存量 (g)
通過	停留	
0.6	0.3	100 以上
1.18	0.6	100 以上
2.36	1.18	100 以上
4.75	2.36	100 以上
9.5	4.75	100 以上

二、粗粒料

1. 粗粒料試樣內，應除去通過 4.75CNS386 篩之部分，取樣之顆粒大小及在兩篩號間之留存量，應符合表 3.11–3 或表 3.11–4 之規定，並應有 5% 以上之寬裕量。

表 3.11–3 粗粒料在兩篩號間之留存量

篩號 CNS386		最少留存量 (g)
通　過	停　留	
9.5	4.75	300 ± 5
19.0	9.5	1000 ± 10（註 1）
37.5	19.0	1500 ± 50（註 2）
63.0	37.5	5000 ± 300（註 3）
63.0 以上之篩號，每篩間篩孔增大 25 mm		7000 ± 1000

註 1：9.5CNS386 至 12.5CNS386 之粒料占 33%，
12.5CNS386 至 19CNS386 之粒料占 67%。
註 2：19CNS386 至 25CNS386 之粒料占 33%，
25CNS386 至 37.5CNS386 之粒料占 67%。
註 3：37.5CNS386 至 50CNS386 之粒料占 50%，
50CNS386 至 63CNS386 之粒料占 50%。

表 3.11–4 粗粒料在兩篩號間之留存量

篩號 CNS386		最少留存量 (g)
通　過	停　留	
12.5	4.75	300 ± 5
25.0	12.5	1500 ± 50（註 1）
50.0	25.0	3000 ± 100（註 2）
50.0 以上之篩號，每篩間篩孔增大 25 mm		5000 ± 300

註 1：12.5CNS386 至 19CNS386 之粒料占 33%，
19CNS386 至 25CNS386 之粒料占 67%。
註 2：25CNS386 至 37.5CNS386 之粒料占 50%，
37.5CNS386 至 50CNS386 之粒料占 50%。

2. 將粗粒料停留在 4.75CNS386 之部分徹底洗淨，再予 110 ± 5°C 之烘箱內烘乾至一定質量。用表 3.11–3（若試樣之級配較適合表 3.11–4 者，則用表 3.11–4 之規定）之試驗標準篩，將試樣予以篩分，再從各篩分中，各取表中規定之留存量，其餘則可捨棄之，所取之各適當量後，分別置入容器內，以備試驗。

3.11–5 試驗方法

1. 將置有試樣之容器，浸泡於飽和硫酸鈉或硫酸鎂溶液內，液面至粒料之深度至少需 13 mm。完全浸泡後加蓋，以免液體蒸發及侵入雜質，同時保持溶液之浸蝕溫度 21 ± 1°C，浸泡時間為 16～18 小時。
2. 將浸泡過之試樣，自溶液內取出，於室溫下滴水晾乾 15 ± 5 分鐘，然後再放入 110 ± 5°C 之恆溫烘箱內烘乾。由試樣浸泡於硫酸鈉或硫酸鎂溶液，至取出烘乾為止，謂之一循環。
3. 烘乾至一定質量之試樣，俟冷卻至室溫後，再浸入硫酸鈉或硫酸鎂之飽和溶液內，重複上述步驟，直至所需之次數為止。
4. 在完成最後一次循環試驗，試樣於室溫下冷卻後，即用清水洗除硫酸鈉或硫酸鎂，並用氯化鋇 ($BaCl_2$) 溶液與沖洗之水作反應試驗，以鑑定是否已被洗除。
5. 清洗過之試樣在 110 ± 5°C 之恆溫烘箱內烘乾至一定質量，對細粒料均以試驗前之同一篩號篩之，並稱量各質量；對粗粒料則以表 3.11–5 之規定粒料所對應之篩號篩之，並稱量各質量。其與該兩篩號間原試樣試驗前質量之百分率，即為該種顆粒之損耗率。

表 3.11–5 粗粒料損耗用篩號

粒徑範圍之篩號 CNS386	損耗用篩號 CNS386
63～37.5	31.5
37.5～19.0	16
19.0～9.5	8
9.5～4.75	4

6. 粗於 19.0CNS386 之部分試樣，於每次浸泡後，應觀察記錄由於硫酸鈉或硫酸鎂溶液作用發生剝脫 (Disintegration)、劈裂 (Splitting)、粉碎 (Crumbing)、裂縫 (Cracking) 及碎片 (Flaking) 等之影響程度，同時計算被影響之顆粒數。

3.11–6 注意事項

1. 製備之飽和硫酸鈉或硫酸鎂溶液，有變色現象，則需去掉或加以過濾，並校正其比重。
2. 如試樣中在表 3.11–2、表 3.11–3 或表 3.11–4 所列篩號間之數量，小於其總質量之 5% 時，則該部分不必取樣試驗，惟計算其結果時，可將鄰接之大一號尺寸及小一號尺寸試驗結果之平均值，作為該篩號硫酸鈉或硫酸鎂處理後之損耗值，或在該鄰接兩尺寸缺一時，則可用其餘鄰接之尺寸的試驗結果作為損耗值。
3. 岩石試樣則須先將之夯碎成均勻大小與均勻形狀，每顆粒質量約為 100 克，稱量總質量 5000 克 ± 2% 予以完全清洗，烘乾後置於容器，再按粗粒料之試驗方法進行損耗試驗。
4. 試樣浸泡後，於烘箱內烘乾之過程中，不應使任何顆粒漏失。如為細粒料，任何大於 0.16CNS386 篩之碎屑不得漏失；如為粗粒料，則在完成分析前，碎屑宜予保留。
5. 硫酸鈉溶液、硫酸鎂溶液，對粒料健性試驗結果相差甚大。
6. 供試驗用之粗粒料，其粒徑大於 19.0 mm 之部分，應記錄其顆粒數。
7. 黏附於篩網上之細粒料不可置入試樣內。
8. 試樣每烘乾 4 小時後之質量損耗率小於 0.1% 時當作恆重。但試樣烘乾至等量之時間視粒料之尺寸、容器之大小與形狀、浸置循環次數等而異。

3.11–7 記錄報告

一、計算式

粒料試樣在規定每兩篩號間之質量損耗率 E (%) 依式 (3.11–1) 計算之：

$$E = \left(\frac{B - C}{B}\right) \times 100 \qquad (3.11\text{–}1)$$

式中：E = 粒料之質量損耗率 (%)；

B = 試驗前試樣之質量 (g)；

C = 試驗後試樣之質量 (g)。

二、精確度

粗粒料經權數修正後之平均損耗率，硫酸鈉溶液在 6～16%，硫酸鎂溶液在 9～20% 時，其兩個試驗值之允許偏差如表 3.11–6 所列。

表 3.11–6 精確度指數

試驗狀況		兩個試驗值間之偏差平均值 (%)
多數試驗室	硫酸鈉溶液	116
	硫酸鎂溶液	71
單一試驗者	硫酸鈉溶液	68
	硫酸鎂溶液	31

三、記錄表格

粒料之硫酸鈉、硫酸鎂健性試驗報告

工程名稱：________　取樣者：________　送樣單位：________

粒料種類：________　粒料來源：________　取樣日期：________

試驗溶液：硫酸鈉、硫酸鎂　溶液比重：________　浸置循環次數：________

本試驗法依據：________　試驗編號：________　試驗日期：________

1. 粗、細粒料健性試驗

篩號 CNS386 (mm)		原試樣級配 (%) A	試驗前試樣質量（克） B	試驗後試樣質量（克） C	試驗後通過較小篩號質量（克） D = B − C	試驗後通過較小篩號之質量損耗率 $E = \frac{D}{B} \times 100$	稱得之平均值（改正損耗率 %） $F = \frac{A \times E}{100}$
通過	停留						
細粒料健性試驗							
0.15							
0.30	0.15						
0.60	0.30						
1.18	0.60						
2.36	1.18						
4.75	2.36						
9.5	4.75						
總　計		100	粒料質量損耗率 (%) ΣF				
粗粒料健性試驗							
63	37.5						
63	50						
50	37.5						
37.5	19.0						
37.5	25.0						
25.0	19.0						
19.0	9.5						
19.0	12.5						
12.5	9.5						
9.5	4.75						
總　計		100	粒料質量損耗率 (%) ΣF				

2. 大於 19CNS386 篩之粗粒料品質檢驗結果

篩號 CNS386 (mm)		明顯受損之顆粒數										試驗前之粗粒料總數
		剝脫		劈裂		粉碎		裂縫		碎片		
通過	停留	粒數	%	粒數	%	粒數	%	粒數	%	粒數	%	
63	37.5											
37.5	19.0											

複核者：＿＿＿＿　試驗者：＿＿＿＿

3.12 粒料單位重與空隙試驗法

Method of Test for Unit Weight and Void in Aggregate，參考 CNS1163、AASHTO T19/T19–05

3.12–1 目　的

1. 本試驗法用以測定細粒料、粗粒料或粗細混合料之單位質量與所含空隙。
2. 瀝青混凝土、水泥混凝土等之以體積為基準之配合設計，可由本試驗法所得資料作為粒料體積、粒料空隙率之計算。
3. 粒料單位質量視粒料顆粒的比重、顆粒的形狀（碎石、卵石等）、粒料級配（如粒料大小顆粒分布均勻之優良級配、顆粒大小分布不均之不良級配）、粒料之表面含水量（粒料顆粒細者之表面含水量較顆粒粗者更具影響）、量器的大小與填裝方式等而異。

3.12–2 儀　器

1. 磅秤

　　磅秤之準確度應在試驗稱量範圍內為 0.1%。稱量範圍係指自空量器質量至裝入粒料之總質量。

2. 搗棒

　　直徑 16 mm、長約 600 mm 之圓形金屬直棒，一端部製成直徑與棒相同之半球形。

3. 量器

　　設有把手之不透水金屬圓柱形量器，頂與底平齊，且大小相等，其內側為機製成準確之尺寸，具足夠剛勁，在使用時不致變形。框頂邊緣須平整，誤差在 0.25 mm 以內，並須與底面平行，其誤差不得大於 0.5°。表 3.12–1 示量器尺寸，表中所示之兩種較大量器，其頂部須用 40 mm 寬之鐵箍緊箍之，以致該部分之壁厚不少於 5 mm。量器之容量視試樣之最大粒徑而定，其尺寸應符合表 3.12–1 之規定。

表 3.12–1 量器尺寸

容量 (L)	內徑 (mm)	內側高 (mm)	金屬鈑厚 (mm)		最大粒徑 (mm)
			底鈑	側壁	
3	155 ± 2	160 ± 2	5.0	2.5	12.5
10	205 ± 2	305 ± 2	5.0	2.5	25
15	255 ± 2	295 ± 2	5.0	3.0	40
30	255 ± 2	305 ± 2	5.0	3.0	100

3.12–3 試樣準備

1. 依「3.1 粒料取樣法」採取試樣並將之縮減至所需數量。
2. 粒料試樣置入 110 ± 5°C 之烘箱內以恆溫烘乾至質量不變。

3.12–4 量器校正

1. 稱量器及一平面玻璃板之質量，準確至 ±0.1%。
2. 在室溫下，將水注滿量器，量器頂蓋上玻璃板，小心移除玻璃板下氣泡及多餘水分。
3. 稱量器及其內水與玻璃板之總質量，準確至 ±0.1%。
4. 量測量器內水溫，並由表 3.12–2 查得水之單位質量，如有必要可用內插法求之。
5. 將水之單位質量除以量器內所裝滿量器之水質量，可計得量器之容積。

表 3.12–2 水之單位質量

溫度 (°C)	水單位質量 (kg/m^3)
15.6	999.01
18.3	998.54
21.1	997.97
23.0	997.54
23.9	997.32
26.7	996.59
29.4	995.83

3.12–5 試驗方法

一、搗實法

搗實法 (Rodding Procedure) 適用於粒徑 40 mm 以下之粒料，其搗實方法如下：

1. 將量器放置在一平坦而堅實之平面上，在量器內的三分之一裝滿試樣並以手將表面鋪平。用搗棒在表面均勻分布搗實 25 次，每一次搗實之深度不可深及量器底。
2. 其次再將試樣裝至三分之二高的位置，按前述方法加以鋪平並均勻分布搗實 25 次，每一次搗入深度應深及下一層。
3. 最後再將試樣加滿至溢出量器，按前述方法加以鋪平並均勻分布搗實 25 次，每一次搗入深度應深及下一層。
4. 最後一層搗實後，即用手指或直尺由量器頂平刮修整之。
5. 稱量器及其內搗實之試樣之總質量，準確至 ±0.1%，扣除量器質量後，即可算得粒料試樣之淨質量。
6. 以量器容積除以量器內粒料試樣之淨質量而計得搗實之粒料單位質量。

二、搖振法

搖振法 (Jigging Procedure) 適用於粒徑 40～100 mm 之粒料，其搖振方法如下：

1. 將量器放置在一平坦而堅實之平面上，按上述搗實法將粒料試樣約略分成相等之三層裝入量器內，每裝填一層，即在堅實之平面上提起量器一側，高約 50 mm，並驟然放開使之落下而振實之；其次改提起量器對側，高約 50 mm，亦使驟然落下。如此連續交互操作，每側振實 25 次，兩側共 50 次。由於這種急速搖振，可使粒料自行振密。
2. 最後一層振實後，即用手指或直尺由量器頂平刮修整之，除去多餘的粒料。
3. 稱量器及其內振實之試樣的總質量，準確至 ±0.1%，扣除量器質量即可算得粒料試樣之淨質量。
4. 以量器容積除以量器內粒料試樣之淨質量而計得振實之粒料單位質量。

三、鏟填法

鏟填法 (Shoveling Procedure) 適用於粒徑小於 100 mm 之粒料，係一種求鬆方質量的方法：

1. 將量器放置在一平坦而堅實之平面上，用鏟或圓鍬自量器頂端不超過 50 mm 之高度將粒料卸入量器內至溢出為止。卸入時，應注意防止粒料發生析離 (Segregation)。
2. 用手指或直尺由量器頂平刮修整之，除去多餘的粒料。
3. 稱量器及其內鬆散粒料試樣之總質量，準確至 ±0.1%，扣除量器質量即可算得鬆散粒料試樣之淨質量。
4. 以量器容積除以量器內粒料試樣之淨質量而計得壓實之粒料鬆單位質量 (Loose Unit Weight)。

3.12–6 注意事項

除上述外：

1. 量器頂端之平整度，可以一厚度在 6 mm 以上之玻璃板覆蓋在量器頂端，兩者間之間隙不能插入 0.25 mm 之測隙規 (Feeler Gage) 時，則具有合適的平整面。
2. 量器頂面與底面之平行檢測，可用兩塊玻璃夾住量器頂、底面，在每一個方向上其間相差之斜度不大於 1% 時，則合乎兩面平行。
3. 在用手指或直尺刮修粒料表面並鋪平時，盡量使得大塊粗粒料之任何稍許突出部分，約略能抵消在量器頂面下之較大空隙部分。

3.12–7 記錄報告

一、計算式

1. 粒料之單位質量 γ_a

搗實法、搖振法及鏟填法之粒料單位質量 γ_a (kg/m^3)，依式 (3.12–1) 計算之：

$$\gamma_a = \frac{W_a}{V} \tag{3.12–1}$$

式中：W_a = 量器內粒料質量 (kg)；

V = 量器容積 (m^3)。

2.粒料之空隙率

搗實法、搖振法及鏟填法之粒料空隙率 V_a (%)，依式 (3.12–2) 計算之：

$$V_a = \frac{G_B \cdot \gamma_w - \gamma_a}{G_B \cdot \gamma_w} \tag{3.12–2}$$

式中：G_B = 粒料之容積比重；

γ_a = 粒料之單位質量 (kg/m^3)；

γ_w = 水之單位質量 (999 kg/m^3)。

二、精確度

1.搗實法粗粒料之單位重

(1)由同一試驗者，用同樣之粗粒料試樣，依照正規方法試驗兩次，其偏差不得大於 40 kg/m^3。

(2)由兩個不同試驗室，用同樣之粗粒料試樣，依照正規方法試驗的結果，其偏差不得大於 85 kg/m^3。

2.鏟填法細粒料之單位重

(1)由同一試驗者，用同樣之細粒料試樣，依照正規方法試驗兩次，其偏差不得大於 40 kg/m^3。

(2)由兩個不同試驗室，用同樣之細粒料試樣，依照正規方法試驗的結果，其偏差不得大於 125 kg/m^3。

三、記錄表格

粒料單位質量與空隙試驗報告

工程名稱：________ 取樣者：________ 送樣單位：________

粒料種類：________ 粒料來源：________ 取樣日期：________

量器容積：$V=\quad m^3$ 量器質量：$W_m=\quad kg$ 水單位質量：$\gamma_w=\quad kg/m^3$

試驗編號：________ 試驗日期：________

試驗次數	1	2	3
粗、細粒料單位質量			
（量器＋粒料）總質量 (kg) W			
粒料質量 (kg) $W_a=W-W_m$			
粒料單位質量 (kg/m³) $\gamma_a=W_a/V$			
平均粒料單位質量 (kg/m³) γ_a			
粗、細粒料空隙率			
粒料之容積比重 G_B			
粒料空隙率 (%) $V_a=\dfrac{G_B\cdot\gamma_w-\gamma_a}{G_B\gamma_w}$			
平均粒料空隙率 (%) V_a			
本試驗法依據：			

複核者：________ 試驗者：________

3.13 粒料顆粒之形狀試驗法

Method of Test for Shapes of Course Aggregate Partide，參考 ASTM4791–05、ASTM 5821–01 (2006)

3.13–1 目　的

1. 本試驗法用以測定粒料中扁平顆粒、細長顆粒或具破裂面顆粒占總粒料之百分率。
2. 粒料顆粒尺寸之表示如圖 3.13–1 所示：

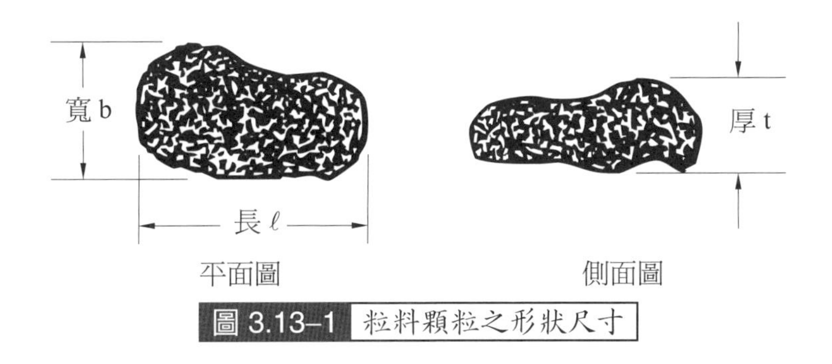

圖 3.13–1 粒料顆粒之形狀尺寸

(1)扁平率 (Percentage of Flat Particles) 係指在粒料中，粒料顆粒之厚與寬之比 (t:b) 大於規範值者所占總粒料之百分率。

(2)細長率 (Percentage of Elongated Particles) 係指在粒料中，粒料顆粒之寬與長之比 (b:ℓ) 大於規範值者所占總粒料之百分率。

(3)破裂面率 (Percentage of Fractured Particles) 係指在粒料中，粒料顆粒之破裂面數大於規範值者所占總粒料之百分率。

3. 粒料顆粒之形狀影響瀝青混合料之產製與施工之工作度、壓實度、穩定性及抗剪力強度。

3.13–2 儀器

1. 比例規 (Proportional Caliper)

圖 3.13–2 所示之一種比例規。此規之底鈑上設有兩個固定軸及一旋臂，可依需求旋轉旋臂，使旋臂兩端點與固定軸間兩開口處成不同比例，如 1:2、1:3、1:4、1:5 等，以供量測粒料顆粒各邊尺寸比例。

2. 磅秤

磅秤之刻劃應可讀到所稱試樣質量之 0.1%。

3. 試驗篩

依 CNS386 篩之標準規定。

4. 刮刀

用以刮分粒料不同尺寸或破裂面顆粒。

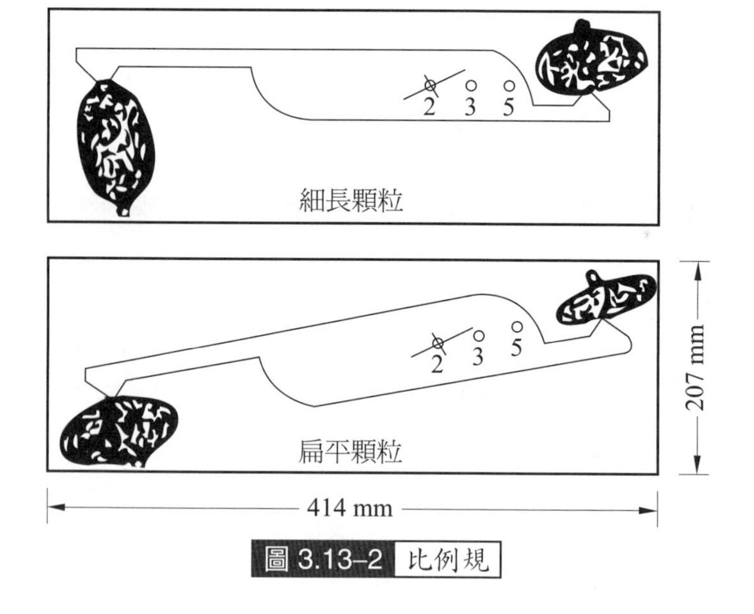

圖 3.13–2 比例規

3.13–3 試樣準備

1. 依「3.1 粒料取樣法」採取試樣並縮減至所需數量。粒料扁平率及破裂面率所需最少數量依標稱最大尺寸如表 3.13–1 所列：

表 3.13–1 粒料試樣最少質量

粒料最大標稱尺寸 (mm)	試樣最少質量 (kg)	
	扁平率	破裂面率
9.5	1	0.2
12.5	2	0.5
19.0	5	1.5
25.0	10	3.0
37.5	15	7.5
50	20	15.0
63	35	30.0
75	60	60.0
90	100	90.0
100	150	
112	200	
125	300	
150	500	

2. 粒料扁平率及破裂面率之測定，如以粒料之質量為單位計之，則粒料試樣須先予洗淨烘乾；若係以粒料顆粒數計之，則粒料試樣無需洗淨。
3. 篩除通過 9.5CNS386 篩或 4.75CNS386 篩部分材料。

3.13–4 試驗方法

將停留在 9.5CNS386 或 4.75CNS386 篩的材料，依顆粒尺寸的需求分成數組。

一、粒料之扁平率等之量測

1. 若試驗結果係以質量計得者，須先磅秤所需洗淨烘乾之試樣質量，準確至 ±1%。

2. 按規定比例設定旋臂兩端開口處比例，如 1:2、1:3、1:4 等。

3. 由各組取出之每一粒料顆粒，用比例規較大開口端頂靠顆粒寬度 b，若該顆粒厚度 t 能套入另端之較小開口處者，則該顆粒屬扁平顆粒。

4. 由各組取出之每一粒料顆粒，用比例規較大開口端頂靠顆粒長度 ℓ，若該顆粒寬度 b 能套入另端之較小開口處者，則該顆粒屬細長顆粒。

5. 逐一量測各組或兩篩號間粒料之扁平顆粒或細長顆粒，並與非扁平顆粒或非細長顆粒分別聚集之。

6. 磅秤各聚集之粒料顆粒質量準確至 ±1%；或計數各聚集之粒料顆粒數。

二、粒料之破裂面率

1. 上節「3.13–4　一、粒料扁平率等之量測」所得各組或兩篩號間之粒料顆粒，將之攤開於一平面上。

2. 由各組取出之每一粒料顆粒，以目視法逐一判斷，無破裂面及有一個破裂面以上之顆粒分別聚集之。

3. 磅秤各聚集之粒料顆粒質量準確至 ±1%；或計數各聚集之粒料顆粒數。

3.13–5 注意事項

除上述外：

1. 可依粗粒料總量或兩篩號間粒料測定扁平率、細長率及破裂面率。

2. 除可用比例規量測外，尚有各式長孔篩 (Flakiness Sieves) 用以量測粗粒料顆粒之扁平狀，細長量規 (Length Gauge) 用以量測粗粒料顆粒之細長狀。

3.13–6 記錄報告

一、計算式

扁平率、細長率及破裂面率之計算依式 (3.13–1) 計算之：

$$P=\frac{F}{F+N}\times 100 \qquad (3.13-1)$$

式中：P = 粒料扁平率、細長率或破裂面率 (%)（在指定之 t:b、b:ℓ 比例，或至少破裂面數之 P 值）；

F = 粒料中扁平顆粒、細長顆粒或具破裂面一個以上顆粒之質量或數量；

N = 粒料中不具扁平 、細長或破裂面（或一個破裂面以下）之質量或數量。

二、記錄表格

粒料扁平率、細長率、破裂面率試驗報告

工程名稱：________　取樣者：________　送樣單位：________

粒料種類：________　粒料來源：________　取樣日期：________

試驗日期：________

扁平率 t:b 細長率 b:ℓ									
粒料尺寸 (mm)									
試驗次數									
扁平或細長顆粒（g 或粒數） F									
不具扁平或細長顆粒（g 或粒數） N									
扁平率或細長率 (%) P_i									
平均扁平率或細長率 (%) P									
破裂面數									
粒料尺寸 (mm)									
具破裂面顆粒（g 或粒數） F									
不具（或一面以下）破裂面顆粒（g 或粒數） N									
破裂面率 (%) P_i									
平均破裂面率 (%) P									
本試驗法依據：									

複核者：________　試驗者：________

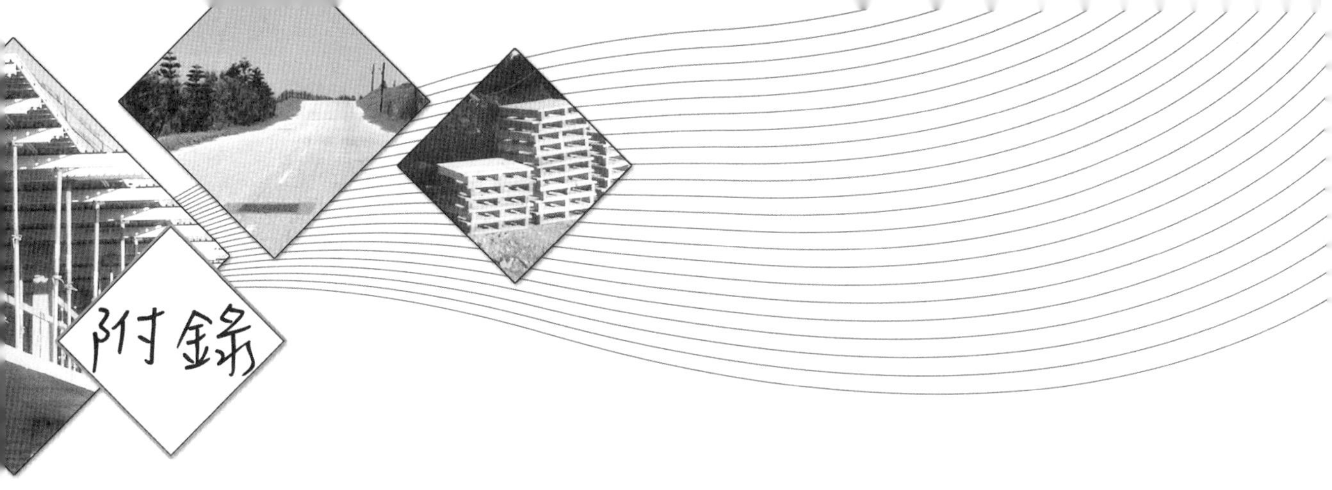

一、瀝青材料溫度、體積之改正係數

瀝青材料之體積隨溫度升降而異，為使用方便計，多以在溫度 15.6°C 時之體積作為計算基準。美國材料試驗學會 (The American Society for Testing Materials—ASTM) 依瀝青材料在溫度 15.6°C 之比重分成兩組：比重大於 0.966 者屬於 0 組，在 0.850 至 0.966 之間者則歸為 1 組。每一組詳列各溫度調整至基準溫度 15.6°C 時體積改變應乘之改正係數，如表 1–1、表 1–2 所列，乳化瀝青則列於表 1–3。茲說明表之應用如下。

有某瀝青材料在溫度 15.6°C 時之比重為 0.985，此材料在溫度 82°C 之體積為 34000 升，則依其比重 0.985 係屬於 0 組，查表 1–1，於溫度 82°C 時查得改正係數為 0.9587。由此可計得該瀝青材料在溫度 15.6°C 時之體積為 $0.9587 \times 34000 = 32596$ 升。

表 1–1 0 組（在溫度 15.6°C 時，比重大於 0.966）瀝青材料溫度、體積改正係數

溫度 (°C)	改正係數	溫度 (°C)	改正係數	溫度 (°C)	改正係數	溫度 (°C)	改正係數	溫度 (°C)	改正係數
−18	1.0210	−2	1.0111	14	1.0009	29	0.9915	45	0.9815
−17	1.0206	−1	1.0104	15	1.0003	30	0.9909	46	0.9809
−16	1.0201	0	1.0098	15.6	1.0000	31	0.9903	47	0.9803
−15	1.0194	1	1.0090	16	0.9997	32	0.9897	48	0.9798
−14	1.0187	2	1.0086	17	0.9991	33	0.9890	49	0.9792
−13	1.0180	3	1.0079	18	0.9984	34	0.9884	50	0.9785
−12	1.0175	4	1.0073	19	0.9978	35	0.9878	51	0.9778
−11	1.0168	5	1.0067	20	0.9972	36	0.9872	52	0.9772
−10	1.0162	6	1.0061	21	0.9966	37	0.9865	53	0.9765
−9	1.0154	7	1.0054	22	0.9960	38	0.9859	54	0.9758
−8	1.0149	8	1.0047	23	0.9953	39	0.9852	55	0.9752
−7	1.0143	9	1.0041	24	0.9947	40	0.9846	56	0.9746
−6	1.0137	10	1.0035	25	0.9941	41	0.9839	57	0.9740
−5	1.0130	11	1.0029	26	0.9935	42	0.9833	58	0.9735
−4	1.0124	12	1.0022	27	0.9928	43	0.9826	59	0.9729
−3	1.0114	13	1.0016	28	0.9922	44	0.9820	60	0.9723

溫度 (°C)	改正係數	溫度 (°C)	改正係數	溫度 (°C)	改正係數	溫度 (°C)	改正係數	溫度 (°C)	改正係數
61	0.9717	101	0.9472	141	0.9233	181	0.8999	221	0.8768
62	0.9712	102	0.9466	142	0.9226	182	0.8992	222	0.8763
63	0.9706	103	0.9459	143	0.9220	183	0.8987	223	0.8758
64	0.9700	104	0.9452	144	0.9215	184	0.8982	224	0.8753
65	0.9695	105	0.9447	145	0.9209	185	0.8976	225	0.8748
66	0.9689	106	0.9441	146	0.9204	186	0.8971	226	0.8743
67	0.9682	107	0.9436	147	0.9198	187	0.8965	227	0.8737
68	0.9675	108	0.9430	148	0.9193	188	0.8960	228	0.8731
69	0.9669	109	0.9425	149	0.9187	189	0.8954	229	0.8725
70	0.9662	110	0.9419	150	0.9180	190	0.8948	230	0.8718
71	0.9655	111	0.9413	151	0.9174	191	0.8941	231	0.8712
72	0.9649	112	0.9408	152	0.9167	192	0.8935	232	0.8705
73	0.9644	113	0.9402	153	0.9161	193	0.8928	233	0.8700
74	0.9638	114	0.9396	154	0.9154	194	0.8923	234	0.8695
75	0.9632	115	0.9391	155	0.9149	195	0.8917	235	0.8690
76	0.9627	116	0.9385	156	0.9143	196	0.8912	236	0.8685
77	0.9621	117	0.9378	157	0.9138	197	0.8907	237	0.8679
78	0.9614	118	0.9372	158	0.9133	198	0.8902	238	0.8674
79	0.9607	119	0.9365	159	0.9128	199	0.8896	239	0.8668
80	0.9600	120	0.9358	160	0.9122	200	0.8890	240	0.8662
81	0.9594	121	0.9352	161	0.9117	201	0.8883	241	0.8656
82	0.9587	122	0.9346	162	0.9111	202	0.8877	242	0.8649
83	0.9581	123	0.9341	163	0.9106	203	0.8871	243	0.8643
84	0.9575	124	0.9335	164	0.9100	204	0.8864	244	0.8638
85	0.9570	125	0.9330	165	0.9095	205	0.8859	245	0.8633
86	0.9564	126	0.9324	166	0.9089	206	0.8854	246	0.8627
87	0.9558	127	0.9319	167	0.9083	207	0.8848	247	0.8622
88	0.9553	128	0.9312	168	0.9076	208	0.8843	248	0.8617
89	0.9546	129	0.9306	169	0.9070	209	0.8838	249	0.8611
90	0.9539	130	0.9299	170	0.9064	210	0.8832	250	0.8605
91	0.9533	131	0.9292	171	0.9057	211	0.8827	251	0.8599
92	0.9526	132	0.9286	172	0.9052	212	0.8822	252	0.8593
93	0.9520	133	0.9280	173	0.9046	213	0.8817	253	0.8587
94	0.9514	134	0.9275	174	0.9041	214	0.8811	254	0.8580
95	0.9508	135	0.9269	175	0.9035	215	0.8806	255	0.8575
96	0.9503	136	0.9264	176	0.9030	216	0.8800	256	0.8570
97	0.9497	137	0.9258	177	0.9024	217	0.8794	257	0.8565
98	0.9491	138	0.9253	178	0.9018	218	0.8788	258	0.8559
99	0.9486	139	0.9246	179	0.9011	219	0.8781	259	0.8554
100	0.9479	140	0.9240	180	0.9005	220	0.8775	260	0.8548

表 1-2 1 組（在溫度 15.6°C 時，比重 0.850～0.966）瀝青材料溫度、體積改正係數

溫度 (°C)	改正係數	溫度 (°C)	改正係數	溫度 (°C)	改正係數	溫度 (°C)	改正係數	溫度 (°C)	改正係數
－18	1.0242	19	0.9975	57	0.9705	95	0.9443	133	0.9188
－17	1.0235	20	0.9968	58	0.9699	96	0.9437	134	0.9181
－16	1.0230	21	0.9960	59	0.9692	97	0.9431	135	0.9175
－15	1.0221	22	0.9953	60	0.9686	98	0.9424	136	0.9169
－14	1.0214	23	0.9946	61	0.9679	99	0.9418	137	0.9163
－13	1.0207	24	0.9939	62	0.9673	100	0.9410	138	0.9157
－12	1.0199	25	0.9932	63	0.9666	101	0.9402	139	0.9149
－11	1.0192	26	0.9925	64	0.9660	102	0.9395	140	0.9142
－10	1.0185	27	0.9918	65	0.9653	103	0.9387	141	0.9134
－9	1.0178	28	0.9911	66	0.9647	104	0.9380	142	0.9127
－8	1.0170	29	0.9904	67	0.9639	105	0.9374	143	0.9120
－7	1.0163	30	0.9897	68	0.9631	106	0.9368	144	0.9113
－6	1.0155	31	0.9889	69	0.9624	107	0.9361	145	0.9107
－5	1.0148	32	0.9882	70	0.9616	108	0.9355	146	0.9101
－4	1.0141	33	0.9875	71	0.9609	109	0.9349	147	0.9095
－3	1.0134	34	0.9868	72	0.9602	110	0.9343	148	0.9089
－2	1.0126	35	0.9861	73	0.9596	111	0.9336	149	0.9083
－1	1.0119	36	0.9853	74	0.9589	112	0.9330	150	0.9075
0	1.0112	37	0.9846	75	0.9583	113	0.9324	151	0.9068
1	1.0104	38	0.9839	76	0.9576	114	0.9318	152	0.9061
2	1.0098	39	0.9832	77	0.9570	115	0.9311	153	0.9053
3	1.0090	40	0.9824	78	0.9562	116	0.9305	154	0.9047
4	1.0083	41	0.9817	79	0.9554	117	0.9298	155	0.9040
5	1.0076	42	0.9810	80	0.9547	118	0.9290	156	0.9034
6	1.0068	43	0.9803	81	0.9539	119	0.9283	157	0.9028
7	1.0061	44	0.9796	82	0.9532	120	0.9275	158	0.9022
8	1.0054	45	0.9789	83	0.9525	121	0.9268	159	0.9015
9	1.0047	46	0.9783	84	0.9519	122	0.9262	160	0.9010
10	1.0040	47	0.9776	85	0.9513	123	0.9256	161	0.9003
11	1.0032	48	0.9769	86	0.9506	124	0.9249	162	0.8997
12	1.0025	49	0.9763	87	0.9500	125	0.9243	163	0.8991
13	1.0018	50	0.9755	88	0.9494	126	0.9237	164	0.8985
14	1.0011	51	0.9747	89	0.9486	127	0.9231	165	0.8979
15	1.0004	52	0.9740	90	0.9478	128	0.9223	166	0.8974
15.6	1.0000	53	0.9732	91	0.9471	129	0.9216	167	0.8966
16	0.9996	54	0.9725	92	0.9463	130	0.9208	168	0.8959
17	0.9989	55	0.9718	93	0.9456	131	0.9201	169	0.8951
18	0.9982	56	0.9712	94	0.9449	132	0.9194	170	0.8944

溫度 (°C)	改正係數	溫度 (°C)	改正係數	溫度 (°C)	改正係數	溫度 (°C)	改正係數	溫度 (°C)	改正係數
171	0.8938	189	0.8824	207	0.8707	225	0.8597	243	0.8481
172	0.8932	190	0.8817	208	0.8701	226	0.8591	244	0.8476
173	0.8926	191	0.8810	209	0.8695	227	0.8585	245	0.8470
174	0.8920	192	0.8802	210	0.8689	228	0.8579	246	0.8464
175	0.8914	193	0.8795	211	0.8684	229	0.8572	247	0.8459
176	0.8908	194	0.8789	212	0.8678	230	0.8565	248	0.8453
177	0.8902	195	0.8784	213	0.8672	231	0.8558	249	0.8447
178	0.8895	196	0.8778	214	0.8667	232	0.8550	250	0.8440
179	0.8888	197	0.8772	215	0.8661	233	0.8545	251	0.8434
180	0.8880	198	0.8766	216	0.8654	234	0.8539	252	0.8427
181	0.8873	199	0.8760	217	0.8648	235	0.8534	253	0.8420
182	0.8866	200	0.8753	218	0.8641	236	0.8528	254	0.8413
183	0.8860	201	0.8746	219	0.8634	237	0.8522	255	0.8408
184	0.8854	202	0.8739	220	0.8627	238	0.8516	256	0.8403
185	0.8849	203	0.8732	221	0.8619	239	0.8509	257	0.8398
186	0.8843	204	0.8724	222	0.8614	240	0.8502	258	0.8392
187	0.8837	205	0.8719	223	0.8608	241	0.8495	259	0.8387
188	0.8831	206	0.8713	224	0.8603	242	0.8488	260	0.8382

表 1–3 乳化瀝青溫度、體積改正係數

溫度 (°C)	改正係數	溫度 (°C)	改正係數	溫度 (°C)	改正係數	溫度 (°C)	改正係數	溫度 (°C)	改正係數
15.6	1.0000								
16	0.9996	26	0.9953	36	0.9908	46	0.9862	56	0.9816
17	0.9992	27	0.9949	37	0.9903	47	0.9858	57	0.9812
18	0.9988	28	0.9944	38	0.9898	48	0.9854	58	0.9808
19	0.9984	29	0.9940	39	0.9894	49	0.9850	59	0.9804
20	0.9980	30	0.9935	40	0.9889	50	0.9845	60	0.9800
21	0.9976	31	0.9931	41	0.9884	51	0.9840	61	0.9795
22	0.9971	32	0.9926	42	0.9880	52	0.9835	62	0.9791
23	0.9966	33	0.9922	43	0.9875	53	0.9830	63	0.9787
24	0.9962	34	0.9917	44	0.9870	54	0.9825	64	0.9783
25	0.9957	35	0.9913	45	0.9866	55	0.9820	65	0.9778

二、瀝青材料比重及質量與體積之關係

比　重	t/m³	m³/t	比　重	t/m³	m³/t	比　重	t/m³	m³/t
0.855	0.853	1.172	0.930	0.928	1.077	1.005	1.003	0.997
60	0.858	1.165	35	0.933	1.072	10	1.008	0.992
65	0.863	1.158	40	0.938	1.067	15	1.013	0.987
70	0.868	1.152	45	0.943	1.061	20	1.018	0.982
75	0.873	1.145	50	0.948	1.055	25	1.023	0.977
80	0.878	1.139	55	0.953	1.049	30	1.028	0.973
85	0.883	1.132	60	0.958	1.044	35	1.033	0.968
90	0.888	1.126	65	0.963	1.038	40	1.038	0.963
95	0.893	1.120	70	0.968	1.033	45	1.043	0.958
0.900	0.898	1.113	75	0.973	1.028	50	1.048	0.954
0.905	0.903	1.107	80	0.978	1.022	55	1.053	0.950
10	0.908	1.102	85	0.983	1.017	60	1.058	0.946
15	0.913	1.095	90	0.988	1.012	65	1.063	0.941
20	0.918	1.089	95	0.993	1.007	70	1.068	0.936
25	0.923	1.083	1.000	0.998	1.002	75	1.073	0.932

註：比重 25°C/25°C。

三、瀝青材料在溫度 15.6°C 時，質量與體積約值

瀝青種類與等級	立方米／噸	噸／立方米
RC–, MC–, SC–70	0.947	1.056
RC–, MC–, SC–250	0.959	1.043
RC–, MC–, SC–800	0.983	1.017
RC–, MC–, SC–3000	0.995	1.005
針入度 40～50 之 AC	1.031	0.970
針入度 60～70 之 AC	1.019	0.981
針入度 85～100 之 AC	1.019	0.981
針入度 120～150 之 AC	1.019	0.981
針入度 200～300 之 AC	1.007	0.993
乳化瀝青	0.995	1.005

四、乾粒料單位質量

乾粒料單位質量視粒料比重及空隙率而定，通常公路路面鋪築所用粒料之比重按粒料來源之岩石分類而有差異，其值約如下表：

岩　類	比　重	岩　類	比　重	岩　類	比　重
花崗岩	2.6～2.9	石英岩	2.5～2.7	爐　碴	2.0～2.5
砂　礫	2.5～2.7	砂　岩	2.0～2.7		
石灰岩	2.1～2.8	深暗岩	2.7～3.2		

乾粒料之比重及空隙率於試驗室求得後可由下式計算單位質量，其值分列於表 4–1：

$$\gamma_d = \frac{G(100 - V_V)}{100}\gamma_w$$

式中：γ_d = 乾粒料單位質量 (kg/m^3)；

G = 粒料比重；

V_V = 粒料空隙率 (%)；

γ_w = 水單位質量 (kg/m^3)。

表 4–1 乾粒料單位質量 (kg/m^3)

比　重	空隙率 (%)								
	15	20	25	30	35	40	45	50	55
2.0	1700	1600	1500	1400	1300	1200	1100	1000	900
2.1	1785	1680	1575	1470	1365	1260	1155	1050	945
2.2	1870	1760	1650	1540	1430	1320	1210	1100	990
2.3	1955	1840	1725	1610	1495	1380	1265	1150	1035
2.4	2040	1920	1800	1680	1560	1440	1320	1200	1080
2.5	2125	2000	1875	1750	1625	1500	1375	1250	1125
2.6	2210	2080	1950	1820	1690	1560	1430	1300	1170
2.7	2295	2160	2025	1890	1755	1620	1485	1350	1215
2.8	2380	2240	2100	1960	1820	1680	1540	1400	1260
2.9	2465	2320	2175	2030	1885	1740	1595	1450	1305
3.0	2550	2400	2250	2100	1950	1800	1650	1500	1350
3.1	2635	2480	2325	2170	2015	1860	1705	1550	1395
3.2	2720	2560	2400	2240	2080	1920	1760	1600	1440

五、水溫之滲透性係數修正值

表 5-1 試驗水溫 T°C 與 15°C 水溫之 μ_T/μ_{15} 之滲透性係數修正值

T°C	0	1	2	3	4	5	6	7	8	9
0	1.567	1.513	1.460	1.414	1.369	1.327	1.286	1.248	1.211	1.177
10	1.144	1.113	1.082	1.053	1.026	1.000	0.975	0.950	0.926	0.903
20	0.881	0.859	0.839	0.819	0.800	0.782	0.764	0.747	0.730	0.714
30	0.699	0.684	0.670	0.656	0.643	0.630	0.617	0.604	0.593	0.582
40	0.571	0.561	0.550	0.540	0.531	0.521	0.513	0.504	0.496	0.487

表 5-2 試驗水溫 T°C 與 20°C 水溫之 μ_T/μ_{20} 之滲透性係數修正值

T°C	0	1	2	3	4	5	6	7	8	9
0	1.783	1.723	1.665	1.611	1.560	1.511	1.466	1.421	1.379	1.340
10	1.301	1.265	1.230	1.197	1.165	1.135	1.106	1.077	1.051	1.025
20	1.000	0.976	0.953	0.931	0.909	0.889	0.869	0.850	0.832	0.814
30	0.797	0.780	0.764	0.749	0.733	0.719	0.705	0.691	0.678	0.665
40	0.653	0.641	0.629	0.618						

六、CNS386 標準篩相當於美國 ASTM 標準篩對照表

CNS386	ASTM		CNS386	ASTM		CNS386	ASTM	
篩號（孔徑）	篩號	孔徑	篩號（孔徑）	篩號	孔徑	篩號（孔徑）	篩號	孔徑
0.038	400	0.038	0.71	25	0.71	16.0	–	16.0
0.045	325	0.045	0.85	20	0.85	19.0	$\frac{3}{4}''$	19.0
0.053	270	0.053	1.00	18	1.00	22.4	–	22.4
0.063	230	0.063	1.18	16	1.18	25.0	1″	25.0
0.075	200	0.075	1.40	14	1.40	26.5		26.5
0.090	170	0.090	1.70	12	1.70	31.5	$1\frac{1}{4}''$	31.5
0.106	140	0.106	2.00	10	2.00	37.5	$1\frac{1}{2}''$	37.5
0.125	120	0.125	2.36	8	2.36	45.0		45.0
0.150	100	0.150	2.80	7	2.80	50.0	2″	50.0
0.180	80	0.180	3.35	6	3.35	53.0		53.0
0.212	70	0.212	4.00	5	4.00	63.0	$2\frac{1}{2}''$	63.0
0.250	60	0.250	4.75	4	4.75	75.0	3″	75.0
0.300	50	0.300	5.60	$3\frac{1}{2}$	5.60	90.0	$3\frac{1}{2}''$	90.0
0.355	45	0.355	6.70	3	6.70	100.0	4″	100.0
0.425	40	0.425	8.00	$2\frac{1}{2}''$	8.00	106.0	–	106.0
0.50	35	0.50	9.5	$\frac{3}{8}''$	9.5	125.0	–	125.0
0.60	30	0.60	12.5	$\frac{1}{2}''$	12.5			

註：孔徑之單位為毫米。

參考文獻

一、中文部分

1. 臺灣省公路局材料試驗所主編,「材料試驗手冊」,臺灣公路工程月刊社,民國61年。
2. 交通部臺灣區高速公路工程局編,「材料試驗手冊」,民國62年。
3. 經濟部中央標準局國家標準CNS規範。
4. 徐嵩椿譯「公路材料學」,復興書局,民國63年。
5. 陸志鴻著,「工程材料學——第二卷非金屬材料及其試驗法」,正中書局,民國65年。
6. 王櫻茂著,「土木材料學」,民國65年。
7. 陳淮松著,「瀝青混凝土路面工程」,科技圖書公司,民國66年。
8. 蔡攀鰲著,「瀝青材料試驗與配合設計」,民國67年。
9. 蔡攀鰲著,「公路工程學」,民國69年。
10. 林志棟,「公路工程改善施工方法之研究——第一輯瀝青混凝土配合設計及其原理」,臺灣省公路局材料試驗所,民國69年。
11. 王正雄著,「材料試驗」,大中國圖書公司,民國71年。
12. 蔡攀鰲、彭俊翔,「有色瀝青之研究」,成大土木,21期,民國70年5月。
13. 蔡攀鰲、沈得縣,「瀝青材料添加輪胎廢料之特性及在鋪面上應用之研究」,土木水利季刊,8卷2期,民國70年8月。
14. 蔡攀鰲、黃建隆、李賢義,「加熱時間對瀝青膏使用特性的影響研究」,成大土木,23期,民國72年5月。
15. 蔡攀鰲,「橡膠乳液在瀝青混凝土之使用特性及應用研究」,臺灣公路工程月刊,9卷11期,民國72年6月。
16. 蔡攀鰲、鄭魁香,「瀝青混凝土路面車轍失敗的原因分析」,公路技術與管理研討會論文集,民國72年7月。
17. 姜榮彬,「瀝青材料」,近代新瀝青混凝土路面材料及產製鋪設技術,中華鋪面工程學會,2004.6。
18. 「瀝青混凝土材料試驗法」,中華鋪面工程學會,2004.6。
19. 「SMA石膠泥瀝青混凝土特輯」,中華鋪面工程學會,2001.6。
20. 「排水性瀝青混凝土鋪面特輯」,中華鋪面工程學會,2002.6。
21. 「兩岸鋪面工程及再生瀝青混凝土特輯」,中華鋪面工程學會,2003.11。
22. 「近代新瀝青混凝土路面材料及產製鋪設技術」,中華鋪面工程學會,2004.6。
23. 「瀝青混凝土配比設計與施工」,臺灣營建研究院,2000.1。

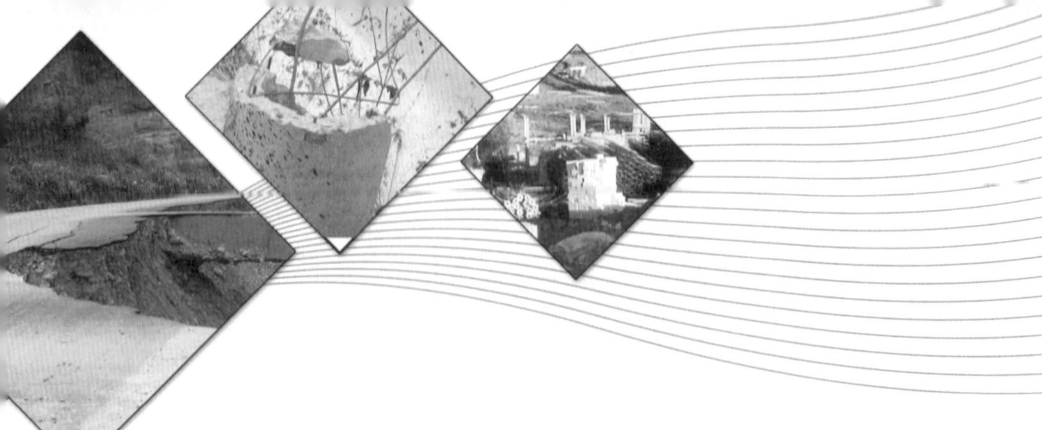

24.行政院公共工程委員會公共工程施工綱要。
25.「石膠泥(SMA)瀝青混凝土」，中華鋪面工程學會，2005.7。
26.「排水性瀝青混凝土」，中華鋪面工程學會，2005.7。
27.「Guss瀝青混凝土」，中華鋪面工程學會，2005.7。
28.「改質瀝青混凝土」，中華鋪面工程學會，2005.7。
29.「熱拌再生瀝青混凝土」，中華鋪面工程學會，2005.7。
30.「透水性鋪面」，中華鋪面工程學會，2005.7。
31.莊輝雄等三人，「高屏溪斜張橋日本考察報告」，民國88年7月。
32.林志棟，「瀝青混凝土配合設計及其原理」，科技圖書公司，民國74年9月。
33.「公路試驗規程匯編」，人民交通出版社，1991.3。
34.「公路工程瀝青及瀝青混合料試驗規程」，人民交通出版社，1993.8。
35.呂偉民，「瀝青混合料設計原理與方法」，同濟大學出版社，2001.1。
36.沈金安，「瀝青及瀝青混合料路用性能」，人民交通出版社，2001.5。
37.沈金安，「改性瀝青與SMA路面」，人民交通出版社，1999.7。
38.虎增福，「乳化瀝青及稀漿封層技術」，人民交通出版社，2001.9。
39.柳永行、范耀華、張昌祥，「石油瀝青」，石油工業出版社，1984.11。
40.「陽離子乳化瀝青路面」，人民交通出版社，1998.1。
41.呂偉民、嚴家伋，「瀝青路面再生技術」，人民交通出版社，1989.6。
42.楊林口、李井軒，「SBS改性瀝青的生產與應用」，人民交通出版社，2001.7。
43.交通部陽離子乳化瀝青課題協作組編著，「陽離子乳化瀝青路面」，人民交通出版社，1997年。
44.于世海，「塞區道路瀝青的研製」，「石油煉製」，第24卷，第3期，1993年。
45.傅元茂、盛得舉、段杰輝譯，「水工結構瀝青設計與施工」，水利電力出版社，1989年。

二、外文部分

1. Carl L. Monismith, *Asphalt Paving Mixtures Properties. Design, and Performance*, The Institute of Transportation and Traffic Engineering, University of California, 1961.
2. The Asphalt Institute, *The Asphalt Handbook*, 1965.
3. The Asphalt Institute, *Mix Design Methods for Asphalt Concrete and Other Hot-Mix Types* (MS-2), 1993.
4. AASHTO, *Standard Specifications for Highway Materials and Methods of Sampling*

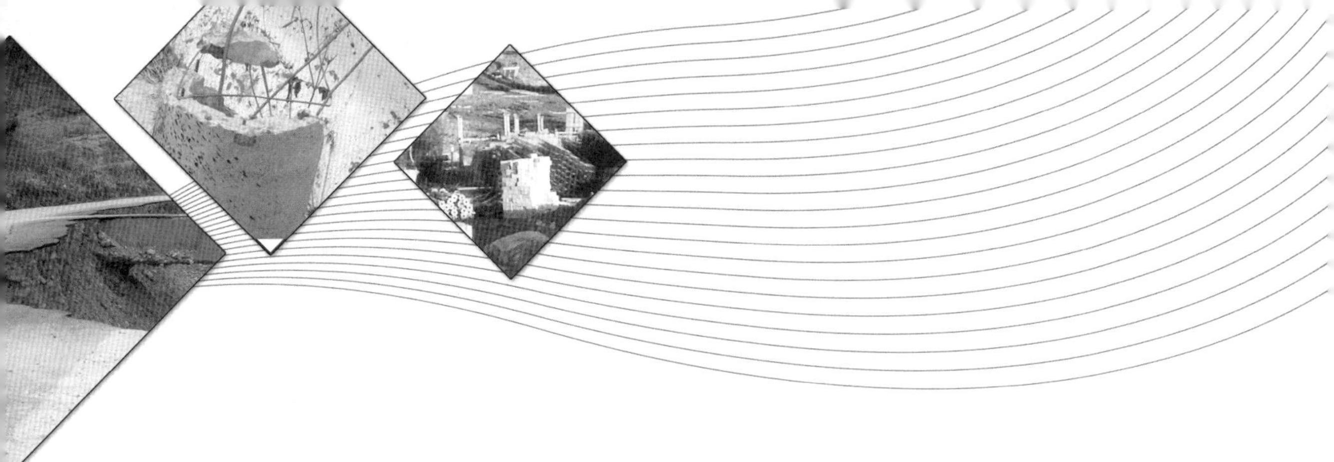

and Testing, 2005.

5. Robert D. Krebs, and Richard D. Walker, *Highway Materials*, 翻版書 1971.
6. The Asphalt Institute, *A Basic Asphalt Emulsion Manual*, 1979.
7. *ASTM Standard*, 1980.
8. Japan Road Association, *Manual for Design and Construction of Asphalt Pavement*, 1980.
9. *Designing and Constructing SMA Mixtures-State-of-the Practice*, National Asphalt Pavement Association, QIP 122.
10. Richard W. Smith, *The Marshall Method for the Design and Control of Asphalt Paving Mixtures*, Humboldt MFG Co., 1987.
11. *Bituminous Materials in Road Construction*, Her Majesty's Stationery Office, 1962.
12. *BS 812 Testing Aggregates, Section 105, Method for Determination of Particle Shape*, British Standards Institution, 1989.
13. *The Shell Bitumen Handbook*, Shell Bitumen, 1990.
14. 國分正胤，「土木材料實驗」，技報堂，1969。
15. 日瀝化學工業株式會社，「アスファルト舗裝講座」1972。
16. 金野諒二，「高分子材料によるアスファルトの改質」，舗裝，12–9，12–10，1977.7。
17. 太田健二，「改質アスファルトの特性」，アスファルト，第22卷118、119號，1979。
18. 小島逸平，「セミブローンアスファルトの性狀」，アスファルト，第24卷130號，1982。
19. 小島逸平，「セミブローンアスファルトの粘度測定」，アスファルト，第24卷130號，1982。
20. 松尾新一郎、湯淺隆義、浪江司、小沢建男，「ポリェチレン混入アスファルトについて」，第7回日本道路會議論文集，pp. 418～419。
21. 牧隆正、古財武久、木下庄次、西沢典夫，「樹脂入り改質フスファルトについて」，第12回日本道路會議論文集，pp. 325～326。
22. 阿部賴政，「セミブローンアスファルトの研究に寄せて」，アスファルト，第24卷130號，1982。
23. 阿部賴政，「セミブローンアスファルトの研究の成果と今後の方向」，アスファルト，第26卷134號，1983。

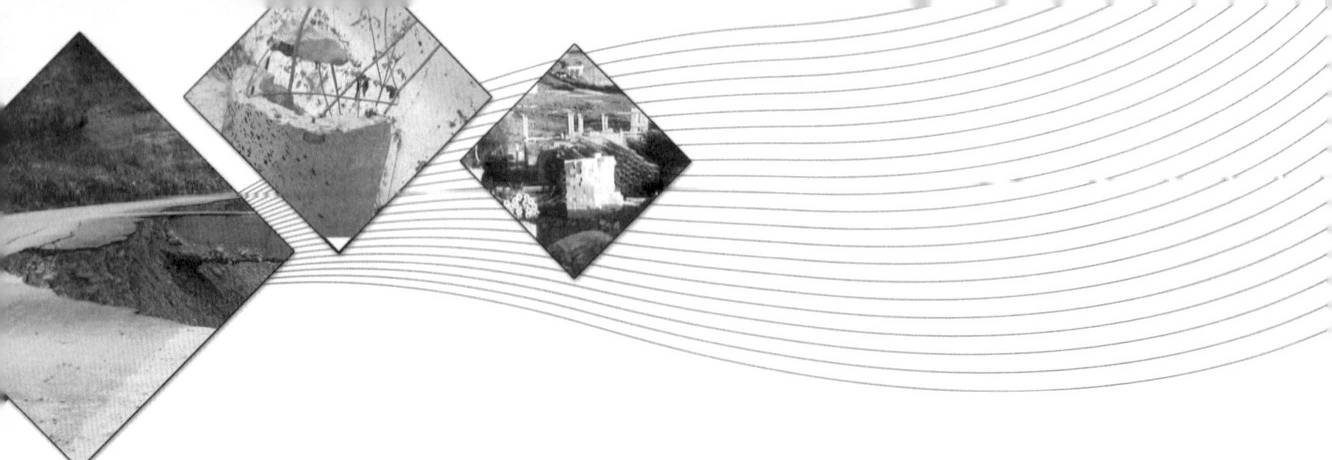

24.「舗装試験法便覧」，日本道路協會，昭和 63 年 11 月。
25.「舗装試験法便覧別冊」，日本道路協會，平成 8 年 10 月。
26.「試験法集」，鹿島道路株式會社，1987。
27.「アスファルト舗装要綱」，日本道路協會，平成 4 年 5 月。

◎工程力學　王聰榮、劉瑞興／著

工程力學主要探討靜力學及材料力學二部分，是工程學科的基礎，對於相關科系的學生來說，是一門非常重要的基本學問。本書前半部分為靜力學，主要強化力學基本工具、力學基本概念、力系的合成、剛體靜力平衡、重心、結構分析、摩擦學、慣性矩等觀念；後半為材料力學，詳細介紹材料在彈性範圍內的應力與應變、軸向負載構件、扭轉、剪力與彎矩、樑之應力、平面應力、樑之撓曲、靜不定樑等觀念。

◎工程數學・工程數學題解　羅錦興／著

數學幾乎是所有學問的基礎，工程數學便是將常應用於工程問題的數學收集起來，深入淺出的加以介紹。首先將工程上常面對的數學加以分類，再談此類數學曾提出的解決方法，並針對此類數學變化出各類題目來訓練解題技巧。我們不妨將工程數學當做歷史來看待，因為工程數學其實只是在解釋工程於某時代碰到的難題，數學家如何發明工具解決這些難題的歷史罷了。你若數學不佳，請不用灰心，將它當歷史看，對各位往後助益會很大的。假若哪天你對某問題有興趣，卻又需要工程數學的某一解題技巧，那奉勸諸位不要放棄，板起臉認真的自修，你才會發現你有多聰明。